普通高等教育电气电子类工程应用型系列教材

单片机原理及应用

主 编 张 岩 张 鑫
副主编 徐 伟 赵乃卓 刘尹霞 张 猛
参 编 张成联 蔡田芳 杨中国
　　　 刘建飞 邵淑华

机械工业出版社

全书分9章，系统地介绍了 MCS-51 单片机的结构与原理，指令系统与汇编语言程序设计、C51 程序设计、Proteus 仿真软件及与 Keil 集成开发环境联合调试，MCS-51 单片机的内部资源及应用、系统扩展技术、输入/输出通道接口、交互通道配置与接口和应用系统设计。本书程序设计以汇编为主、C51 并行的模式，通过硬、软件协同工作实现了单片机系统的功能。本书精选教学内容，合理安排教学顺序，精心提炼教学提示，丰富拓展阅读，并配套了相应实验与实训。本书提供的实例兼顾了教学与实际应用，实例稍加修改可直接应用于实际开发中，为实际应用提供了基本开发范例。本书遵循"理论—实践—再理论—再实践"的认知规律，使学生能边学习边实践，将书本知识有效地转换为动手能力，更全面地掌握单片机系统的开发技术。全书具有较强的系统性、先进性和实用性。

本书可作为高等院校自动化、电气工程及其自动化、电子信息工程、通信工程、计算机以及机电类等专业的教材或教学参考书，也可供相关领域工程技术人员参考。

本书配有免费电子课件及课后习题答案，欢迎选用本书作教材的老师发邮件到jinacmp@163.com索取，或登录 www.cmpedu.com 注册下载。

图书在版编目（CIP）数据

单片机原理及应用/张岩，张鑫主编 . —北京：机械工业出版社，2015. 6
（2022. 8 重印）
普通高等教育电气电子类工程应用型"十二五"规划教材
ISBN 978-7-111-50104-6

Ⅰ. ①单⋯ Ⅱ. ①张⋯ ②张⋯ Ⅲ. ①单片微型计算机 – 高等学校 – 教材
Ⅳ. ①TP368. 1

中国版本图书馆 CIP 数据核字（2015）第 087892 号

机械工业出版社（北京市百万庄大街22 号 邮政编码 100037）
策划编辑：吉 玲 责任编辑：吉 玲 刘丽敏
版式设计：霍永明 责任校对：陈延翔
封面设计：张 静 责任印制：郜 敏
北京盛通商印快线网络科技有限公司印刷
2022 年 8 月第 1 版第 6 次印刷
184mm×260mm · 18. 75 印张 · 508 千字
标准书号：ISBN 978-7-111-50104-6
定价：39. 80 元

电话服务 网络服务
客服电话：010-88361066 机 工 官 网：www.cmpbook.com
010-88379833 机 工 官 博：weibo. com/cmp1952
010-68326294 金 书 网：www.golden-book.com
封底无防伪标均为盗版 机工教育服务网：www.cmpedu.com

前　言

单片机原理及应用是理工科类重要的课程之一，也是一门实践性非常强的课程。为满足社会对电气自动化、计算机、电子技术、机械自动化等各类应用型人才的需要，很多高校都设置了单片机及相关课程。为提高学生的动手能力、创新能力，真正使这门技术能让学生感兴趣、掌握好，又能应用到工程实践中去，我们对该课程在教学模式、教学内容、教学方法、教学手段及考核方式上进行了改革。目前，许多学校成立了卓越工程师班、CDIO班、创新实验班，并实行定制式培养等，更加注重教学的过程和质量。

为了更好地发挥教材改革在应用型人才培养中的重要作用，本教材的编写立足于工程实践能力的培养，在详尽介绍了单片机系统结构、原理及常用应用设计的基础上，着重于实际应用系统的开发能力培养，让学生在有限的时间内掌握单片机原理及应用技术。

本书具有以下特色：

一、在编写思想上，以培养应用技术人才为目标，鼓励教学创新，强化启发式教学，提高课程兴趣度、学业挑战度和师生互动性，结合同步教学系统，将"学中做""做中学"的工程教学理念引入课堂，体现了理论与实践内容的同步和"一体化教学"的课程模式，加强了学生实践动手能力和工程应用能力。

二、程序设计以汇编为主、C51并行的模式，通过硬、软件协同工作实现了单片机系统的功能，并配套了相应实验与实训。本书提供的实例兼顾了教学与实际应用，实例稍加修改可直接应用于实际开发中，为实际应用提供了基本开发的范例。本书遵循"理论—实践—再理论—再实践"的认知规律，使学生能边学边实践，将知识有效地转换为动手能力，更全面地掌握单片机系统的开发技术。

三、结合理论教学与实践教学一体化的教学模式，针对单片机、微机接口集成化、模块、结构、应用，在讲解基本结构及原理的基础上，以案例教学为主，注重应用；增加设计及开发的实训课程内容，硬、软件仿真技术等，体现了教材的知识丰富、结构科学合理、注重实践应用的特点。

在单片机教学过程中要推进课程改革，加强教材建设、注重教学内容、方法、手段的变革，改变以教师为主导的教学模式，尊重教育规律，坚持以能力为重，倡导边学边做，注重学思结合。针对单片机原理及应用课程实践性较强的特点，本书体现了"教""学"与"做"结合的模式，在注重理论知识同时，增加了学生动手实践的内容，学生在课堂学习过程中边学边练，实现教、学、做一体化的教学模式，打破了以往单纯课堂理论为主的授课形式，实现单片机同步互动教学。

本书以MCS-51单片机为主，第1章介绍单片机基础，第2章介绍单片机的结构与原理，第3章介绍指令系统与汇编语言程序设计，第4章介绍C51程序设计及Proteus仿真，第5章介绍单片机的内部资源及应用，第6~8章介绍单片机的外围接口技术，第9章介绍单片机应用系统设计。书中包含比较先进和实用的单片机外围接口技术及应用系统设计实例，内容全面。全书章节结构合理，通用性、系统性、工程性和实用性较好。

全书共分9章。第1章、第2章和第9章由张岩、张猛编写，第3章由张鑫编写，第4章由徐伟编写，第5章由赵乃卓编写，第6章由刘尹霞编写，第7章由张成联、蔡田芳编写，第8章由杨中国、刘建飞编写，各章习题和附录由邵淑华编写。全书由张岩、张鑫统稿。

本书免费提供电子课件，题库、习题参考答案，及软、硬件在内的教学资源包，由淄博耐思电子科技有限公司提供，若需要可以与机械工业出版社联系，或登录www.cmpedu.com注册下载。

本书在编写的过程中得到了学校的领导和同行们的支持与帮助；得到了淄博耐思电子科技有限公司的支持与帮助；在校对过程中，吉玲编辑对本书提出了许多宝贵意见，对于上述同志以及参与本书出版的工作人员，在此表示诚挚的谢意！另外，向所有参考文献的作者致谢。

由于水平有限，加之时间仓促，书中可能会存在某些错误和不妥之处，敬请读者批评指正。

作　者

目　录

VII

第1章 单片机概述

▶▶ **内容提示**

单片机是将微处理器（CPU）、只读存储器（ROM）、随机存取存储器（RAM）、定时器/计数器、中断系统、输入/输出接口（I/O 接口）、总线和其他多种功能器件集成在一块芯片上的微型计算机。它具有集成度高、体积小、控制功能强、低电压、低功耗、稳定可靠、使用灵活、便于扩展、性价比高、易于产品化等独特优点，在家用电器、智能化仪器、数控机床、数据处理、自动检测、通信、智能机器人、工业控制、汽车电子及航空航天等领域发挥着十分重要的作用。

▶▶ **学习目标**

◇ 掌握单片机的概念和特点；
◇ 了解单片机发展过程、发展趋势、应用领域；
◇ 了解单片机的选型和典型单片机性能概况。

▶▶ **知识结构**

本章知识结构如图 1.1 所示。

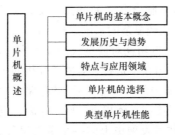

图 1.1 本章知识结构

引言

1946 年 2 月 14 日，在美国宾夕法尼亚（Pennsylvania）大学的一间大厅里，由美国陆军的一位将军按下一个按钮，一件对现代世界有巨大影响的事件发生了，世界上第一台电子数字计算机（取名为 ENIAC）启动了。由于 ENIAC 是按照美籍匈牙利科学家冯·诺依曼（Von Neumann）提出的"以二进制存储信息"、"以存储程序"为基础的结构思想进行设计、制造和工作的，所以人们又称其为冯·诺依曼计算机。

近 70 年来，计算机已由传统的科学计算发展到用于信息处理、实时控制、辅助设计、智能模拟及现代通信网络等领域。计算机技术的迅速发展对人类社会的进步产生了巨大的推动作用，尤其是微型计算机的出现及其在国民经济和人民生活的各个领域不断深入的广泛应用，正在改变着人们传统的生活和工作方式，人类已进入以计算机为主要工具的信息时代。

计算机的出现将人类推进了信息社会，微型计算机是大规模集成电路技术发展的结果，它的出现给人类社会的发展带来了根本性的飞跃。作为微型计算机发展的一个重要分支，单片机以其独特的结构和性能使计算机从海量数值计算进入了智能控制领域，并形成了通用计算机和嵌入式系统两个发展方向。

1.1 单片机的概念

1.1.1 单片机的基本概念

单片微型计算机（Single-Chip Microcomputer）简称单片机，就是将微处理器（Central Processing Unit，CPU）、只读存储器（Read Only Memory，ROM）和随机存取存储器（Random Access Memory，RAM）、定时器/计数器、中断系统、输入/输出接口（I/O 接口）、总线和其他多种功能器件集成在一块芯片上的微型计算机。由于单片机的重要应用领域为智能化电子产品，一般需要嵌入仪器设备内，故又称为嵌入式微控制器（Embedded Microcontroller）。

1.1.2 单片机的主要特点

单片机的主要特点如下：

① 可靠性高。单片机芯片是按工业测控环境要求设计的，所以其抗干扰的能力优于个人计算机（Personal Computer，PC）。单片机的系统软件（如程序、常数、表格）均固化在 ROM 中，不易受病毒破坏。许多信号的通道均集成在一个芯片内，所以运行时系统稳定可靠。

② 便于扩展。单片机片内具有计算机正常运行所必需的部件，片外有很多供扩展用的引脚（总线、并行 I/O 接口和串行 I/O 接口），很容易构成各种规模的计算机应用系统。

③ 控制功能强。具有丰富的控制指令（如条件分支转移指令、I/O 接口的逻辑操作指令、位处理指令等），可以对逻辑功能比较复杂的系统进行控制。

④ 低电压、低功耗。低电压、低功耗对便携式产品和家用消费类产品是非常重要的。许多单片机可在 5V 或 3V，甚至更低的电压下运行，有些单片机的工作电流已降至微安级。

⑤ 片内存储容量较小。单片机内部 ROM、RAM 的存储容量较小，但可以外部扩展。

除此之外，单片机还具有集成度高、体积小、性价比高、应用广泛、易于产品化等特点。

单片机的出现是近代计算机技术发展史上的一个重要里程碑，单片机的诞生标志着计算机正式形成了通用计算机系统和嵌入式计算机系统两大分支。通用计算机的主要特点是，大存储容量，高速数值计算，不必兼顾控制功能，不断完善操作系统，它在数据处理、模拟仿真、人工智能、图像处理、多媒体、网络通信中得到广泛应用。但是，通用计算机的体积大、成本高，无法嵌入到很多产品中，而单片机则因嵌入式应用而生。单片机具有体积小、成本低等特点，广泛应用于机器人、仪器仪表、汽车电子系统、工业控制单元、玩具、家用电器、办公自动化设备、金融电子系统、舰船、个人信息终端及通信产品中。单片机以面向对象的实时监测和控制为己任，不断增强控制能力，降低成本，减小体积，改善开发环境，迅速而广泛地取代了经典电子系统。既有几元钱一片的一般功能的单片机，又有上百元一片的多功能（A/D 转换器、D/A 转换器、通信接口、多个计数器、多种接口标准等）的单片机。

1.1.3 单片机的发展过程

1974 年，美国仙童（Fairchild）公司研制了世界上第一台单片机 F8。该机由两块集成电路芯片组成，结构奇特，具有与众不同的指令系统，深受家用电器与仪器仪表领域的欢迎和重视。从此，单片机开始迅速发展，应用领域也在不断扩大，现已成为微型计算机的重要分支。单片机的发展通常可以分为以下四个阶段：

（1）第一阶段（1974~1976年）

在这个时期生产的单片机，制造工艺落后，集成度低，而且采用了双片形式。典型的代表产品有 Fairchild 公司的 F8 系列。其特点是，片内只包括 8 位（bit）CPU，64B（字节）的 RAM 和两个并行口，需要外加一块 3851 芯片（内部具有 1KB 的 ROM、定时器/计数器和两个并行口）才能组成一台完整的单片机。

（2）第二阶段（1977~1978年）

这个时期生产的单片机虽然已能在单片芯片内集成 CPU、并行口、定时器/计数器、RAM 和 ROM 等功能部件，但性能低，品种少，应用范围也不是很广。典型的产品有 Intel 公司的 MCS-48 系列。其特点是，片内集成有 8 位的 CPU，1KB 或 2KB 的 ROM，64B 或 128B 的 RAM，只有并行接口，无串行接口，有一个 8 位的定时器/计数器，两个中断源。片外寻址范围为 4KB，芯片引脚为 40 个。

（3）第三阶段（1979~1982年）

这是 8 位单片机成熟的阶段。这一代单片机和前两代相比，不仅存储容量和寻址范围增大，而且中断源、并行 I/O 接口和定时器/计数器的个数都有了不同程度的增加，并且集成有全双工串行通信接口。在指令系统方面，普遍增设了乘除法、位操作和比较指令。这一时期生产的单片机品种齐全，可以满足各种不同领域的需要。其特点是，片内包括了 8 位的 CPU，4KB 或 8KB 的 ROM，128B 或 256B 的 RAM，具有串/并行接口，2 个或 3 个 16 位的定时器/计数器，还有 5~7 个中断源。片外寻址范围可达 64KB，芯片引脚为 40 个。代表产品有 Intel 公司的 MCS-51 系列，Motorola 公司的 MC6805 系列，TI 公司的 TMS7000 系列，Zilog 公司的 Z8 系列等。

（4）第四阶段（1983年至今）

这是 16 位单片机和 8 位高性能单片机并行发展的时代。16 位单片机的工艺先进，集成度高，内部功能强，运算速度快，而且允许用户采用面向工业控制的专用语言，如 PL/M 和 C 语言等。其特点是，片内包括了 16 位的 CPU，8KB 的 ROM，256B 的 RAM，具有串/并行接口，4 个 16 位的定时器/计数器，8 个中断源，还有看门狗（Watchdog），总线控制部件，还增加了 D/A 和 A/D 转换电路，片外寻址范围可达 64KB，芯片引脚为 48 个或 68 个。代表产品有 Intel 公司的 MCS-96 系列，Motorola 公司的 MC68HC16 系列，TI 公司的 TMS9900 系列，NEC 公司的 783××系列和 NS 公司的 HPC16040 等。

近年来出现的 32 位单片机，具有较高的运算速度。代表产品有 Motorola 公司的 M68300 系列和 Hitachi（日立）公司的 SH 系列等。

延伸阅读：飞思卡尔半导体（Freescale Semiconductor，原摩托罗拉半导体部。2004 年，摩托罗拉半导体部独立成为飞思卡尔半导体）是全球最大的半导体公司之一，2006 年的总销售额达 64 亿美元。飞思卡尔半导体是全球领先的半导体公司，为汽车、消费、工业、网络和无线市场设计并制造嵌入式半导体产品。这家私营企业总部位于德州奥斯汀，在全球 30 多个国家和地区拥有设计、研发、制造和销售机构。飞思卡尔半导体专注于嵌入式处理解决方案，从微处理器和微控制器到传感器、模拟集成电路和连接，不断开拓汽车、消费电子、工业和网络市场。

单片机的发展从嵌入式系统的角度可分为 SCM、MCU 和 SOC 三大阶段。

SCM 即单片微型计算机（Single-Chip Microcomputer）阶段，主要是寻求最佳的单片形态、嵌入式系统的最佳体系结构。在 SCM 开创嵌入式系统独立发展道路上，Intel 公司功不可没。

MCU 即微控制器（Micro Controller Unit）阶段，主要的技术发展方向是不断扩展满足嵌入式

3

应用和设计系统要求的各种外围电路与接口电路，突显其对象的智能化控制能力。在发展 MCU 方面，Philips 公司将 MCS-51 系列迅速推进到 80C51 的 MCU 时代，形成了可满足各种嵌入式系统应用要求的单片机系列产品；Atmel 公司以其先进的 Flash ROM（闪存）技术推出 AT89C×× 系列，形成了引领单片机的 Flash ROM 潮流。

SOC 即片上系统（System On Chip）阶段，主要寻求应用系统在芯片上的最大化解决。因此，单片机的发展自然形成了 SOC 化趋势。随着微电子技术、集成电路（Integrated Circuit，IC）设计、电子设计自动化（Electronic Design Automatic，EDA）工具的发展，基于 SOC 的单片机应用系统设计会有较大的发展。Silabs 公司推出的 C8051F 系列，将 80C51 系列从 MCU 推向了 SOC 时代。

延伸阅读：SOC 的定义多种多样，由于其内涵丰富、应用范围广，很难给出准确定义。一般说来，SOC 称为片上系统，有的也称为系统级芯片，意指它是一个产品，是一个专用的集成电路。它包含完整硬件系统及嵌入软件的全部内容。同时，SOC 又是一种技术，用以实现从确定系统功能开始，到软件和硬件的划分，并完成设计的整个过程。从狭义角度讲，它是信息系统核心的芯片集成，将系统关键部件集成在一块芯片上；从广义角度讲，SOC 是一个微小型系统。

1.2 单片机的选择及应用领域

1.2.1 单片机的选择

当今单片机琳琅满目，产品性能各异。选择单片机需要考虑指令结构、程序存储方式和特殊功能的单片机三个方面。

1. 指令结构

按指令结构可将单片机分为复杂指令集（Complex Instruction Set Computing，CISC）结构和精简指令集（Reduced Instruction Set Computing，RISC）结构两种。

CISC 的 CPU 内部将较复杂的指令译码，分成几个微指令去执行，因此指令较多，开发程序比较容易。其特点是指令丰富，功能较强，但取指令和取数据不能同时进行，指令复杂，执行工作效率较差，处理数据速度较慢，价格也高。属于 CISC 结构的单片机有 Intel 的 8051 系列，Motorola 的 M68HC 系列，Atmel 的 AT89 系列，Philips（飞利浦）的 80C51 系列等。

RISC 的 CPU 的指令位数较短，内部具有快速处理指令的电路，指令的译码与数据的处理较快，执行效率比 CISC 高，但必须经过编译程序的处理，才能发挥它的效率。其特点是，取指令和取数据可以同时进行，执行效率较高，速度较快。同时，这种单片机指令多为单字节，程序存储器的空间利用率大大提高，有利于实现超小型化。属于 RISC 结构的有美国 Microchip 公司的 PIC 系列，Zilog 公司的 Z86 系列，Atmel 公司的 AT90S 系列等。

2. 程序存储方式

根据程序存储方式单片机可分为 ROMless（片内无 ROM，需要片外扩展 EPROM）、EPROM、OTPROM、Flash ROM 和 Mask ROM 五种，可根据系统设计功能要求进行选择。

3. 特殊功能的单片机

为了构成控制网络或形成局部网，有的单片机内部含有局部网络控制模块 CAN。为了能在变频控制中方便使用单片机，形成最具经济效益的嵌入式控制系统，有些单片机内部设置了专门用于变频控制的脉宽调制（Pulse Width Modulation，PWM）控制电路。

目前，新的单片机的功耗越来越小，很多单片机都设置了多种工作方式，这些工作方式包括暂停、睡眠、空闲、节电等。有的单片机已采用三核（TnCore）结构，是一种建立在 SOC 级芯片概念上的结构。这种单片机由三个核组成即 MCU 和数字信号处理（Digital Signal Processing, DSP）核、数据和程序存储器核以及外围专用集成电路（Application Specific Integrated Circuit, ASIC），其最大特点在于把 DSP 和 MCU 同时制作在一个片上。其中，DSP 的作用主要是在高速计算和特殊处理（如快速傅里叶变换）等方面。

扩大电源电压范围，并在较低电压下仍能工作，这也是单片机发展的目标之一。

1.2.2 单片机的应用领域

单片机的应用可分为单机应用和多机应用两类。

1. 单机应用

① 民用电子产品。单片机在民用电子产品中的应用明显地提高了产品的性能价格比，提高了产品在市场上的竞争力，同时受到产品开发商和用户的双重青睐。目前，家用电器、手机、高档电子玩具等几乎都是采用单片机作控制器的。

② 计算机系统。计算机系统中有很多部分采用单片机作控制器，如键盘管理、打印机、显示器、绘图机、硬盘驱动器和网络通信设备等。

③ 智能仪表。仪表的数字化、智能化、多功能化、综合化的发展，可通过单片机的改造来实现，以单片机为中心进行设计，从而使智能仪表集测量、处理、控制功能为一体。

④ 工业测控。单片机对工业设备，如机床、汽车、锅炉、供水系统、自动报警系统、卫星信号接收系统等进行智能测控，大大降低了劳动强度和生产成本，提高了产品质量的稳定性，增强了产品的功能，并提高了智能化程度。

⑤ 网络与通信的智能接口。在大型计算机控制的网络或通信电路与外围设备的接口电路中，用单片机来控制或管理，可大大提高系统的运行速度和接口的管理水平。

⑥ 军工领域。单片机的高可靠性、宽适用温度范围、能适应各种恶劣环境的特点，使得单片机被广泛应用于导弹控制、鱼雷制导控制、智能武器装备、航天飞机导航等军工领域。

⑦ 办公自动化。单片机在办公自动化方面也有广泛的应用。

2. 多机应用

① 功能集散系统。应用于工程中因多种外围功能要求而设置的多机系统。

② 并行多机处理系统。主要用于解决工程应用系统的快速性问题，以便构成大型实时工程应用系统，如快速并行数据采集系统、快速并行数据处理系统、实时图像处理系统等。

③ 局域网络系统。单片机网络主要应用于分布式测控系统、通信系统等领域，如楼宇自动化中的自动抄表系统。

1.2.3 单片机的发展趋势

目前，单片机的主流仍然是 8 位高性能单片机。单片机的发展是为了满足不断增长的自动检测与控制在传感器接口、各种工业对象的电气接口、功率驱动接口、人机接口、通信网络接口等方面的要求，具体体现在高速的 I/O 能力，较强的中断处理能力，较高的 A/D 转换、D/A 转换性能，以及较强的位操作能力、功率驱动能力、程序运行监控能力、信号实时处理能力等方面。总之，单片机正在向高性能、多内部资源、多功能化引脚、高可靠性、低电压、低功耗、低噪声、低成本的方向发展。

单片机是现代计算机、电子技术的新兴领域，无论是单片机本身，还是单片机应用系统的设计方法，都会随时代不断发生变化。单片机相关的技术发展趋势如下：

① 全盘 CMOS 化。互补金属氧化物半导体（Complementary Metal Oxide Semiconductor，CMOS）电路具有较宽的工作电压范围、较低的功耗等优点，已成为目前单片机及其外围器件流行的半导体工艺。

② 更小的光刻工艺提高了集成度，从而使芯片更小、成本更低、工作电压更低、功耗更低，特别是很多单片机都设置了多种工作方式，这些工作方式包括等待、暂停、睡眠、空闲、节电等。同时，还越来越多地采用了低频时钟和模拟电路结合的方式。

③ CPU 的改进。采用双 CPU 结构，增加数据总线的宽度，提高数据处理的速度和能力；采用流水线结构，提高处理和运算速度，以适应实时控制和处理的需要。

④ 增大了存储容量，增强了片内紫外线可擦除 ROM（Erasable Programmable ROM，EPROM）的电可擦除 ROM（Electric Erasable Programmable ROM，$E^2 PROM$）化和程序保密化。基于 Flash ROM 的单片机与基于 ROM 的单片机在成本上的差距在迅速缩小。单片机片内程序存储器技术最广泛的应用状态是一次编程 ROM（One Time Programmable ROM，OTPROM）、Flash ROM 和 Mask ROM（掩膜 ROM）。

⑤ 提高并行接口的驱动能力，以减少外围驱动芯片，增加外围 I/O 接口的逻辑功能和控制的灵活性。

⑥ 以串行方式为主的外围扩展。串行扩展具有方便、灵活，电路系统简单，占有 I/O 资源少等特点。目前，单片机的外围器件普遍提供了串行扩展方式。

⑦ 外围电路的内装化。由于集成电路工艺的不断改进和提高，越来越多的复杂外围电路集成到单片机中，如定时器/计数器、比较器、放大器、A/D 转换器、D/A 转换器、串行通信接口、看门狗（Watchdog）电路、液晶显示器（Liquid Crystal Display，LCD）控制器等。把需要的外围电路全部集成到单片机内，即系统的单片化是目前单片机发展的趋势。

⑧ 和互联网连接已是一种明显的走向。

⑨ 可靠性及应用水平越来越高。近年来，各生产厂商为了提高单片机的可靠性而采用了电快速瞬变模式（Electrical Fast Transients，EFT）技术、低噪声布线技术及驱动技术、跳变沿软化技术、低频时钟等。

⑩ 8 位机的主流地位。这是由面向大多数嵌入式应用对象的有限响应时间要求所决定的。从 8 位机诞生至今，乃至今后相当长的一段时间内，在单片机应用领域中，8 位机的主导地位不会改变。

随着半导体工艺技术的发展及系统设计水平的提高，单片机还会不断产生新的变化和进步。单片机与微机系统之间的差距越来越小，甚至难以辨认。设计的发展趋势是采用标准单片机，利用软件控制系统工作。闪存存储器支持通过现场软件升级来重新定义工作方式和增加功能特性。随着系统复杂性的增加，单片机的应用也会快速增多，因为定义与开发复杂软件要比定义与开发复杂硬件简单得多。目前，许多采用小型可编程逻辑器件的设计也可以利用嵌入式系统进行重新设计。

1.3 典型单片机性能概览

1. MCS-51 单片机

MCS-51 单片机是美国 Intel 公司于 1980 年推出的产品，指令数为 111 条。MCS-51 单片机是世界上用量最大的单片机之一。目前，由于 Intel 公司在计算机方面把重点放在奔腾等与 PC 兼容的高档芯片的开发上，因此，MCS-51 单片机主要由 Philips、三星、华邦等公司生产。这些公司都在保持与 MCS-51 单片机兼容的基础上改善了 MCS-51 的许多特性，提高了速度，降低了时钟频率，放宽了电源电压的动态范围，降低了产品价格。MCS-51 系列或其兼容的单片机目前仍是应用的主流产品之一。MCS-51 系列单片机主要包括 8031、8051、8751、89C51 和 89S51 等通用产品。MCS-51 系列单片机的性能见表 1.1。

表 1.1　MCS-51 系列单片机的性能

系　列	典型芯片	I/O 接口	定时器/计数器	中　断　源	串行通信口	片内 RAM	片内 ROM
51 系列	80C31	4×8 位	2×16 位	5	1	128B	无
	80C51	4×8 位	2×16 位	5	1	128B	4KB 掩膜 ROM
	87C51	4×8 位	2×16 位	5	1	128B	4KB EPROM
	89C51	4×8 位	2×16 位	5	1	128B	4KB E^{2}PROM
52 系列	80C32	4×8 位	3×16 位	6	1	256B	无
	80C52	4×8 位	3×16 位	6	1	256B	8KB 掩膜 ROM
	87C52	4×8 位	3×16 位	6	1	256B	8KB EPROM
	89C52	4×8 位	3×16 位	6	1	256B	8KB E^{2}PROM

特别提示：8031 没有片内 ROM，因此使用时必须扩展片外 ROM。8751 片内有 4KB 的 ERPOM（紫外线擦除可编程 ROM），在对其烧写程序时，需要将芯片从系统拆除下来。然后放入紫外线擦除器中擦除 ROM 中的信息，再使用编程器重新写入程序。

2. Motorola 单片机

Motorola 公司是目前世界上较大的单片机生产厂商之一。自 1974 年 Motorola 推出第一种 M6800 单片机之后，相继推出了 M6801、M6804、M6805、M68HC05、M68HC08、M68HC11、M68HC16、M68300、M68360 等系列单片机。

Motorola 单片机品种全、选择余地大、新产品多，有 8 位、16 位、32 位系列单片机。其主要产品有 8 位机 68HC05 和升级产品 68HC08，其中 68HC05 有 30 多个系列，200 多个品种，产量已超过 20 亿片；8 位增强型单片机 68HC11 和升级产品 68HC12，其中 68HC11 有 30 多个品种，年产量在 1 亿片以上；16 位机 68HC16 有十几个品种；32 位单片机的 68300 系列也有几十个品种，其主要特点是，在同样速度下所用的时钟频率较 Intel 单片机的时钟频率低很多，因而使得高频噪声低，抗干扰能力强，更适合于工控领域及恶劣的环境。Motorola 8 位单片机过去的程序存储策略是以掩膜为主的，最近推出 OTP 计划以适应单片机发展新趋势，其 32 位机在性能和功耗方面都胜过 ARM（Advanced RISC Machines）公司的 ARM7。

Motorola 单片机内部包含：CPU，振荡器，实时时钟，中断，ROM/RAM/EPROM/E^{2}PROM/OTPROM/Flash ROM 存储器，并行 I/O 接口，串行通信接口（Serial Communication Interface, SCI），串行外设接口（Serial Peripheral Interface, SPI），定时器/计数器，多功能定时器（含多个输入捕捉和多个输出比较端），PWM，Watchdog，D/A 转换器、A/D 转换器，LED（Light E-mitting Diode）、LCD、屏幕（On-Screen Display, OSD）、荧光（Vacuum Fluorescent Display, VFD）等显示驱动器，键盘中断（Keyboard Interrupt module, KBI），双音多频（Dual Tone Multi Frequency, DTMF）接收/发生器，保密通信控制器，锁相环（Phase Locked Loop, PLL），调制解调器，直接存储器访问（Direct Memory Access, DMA）等。Motorola 系列单片机的性能见表 1.2。

表 1.2　Motorola 系列单片机的性能

型　号	RAM/B	ROM/B	串行口	定时器	总线速度/MHz	A/D 转换器	电源电压/V	PWM	I/O 接口
68HC05B6	176	6144 Mask	SCI	4	1/2.1	8		2	32
68HC705B16	528	32 768 Mask			4/2.1				32
68HC05C8A	176	7744 Mask	SCI/SPI	2	1/2.1	—	5/3.3	—	31
68HC705C8A	304	8 092 OTP			1/2.1				
68HC05C9A	352	15 936 Mask							
68HC705F32	920	32 256 OTP		8	1.8	8	5/2.7	3	69/80
68HC11D3	192	4096 OTP	SCI/SPI	8	3/2		5	—	16
68HC11EA9	512	12 288 OTP	SCI/SPI	8	2/1	8	5	—	34
68HC711E20	768	20 480 Flash			4/3/2/1				38
68HC11F1	1024	512 E²PROM	SCI/SPI		5/4/3/2				30
68HC16Y1	2048	—	SCI/SPI	1	16		5	WDT	24
68HC16Z3	4096	8192 Mask	SCI/QSPI	2	16/20/25	8	5/3.3		16

3. PIC 单片机

由美国 Microchip 公司推出的 PIC 单片机系列产品，是较早采用 RISC 结构的嵌入式微控制器，仅 33 条指令。其特点是高速度、低电压、低功耗、大电流 LCD 驱动能力和低价位 OTP 技术，自带看门狗定时器，可以用来提高程序运行的可靠性，具有睡眠和低功耗模式，强调节约成本的最优化设计，适于用量大、档次低、价格敏感的产品，同时，重视产品的性价比，靠发展多种型号来满足不同层次的应用要求。PIC 系列有几十个型号，可以满足各种需要。其中，PIC12C508 单片机仅有 8 个引脚，是世界上最小的单片机。PIC 单片机广泛应用于计算机的外设、家电控制、电信通信、智能仪器、汽车电子等领域，是市场份额增长较快的一种单片机，也是世界上最有影响力的嵌入式微控制器之一。

PIC 单片机具有彻底的保密性，优越的开发环境，产品上市零等待等优点。PIC 单片机的引脚具有防瞬态能力，通过限流电阻可以接至 220V 交流电源，直接与继电器控制电路相连，无须光耦合器隔离，给应用带来极大方便。PIC 系列单片机的性能见表 1.3。

表 1.3　PIC 系列单片机的性能

型　号	RAM/B	A/D 转换器	ROM	串行口	工作速度/MHz	定时器/计数器	低压型号	封装
PIC12CE518	25	—	512	—	4	1 + WDT	PIC12LCE518	PDIP8
PIC12CE673	128	4	1024		10		PIC12LCE673	—
PIC12CF675	64	4	1024		20	2 + WDT	PIC12LCF675	—
PIC16C558	128	—	2048		20	2 + WDT	PIC16LC558	—
PIC17C43	454	—	4096	USART	33	4 + WDT	PIC17LC43	PDIP SOIC
PIC17C752	678	12	8192	USART (2)， I²C， SPI			PIC17LC752	
PIC17C766	902	16	16 384				PIC17LC766	
PIC18C242	512	5	8192	AUSART， SPI， I²C	40		PIC18LC242	PDIP8 SOIC8
PIC18C252	1536		1638			4 + WDT	PIC18LC252	
PIC18C452		8	1638				PIC18LC452	
PIC18C658	1536	12	1638	AUSART， SPI， I²C， CAN2.0B	40		PIC18LC658	

4. EM78 单片机

EM78 系列单片机是由中国台湾义隆公司（EMC）推出的 8 位单片机。EM78 单片机采用高速 CMOS 工艺制造，低功耗设计（正常工作电流为 2mA，休眠状态电流为 1μA）；内部包括 ALU、ROM、RAM、I/O、堆栈、中断控制、定时器/计数器、看门狗定时器、电压检测器、复位电路、振荡电路等；具有三个中断源，R-OPTION 功能，I/O 唤醒功能，多功能 I/O 接口等；具有优越的数据处理性能，采用 RISC 结构设计，单周期、单字节及流水线指令，采用大家熟悉的 MCS-51 指令风格设计，共计 58 条指令；RAM 容量从 32 ~ 157KB，最短指令周期为 100ns，程序页面为 1KB（多至 4 页）。EM78 系列单片机具有完备的开发手段、快速的代码转换、系列化的单片机设计，方便产品的升级换代。它广泛应用于智能小区系统、消防电子系统、汽车电子、智能家用电器、医疗保健仪器、工业控制等行业。EM78 系列单片机的性能见表 1.4。

表 1.4　EM78 系列单片机的性能

型　　号	ROM/bit	RAM/B	I/O	中断（外/内）	计数器	引脚	工作电压/V	备　　注
EM78P153	512 × 13	32	12	3（1/2）	1	14	2.2 ~ 6	内含 RC 振荡器
EM78P156	1K × 13	48	12	3（1/2）	1	18	2.2 ~ 5.5	低电压复位
EM78P447	4K × 13	148	20/24	3（1/2）	1	28/32	2.2 ~ 5.5	——
EM78451	4K × 13	147	35	3（1/2）	2	40, 42, 44	2.3 ~ 5.5	含 SPI
EM78P458	4K × 13	96	1	6（1/5）	3	20/24	2.2 ~ 6.0	含 A/D, PWM
EM78P459	4K × 13	96	16	6（1/5）	3	20/24	2.2 ~ 6.0	含 A/D, PWM
EM78P806	8K × 13	0.6K	36	9	3	80/100	2.5 ~ 6.0	含 LCD 驱动, DTMF 接收, FSK 电路
EM78P860	16K × 13	2.8K	32	8（4/4）	3	80/100	2.5 ~ 6.0	含 LCD 驱动, DTMF 接收, FSK 电路
EM78P567	4 ~ 16K × 13	0.5K	24/36	12	3	32/44	2.5 ~ 6.0	含 DTMF 接收, A/D, D/A 电路
EM78P257	2K × 13	80	15/17	4（1/3）	4	18/20	2.1 ~ 6.0	红外线, 鼠标电路

5. MSP430 单片机

MSP430 系列单片机是美国德州仪器（Texas Instruments，TI）公司生产的一种特低功耗的 Flash 微控制器，有"绿色微控制器（Green MCU）"之称。MSP430 系列新型产品集成了业内领先的超低功率闪存、高性能模拟电路和一个 16 位 RISC 结构的 CPU，具有丰富的寻址方式、简单的 27 条指令、较高的处理速度，系统工作稳定，指令周期可以达 125ns，且大部分指令可在一个指令周期内完成；具有丰富的片内设置，如看门狗、定时器/计数器、比较器、并行接口、串行口、A/D 转换器、硬件乘法器等；工作电流较小，仅为 0.1 ~ 400μA；属低电压器件，仅需 1.8 ~ 3.6V 电压供电，从而有效降低了系统功耗；使用超低功耗的数控振荡器技术，可以实现频率调节和无晶振运行；6μs 的快速启动时间可以延长待机时间并使启动更加迅速，降低了电池的功耗。MSP430 系列单片机的性能见表 1.5。

表 1.5　MSP430 系列单片机的性能

型号	ROM/OTP/EPROM/B	RAM/B	A/D 转换器	液晶驱动段数	捕获/比较脉冲定时器	串行口	硬件乘法器	定时器数量	引脚与封装形式
MSP430C1101	1	128	Slope	—	Yes	software	No	2	—
MSP430C1351	16	512	Slope	—	Yes	hardware	No	3	—
MSP430C325	16	512	14bit	84	No	software	No	6	—
MSP430C336	24	1024	Slope	120	Yes	hardware	Yes	7	—
MSP430C337	32	1024	Slope	120	Yes	hardware	Yes	7	—
MSP430C412	4	256	Slope	96	Yes	software	No	3	—
MSP430F110	1	128	Slope	—	Yes	software	No	1	20SOP
MSP430F1121A	4	256	Slope	—	Yes	software	No	2	—
MSP430F1232	8	256	ADC	—	Yes	hardware	No	2	—
MSP430F147	32	1024	12bit	—	Yes	hardware	Yes	3	64LQFP
MSP430F449	60	2048	ADC12	160	Yes	hardware	Yes	5	100LQFP
MSP430P325A	16	512	14bit	84	No	software	No	6	$0 \times$ CEPT
MSP430P337	32	1024	Slope	120	Yes	hardware	Yes	7	—
PMS430E315	16	512	Slope	92	No	software	No	6	$68IL_{CC}$
PMS430E337	32	1024	Slope	120	Yes	hardware	Yes	7	100CFP

6. AVR 单片机

　　Atmel 公司把 E^2PROM 及 Flash 技术巧妙地用于特殊的集成电路, 推出了 AT90 系列单片机。AT90 系列单片机是增强 RISC 内载 Flash 的单片机, 简称为 AVR 单片机。

　　AVR 单片机内部 32 个寄存器全部与 ALU 直接连接, 突破瓶颈限制, 每 1MHz 可实现 1MIPS 的处理能力; 内置 1~128KB 的 Flash ROM, 内部集成有 UART、SPI、PWM、WDT、10bit A/D 转换器等器件; 片内 E^2PROM 可做系统内下载; 支持 C 语言及汇编语言编程; 采用可多次擦写的 Flash 存储器, 给用户的开发生产和维护带来了方便; 具有省电模式、更低的功耗 (4MHz/3V, 掉电模式时工作电流小于 $1\mu A$)、良好的抗干扰性。绝大部分 AVR 单片机支持程序的在系统编程 (ISP), 还支持在应用编程 (IAP)。AVR 单片机是一种高速单片机, 其机器周期等于时钟周期, 绝大部分指令为单周期指令。AVR 系列单片机的端口有较强的负载能力, 可以直接驱动 LED, 新版 MEGA 系列的 I/O 接口驱动能力达到了 40mA。多种封装形式满足不同用户的需求, 提供完全免费的开发环境, 包括汇编器、支持汇编和高级语言源代码级调试的模拟和仿真环境。AVR 系列单片机的性能见表 1.6。

表 1.6　AVR 系列单片机的性能

器件	Flash/B	E^2PROM/B	SRAM/B	在线编程	SPI-Master	UART	WDT	外中断源	定时器/计数器	可编程 I/O	工作电压/V
AT90S1200	1K	64	—	√	—	—	√	1	1	15	
AT90S2313	2K	128	128	√	—	√	√	2	2	15	
AT90S4414	4K	256	256	√	√	√	√	2	2	32	5
AT90S8515	8K	512	512	√	√	√	√	2	2	32	
Atmega103	128K	4K	4K	√	√	√		8	3	32	

（续）

器　　件	Flash/B	E²PROM/B	SRAM/B	在线编程	SPI-Master	UART	WDT	外中断源	定时器/计数器	可编程I/O	工作电压/V
AT90S1200	1K	64	—	√	—	—	√	1	1	15	3
AT90S2323	2K	128	128	√	—	—	√	1	1	3	
AT90S4414	4K	256	256	√	√	√	√	2	2	32	
AT90S8535	8K	512	512	√	√	√	√	2	3	32	
Atmega103L	128K	4K	4K	√	√	√	√	8	3	32	Tiny系列
Attiny10#	1K	nil	nil	—	—	—	√	1	1	5	
Attiny12V#	1K	64	nil	√	—	—	√	1	1	6	
Attiny22#	2K	128	128	√	—	—	√	1	1	5	

注：1. 表中的"√"表示器件具备该项功能。
　　2. 表中的"—"表示器件不具备该项功能。

1.4　MCS-51 单片机的学习

　　1974 年，美国仙童（Fairchild）公司研制了世界上第一台单片机 F8，宣告了单片机时代的到来。20 世纪 80 年代初，我国开始大量使用单片机。目前，单片机已普及到各行各业，逐渐形成了多国单片机互相竞争的局面，正朝着多系列、多型号方向发展。

　　Intel 公司生产出 8051 后，由于 20 世纪 90 年代忙于研制和生产奔腾机等，因而在研制 80C196 后没有再研制新的单片机。于是 Intel 公司以不同形式向不同国家和地区的半导体厂家转让了 8051 单片机的生产权，这些公司有 Philip、Siemens、Temic、OKI、Dalas、AMD、Atmel 以及中国台湾的一些厂商。这些公司的产品保留了 8051 内核，指令系统与 MCS-51 向上兼容。这使得 8051 单片机内核一时间成为了实际上 8 位单片机的行业标准。各种兼容于 51 的单片机也最多，成为 8 位单片机的主流。本书也选用 MCS-51 系列单片机作为学习对象。

　　单片机系统是以单片机为核心，配合一定的外部电路及程序，设计出能实现特定测量及控制功能的应用系统。单片机系统由硬件和软件两个部分组成。硬件部分由电源、单片机最小系统、外围功能部件和存储器组成。单片机可以是直流电源供电也可以是电池供电。单片机最小系统（或称为最小应用系统），是指用最少的元件组成的单片机可以工作的系统。对于 MCS-51 系列单片机来说，最小系统一般包括单片机、复位电路、晶振电路和供电电路。外围功能电路根据功能需求进行设计，如人机交互、温度采集等。软件部分是单片机系统的核心，决定着系统的功能和特点。汇编语言程序设计是单片机应用系统的灵魂，C 语言是目前开发的通用性语言，本书程序设计采用汇编为主、C51 并行的模式，硬、软件协同工作实现单片机系统的功能。单片机的选型、资源分配及程序设计是整个系统设计的关键，具体开发过程包括：分析系统功能、单片机选型、硬件资源分配、单片机程序设计、仿真测试，最终下载到实际硬件电路中执行。

　　对初学者来说，目前介绍 MCS-51 单片机的书籍、资料众多、技术成熟，以其作为入门是比较容易的，也可为今后学习更高级的单片机和 ARM 奠定基础。单片机的学习应以实践为主，MCS-51 单片机的开发工具相对便宜，对于初学者可以将"编程器、仿真器、实验板"都买齐；也可购买支持 ISP、串口等下载的 MCS-51 单片机系列，既可省去编程器，又可以烧写 10000 次以上，价格极为便宜；还可使用软件仿真来学习，如 Proteus 软件，其仿真功能十分强大，是很好的学习工具。图样是工程师的语言，学生应能看懂单片机应用系统原理图，具有画图能力，所以建议学习相关的绘图软件，如 Protel 99 SE、Altium Designer 等。

　　单片机作为最典型的嵌入式系统，它的成功应用推动了嵌入式系统的发展。目前，单片机技术已经在高等学校中单独开设课程，在课程设计、毕业设计乃至研究生论文课题中，单片机技术的应用非常广泛，在高校中大力推行的各种电子设计竞赛中，单片机技术的应用也占有了重要的地位。因此，学好并灵活应用单片机技术是十分重要的。

习题 1

1. 何谓单片机？单片机与一般微型计算机相比，具有哪些特点？
2. 单片机的发展有哪几个阶段？8 位单片机会不会过时，为什么？
3. 简述 51 系列单片机的应用领域及其所起的功能作用。
4. 简述 51 系列单片机的发展方向。
5. 简述单片机选型的注意事项。
6. 简述一些主流的单片机厂商的主要单片机特点。

第 2 章 MCS-51 单片机的结构与原理

内容提示

51 系列产品是以 Intel 公司 MCS-51 系列单片机中的 8051 为核心发展起来的, 具有 8051 的基本结构和软件特征。熟悉单片机的硬件结构, 是深入理解单片机工作原理的基础, 也是正确设计单片机控制系统的前提条件和基本要求。本章主要介绍 MCS-51 单片机的内部结构、引脚功能、工作方式和时序, 使学生掌握内部结构及外部引脚, 为后续章节的学习奠定基础。

学习目标

◇ 了解单片机的结构及功能;
◇ 掌握单片机引脚功能和存储器空间的分配;
◇ 理解单片机的工作过程, 掌握时钟与时序电路;
◇ 了解单片机的工作方式, 掌握复位条件及复位电路;
◇ 熟练地构建单片机最小应用系统。

知识结构

本章知识结构如图 2.1 所示。

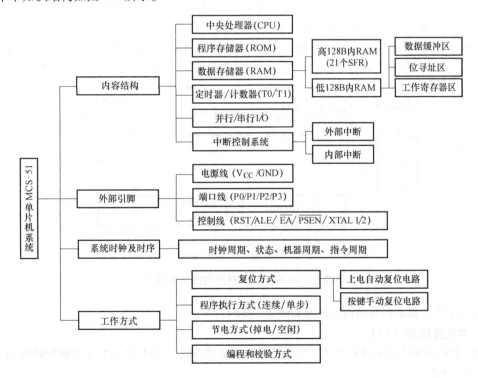

图 2.1　本章知识结构

引言

单片机内部结构对用户而言是不可见的，就像是一个黑匣子，对外呈现出来的是它的外部引脚，它的内部蕴藏着丰富的资源，使它具有非常强大的功能，用户只能通过引脚来使用它。只有通过学习了解和掌握单片机的结构和工作原理，才能更有效地发挥它的作用，充分发挥它的潜能。

2.1 MCS-51 单片机硬件结构及引脚

自从 Intel 公司 20 世纪 80 年代初推出 MCS-51 系列单片机以来，世界上许多著名的半导体厂商（如 Philips、Atmel、Dallas、AMD、Motorola、Microchip、TI、EMC、LG、Winbond、Temic、ESI 等）相继生产了与这个系列兼容的单片机，使产品型号不断增加，品种不断丰富，功能不断增强。从系统结构上讲，所有的 MCS-51 系列单片机都是以 Intel 公司最早的典型产品 8051 为核心，再增加了一定的功能部件后构成的。因此，本章以 8051 为主介绍 MCS-51 系列单片机的结构、特点、工作方式、时序。MCS-51 系列单片机主要包括 8031、8051 和 8751 等通用产品。

2.1.1 MCS-51 单片机内部结构

单片机的结构有两种类型：一种是程序存储器和数据存储器分开的形式，即哈佛（Harvard）结构，其 ROM 和 RAM 可以有相同的地址，CPU 访问 ROM 和 RAM 使用的是不同的访问指令；另一种是通用计算机广泛使用的程序存储器与数据存储器合二为一的结构，即普林斯顿（Princeton）结构，又称冯·诺依曼结构，其一个地址对应唯一的一个存储器单元，CPU 访问 ROM 和访问 RAM 使用的是相同的访问指令。Intel 的 MCS-51 系列单片机采用哈佛结构，而后续产品 16 位的 MCS-96 系列单片机则采用普林斯顿结构。

MCS-51 单片机由中央处理器（CPU）、程序存储器（ROM）、数据存储器（RAM）、定时器/计数器、并行 I/O 接口、串行 I/O 接口和中断系统等组成。其内部结构框图如图 2.2 所示。

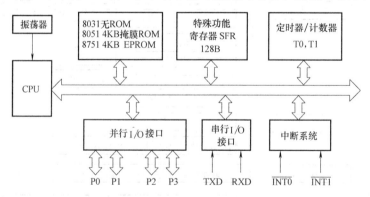

图 2.2　MCS-51 单片机的内部结构框图

MCS-51 单片机的内部结构原理图如图 2.3 所示。

1. 中央处理器（CPU）

CPU 是整个单片机的核心部件，由运算器和控制器组成。8051 的 CPU 主要功能特性如下：

① 8 位 CPU。

② 布尔代数处理器，具有位寻址能力。

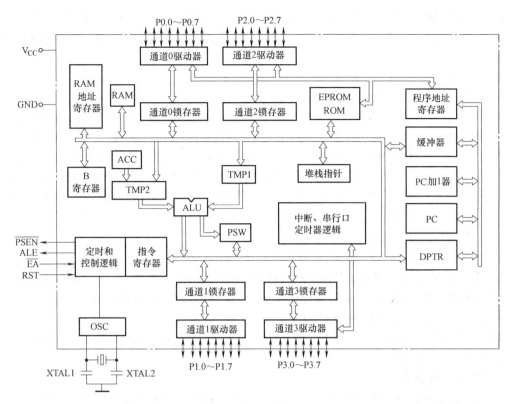

图 2.3　MCS-51 单片机的内部结构原理图

③ 128B 内部 RAM 数据存储器，21 个专用寄存器。

④ 4KB 内部掩膜 ROM 程序存储器。

⑤ 两个 16 位可编程定时器/计数器。

⑥ 32 个（4×8 位）双向可独立寻址的 I/O 接口。

⑦ 一个全双工 UART（异步串行通信口）。

⑧ 5 个中断源，两级中断优先级的中断控制器。

⑨ 时钟电路，外接晶振和电容可产生 1.2～12MHz 的时钟频率。

⑩ 外部程序存储器寻址空间为 64KB，外部数据存储器寻址空间也为 64KB。

⑪ 111 条指令，大部分为单字节指令。

⑫ 单一 +5V 电源供电，双列直插 40 引脚 DIP 封装。

（1）运算器

8051 的运算器功能较强，它可以完成算术运算和逻辑运算，其操作顺序在控制器控制下进行。运算器由算术逻辑单元（ALU）、累加器 A（Accumulator）、暂存器 TMP1 和 TMP2，以及程序状态字 PSW 组成。

（2）控制器

控制器由程序计数器 PC（Program Counter）、SP、DPTR、指令寄存器 IR（Instruction Register）、指令译码器 ID（Instruction Decoder）、定时控制逻辑和振荡器 OSC 等组成。CPU 根据 PC 中的地址将欲执行指令的指令码从存储器中取出，存放在 IR 中，ID 对 IR 中的指令码进行译码，定时控制逻辑在 OSC 配合下对 ID 译码后的信号进行分时，以产生执行本条指令所需的全部信号。

15

OSC 是控制器的核心，与外接晶振、电容组成振荡器，能为控制器提供时钟脉冲。其频率是单片机的重要性能指标之一，时钟频率越高，单片机控制器的控制节拍就越快，运算速度也就越高。

2. 存储器

MCS-51 的存储器分为程序存储器和数据存储器两类，有片内和片外之分，片内存储器集成在芯片内部，片外存储器是专用的存储器芯片，需要通过三总线与 MCS-51 连接。程序存储器，又称只读存储器（Read Only Memory，ROM），用于存放用户程序、原始数据或表格。数据存储器，又称随机存取存储器（Ramdom Access Memory，RAM），用于存放运算的中间结果、数据暂存和缓冲、标志位等。MCS-51 的内部有 128B 数据存储单元（52 系列有 256B），外部数据存储器可扩展至 64KB。8031/8032 内部无程序存储器；8051 内部有 4KB 程序存储器，8052 内部有 8KB 程序存储器。由于受集成度限制，片内只读程序存储器一般容量较小，如果片内只读程序存储器的容量不够，由外部最多可外扩至 64KB。

3. I/O 接口

I/O 接口是 MCS-51 单片机对外部实现控制和信息交换的必经之路，用于信息传送过程中的速度匹配和增加它的负载能力。I/O 端口有串行和并行之分，串行接口将数据一位一位地顺序传送，并行接口将组成数据的各位同时传送。

8051 内部有四个 8 位并行接口 P0、P1、P2、P3，有一个全双工的可编程串行 I/O 接口。这些将在后续章节中详细介绍。

4. 定时器/计数器

8051 内部有两个 16 位可编程序的定时器/计数器，均为二进制数加 1 计数器，分别命名为 T0 和 T1。T0 由两个 8 位寄存器 TH0 和 TL0 拼装而成，其中，TH0 为高 8 位，TL0 为低 8 位。和 T0 类同，T1 也由两个 8 位寄存器 TH1 和 TL1 拼装而成，其中，TH1 为高 8 位，TL1 为低 8 位。TH0、TL0、TH1 和 TL1 均为 SFR 中的一个，用户可以通过指令对它们存取数据。因此，T0 和 T1 的最大计数模值为 $2^{16}-1$，即需要 65535 个脉冲才能把它们从全 0 变为全 1。

T0 和 T1 均有定时器和计数器两种工作模式，在每种模式下又分为若干工作方式。在定时器模式下，T0 和 T1 的计数脉冲可以由单片机时钟脉冲经 12 分频后提供，故定时时间和单片机时钟频率有关。在计数器模式下，T0 和 T1 的计数脉冲可以从 P3.4 和 P3.5 引脚输入。对 T0 和 T1 的控制由两个 8 位特殊功能寄存器完成：一个称为定时器方式选择寄存器 TMOD，用于确定定时器的工作模式；另一个叫做定时器控制寄存器 TCON，可以决定定时器或计数器的启动、停止，以及进行中断控制。

5. 中断系统

计算机中的中断是指 CPU 暂停原程序执行，转而为外部设备服务（执行中断服务程序），并在服务完后返回原程序执行的过程。中断系统是指能够处理上述中断过程所需要的硬件电路。

中断源是指能产生中断请求信号的源泉。8051 可处理 5 个中断源发出的中断请求，并可对其进行优先权处理。8051 的 5 个中断源有外部和内部之分：外部中断源有两个，通常指外部设备，其中断请求信号可以从 P3.2、P3.3（即 $\overline{INT0}$ 和 $\overline{INT1}$）引脚输入，有电平和边沿两种引起中断的触发方式；内部中断源有 3 个，两个定时器/计数器中断源和一个串行口中断源，内部中断源 T0 和 T1 的两个中断是在它们从全"1"变为全"0"溢出时，自动向中断系统提出的，内部串行口中断源的中断请求是在串行口每发送完或接收到一个 8 位二进制数据后，自动向中断系统提出的。

8051 的中断系统主要由中断允许控制器 IE 和中断优先级控制器 IP 等电路组成。其中，IE

用于控制 5 个中断源中的哪些中断请求被允许向 CPU 提出，哪些中断源的中断请求被禁止；IP 用于控制 5 个中断源的中断请求的优先权级别。IE 和 IP 也属于 21 个 SFR，其状态也可以由用户通过指令设定，这些将在后续章节中详细介绍。

2.1.2　MCS-51 单片机外部引脚

　　MCS-51 系列单片机中，各类单片机是相互兼容的，只是引脚功能略有差异。在器件引脚的封装上，MCS-51 系列单片机通常有两种封装形式：一种是双列直插式（DIP）封装，常为 HMOS 器件所用；另一种是方形封装，多在 CHMOS 型器件中使用。图 2.4 所示是 DIP 封装的 MCS-51 单片机引脚排列。

　　8051 单片机有 40 个引脚，共分为电源线、端口线和控制线三类，如图 2.5 所示。

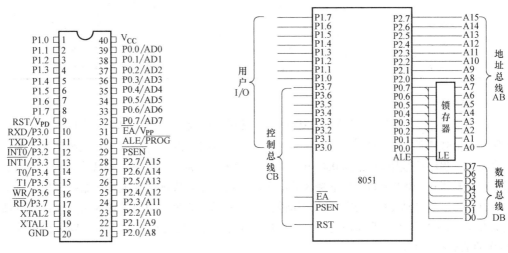

图 2.4　DIP 封装的 MCS-51 单片机引脚排列　　　　图 2.5　MCS-51 单片机片外总线

1. 电源线

① GND（20 脚）：接地引脚。

② V_{CC}（40 脚）：正电源引脚。正常工作时，接 +5V 电源。

2. 端口线

　　8051 片内有 4 个 8 位并行 I/O 接口 P0、P1、P2 和 P3。它们可双向使用。

　　① P0 口：32 ~ 39 脚为 P0.0 ~ P0.7 输入/输出引脚。P0 口为双向 8 位三态 I/O 接口，它既可作为通用 I/O 接口，又可作为外部扩展时的数据总线及低 8 位地址总线的分时复用口。作为通用 I/O 接口时，输出数据可以得到锁存，不需外接专用锁存器；输入数据可以得到缓冲，增加了数据输入的可靠性。每个引脚可驱动 8 个 TTL 负载。

　　对 EPROM 型芯片（如 8751）进行编程和校验时，P0 口用于输入/输出数据。

　　② P1 口：1 ~ 8 脚为 P1.0 ~ P1.7 输入/输出引脚。P1 口为 8 位准双向 I/O 接口，内部具有上拉电阻，一般作为通用 I/O 接口使用，它的每一位都可以分别定义为输入线或输出线，作为输入时，锁存器必须置 1。每个引脚可驱动 4 个 TTL 负载。

　　③ P2 口：21 ~ 28 脚为 P2.0 ~ P2.7 输入/输出引脚。P2 口为 8 位准双向 I/O 接口，内部具有上拉电阻，可直接连接外部 I/O 设备。它与地址总线高 8 位复用，可驱动 4 个 TTL 负载。P2 口一般作为外部扩展时的高 8 位地址总线使用。

　　对 EPROM 型芯片（如 8751）进行编程和校验时，用来接收高 8 位地址。

17

④ P3 口：10 ~ 17 脚为 P3.0 ~ P3.7 输入/输出引脚。P3 口为 8 位准双向 I/O 接口，内部具有上拉电阻，它是双功能复用口，每个引脚可驱动 4 个 TTL 负载。作为通用 I/O 接口时，功能与 P1 口相同。P3 口常使用第二功能，作为第二功能使用时，各位的作用见表 2.1。

表 2.1　P3 口的第二功能

P3 口	第二功能	信号名称
P3.0	RXD	串行数据接收口
P3.1	TXD	串行数据发送口
P3.2	$\overline{\text{INT0}}$	外部中断 0 请求输入
P3.3	$\overline{\text{INT1}}$	外部中断 1 请求输入
P3.4	T0	定时器/计数器 0 的外部输入口
P3.5	T1	定时器/计数器 1 的外部输入口
P3.6	$\overline{\text{WR}}$	外部 RAM 写选通信号
P3.7	$\overline{\text{RD}}$	外部 RAM 读选通信号

3. 控制线

① RST/V_{PD}（9 脚）：RST/V_{PD} 是复位信号/备用电源线引脚。当 8051 通电时，时钟电路开始工作，在 RST 引脚上出现 24 个时钟周期（2 个机器周期）以上的高电平，系统即初始复位。初始复位后，程序计数器 PC 指向 0000H，P0 ~ P3 输出口全部为高电平，堆栈指针为 07H，其他专用寄存器被清 0。RST 由高电平下降为低电平后，系统立刻从 0000H 地址开始执行程序。8051 的复位方式可以是自动复位，也可以是手动复位。RST/V_{PD} 的第二功能是作为备用电源输入线，当主电源 V_{CC} 发生故障而降低到规定电平时，RST/V_{PD} 上的备用电源自动投入，以保证单片机内部 RAM 的数据不丢失。

② ALE/$\overline{\text{PROG}}$（30 脚）：ALE/$\overline{\text{PROG}}$ 是地址锁存允许/编程引脚。当访问外部程序存储器时，ALE 的输出用于锁存地址的低位字节，以便 P0 口实现地址/数据复用。当不访问外部程序存储器时，ALE 端将输出一个 1/6 时钟频率的正脉冲信号，这个信号可以用于识别单片机是否工作，也可以当做一个时钟向外输出。需要注意的是，当访问外部数据存储器时，ALE 会跳过一个脉冲。

ALE/$\overline{\text{PROG}}$ 是复用引脚，其第二功能是对 EPROM 型芯片（如 8751）进行编程和校验时，此引脚传送 52ms 宽的负脉冲选通信号，用于控制芯片的写入操作。

③ $\overline{\text{EA}}$/V_{PP}（31 脚）：$\overline{\text{EA}}$/V_{PP} 是允许访问片外程序存储器/编程电源线。8051 和 8751 单片机内置有 4KB 的程序存储器，当 $\overline{\text{EA}}$ 为高电平并且程序地址小于 4KB 时，读取内部程序存储器指令数据，而超过 4KB 地址时，则读取外部程序存储器指令。如果 $\overline{\text{EA}}$ 为低电平，则不管地址大小，一律读取外部程序存储器指令。显然，对于片内无程序存储器的 MCS-51 单片机（如 8031），其 $\overline{\text{EA}}$ 端必须接地。

$\overline{\text{EA}}$/V_{PP} 是复用引脚，其第二功能是片内 EPROM 编程/校验时的电源线，在编程时，$\overline{\text{EA}}$/V_{PP} 需加上 21V 的编程电压。

④ XTAL1 和 XTAL2（18、19 脚）：XTAL1 为片内振荡器反相放大器及内部时钟发生器的输入端，XTAL2 为片内振荡器反相放大器的输出端。该引脚外接石英晶体或时钟信号，给系统提供时钟。

⑤ $\overline{\text{PSEN}}$（29 脚）：$\overline{\text{PSEN}}$ 是片外 ROM 选通线。在访问片外 ROM 执行指令 MOVC 时，8051 自

动在PSEN引脚上产生一个负脉冲，用于对片外 ROM 的读选通，16 位地址数据将出现在 P2 和 P0 口上，外部程序存储器则把指令数据放到 P0 口上，由 CPU 读入并执行。在其他情况下，PSEN均为高电平封锁状态。

当 MCS-51 单片机系统需要外扩程序存储器、数据存储器或输入/输出端口时，外部芯片需要单片机为其提供地址总线、数据总线、控制总线。这些总线和单片机的 I/O 口线一起构成了单片机的片外总线。由图 2.5 的单片机片外总线结构可知，单片机的许多 I/O 口线用于外部扩展的地址总线、数据总线、控制总线，不能都当作用户 I/O 口线。只有在外部不扩展芯片的情况下，P0、P1、P2、P3 口才可都作为用户的 I/O 口线使用。否则，只有 P1 口以及部分作为第一功能使用的 P3 口可作为用户的 I/O 口线使用。

特别提示：

① 地址总线（Address Bus，AB）为 16 位，可以访问 64KB 存储器空间。由 P0 口经锁存器提供地线的低 8 位（A0 ~ A7），由 P2 口提供地址总线的高 8 位（A8 ~ A15）。

② 数据总线（Data Bus，DB）为 8 位，由 P0 提供。

③ 控制总线（Control Bus，CB）由 P3 口在第二功能状态和 4 根独立控制线 RESET、EA、ALE、PSEN提供。

封装是芯片的外形和引脚的有关外形尺寸，是安装和焊接的依据，在设计制作印制电路板（PCB，Printed Circuit Board）时首先要选好封装形式才能设计。DIP（Dual In-line Package）即双列直插式封装，引脚从封装两侧引出，引脚中心距 2.54mm，如图 2.6a 所示，是最普及的插装型封装。另外，还有 PLCC（Plastic Leaded Chip Carrier）塑料式引线芯片承载封装、LQFP（Low-Profile Quad Flat package）薄型四方扁平式封装等封装，如图 2.6b、c 所示。51 系列中各型号芯片的引脚是互相兼容的，制造工艺为 HMOS 的 MCS-51 单片机都采用 40 只引脚的双列直插式封装（DIP）方式。制造工艺为 CHMOS 的 80C51/80C31 除采用 DIP 封装方式外，还采用方形封装方式（44 只引脚）。

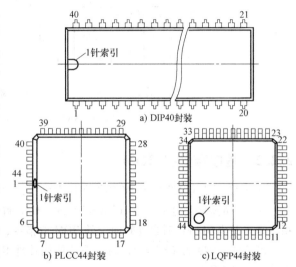

图 2.6　单片机的封装

特别提示： 有圆形记号（〇）或三角形记号（△）的是第 1 引脚，然后按逆时针排序，分别为 2 ~ 40（44）引脚。

2.2　MCS-51 单片机的存储器

2.2.1　存储器的基本结构

MCS-51 单片机存储器空间结构是哈佛结构，即程序存储器 ROM 和数据存储器 RAM 相互独立，并各有自己独立的存储空间和寻址方式。

存储器空间结构从物理上可划分为片内、片外程序存储器与片内、片外数据存储器四个部分；由于内部、外部程序存储器统一编址，因此从逻辑结构上分为程序存储器、片内数据存储器和片外数据存储器三个部分；从功能的角度，存储器可以划分为程序存储器 ROM、片内数据存储器 RAM、特殊功能寄存器 SFR、位地址空间（布尔 RAM）和片外数据存储器 RAM 五个部分。MCS-51 单片机存储器空间结构如图 2.7 所示。

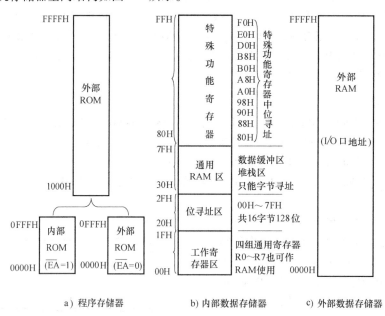

图 2.7 MCS-51 单片机存储器空间结构

2.2.2 程序存储器 ROM

MCS-51 具有 64KB 的 ROM 用做程序存储器，存放用户程序、数据和表格等信息。

① 当$\overline{EA}$需接高电平 +5V（$\overline{EA}$ = 1）时，CPU 首先访问 8051 片内的 4KB ROM 中的程序，当指令地址超出 0FFFH 时自动转向片外 ROM 取指令，片外地址从 1000H ~ FFFFH。

② 当$\overline{EA}$需接地（$\overline{EA}$ = 0）时，系统使用片外 ROM 中的程序，地址范围为 0000H ~ FFFFH，不使用内部 ROM。

对于内部无 ROM 的 8031/8032 单片机，它的程序存储器必须外接，所以单片机的$\overline{EA}$端必须接地，强制 CPU 从外部程序存储器读取程序。MCS-51 程序存储器结构如图 2.7a 所示。

在程序存储器中有一些特殊的单元，在使用中应加以注意。其中，一组特殊单元是 0000H ~ 0002H 单元，系统复位后，PC 为 0000H，单片机从 0000H 单元开始执行程序，应在 0000H ~ 0002H 这三个单元中存放一条无条件转移指令，让 CPU 直接转到用户指定的程序去执行。另一组特殊单元是 0003H ~ 002AH 单元，这 40 个单元专门用于存放中断服务程序入口地址，中断响应后，按中断的类型，自动转到各自的中断服务入口地址执行程序。因此，以上地址单元不能用于存放程序的其他内容。

2.2.3 数据存储器 RAM

MCS-51 内部有 128B 或 256B 的 RAM 用做数据存储器（不同的型号有区别），外部可扩展数据存储器 64KB。

8051 内部 RAM 共有 256B,分为两部分。地址为 00H ~ 7FH 的单元作为用户数据 RAM,地址为 80H ~ FFH 的单元作为特殊功能寄存器(SFR)。用户数据 RAM 00H ~ 7FH 又可分为工作寄存器区(00 ~ 1FH)、位寻址区(20 ~ 2FH)、数据缓冲区和堆栈(30 ~ 7FH)。从图 2.7b 中可清楚地看出它们的结构分布。

特别提示: 数据存储器无论在物理上还是逻辑上都分为两个地址空间,即一个内部的数据存储空间和一个外部的数据存储空间,访问内部数据存储单元时,使用 MOV 指令;访问外部数据存储器单元时,使用 MOVX 指令。

内部 RAM 的 20H ~ 2FH 单元为位寻址区,既可作为一般单元用字节寻址,也可以对它们的位进行寻址。位寻址区共有 16B(128 位),位地址为 00H ~ 7FH。位地址分配见表 2.2。CPU 能直接寻址这些位,执行置 1、清 0、求"反"、转移、传送和逻辑运算等操作。通常称 MCS-51 具有布尔处理功能,布尔处理的存储空间就是这些位寻址区。

可以看出,内部 RAM 低 128 个单元的单元地址范围为 00H ~ 7FH,而位寻址区的位地址范围也为 00H ~ 7FH,二者是重叠的,在应用中可以通过指令的类型区分单元地址和位地址。

内部 RAM 的堆栈及数据缓冲区共有 80 个单元,用于存放用户数据或作为堆栈区使用,MCS-51 对该区中的每个 RAM 单元只能实现字节寻址。

表 2.2 内部 RAM 位寻址区地址分配

单元地址	（MSB）			位 地 址			（LSB）	
2FH	7FH	7EH	7DH	7CH	7BH	7AH	79H	78H
2EH	77H	76H	75H	74H	73H	72H	71H	70H
2DH	6FH	6EH	6DH	6CH	6BH	6AH	69H	68H
2CH	67H	66H	65H	64H	63H	62H	61H	60H
2BH	5FH	5EH	5DH	5CH	5BH	5AH	59H	58H
2AH	57H	56H	55H	54H	53H	52H	51H	50H
29H	4FH	4EH	4DH	4CH	4BH	4AH	49H	48H
28H	47H	46H	45H	44H	43H	42H	41H	40H
27H	3FH	3EH	3DH	3CH	3BH	3AH	39H	38H
26H	37H	36H	35H	34H	33H	32H	31H	30H
25H	2FH	2EH	2DH	2CH	2BH	2AH	29H	28H
24H	27H	26H	25H	24H	23H	22H	21H	20H
23H	1FH	1EH	1DH	1CH	1BH	1AH	19H	18H
22H	17H	16H	15H	14H	13H	12H	11H	10H
21H	0FH	0EH	0DH	0CH	0BH	0AH	09H	08H
20H	07H	06H	05H	04H	03H	02H	01H	00H

特别提示: MCS-51 单片机对外部扩展的 RAM 和 I/O 接口是统一编址的,如果同时扩展外部 RAM 和 I/O 接口则要注意地址分配的问题。CPU 对外部 RAM 和对 I/O 接口的操作均使用 MOVX 指令。

2.2.4 特殊功能寄存器 SFR

特殊功能寄存器(SFR),也称为专用寄存器。MCS-51 有 21 个特殊功能寄存器(PC 除外),

它们被离散地分布在内部 RAM 的 80H ~ FFH 地址单元中，共占据了 128 个存储单元，构成了 SFR 存储块。SFR 反映了 MCS-51 单片机的运行状态，其功能已有专门的规定，用户不能修改其结构。表 2.3 是特殊功能寄存器分布一览表，这里只对其主要的寄存器作介绍。

表 2.3　特殊功能寄存器分布一览表

特殊功能寄存器	功 能 名 称	物 理 地 址	可否位寻址
B	寄存器 B	F0H	可以
A（ACC）	累加器	E0H	可以
PSW	程序状态字（标志寄存器）	D0H	可以
IP	中断优先级控制寄存器	B8H	可以
P3	P3 口数据寄存器	B0H	可以
IE	中断允许控制寄存器	A8H	可以
P2	P2 口数据寄存器	A0H	可以
SBUF	串行口发送/接收数据缓冲寄存器	99H	不可以
SCON	串行口控制寄存器	98H	可以
P1	P1 口数据寄存器	90H	可以
TH1	T1 计数器高 8 位寄存器	8DH	不可以
TH0	T0 计数器高 8 位寄存器	8CH	不可以
TL1	T1 计数器低 8 位寄存器	8BH	不可以
TL0	T0 计数器低 8 位寄存器	8AH	不可以
TMOD	定时器/计数器方式控制寄存器	89H	不可以
TCON	定时器控制寄存器	88H	可以
PCON	电源控制寄存器	87H	不可以
DPH	数据指针寄存器高 8 位	83H	不可以
DPL	数据指针寄存器低 8 位	82H	不可以
SP	堆栈指针寄存器	81H	不可以
P0	P0 口数据寄存器	80H	可以

特别提示：21 个 SFR 中凡字节地址能被 8 整除（即十六进制地址码尾数为 8 或 0 的地址），可以位寻址。

（1）程序计数器 PC（Program Counter）

程序计数器 PC 在物理上是独立的，它不属于 SFR 存储器块。PC 是一个 16 位的计数器，专门用于存放 CPU 将要执行的指令地址（即下一条指令的地址），寻址范围为 64KB。PC 有自动加 1 功能，即执行完一条指令后，其内容自动加 1。PC 本身并没有地址，因而不可寻址。用户无法对它进行读/写，但是可以通过转移、调用、返回等指令改变其内容，以控制程序执行的顺序。

特别提示：PC 会自动加"1"。这个 1 是指一条汇编语言程序指令的字节长度。因为汇编语言源程序指令的字节长度可以是 1、2、3 共三种字节长度，所以单片机实际运行时，程序计数器 PC 自动加的值可能是 1、2、3 中的一个。

（2）累加器 A（Accumulator）

累加器 A 是 8 位寄存器，又记做 ACC，是一个最常用的专用寄存器。在算术/逻辑运算中用于存放操作数或结果，CPU 通过累加器 A 与外部存储器、I/O 接口交换信息。大部分的数据操作都会通过累加器 A 进行，它就像一个交通要道，在程序比较复杂的运算中，累加器成了制约软件效率的"瓶颈"。它的功能特殊，地位也十分重要，因此近年来出现的单片机，有的集成了多累加器结构，或者使用寄存器阵列来代替累加器，即赋予更多寄存器以累加器的功能，目的是解决累加器的"交通堵塞"问题，提高单片机的软件效率。

（3）寄存器 B

寄存器 B 是 8 位寄存器，是专门为乘除法指令设计的。在乘法指令中，两个因数分别取自累加器 A 和寄存器 B，其运算结果的低 8 位存放于累加器 A 中，高 8 位存放于寄存器 B 中。在除法指令中，被除数取自累加器 A，除数取自寄存器 B，运算结果的商存放于累加器 A 中，余数存放于寄存器 B 中。不作乘除运算时，寄存器 B 可作通用寄存器使用。

（4）工作寄存器

内部 RAM 的工作寄存器区 00H～1FH 共 32 字节被均匀地分成 4 个组（区），每个组（区）有 8 个寄存器，分别用 R0～R7 表示，称为工作寄存器或通用寄存器，其中，R0，R1 除作工作寄存器用外，还经常用于间接寻址的地址指针。

在程序中，通过程序状态字寄存器（PSW）来管理它们，CPU 只要定义 PSW 的第 3 位和第 4 位（RS0 和 RS1），即可选中这 4 组通用寄存器中的某一组，对应的编码关系见表 2.4。

表 2.4　RS1，RS0 对工作寄存器的选择

RS1（PSW.4）	RS0（PSW.3）	选定的当前使用的工作寄存器组（区）	片内 RAM 地址	通用寄存器名称
0	0	第 0 区	00H～07H	R0～R7
0	1	第 1 区	08H～0FH	R0～R7
1	0	第 2 区	10H～17H	R0～R7
1	1	第 3 区	18H～1FH	R0～R7

（5）程序状态字 PSW（Program Status Word）

程序状态字 PSW 是 8 位寄存器，用于存放程序运行的状态信息，PSW 中各位状态通常是在指令执行的过程中自动形成的，但也可以由用户根据需要采用传送指令加以改变。它的各个标志位的定义见表 2.5。

表 2.5　程序状态字 PSW 各个标志位的定义

位　　序	PSW.7	PSW.6	PSW.5	PSW.4	PSW.3	PSW.2	PSW.1	PSW.0
标志位	C_y	AC	F0	RS1	RS0	OV		P

各个标志位简单介绍如下：

① PSW.7（C_y）：进位标志位。此位有两个功能：一是存放执行算术运算时的进位标志，可被硬件或软件置位或清 0，如进行加、减运算时，若运算结果在最高位有进位或借位，则 C_y 被硬件自动置 1，反之则自动置 0；二是在位操作中作位累加器使用。

② PSW.6（AC）：辅助进位标志位，又称为半进位标志位。当进行加、减运算时，如果有低 4 位向高 4 位进位或借位，则 AC 被硬件自动置 1，反之则自动置 0。辅助进位标志位 AC 用于二-十进制调整。

③ PSW.5（F0）：用户标志位。供用户设置的标志位，F0 通常不是单片机在执行指令过程中自动形成的，而是用户根据程序执行的需要通过传送指令设置的。用户通过对 F0 位置 1 或置

23

0，以设定程序的走向。

④ PSW.4 和 PSW.3（RS1 和 RS0）：寄存器组选择位。8051 共有 4 组 8×8 位工作寄存器，每组均命名为 R0～R7，但每组在 RAM 中的物理地址不同。用户可通过软件改变 RS1 和 RS0 的组合内容，来选择 R0～R7 在片内 RAM 中的实际物理地址（即选择 4 组工作寄存器中的某一组）。工作寄存器 R0～R7 的物理地址与 RS1、RS0 之间的关系见表 2.4。

⑤ PSW.2（OV）：溢出标志位。在带符号数加减运算中，若结果超出了累加器 A 所能表示的带符号数的有效范围（–128～+127），则产生溢出。如果 OV = 1，则表明运算结果错误；若 OV = 0，则表明运算结果正确。

执行加法指令 ADD 时，当位 6 向位 7 进位，而位 7 不向 C_y 进位时，OV = 1；或者位 6 不向位 7 进位，而位 7 向 C_y 进位时，同样 OV = 1。

执行乘法指令 MUL 时，若 OV = 1，则说明乘积超过 255，表明乘积在 AB 寄存器对中；若 OV = 0，则说明乘积没有超过 255，乘积只在累加器 A 中。

执行除法指令 DIV 时，若 OV = 1，则表示除数为 0，运算不被执行；否则 OV = 0。

⑥ PSW.1（空缺位）：此位未定义。

⑦ PSW.0（P）：奇偶校验位。用于指示运算结果（存放在累加器 A 中）中 1 的个数的奇偶性。当存放于累加器 A 中的运算结果的 1 的个数为奇数时，P 被硬件置为 1；反之被置为 0。

（6）数据指针 DPTR（Data Pointer）

数据指针 DPTR 是 16 位的专用寄存器，它由两个 8 位的寄存器 DPH（高 8 位）和 DPL（低 8 位）组成，专门用来寄存片外 RAM 及扩展 I/O 接口进行数据存取时的地址。编程时，既可以按 16 位寄存器使用，也可以按两个 8 位寄存器使用（即高位字节寄存器 DPH 和低位字节寄存器 DPL）。

DPTR 主要用来保存 16 位地址，当对 64KB 外部数据存储器寻址时，可作为间址寄存器使用，此时，使用如下两条指令：

```
MOVX A,@DPTR
MOVX @DPTR,A
```

在访问程序存储器时，DPTR 可用做基址寄存器，采用"基址 + 变址"寻址方式访问程序存储器，指令为 MOVC A,@A + DPTR。该指令常用于读取外部程序存储器内的表格数据。

💡 **特别提示**：PC 与 DPTR 的比较：PC 是 16 位程序计数器，可寻址范围为 64KB，PC 在物理上是独立于 SFR 的，用户不需要也无法对程序计数器进行读/写，其内容通过转移、调用、返回等执行指令改变。DPTR 是 16 位数据指针，属于 SFR，可供用户使用，既可以按 16 位寄存器使用，也可以分作两个 8 位寄存器使用，即 DPH、DPL。

（7）堆栈指针 SP（Stack Pointer）

堆栈是一种数据结构，是内部 RAM 的一段区域，如图 2.8 所示。堆栈有栈顶和栈底之分，堆栈的起始地址称为栈底，堆栈的数据入口处称为栈顶。栈底由栈底地址标志，栈顶由栈顶地址指示。堆栈存取数据的原则是"后进先出"。堆栈共有两种操作：进栈和出栈，但不论数据进栈还是出栈，都是对栈顶单元进行的。

堆栈指针 SP 是一个 8 位寄存器，是用于指示堆栈的栈顶地址的寄存器，它决定了堆栈在内部 RAM 中的物理位置。当堆栈中为空（无数据）时，栈顶地址等于栈底地址，两者重合，SP 的内容即为栈底地址。栈底地址一旦设置，就固定不变，直至重新设置。每当一个数据进栈（称为压入堆栈）或出栈（称为弹出堆栈）时，SP 的内容都要随之变化，即栈顶随之浮动。

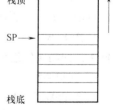

图 2.8 堆栈的结构

堆栈操作分为向上增长型和向下增长型两类。MCS-51 单片机属于向上增长型。其操作是：数据压入堆栈时，SP 先自动加 1，然后向堆栈中写入数据；数据弹出堆栈时，先从堆栈中读出数据，然后 SP 自动减 1。SP 的内容随着数据的进栈向高地址方向递增，随着数据的出栈向低地址方向递减。

设立堆栈的目的是用于数据的暂存，中断、子程序调用时断点和现场的保护与恢复，详见指令系统和中断部分。

💡 **特别提示**：系统复位或上电后，R0～R7 工作寄存器自动选择 0 组（00～07H），堆栈指针 SP =07H，因此需要重设 SP，一般设为 60H，因此堆栈区为 60～7FH，数据缓冲区为 30～5FH。

（8）I/O 接口专用寄存器（P0、P1、P2、P3）

8051 片内有 4 个 8 位并行 I/O 接口 P0、P1、P2 和 P3，每个 I/O 接口内部都有一个 8 位数据输出锁存器和一个 8 位数据输入缓冲器，4 个数据输出锁存器与端口号 P0、P1、P2 和 P3 同名，皆为特殊功能寄存器 SFR 中的一个，即 4 个 I/O 接口寄存器 P0、P1、P2 和 P3。MCS-51 单片机并没有专门的 I/O 接口操作指令，而是把 I/O 接口也当做一般的寄存器来使用，通过 MOV 指令来传送。其优点在于，4 个并行 I/O 接口还可以当做寄存器直接寻址，参与其他操作。

（9）定时器/计数器（TL0、TH0、TL1 和 TH1）

MCS-51 单片机中有两个 16 位的定时器/计数器 T0 和 T1，它们由 4 个 8 位寄存器（TL0、TH0、TL1 和 TH1）组成，两个 16 位定时器/计数器是完全独立的。可以单独对这 4 个寄存器进行寻址，但不能把 T0 和 T1 当做 16 位寄存器来使用。

（10）串行数据缓冲器（SBUF）

串行数据缓冲器 SBUF 用来存放需要发送和接收的数据。它由两个独立的寄存器组成，一个是发送缓冲器，另一个是接收缓冲器，要发送和接收的操作其实都是对串行数据缓冲器 SBUF 进行的。

（11）其他控制寄存器

除了以上介绍的几个专用寄存器外，还有 IP、IE、TCON、SCON 和 PCON 等几个寄存器，这几个控制寄存器主要用于中断、定时和串行口的控制，将在第 5 章中详细介绍。

💡 **特别提示**：尽管特殊功能寄存器与用户数据 RAM 在同一个单元中，但不能作为普通的存储单元来使用。

2.3 MCS-51 单片机的系统时钟及时序

计算机的 CPU 实质上是一个复杂的同步时序电路，这个时序电路是在时钟脉冲推动下工作的。在执行指令时，CPU 首先要到程序存储器中取出需要执行指令的指令码，然后对指令码进行译码，并由时序部件产生一系列的控制信号去完成指令的执行，这些控制信号在时间上的相互关系就是 CPU 的时序。

2.3.1 时钟电路

MCS-51 单片机的时钟有两种方式：一种是内部振荡方式，它是利用单片机内部的振荡电路，产生时钟信号，这种方式单片机的时钟引脚上接石英晶体和振荡电容；另外一种是外部振荡方式，它是把外部已有的时钟信号引入单片机。下面分别介绍这两种方式。

（1）内部振荡方式

如图 2.9a 所示，MCS-51 单片机内部有一个用于构成振荡器的高增益反相放大器及内部时钟发生器，XTAL1 引脚为输入端，XTAL2 引脚为输出端。在 18 和 19 脚外接石英晶体（频率为 1.2～12MHz）和振荡电容，振荡电容的值一般取 10～30pF，典型值为 30pF。

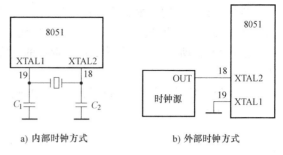

a) 内部时钟方式　　　　b) 外部时钟方式

（2）外部振荡方式

如图 2.9b 所示，MCS-51 单片机的内部工

图 2.9　MCS-51 内、外部时钟连接方式

作时钟由外部振荡器提供，外部时钟信号从 XTAL2 引脚输入，XTAL1 引接地。

2.3.2　MCS-51 的时序单位

时序是用定时单位来描述的，MCS-51 的时序单位有四个，它们分别是时钟周期（节拍）、状态、机器周期和指令周期。

1. 时钟周期（节拍）与状态

时钟周期又称为振荡周期，由单片机内部振荡电路 OSC 产生，定义为 OSC 时钟频率的倒数。为方便描述，时钟周期又称为节拍（用 P 表示）。时钟周期是时序中的最小单位。振荡脉冲经过二分频后即得到整个单片机工作系统的状态（用 S 表示），一个状态有两个节拍，前半周期对应的节拍定义为 P1，后半周期对应的节拍定义为 P2。

2. 机器周期

机器周期定义为实现特定功能所需的时间。MCS-51 有固定的机器周期，规定一个机器周期有 6 个状态，分别表示为 S1～S6，而一个状态包含两个节拍，那么一个机器周期就有 12 个节拍（记为 S1P1，S1P2，…，S6P1，S6P2），即一个机器周期由 12 个时钟周期构成，机器周期就是振荡脉冲的 12 分频。

3. 指令周期

执行一条指令所需要的时间称为指令周期，指令周期是时序中的最大单位。由于机器执行不同指令所需的时间不同，因此不同指令所包含的机器周期数也不尽相同。MCS-51 的指令可能包括 1～4 个不等的机器周期。通常，包含一个机器周期的指令称为单周期指令，包含两个机器周期的指令称为双周期指令等。各时序单位之间的关系如图 2.10 所示。

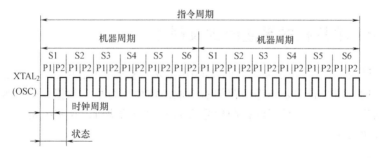

图 2.10　各时序单位之间的关系

例如，石英振荡器的频率为 $f_{osc} = 12\text{MHz}$，则

$$时钟周期 = \frac{1}{f_{osc}} = \frac{1}{12\text{MHz}} = 0.0833\mu s$$

$$状态周期 = 2 \times 时钟周期 = 0.167 \mu s$$
$$机器周期 = 12 \times 时钟周期 = 1 \mu s$$
$$指令周期 = (1 \sim 4) \times 机器周期 = 1 \sim 4 \mu s$$

💡 **特别提示**：指令的运算速度与其包含的机器周期数和时钟周期有关，机器周期数越少、时钟周期越短，其执行速度越快。

2.3.3　典型时序分析

1. MCS-51 指令的取指/执行时序

程序是由指令组成的集合，执行程序的过程就是执行指令的过程。单片机执行任何一条指令时都可以分为取指和执行两个阶段。在取指阶段，CPU 从程序存储器中取出指令操作码，送指令寄存器，再经指令译码器译码，产生一系列控制信号，然后进入指令执行阶段。在指令执行阶段，利用指令译码器产生的控制信号，完成本指令规定的操作。MCS-51 指令系统共有 111 条指令，按字节的长度可分为单字节指令、双字节指令和三字节指令。机器执行这些指令需要的时间是不同的，也就是说，它们所需的机器周期数不同，可分为单字节单周期指令、单字节双周期指令、单字节四周期指令、双字节单周期指令、双字节双周期指令、三字节双周期指令等几种形式。

图 2.11 所示描述了单周期指令和双周期指令的取指及执行时序。图中的 ALE 信号是用于锁存地址的选通信号，显然，每出现一次该信号，单片机就进行一次读指令操作。从图 2.11 中可看出，该信号是时钟频率 6 分频后得到的。在一个机器周期中，ALE 信号两次有效，第一次在 S1P2 和 S2P1 期间，第二次在 S4P2 和 S5P1 期间。

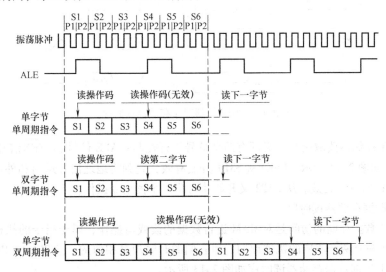

图 2.11　MCS-51 指令的取指及执行时序

下面介绍几个典型指令的时序：

① 单字节单周期指令：单字节单周期指令只进行一次读指令操作，当第二个 ALE 信号有效时，PC 并不加 1，读出的还是原指令，属于一次无效的读操作。

② 双字节单周期指令：这类指令两次的 ALE 信号都是有效的，区别是，第一个 ALE 信号有效时，读的是操作码；第二个 ALE 信号有效时，读的是操作数。

③ 单字节双周期指令：这类指令的两个机器周期需进行四次读指令操作，但只有第一次读

操作是有效的，后三次的读操作均为无效操作。

单字节双周期指令有一种特殊的情况，像 MOVX 这类指令，执行这类指令时，先在 ROM 中读取指令，然后对外部数据存储器进行读或写操作，第一个机器周期的第一次读指令操作为有效，而第二次读指令操作则为无效。在第二个指令周期时，访问外部数据存储器，此时，ALE 信号对其操作无影响，即不会再有读指令操作动作。

在图 2.11 中只描述了指令的读取状态，而没有画出指令执行时序，因为每条指令都包含了具体的操作数，而操作数类型种类繁多，这里不便列出，有兴趣的读者可参阅有关书籍。

2. 访问片外 ROM/RAM 指令的时序

（1）外部程序存储器读时序

8051 外部程序存储器读时序如图 2.12 所示。图中，P0 口提供低 8 位地址，P2 口提供高 8 位地址，S2 结束前，P0 口上的低 8 位地址是有效的，之后出现在 P0 口上的就不再是低 8 位的地址信号，而是指令数据信号。当然，地址信号与指令数据信号之间有一段缓冲的过渡时间，这就要求，在 S2 期间必须用 ALE 选通脉冲去控制锁存器，把低 8 位地址予以锁存。P2 口只输出地址信号，而没有指令数据信号，整个机器周期地址信号都是有效的，因而无需锁存这一地址信号。

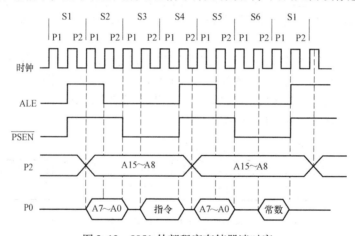

图 2.12　8051 外部程序存储器读时序

从外部程序存储器读取指令，必须有两个信号进行控制：ALE 信号和 $\overline{PSEN}$ 信号（外部 ROM 读选通脉冲）。如图 2.12 所示，$\overline{PSEN}$ 从 S3P1 开始有效，直到将地址信号送出和外部程序存储器的数据读入 CPU 后方才失效。从 S4P2 又开始执行第二个读指令操作。

（2）外部数据存储器读时序

CPU 对外部数据存储的访问是对 RAM 进行数据的读或写操作，属于指令的执行周期。值得一提的是，读或写是两个不同的机器周期，但它们的时序却是相似的。这里只对 RAM 的读时序进行分析，8051 外部数据存储器读时序如图 2.13 所示。

图 2.13 中的第一个机器周期是取指阶段，从 ROM 中读取指令数据，第二个机器周期才开始读取外部数据存储器 RAM 中的内容。在 S4 结束后，先把需读取的 RAM 中的地址放到总线上，包括 P0 口上的低 8 位地址 A0 ~ A7 和 P2 口上的高 8 位地址 A8 ~ A15。当 $\overline{RD}$ 选通脉冲有效时，将 RAM 的数据通过 P0 数据总线读入 CPU。第二个机器周期的 ALE 信号仍然出现，进行一次外部 ROM 的读操作，但是这一次的读操作属于无效操作。

对外部 RAM 进行写操作时，CPU 输出的则是 $\overline{WR}$（写选通信号），将数据通过 P0 数据总线写入外部数据存储器中。

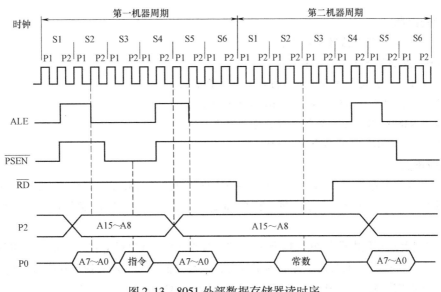

图 2.13　8051 外部数据存储器读时序

2.4　MCS-51 单片机的工作方式

单片机的工作方式是进行系统设计的基础，也是单片机应用技术人员必须熟悉的问题。MCS-51 系列单片机的工作方式可分为复位方式、程序执行方式、节电工作方式和 EPROM 编程和校验方式等，本节主要介绍其中的几种。

2.4.1　复位方式

系统开始运行和重新启动靠复位电路来实现，这种工作方式称为复位方式。单片机在开机时都需要复位，以便 CPU 及其他功能部件都处于一种确定的初始状态，并从这个状态开始工作。MCS-51 单片机的 RST 引脚是复位信号的输入端，复位信号高电平有效。进行复位操作时，外部电路需在 RST 引脚产生两个机器周期（即 24 个时钟周期）以上的高电平。例如，若 MCS-51 单片机的时钟频率为 12MHz，则复位脉冲宽度应在 $2\mu s$ 以上。

1. 单片机复位后的工作状态

当单片机 RST 引脚上出现复位信号后，CPU 回到初始状态，但不影响内部 RAM 中的内容。程序计数器 PC 的值回复到 0000H，复位后，8051 的各个特殊功能寄存器的初始状态见表 2.6。

表 2.6　8051 的各个特殊功能寄存器的初始状态

特殊功能寄存器	初 始 态	特殊功能寄存器	初 始 态
ACC	00H	B	00H
PSW	00H	SP	07H
DPH	00H	TH0	00H
DPL	00H	TL0	00H
IP	× × ×0 0000B	TH1	00H
IE	0 × ×0 0000B	TL1	00H
TMOD	00H	TCON	00H
SCON	00H	SBUF	× × × ×　× × × ×B
P0 ~ P3	1111 1111B	PCON	0 × × ×　× × × ×B

💡 **特别提示:**

表2.6中"×"符号为随机状态;

A = 00H,表明累加器被清零;

PSW = 00H,表明选寄存器0组为当前工作寄存器组;

SP = 07H,表明堆栈指针指向片内 RAM 07H 单元;

IP = × × ×00000B,表明各个中断源处于低优先级;

IE = 0 × ×00000B,表明各个中断均被关断。

2. 复位电路

上电自动复位电路如图2.14所示,接入 +5V 的电源,在电阻 R 上可获得正脉冲,只要保持正脉冲的宽度大于24个时钟周期(两个机器周期),就可使单片机可靠复位。一般电阻 R 选 8.2k Ω。

上电/按键手动复位电路如图2.15所示,按下按键 SW,电源对电容 C 充电,使 RST 端快速到达高电平;松开按键,电容向芯片的内阻放电,恢复为低电平,从而使单片机可靠复位。既可上电复位,又可按键复位。一般 R_1 选 470 Ω,R_2 选 8.2k Ω,C 选 22 μF。

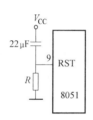

图 2.14 上电自动复位电路

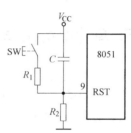

图 2.15 上电/按键手动复位电路

2.4.2 程序执行方式

程序执行方式是单片机基本工作方式,它又分为连续执行工作方式和单步执行工作方式两种。

1. 连续执行工作方式

连续执行工作方式是所有单片机都需要的一种方式。由于单片机复位后 PC 值为 0000H,因此单片机在上电或按键复位后总是转到 0000H 处执行程序,但是用户程序并不在 0000H 开始的存储器单元中,为此需要在 0000H 处放上一条无条件转移指令,以便跳转到用户程序的实际入口地址处执行程序。单片机按照程序事先编排的任务,自动连续地执行下去。

2. 单步执行工作方式

单步执行工作方式是用户调试程序的一种工作方式,在单片机开发系统上有一个专用的单步按键,按一次,单片机就执行一条指令(仅仅执行一条),这样就可以逐条检查程序,发现问题进行修改。

单步执行方式是利用单片机外部中断功能实现的。单步执行键相当于外部中断的中断源,当它被按下时,相应电路就产生一个负脉冲(即中断请求信号),送到单片机的 $\overline{INT0}$(或 $\overline{INT1}$)引脚,MCS-51 单片机在 $\overline{INT0}$ 上的负脉冲作用下,便能自动执行预先安排在中断服务程序中的单步执行指令,执行完毕后中断返回。

2.4.3　节电工作方式

节电工作方式是一种能降低单片机功耗的工作方式，通常可分为空闲（等待）方式和掉电（停机）方式，是针对 CHMOS 型芯片而设计的，是一种低功耗的工作方式。HMOS 型单片机本身功耗大，不能工作在节电方式，但有一种掉电保护功能。

1. HMOS 型单片机的掉电保护

当 V_{CC} 突然掉电时，备用电源 V_{PD} 可以维持内部 RAM 中的数据不丢失。

保护过程是：V_{CC} 掉电（或低于下限值）时，产生外部中断，CPU 响应，将必须保护的数据送入内部 RAM，V_{CC} 继续减小，V_{PD} 继续增大，当 $V_{PD} > V_{CC}$ 时，由 V_{PD} 供电。

恢复过程是：V_{CC} 来电，V_{PD} 继续供电，单片机复位，V_{PD} 撤出，V_{CC} 供电。

2. CHMOS 型单片机的节电方式

CHMOS 型单片机是一种低功耗器件，正常工作时电流为 11 ~ 22mA，空闲状态时电流为 1.7 ~ 5mA，掉电方式为 5 ~ 50μA。因此，CHMOS 型单片机特别适用于低功耗应用场合，它的空闲方式和掉电方式都由电源控制寄存器 PCON 中相应的位来控制。

（1）电源控制寄存器 PCON

电源控制寄存器 PCON 各位的定义见表 2.7。

表 2.7　电源控制寄存器 PCON 各位的定义

	D7	D6	D5	D4	D3	D2	D1	D0
地址（87H）	SMOD				GF1	GF0	PD	IDL

① IDL 为空闲方式控制位，为 1 时，单片机进入空闲待机工作方式。

② PD 为掉电方式控制位，为 1 时，单片机进入掉电工作方式。

IDL 和 PD 同时为 1，则进入掉电工作方式，同时为 0，则工作在正常运行状态。

③ GF0、GF1 为通用标志位，描述中断来自正常运行还是来自空闲方式，用户可通过指令设定它们的状态。

④ SMOD 为串行口波特率倍率控制位，用于串行通信。

（2）空闲工作方式

将 IDL 位置为 1（用指令 MOV　PCON，　#01H），则 $\overline{\text{IDL}}$ = 0，如图 2.16 所示。其功能如下：

① 封锁了进入 CPU 的时钟，CPU 进入空闲待机状态，所以功耗很小。

② 中断系统、串行口、定时器/计数器，仍有时钟信号，继续工作。

③ 因为 CPU 的时钟被封住，换句话说，就是原地踏步，所以与之相关的寄存器也处于"冻结"状态（ALE、$\overline{\text{PSEN}}$ 均为高电平）。

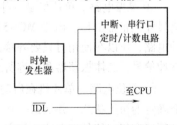

图 2.16　空闲工作方式控制电路

④ 退出空闲状态有两种方法：一是中断退出，由于中断系统仍在工作，所以一旦中断请求有效时，IDL 自动清 0，机器执行中断服务程序，完毕后返回空闲状态时的下一条指令去执行；二是硬件复位退出，按复位键，迫使 IDL 清 0。

（3）掉电工作方式

① 将 PD 置为 1（用指令 MOV　PCON，　#02H），可使单片机进入掉电工作方式。此时振荡器停振，只有片内的 RAM 和 SFR 中的数据保持不变，而包括中断系统在内的全部电路都将处

于停止工作状态。

② 使用掉电工作方式时，需关闭所有外部设备，以保持整个系统的低功耗。

③ 要想退出掉电工作方式，只能采用硬件复位，即需要在 RST 引脚上外加一个足够宽的复位脉冲，使 8051 复位。不能采用中断唤醒的方法退出掉电工作方式。

④ 欲使 8051 从掉电方式退出后继续执行掉电前的程序，则必须在掉电前预先把 SFR 中的内容保存到片内 RAM 中，并在掉电方式退出后恢复 SFR 掉电前的内容。因为掉电方式的退出采用的是硬件复位，复位后 SFR 为初始化的内容。

2.4.4 编程和校验方式

编程和校验方式用于内部含有 EPROM 的单片机芯片（如 8751），一般的单片机开发系统都提供实现这种方式的设备和功能。

编程的主要操作是将原始程序和数据写入内部 EPROM 中。编程时，要在引脚 V_{PP} 端提供稳定的编程电压，从 P0 口输入编程信息，当编程脉冲输入端 $\overline{PROG}$ 输入 52ms 宽度的负脉冲时，就完成一次写入操作。

校验的主要操作是在向片内程序存储器 EPROM 写入信息时或写入信息后，可将片内 EPROM 的内容读出进行校验，以保证写入信息的正确性。

2.5 MCS-51 单片机最小系统

单片机最小应用系统是指一个真正可用的单片机最小配置系统。MCS-51 系列单片机最小应用系统一般包括主控单片机、电源电路、复位电路、晶振电路和输入输出接口。单片机最小应用系统结构如图 2.17 所示。

① 单片机。在单片机应用系统中，单片机是核心部件，能够自动完成用户赋予它的任务。

② 电源电路。单片机是一种超大规模集成电路，在该集成电路内有成千上万个晶体管或场效应晶体管。因此，要使单片机正常运行，就必须为其供给能量，即为片内的晶体管或场效应晶体管提供电源，使其能工作在相应的状态。

③ 晶振电路。单片机是一种时序电路，必须为其提供脉冲信号才能正常工作。由于 MCS-51 系列单片机内部已集成了时钟电路，所以在使用时只要外接晶体振荡器和电容就可以产生脉冲信号。晶体振荡器和电容所组成的电路称为晶振电路。

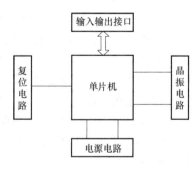

图 2.17 单片机最小应用系统结构

④ 复位电路。单片机在启动运行时，都需要先复位，使 CPU 和系统中的其他部件都处于一个确定的初始状态，并从这个状态开始工作。MCS-51 系列单片机本身，一般不能自动进行复位，必须配合相应的外部电路才能实现。复位电路的作用就是使单片机在上电时能够复位或运行出错时进入复位状态。

⑤ 输入输出接口。单片机通过输入输出接口与外界交换信息。例如，单片机与外部设备可通过并行或串行 I/O 接口连接。I/O 接口的驱动能力有限，驱动能力不足时，可接驱动器。

根据片内有无程序存储器，MCS-51 单片机最小系统分为两种情况。

8051/8751 片内有 4KB 的 ROM，其最小系统只需要外接晶体振荡器和复位电路就可构成最小系统。其电路如图 2.18 所示。

该最小系统的特点如下：

① 由于片外没有扩展存储器和外部设备，P0、P1、P2、P3 都可以作为用户 I/O 口使用；

② 片内数据存储器有 128B，地址空间为 00 ~ FFH，没有片外数据存储器；

③ 内部有 4KB 程序存储器，地址空间为 0000H ~ 0FFFH，没有片外程序存储器，$\overline{EA}$ 引脚接高电平；

④ 可以使用两个定时/计数 T0 和 T1，一个全双工的串行通信接口和五个中断源。

8031 片内无程序存储器，因此，在构成最小应用系统时不仅需外接晶体振荡器和复位电路，还必须外扩程序存储器。$\overline{EA}$ 引脚接地。

MCS-51 最小系统由单一 + 5V 供电。晶振频率范围 1.2 ~ 12MHz，串行通信时多选择

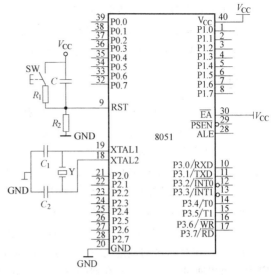

图 2.18　MCS-51 单片机最小系统硬件电路

11.0592MHz，C_1、C_2 振荡电容一般取值 10 ~ 30pF，典型值为 30pF。上电/按键复位电路，C 为电解电容，连接时注意电容的正负极。C 选 22μF 或 10μF，R_1 选 470 Ω 或 1k Ω，R_2 选 8.2k Ω 或 10k Ω。

2.6　实验与实训

2.6.1　单片机最小系统硬件电路

按照图 2.18 所示的 MCS-51 单片机最小系统硬件电路，在单片机教学实验系统的自由扩展区内安装好电路（或在面包板或万能插板上用实物连接好电路）。连接过程中应确保连线可靠接触。

2.6.2　复位、晶振、ALE 信号的观察

1. 电路安装

按照 MCS-51 单片机最小系统的电路原理图在复位 RST（9 引脚）、晶振 XTAL2（18 引脚）、地址锁存 ALE（30 引脚）上安装好接线端子。

2. 信号观察

① 用示波器或万用表观察单片机复位状态电信号。将示波器的探针接到 RST 引脚上，上电时观察并记录上电复位电信号波形，上电后观察用按键复位的电信号波形并记录。观察并说明复位高电平持续时间与什么有关。

② 用示波器观察单片机上电复位后的晶振信号 XTAL2 波形，观察并记录振荡波形，进行周期的测量。

③ 用示波器观察单片机上电复位后的 ALE 信号波形，观察并记录振荡波形，进行周期的测量。

说明测得的 XTAL2 引脚和 ALE 引脚上的波形两者之间的周期性关系。

☀ **特别提示：**

8051 单片机最小系统硬件电路工作条件：

① 系统供电，V_{cc}（40 引脚）与 GND（20 引脚）之间 + 5V 电压；

② $\overline{EA}$（31 引脚）接高电平 +5V；

③ RST（9 引脚）系统上电瞬间高电平，经过一段时间变为低电平；

④ 在 XTAL2（18 引脚）上输出正弦波。

习题 2

1. MCS-51 单片机是基于（　　）结构的，其特点是（　　　　　　　　　　）。

2. CPU 由（　　）和（　　）组成。

3. 8051 芯片的引脚可以分为三类：（　　）、（　　）和（　　）。

4. 当 MCS-51 引脚 ALE 信号有效时，表示从 P0 口稳定地送出了（　　）。

5. MCS-51 的堆栈是软件设置堆栈指针临时在（　　）内开辟的区域。

6. MCS-51 中特殊功能寄存器字节地址（　　）均能位寻址。

7. MCS-51 片内 RAM（　　）范围内的数据存储器，既可字节寻址又可位寻址。

8. 通用寄存器区的地址为（　　），分为（　　）组通用寄存器，每组均为 R0 ~ R7。在程序中，可以通过（　　）寄存器的（　　）和（　　）位来进行设置。

9. 8031 单片机复位后，R4 所对应的存储单元的地址为（　　），因上电时 PSW =（　　）。这时当前的工作寄存器区是（　　）组工作寄存器区。

10. MCS-51 系统中，若晶振频率为 6MHz，则一个机器周期等于（　　）μs。

  A. 1   B. 3   C. 2   D. 0.5

11. MCS-51 的时钟最高频率是（　　）。

  A. 12MHz   B. 6MHz   C. 8MHz   D. 10MHz

12. 以下不是构成的控制器部件（　　）

  A. 程序计数器   B. 指令寄存器   C. 指令译码器   D. 存储器

13. 下列不是单片机总线的是（　　）。

  A. 地址总线   B. 控制总线   C. 数据总线   D. 输出总线

14. 典型的 8051 单片机的结构为（　　）。

  A. 哈佛结构   B. 普林斯顿结构   C. 冯·诺伊曼结构   D. 以上都不是

15. 51 系列单片机可以寻址（　　）的程序存储空间。

  A. 64KB   B. 32KB   C. 8KB   D. 4KB

16. 算术逻辑部件（ALU）不可以执行如下哪个操作（　　）。

  A. 加法   B. 减法   C. 逻辑运算   D. 傅里叶变换

17. PC 的值是（　　）。

  A. 当前正在执行指令的前一条指令的地址

  B. 当前正在执行指令的地址

  C. 当前正在执行指令的下一条指令的地址

  D. 控制器中指令寄存器的地址

18. PSW =18H 时，当前工作寄存器是（　　）。

  A. 0 组   B. 1 组   C. 2 组   D. 3 组

19. MCS-51 上电复位后，SP 的内容应是（　　）。

  A. 00H   B. 07H   C. 60H   D. 70H

20. 采用 8031 单片机必须扩展（　　）。

  A. 数据存储器   B. 程序存储器   C. I/O 接口   D. 显示接口

21. MCS-51 单片机内部由哪些功能部件组成，各有什么功能？

22. 说明 MCS-51 单片机的引脚$\overline{EA}$的作用，该引脚接高电平和接低电平时各有何种功能？8031 的引脚应如何处理？为什么？

23. 微机系统存储器结构有哪几种？MCS-51 单片机属于哪一类？可寻址多大空间？

24. 8051 单片机存储器的组织结构是怎样的？

25. 片内数据存储器分为哪几个性质和用途不同的区域？

26. PC 是什么寄存器？是否属于特殊功能寄存器？它有什么作用？

27. DPTR 是什么寄存器？它由哪些特殊功能寄存器组成？它的主要作用是什么？

28. 什么是时钟周期？什么是机器周期？什么是指令周期？当振荡频率为 6MHz 时，一个机器周期为多少微秒？

29. 什么是复位？MCS-51 单片机复位条件？复位电路有哪几种，工作原理分别是什么？

第3章　MCS-51单片机汇编语言与程序设计

内容提示

单片机系统只有硬件（称为裸机）是不能工作的，必须配备各种功能的软件，才能发挥其运算、测控等功能，而软件中最基本的就是指令系统。能够被微机直接识别的语言是用二进制代码形式表达的机器语言，但机器语言难以记忆，也难以编程和修改。因而出现了用便于记忆的符号（助记符）表达的汇编语言。汇编语言程序是由指令序列组成的，指令是用来指挥和控制计算机进行某种操作的命令，所有指令的集合被称为该计算机的指令系统。理解和熟练掌握指令系统是学习和使用单片机一个非常重要的环节。本章主要介绍 MCS-51 单片机的汇编语言指令系统、寻址方式、语句格式，汇编语言基本程序结构和程序设计的基本思想、基本方法。

学习目标

◇ 掌握 MCS-51 单片机指令的基本格式和寻址方式；
◇ 掌握 MCS-51 单片机的指令系统；
◇ 掌握汇编语言基本程序结构及编写方法；
◇ 理解熟悉汇编语言程序设计的基本思想、基本方法和调试方法。

知识结构

本章知识结构如图 3.1 所示。

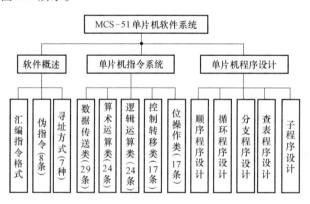

图 3.1　本章知识结构

引言

单片机应用系统的硬件部分类似人的躯体，而软件部分就像人的灵魂和精神。灵活多变的软件编程技术可以赋予单片机应用系统丰富多彩的"生命力"。程序的编写对系统的稳定性及功能的发挥至关重要。

MCS-51 单片机的程序设计主要采用两种语言：一种是汇编语言；另一种是高级语言（如C51）。汇编语言生成的目标程序占存储空间少、运行速度快，具有效率高、实时性强的优点，适合于编写短小高速的程序。采用高级语言进行程序设计，对系统的功能描述与实现比用汇编语言简单，程序的阅读、修改和移植比较方便，适合于编写复杂一些的程序。汇编语言面向机器，对单片机的硬件资源操作直接、概念清晰。

汇编语言是面向机器的，作为一个从事单片机系统开发的科技人员只有理解掌握了汇编语言程序设计，才能真正理解单片机的工作原理以及软件对硬件的控制关系。因此，单片机编程初学者最好是由汇编转用 C 语言，而不是一开始就使用 C 语言编程。

3.1　概述

一台计算机所能识别、执行的指令的集合就是它的指令系统。指令系统是一套控制计算机执行操作的编码，通常称为机器语言。机器语言指令是计算机唯一能识别和执行的指令。为了容易理解，便于记忆和使用，通常使用汇编语言（符号指令）来描述计算机的指令系统。指令系统是由计算机硬件设计所决定的。由生产厂商提供的计算机指令系统是用户必须理解和遵循的标准。指令系统没有通用性。

单片机一般是空机，未含任何系统软件。因此，在第一次使用前，必须对其进行编程，将系统程序固化在芯片内。汇编语言虽然比高级语言烦琐，但它能充分地发挥指令系统的功能和效率，可获得最简练的目标程序，特别是在一些实时控制系统中，采用汇编语言可以准确地计算出控制操作时间。因此，对单片机用户来说，掌握指令系统和汇编语言程序设计就显得十分重要。

3.1.1　汇编语言程序的组成

汇编语言源程序是由汇编语句组成的。一般情况下，汇编语句可分为指令性语句（即汇编指令）和指示性语句（即伪指令）。

1. 指令性语句

指令性语句由指令系统所定义的汇编指令组成（简称指令），是进行汇编语言程序设计的可执行语句，每条指令都产生相应的机器语言的目标代码。源程序的主要功能是由指令性语句去完成的。指令性语句的格式在本章 3.1.2 节中介绍，指令系统在本章 3.3 节中介绍。

2. 指示性语句

指示性语句（伪指令）又称为汇编控制指令。它是控制汇编（翻译）过程的一些命令，是程序员通过伪指令要求汇编程序在进行汇编时的一些操作。因此，伪指令不产生机器语言的目标代码，是汇编语言程序中的不可执行语句。伪指令主要用于指定源程序存放的起始地址、定义符号、指定暂存数据的存储区以及将数据存入存储器、结束汇编等。一旦源程序被汇编成目标程序后，伪指令就不再出现（即它并不生成目标程序），而仅仅在对源程序的汇编过程中起作用。因此，伪指令给程序员编制源程序带来很多方便。伪指令在本章 3.1.2 节中介绍。

💡 **特别提示**：汇编过程和程序的执行过程是两个不同的概念，汇编过程是将源程序翻译成机器语言的目标代码，此代码按照伪指令的安排存入存储器中。程序的执行过程是由 CPU 从存储器中逐条取出目标代码并逐条执行，完成程序设计的主要功能。

3.1.2　汇编语言指令格式与伪指令

1. 常用单位与术语

位（bit）：位是计算机所能表示的最小的、最基本的数据单位。由于计算机中使用的是二进制数，因此，位就是指一个二进制位。

字节（Byte）：一个连续的8位二进制数码称为一个字节，即1Byte＝8bit。

字（Word）：通常由16位二进制数码组成，即1Word＝2Byte。

字长：字长是指计算机一次处理二进制数码位的多少。MCS-51型单片机是8位机，所以说它的字长为8位。

2. 汇编语言指令格式

指令的表示方式称为指令格式，它规定了指令的长度和内部信息的安排。完整的指令格式如下：

```
[标号:] 操作码 [操作数] [,操作数] [;注释]
START:  MOV   30H    ,A    ;(30H)←(A)
```

其中，［　］项是可选项。

标号：指本条指令起始地址的符号，也称为指令的符号地址。标号代表该条指令在程序编译时的具体地址，可以被其他语句调用。从形式上看，标号是由1～8个ASCII码的字符组成的字符串，但第一个字符必须是字母，其余可以是字母、数字或符号。结尾处用分界符"："。

操作码：又称助记符，它是由对应的英文缩写构成的，是指令语句的关键。它规定了指令具体的操作功能，描述指令的操作性质，是一条指令中不可缺少的内容。汇编语言程序根据操作码汇编成机器码。如果汇编后的机器码是供单片机执行的指令，就称此指令语句为可执行语句；否则，就称此指令语句为非可执行语句。

操作数：它既可以是一个具体的数据，也可以是存放数据的地址。在一条指令中可以有多个操作数，也可以一个操作数也没有。第一个操作数与操作码之间至少要有一个空格，操作数与操作数之间需用逗号"，"分隔。操作数中的常数可以用二进制（B）、八进制（Q）、十进制（省略）、十六（H）进制数表示（若用十六进制数，最高位以A以上的数开头时，前面需加0，否则机器不识别）。

注释：注释也是指令语句的可选项，它是为增加程序的可读性而设置的，是针对某指令而添加的说明性文字，不产生可执行的目标代码。注释前一定要加分号。可以在一行内仅有注释语句，此行即是一个注释行。

【例3.1】 MOV A，#00H

分析： MOV是操作码（Move），表示该指令的功能是数据传送，A与#00H都是操作数，执行后的结果为（A）＝00H。

【例3.2】 INC R0

分析： INC是操作码（Increment），表示该指令的功能是加1，R0是操作数，执行后的结果为R0寄存器的内容加1。

【例3.3】 NOP ；空操作

分析： NOP是操作码，没有操作数。表示该指令的功能是不做任何操作（空操作）。

3. 伪指令

汇编语言除了定义汇编语言指令外，还定义了一些伪指令。伪指令是程序员发给汇编程序的命令，用来设置符号值、保留和初始化存储空间、控制用户程序代码的位置等，所以也称为汇编程序的控制命令。伪指令只出现在汇编前的源程序中，仅提供汇编用的某些控制信息，不产生可执行的目标代码，是CPU不能执行的指令。下面说明MCS-51常用的伪指令。

（1）定位伪指令ORG

格式：ORG　n

其中，n通常为绝对地址，可以是十六进制数、标号或表达式。

功能：放在程序或数据块的前面，说明紧跟其后的程序段或数据块的起始地址（生成机器指令的起始存储器地址）。在一个汇编语言源程序中允许存在多条定位伪指令，但每一个 n 值都应和前面生成的机器指令存放地址不重叠。

【例3.4】　说明下列指令完成的功能。

```
        ORG  0100H
START:  MOV  A,#78H
        …
        ORG  0500H
LOOP:   MOV  R0,#80H
```

说明：第一条指令 ORG 指定了标号为 START 起始的程序段的地址为 100H，即 MOV A，#78H指令及其后面的指令汇编成的机器码存放在 100H 开始的程序存储单元中。第二条 ORG 指令指定了标号为 LOOP 起始的程序段的地址为 500H。从 START 地址开始的程序段所占的存储地址最多只能到 4FFH，否则就会与 LOOP 开始的程序段的地址重叠。地址重叠的程序在编译时并不会发生错误，但运行时会产生错误。

（2）结束汇编伪指令 END

格式：[标号：]　　END　　[表达式]

功能：放在汇编语言源程序的末尾，表明源程序到此结束，通知汇编程序结束汇编。在 END 之后即使还有指令，汇编程序也不予处理。END 伪指令只有在某些主程序模块中才具有"表达式"项，且表达式的值等于该程序模块的入口地址。

一般在程序的最后需要一条 END 伪指令，否则汇编程序编译时会提出警告，当然这并不会影响程序的正常运行。

（3）赋值伪指令 EQU

格式：字符名称 x　　EQU　　赋值项 n

功能：给字符名称 x 赋予一个特定的值 n，赋值后，其值在整个程序中有效。赋值项 n 可以是常数、地址、标号或表达式。赋值后的字符名称 x 既可以作为数据地址、代码地址或位地址使用，也可以作为立即数使用；可以是 8 位的，也可以是 16 位的。在使用时，必须先赋值后使用。

"字符名称"与"标号"的区别是，"字符名称"后无冒号"："，而"标号"后面有冒号。

【例3.5】　说明下列指令的功能（用注释语句标注）。

```
LE  EQU  09CDH    ；LE定义了一个16位地址(可以是一个子程序入口)
LG  EQU  10H      ；LG与10H等值
DE  EQU  30H      ；DE与30H等值
MOV A,   LG       ；将10H中的内容送入A中
MOV R1,  DE       ；将30H中的内容送入R1中
```

说明：见注释语句。

（4）定义字节伪指令 DB

格式：[标号：]　　DB　　x_1，x_2，…，x_n

功能：通知汇编程序从当前程序存储器地址开始，将 DB 后面的数据存入存储单元中，即把 x_1，x_2，…，x_n 存入从标号开始的连续单元中。x_i 可以是 8 位数据、ASCII 码、表达式，也可以是括在单引号内的字符串。两个数据之间用逗号"，"分隔。

x_i 为数值常数时，取值范围为 00H ~ FFH；x_i 为 ASCII 码时，要使用单引号（' '），以示区别；x_i 为字符串常数时，其长度不应超过 80 个字符。

【例3.6】　说明下列指令的功能。

```
ORG  0100H
DB  20H,21H,22H
```

说明：此时表示（0100H）=20H，（0101H）=21H，（0102H）=22H。

【例3.7】　说明下列指令的功能。

```
ORG  2000
DB'03'
```

说明：此时'03'为字符串常数，其中，'0'表示ASCII码中的0，'3'表示ASCII码中的3，即（2000H）=30H，（2001H）=33H。

💡 **特别提示**：DB使用时，数据项与项之间用"，"分隔；字符型数据加'　'；数据可以采用二进制、十六进制及ASCII码等形式表示；省去标号不影响指令的功能；负数需转换成补码表示；可以多次使用。

（5）定义双字节伪指令DW

格式：［标号：］　　DW　x_1，x_2，…，x_n

功能：从标号指定地址单元开始，在程序存储器中定义16位的数据字，即把x_1，x_2，…，x_n存入从标号开始的的连续单元中。其中，x_i为16位数值常数，所以占两个存储单元，先存高8位（存入低位地址单元中），后存低8位（存入高位地址单元中）。

【例3.8】　说明下列指令的功能。

```
ORG  2100H
DW  1226H,0562H
```

说明：此时表示（2100H）=12H，（2101H）=26H，（2102H）=05H，（2103H）=62H。

注：DB和DW定义的数据表，数据表的个数不得超过80个，可以用多个定义命令定义多于80个的数据表。在MCS-51的程序设计中，常用DB定义数据，用DW定义地址。

（6）预留存储空间伪指令DS

格式：［标号：］　　DS　n

功能：从标号指定地址单元开始，预留n个单元的存储单元，汇编时，不对这些存储单元赋值。n可以是数据，也可以是表达式。

【例3.9】　说明下列指令的功能。

```
        ORG  2200H
STOR:   DS  06H
        DB  21H,22H
```

说明：此时表示从2200H单元开始，连续预留6个单元，然后从2206H单元开始按DB伪指令处理，即（2206H）=21H，（2207H）=22H。

（7）定义位地址符号伪指令BIT

格式：字符名称x　BIT　位地址n

功能：给字符名称x赋以位地址。其中，位地址n可以是绝对地址，也可以是符号地址。

【例3.10】　说明下列指令的功能。

```
LP1  BIT  P1.1
LP2  BIT  02H
```

说明：此时表示P1口位1的地址（91H）赋给了LP1，而LP2的值为02H。在其后的编程中，LP1、LP2可以作为位地址使用。

（8）数据地址赋值伪指令DATA

格式：字符名称 x　DATA　表达式 n

功能：把表达式 n 的值赋值给左边的字符名称 x。其中，表达式 n 可以是数据或地址，也可以是包含所定义的"字符名称 x"在内的表达式，但不能是汇编符号（如 R0、R1 等）。

DATA 与 EQU 的主要区别是，EQU 定义的"字符名称"必须先定义后使用，而 DATA 定义的"字符名称"没有这种限制，所以，DATA 伪指令通常用在源程序的开头或末尾。

有些汇编语言中，8 位数据或地址用 DATA 定义，16 位数据或地址用 XDATA 定义，XDATA 的格式与 DATA 相同。

3.1.3　指令的分类

1. 指令的分类

MCS-51 系列单片机的指令系统采用 RISC 指令集，具有精简、高效的特点。在 MCS-51 系列单片机中，有一个位（布尔）处理器，可以对可寻址的位进行操作，又称作布尔操作类指令，这是此系列单片机的一大特点。MCS-51 指令系统有 111 条指令，可按下列几种方式分类：

① 按指令字节数不同，可将指令分为单字节指令（49 条）、双字节指令（46 条）和三字节指令（16 条）。这几个字节中，必须一个表示的是操作，其余表示的是操作数的地址或操作数本身。

② 按指令执行时间不同，可将指令分为单机器周期指令（65 条）、双机器周期指令（44 条）和四机器周期指令（2 条）。在晶振频率为 12MHz 的条件下，单机器周期、双机器周期、四机器周期指令的指令周期分别为 $1\mu s$、$2\mu s$、$4\mu s$。可以据此判断一段程序执行时所需时间的长短。

③ 按功能不同，可将指令分为数据传送指令（29 条）、算术操作指令（24 条）、逻辑操作指令（24 条）、控制转移指令（17 条）和位操作指令（17 条）。

2. 指令中的常用符号

MCS-51 指令系统中，除操作码字段采用了 44 种操作码助记符外，还在源操作数和目的操作数字段使用了一些符号，这些符号的含义归纳如下：

Rn（n = 0 ~ 7）：表示当前工作寄存器 R0 ~ R7 中的任意寄存器。

Ri（i = 0 或 1）：表示当前选中的寄存器是通用寄存器组中用于间接寻址的两个寄存器 R0，R1。

#data：表示 8 位直接参与操作的立即数。可以用二进制（B）、八进制（Q）、十进制（省略）、十六进制（H）数表示。

#data16：表示 16 位直接参与操作的立即数。

direct：表示片内 RAM 的 8 位单元地址。既可以是片内 RAM 的低 128B 的单元地址，也可以是高 128B 中特殊功能寄存器 SFR 的单元地址或符号地址。指令中的 direct 表示直接寻址方式。

addr11：表示 11 位目的地址，主要用于 ACALL 和 AJMP 指令中。

addr16：表示 16 位目的地址，主要用于 LCALL 和 LJMP 指令中。

rel：用补码形式表示的 8 位二进制地址偏移量，取值范围为 –128 ~ + 127，主要用于相对转移指令，以形成转移的目的地址。

DPTR：表示数据指针，可作为 16 位地址寄存器，用于寄存器间接寻址方式和变址寻址方式。

bit：表示片内 RAM 的位寻址区，或者是可以位寻址的 SFR 的位地址。

A（或 ACC）：表示累加器。

B：表示 B 寄存器。

C：表示 PSW 中的进位标志位 C_y。

@：在间接寻址方式中，表示间接寻址寄存器指针的前缀标志。

$：表示当前的指令地址。

/：在位操作指令中，表示对该位先求反后再参与操作。

（X）：表示由 X 所指定的某寄存器或某单元中的内容。

（（X））：表示由 X 间接寻址单元中的内容。

←：表示指令的操作结果是将箭头右边的内容传送到箭头的左边。

→：表示指令的操作结果是将箭头左边的内容传送到箭头的右边。

∨：表示逻辑或。

∧：表示逻辑与。

⊕：表示逻辑异或。

3.2 MCS-51 单片机的寻址方式

在计算机中，说明操作数所在地址的方法称为指令的寻址方式。在执行指令时，CPU 首先要根据地址寻找参加运算的操作数，然后才能对操作数进行操作。操作结果还要根据地址存入相应的存储单元或寄存器中。计算机执行程序实际上是在不断寻找操作数并进行操作的过程。每种计算机在设计时已决定了它具有哪些寻址方式。寻址方式越多，计算机的灵活性越强，指令系统也就越复杂。

在 MCS-51 单片机中，操作数的存放范围是很宽的，可以放在片外 ROM/RAM 中，也可以放在片内 ROM/RAM 中，还可以放在特殊功能寄存器 SFR 中。为了适应操作数范围内的寻址，MCS-51 单片机的指令系统提供了七种寻址方式，分别为立即寻址、直接寻址、寄存器寻址、寄存器间接寻址、变址寻址、相对寻址和位寻址。

3.2.1 立即寻址

1. 定义

将立即参与操作的数据直接写在指令中，这种寻址方式称为立即寻址。

2. 特点

指令中直接含有所需的操作数。该操作数可以是 8 位的，也可以是 16 位的，常常处在指令的第二字节和第三字节的位置上。立即数通常使用#data 或#data16 表示，在立即数前面加 "#" 标志，用以与直接寻址中的直接地址（direc 或 bit）相区别。

3. 操作原理

【例 3.11】 分析下面指令的执行过程及执行结果。

```
MOV  A, #45H
MOV  A, 45H
```

说明：第一条指令表示立即寻址，源操作数 45H 就是立即数，指令的功能就是把 8 位立即数 45H 传送到累加器 A 中，如图 3.2 所示。第二条指令 45H 前面无 "#"，不是立即寻址，指令的功能是把 45H 单元中的内容传送到累加器 A 中。

在 MCS-51 型单片机中，还有一条 16 位立即数的数据传送指令：

```
MOV  DPTR, #data16
```

3.2.2 直接寻址

1. 定义

将操作数的地址直接存放在指令中，这种寻址方式称为直接寻址。

2. 特点

指令中含有操作数的地址。该地址指出了参与操作的数据所在的字节单元地址或位地址，它可以是 8 位的，也可以是 16 位的，处在指令的第二字节和第三字节的位置上。计算机执行时，可根据直接地址找到所需要的操作数。

3. 寻址范围

① 程序存储器。如长转移指令 LJMP、绝对转移指令 AJMP、长调用指令 LCALL 和绝对调用指令 ACALL 等，指令中直接给出了程序存储器的 16 位或 11 位地址。

② 片内 RAM 区。访问片内 RAM 低 128 个单元时，直接给出单元地址；访问特殊功能寄存器 SFR（即 RAM 高 128 个单元）时，可以使用 SFR 的物理地址，也可以使用 SFR 的名称符号。为了增强程序的可读性，建议使用后者。例如：

```
MOV A, SP      ;(A)←(SP)
MOV A, 81H     ;(A)←(81H)
```

以上两条指令的形式虽然不同，但汇编后的指令码完全一样（因为 SP 的物理地址是 81H），指令的功能也完全一样。

注：访问 SFR 只能用直接寻址方式。

③ 位地址空间。直接给出位地址空间的地址；要注意区分字节地址和位地址，例如：

```
MOV A, 20H     ;(A)←(20H)
MOV C, 20H     ;(C)←(20H)
```

以上两条指令都是直接寻址，其地址均为 20H，但在存储器中的位置是不同的。第一条指令的目标寄存器是累加器 A，指令中的 20H 地址是单元地址；第二条指令的目标寄存器是进位标志位 C（即 PSW.7），指令中的 20H 地址是位地址空间的位地址（即 24H 单元中的 D0 位）。

4. 操作原理

【例 3.12】 分析指令 MOV A，45H 的执行过程及执行结果。

说明：该指令表示源操作数 45H 是参与操作的数据所在的单元地址。如果片内 RAM 的 (45H)＝36H，则执行指令后（A）＝36H，如图 3.2 所示。

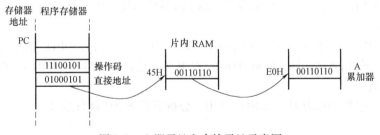

图 3.2　立即寻址和直接寻址示意图

3.2.3　寄存器寻址

1. 定义

操作数存放在 MCS-51 内部的某个工作寄存器 R0 ~ R7 中，这种寻址方式称为寄存器寻址。

2. 特点

由指令指出某一个寄存器的内容作为操作数。存放操作数的寄存器在指令代码中不占据单独的一个字节，而是嵌入（隐含）到操作码字节中。

3. 寻址范围

① 四组通用寄存器，即 Rn（R0 ~ R7）。

② 部分专用寄存器。在 MCS-51 单片机中，A、B、DPTR 在指令代码中不单独占据 1 字节，而是嵌入到操作码中，也属于寄存器寻址。

4. 操作原理

【例3.13】 分析指令 MOV A，R7 的执行过程及执行结果。

说明：该指令表示 R7 是存放源操作数据的寄存器，其指令代码为 1110 1111B。其中，低 3 位 111 表示为 R7 寄存器（若此时 PSW 中 RS1、RS0 分别为 00，则可知是第 0 组的 R7），其地址为 07H。设（R7）＝19H，指令执行后（A）＝19H，如图 3.3 所示。

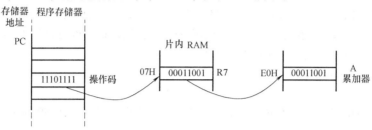

图 3.3　寄存器寻址示意图

3.2.4　寄存器间接寻址

1. 定义

指令给出的寄存器中存放的不是要操作的数据本身，而是操作数的单元地址。这种寻址方式称为寄存器间接寻址，简称为寄存器间址。

2. 特点

指令给出的寄存器中存放的是操作数地址。计算机执行这类指令时，首先根据指令码中的寄存器号找到所需的操作数地址，再由操作数地址找到操作数，并完成相应的操作。所以，寄存器间接寻址实际上是一种二次寻找操作数地址的寻址方式。为了与寄存器寻址相区别，在寄存器间接寻址中，寄存器前边必须加前缀符号"@"。

3. 寻址范围

① 内部 RAM 低 128B。对内部 RAM 低 128B 的间接寻址，MCS-51 中规定，只能使用 R0 或 R1 作间址寄存器。

② 外部 RAM。MCS-51 中规定，对外部 RAM 的间接寻址，使用 DPTR 作间址寄存器。但对于外部低 256 单元 RAM 的访问，除可以使用 DPTR 外，还可以使用 R0 或 R1 作间址寄存器。

4. 操作原理

【例3.14】 已知 R0＝30H，（30H）＝40H，分析下面指令的执行结果。

```
MOV  A, @ R0
```

说明：指令执行后，（A）＝40H，执行过程如图 3.4 所示。

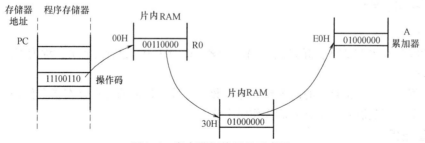

图 3.4　寄存器间接寻址示意图

5. 注意的问题

① 寄存器间接寻址方式允许的操作数类型是@ Ri 和@ DPTR。

② @ Ri 既可用于对片内 RAM 的低 128B 进行访问，也可用于对片外 RAM 的低 256B 进行访问。但@ Ri 形式只能用 R0、R1 作间址寄存器。

③ @ DPTR 用于对片外全部的 64KB 的 RAM 空间（16 位地址）进行访问。

④ 寄存器间接寻址方式不能用于寻址特殊功能寄存器 SFR，例如：

```
MOV  R0, #80H
MOV  A, @ R0          ;这是个错误程序(指令没有错)
```

【例 3.15】　已知（R0）=30H，片内 RAM 的（30H）=40H，片外 RAM 的（30H）=55H，片外 RAM 的（1234H）=79H，分析下面指令执行结果。

```
MOV  A, @ R0          ; 源操作数取自片内 RAM,执行结果是(A)=40H
MOVX A, @ R0          ; 源操作数取自片外 RAM,执行结果是(A)=55H
MOV  DPTR, #1234H
MOVX A, @ DPTR        ; 源操作数取自片外 RAM 的 1234H 单元,执行结果是(A)=79H
```

3.2.5　变址寻址

1. 定义

操作数存放在变址寄存器（累加器 A）和基址寄存器（DPTR 或 PC）相加形成的 16 位地址的单元中。这种寻址方式称为基址加变址寄存器间接寻址，简称为变址寻址。

2. 特点

指令操作码中隐含作为基址寄存器用的 DPTR 或 PC（DPTR 或 PC 中应预先存放操作数的基地址），作为变址用的累加器 A 应预先存放操作数地址相对基地址的偏移量。在执行变址寻址指令时，MCS-51 单片机先把基地址和地址偏移量相加，以形成操作数地址，再由操作数地址找到操作数，并完成相应的操作。变址寻址方式是单字节指令。

3. 寻址范围

① 变址寻址只能对程序存储器 ROM 进行寻址，主要用于查表性质的访问。

② 累加器 A 存放的操作数地址相对于基地址的偏移量的范围为 00H ~ FFH（无符号数）。

③ MCS-51 单片机共有以下三条变址寻址指令：

```
MOVC  A, @ A + PC      ;(A)←((A) + (PC) +1)
MOVC  A, @ A + DPTR    ;(A)←((A) + (DPTR))
JMP   @ A + DPTR       ;(PC)←(A) + (DPTR)
```

4. 操作原理

【例 3.16】　已知（DPTR）=1234H，（A）=50H，程序存储器（1284H）=65H，分析下面指令的执行结果。

```
MOVC  A, @ A + DPTR
```

说明： 该指令表示将累加器 A 中的内容与数据指针寄存器 DPTR 中的内容相加，其结果作为地址，再将该地址单元的内容送入累加器 A 中，执行的过程如图 3.5 所示。

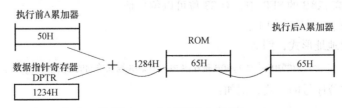

图 3.5　变址寻址示意图

3.2.6 相对寻址

1. 定义

将程序计数器 PC 的当前值（取出本条指令后的 PC 值）与指令第 2 字节给出的偏移量（rel）相加，形成新的转移目的地址。由于偏移量是相对 PC 而言的，故称为相对寻址。

2. 特点

相对寻址是为实现程序的相对转移而设计的，为相对转移指令所使用。相对转移指令的指令码中含有相对地址偏移量，能生成浮动代码。

相对转移指令的目的地址 = 相对转移指令地址 + 相对转移指令字节数 + 偏移量。

3. 寻址范围

相对寻址只能对程序存储器 ROM 进行寻址。相对地址偏移量是一个带符号的 8 位二进制补码，其取值范围为 – 128 ~ + 127（以 PC 为中间量的 256B 范围）。

4. 操作原理

【例 3.17】 分析指令 SJMP　06H 的执行过程及执行结果。

说明：执行的过程如图 3.6 所示。

① 这是一条双字节指令，存储在程序存储器 ROM 的 2000H 和 2001H 这两个单元中。

② 当执行该指令时，PC 指向 2000H，首先读取指令第 1 字节，然后 PC 自动加 1 指向 2001H。

③ 再读第 2 字节，得知偏移量为 06H（正值），然后 PC 再自动加 1，指向 2002H。

④ 将得到的偏移量 06H 和 PC 的当前值 2002H 相加，可得转移的目的地址 2008H。

⑤ 程序将从 2008H 处开始执行。

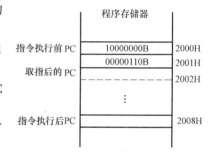

图 3.6　相对寻址示意图

3.2.7 位寻址

1. 定义

指令中给出的操作数是一个可单独寻址的位地址，这种寻址方式称为位寻址。

2. 特点

位寻址是直接寻址的一种，由指令给出直接位地址。与直接寻址不同的是，位寻址只对 8 位二进制数中的某一位的地址进行操作，而不是字节地址。

3. 寻址范围

寻址范围如下：

① 片内 RAM 低 128B 中位寻址区，单元地址为 20H ~ 2FH，共 16B，128 位，位地址范围为 00H ~ 7FH。

② 片内 RAM 高 128B 的 SFR 中，有 83 位可以位寻址。

可位寻址的位的表示形式如下：

① 直接使用位地址形式，例如：

```
MOV  00H, C            ;(00H)←(C_y),00H 是片内 RAM 中 20H 地址单元的第 0 位
```

② 字节地址加位序号的形式，例如：

```
MOV  20H.0, C           ;20H.0 是片内 RAM 中 20H 地址单元的第 0 位,(20H.0)←(C_y)
```

③ 位的符号地址（位名称）的形式，对于部分特殊功能寄存器，其各位均有一个特定的名字，所以可以用它们的位名称来访问该位，例如：

```
ANL  C, P              ;P 是 PSW 的第 0 位,C 是 PSW 的第 7 位,(C)←(C)∧(P)
```

④ 字节符号地址（字节名称）加位序号的形式，对于部分特殊功能寄存器（如状态标志寄存器 PSW），还可以用其字节名称加位序号形式来访问某一位，例如：

```
CPL  PSW. 6            ;PSW. 6 表示该位是 PSW 的第 6 位,(AC)←(AC̄)
```

4. 操作原理

【例 3.18】　分析指令 MOV　C，01H 的执行过程及执行结果。

说明：指令中，C 和 01H 均是位地址，其功能是，将 RAM 中 01H 位地址中的内容（0 或 1），传送到进位标志位 C_y 中。

至此，本节介绍了七种寻址方式，下面说明需要注意的六点：

① 指令中的源操作数可以使用上面七种寻址方式中的任何一种，而目的操作数只能是寄存器寻址、寄存器间接寻址、直接寻址和位寻址这四种之一。

② 片内 RAM（低 128 单元）区可采用寄存器寻址、寄存器间接寻址或直接寻址方式访问。

③ 片内 SFR（RAM 区的高 128 单元）区只能采用直接寻址方式访问。

④ 片外 RAM 区只能采用寄存器寻址、寄存器间接寻址（以 R0、R1 或 DPTR 作间址寄存器）方式访问。

⑤ 程序存储器 ROM 可以采用直接寻址、变址寻址和相对寻址方式访问。

⑥ 位寻址区（片内 RAM 的 20H～2FH 单元的 128 位及 SFR 区的 83 位）作为位存储区，只能用位寻址方式访问。

3.3　MCS-51 单片机的指令系统

MCS-51 指令系统使用 44 种助记符，它们代表着 33 种功能，可以实现 51 种操作。因此，有的功能可以有几种助记符。指令助记符与操作数的各种可能的寻址方式的组合总共可构造出 111 条指令。

不同的指令对标志位的影响不同。MCS-51 指令分两类：一类指令执行后要影响到 PSW 中的某些标志位的状态，即不论执行前标志位的状态如何，指令执行后，总会按标志位的定义形成新的标志状态；另一类指令执行后不会影响到标志位的状态。

MCS-51 单片机指令系统按其功能可分为数据传送指令、算术运算指令、逻辑运算及移位指令、控制转移指令和位操作指令五大类。本节详细介绍这五大类指令。

💡 **特别提示：** 单片机只有在指令的"指挥"下才能运行，才会实现系统的功能。学习指令系统时，应注意指令的格式、功能、操作码的含义及操作数的表示方法，还应注意寻址方式，源操作数和目的操作数的范围，指令执行后对标志位的影响以及指令的适用范围等。对于初学者来说，一下子记忆和掌握全部指令困难比较大，要循序渐进，可以在编写程序的时候，需要使用到某个功能时，再回顾指令的具体形式和用法。

3.3.1　数据传送指令（Data Transfer）

CPU 在进行算术和逻辑操作时，绝大多数指令都有操作数，所以数据传送是一种最基本、最主要的操作。数据传送是否灵活、迅速，对整个程序的编写和执行都起着很大的作用。MCS-51 单片机为用户提供了极其丰富的数据传送指令，功能很强。其数据传送指令操作可以在累加器 A、工作寄存器 R0 ~ R7、内部数据存储器 RAM、外部数据存储器 RAM 和程序存储器 ROM 之间进行，其中，对累加器 A、工作寄存器 R0 ~ R7 的操作最多。

数据传送指令共 29 条，可分为内部 RAM 数据传送指令、外部 RAM 数据传送指令、程序存储器（ROM）数据传送指令（查表指令）、数据交换指令和堆栈操作指令五类。

数据传送指令不影响除奇偶校验标志位 P 外的其他标志位（如 C_y、AC、OV 等）。

1. 内部 RAM 数据传送指令（Move Internal RAM）（16 条）

内部 RAM 数据传送指令的源操作数和目的操作数地址可以是片内 RAM 或特殊功能寄存器的地址。其特点是传送速度快，寻址方式灵活多样，是使用最频繁的指令。这些指令又可分为以下五类。

（1）以累加器 A 为目的操作数的指令（Move to Accumulator）（4 条）

格式：MOV A, <src>

其中，<src> 为源操作数，可以是 Rn、direct、@ Ri 或#data；目的操作数为累加器 A。它只影响 PSW 中的奇偶校验标志位，不影响其他标志位。具体指令见表 3.1。

特别提示：rrr 的范围为 000 ~ 111，对应于 R0 ~ R7，n 的范围为 0 ~ 7。i 的范围为 0、1，对应于 R0、R1。以下各表均是如此，不再重复说明。

表 3.1　将数据传送到累加器 A 中的指令一览表

汇编语言指令	机器语言指令	指令功能	目的操作数寻址方式	源操作数寻址方式
MOV A, Rn	1110 1rrr	(A)←(Rn)	寄存器寻址	寄存器寻址
MOV A, direct	1110 0101 direct	(A)←(direct)	寄存器寻址	直接寻址
MOV A, @ Ri	1110 011i	(A)←((Ri))	寄存器寻址	寄存器间址
MOV A, #data	0111 0100 data	(A)←data	寄存器寻址	立即寻址

【例 3.19】　把存放在片内 RAM 30H 单元中的数据 66H 送到累加器 A 中。

解法 1：MOV A, 30H　　　　　　　;(A) = (30H) = 66H
解法 2：MOV R0, #30H　　　　　　;(R0) = 30H
　　　　　　MOV A, @ R0　　　　　　;(A) = ((R0)) = (30H) = 66H

（2）以工作寄存器 Rn 为目的操作数的指令（Move to Register）（3 条）

格式：MOV Rn, <src>

其中，<src> 为源操作数，可以是 A、direct 或#data。目的操作数为工作寄存器 Rn。它不影响 PSW 中的各标志位。具体指令见表 3.2。

表 3.2　将数据传送到工作寄存器 Rn 中的指令一览表

汇编语言指令	机器语言指令	指令功能	目的操作数寻址方式	源操作数寻址方式
MOV Rn, A	1111 1rrr	(Rn)←(A)	寄存器寻址	寄存器寻址
MOV Rn, direct	1010 1rrr direct	(Rn)←(direct)	寄存器寻址	直接寻址
MOV Rn, #data	0111 1rrr data	(Rn)←data	寄存器寻址	立即寻址

【例 3.20】　把存放在片内 RAM 20H 单元中的数据 50H 送到寄存器 R1 中。

解：　MOV R1, 20H　　　　　　;(R1) = (20H) = 50H

（3）以直接地址（内部 RAM 或 SFR 寄存器）为目的操作数的指令（Move to direct）（5 条）

格式：MOV < direct >, <src>

其中，<src>为源操作数，可以是 A、Rn、direct、@ Ri 或#data；目的操作数为直接地址 direct（内部 RAM 单元或 SFR）。它不影响 PSW 中的各标志位。具体指令见表 3.3。

表 3.3　数据直接传送到直接地址单元中的指令一览表

汇编语言指令	机器语言指令	指 令 功 能	目的操作数寻址方式	源操作数寻址方式
MOV direct, A	1111 0101 direct	(direct)←(A)	直接寻址	寄存器寻址
MOV direct, Rn	1000 1rrr direct	(direct)←(Rn)	直接寻址	寄存器寻址
MOV direct1, direct2	1110 0101 direct2 direct1	(direct1)←(direct2)	直接寻址	直接寻址
MOV direct, @ Ri	1000 011i direct	(direct)←((Ri))	直接寻址	寄存器间址
MOV direct, #data	0111 0101 direct data	(direct)←data	直接寻址	立即寻址

【例 3.21】 把存放在片内 RAM 20H 单元中的数据 0CDH 送到 30H 单元中。

解法 1： MOV　30H, 20H　　;(30H) = (20H) = 0CDH
解法 2： MOV　A, 20H　　　;(A) = (20H) = 0CDH
　　　　　MOV　30H, A　　　;(30H) = (A) = (20H) = 0CDH
解法 3： MOV　R1, #20H　　;(R1) = 20H
　　　　　MOV　30H, @ R1　;(30H) = ((R1)) = (20H) = 0CDH

【例 3.22】 将从 P1 口引脚输入的数据从 P2 口输出。

解： 　MOV　P1, #0FFH ;(P1) = 0FFH
　　　　MOV　P2, P1 ;(P2) = (P1) = P1 口引脚输入的数据

（4）以寄存器间接地址为目的操作数的指令（Move to indirect）（3 条）

格式： MOV @Ri, <src>

其中，<src>为源操作数，可以是 A、direct 或#data；目的操作数为以间接寄存器寻址的 RAM 单元。它不影响 PSW 中的各标志位。具体指令见表 3.4。

【例 3.23】 将片内 RAM 40H 中的内容和 50H 中的内容交换。

解： 　MOV　R0, #40H　　;(R0) = 40H
　　　　MOV　R1, #50H　　;(R1) = 50H
　　　　MOV　A, @R0　　　;(A) = ((R0)) = (40H)
　　　　MOV　B, @R1　　　;(B) = ((R1))
　　　　MOV　@R1, A　　　;((R1)) = (A) = (40H)
　　　　MOV　@R0, B　　　;((R0)) = (B) = (50H)

注：此例题也可以用后面介绍的交换指令来实现。

表 3.4　将数据传送到以间接寄存器寻址的 RAM 单元中的指令一览表

汇编语言指令	机器语言指令	指 令 功 能	目的操作数寻址方式	源操作数寻址方式
MOV @Ri, A	1111 011i	((Ri))←(A)	寄存器间址	寄存器寻址
MOV @Ri, direct	1010 011i　direct	((Ri))←(direct)	寄存器间址	直接寻址
MOV @Ri, #data	0111 011i　data	((Ri))←data	寄存器间址	立即寻址

特别提示： @Ri 中 i 的范围为 0、1，对应于 R0、R1。

（5）16 位数据传送指令（Load Data Point with a 16-bit constant）（1 条）

格式： MOV DPTR, #data16

其中，源操作数为 16 位立即数，目的操作数为数据指针 DPTR。它不影响 PSW 中的各标志位。

具体指令见表 3.5。

表 3.5　16 位数据传送指令一览表

汇编语言指令	机器语言指令	指 令 功 能	目的操作数寻址方式	源操作数寻址方式
MOV　DPTR, 　#data16	1001 0000　data 高 8 位 data 低 8 位	(DPTR)←data16	寄存器寻址	立即寻址

内部 RAM 数据传送指令的传送方式如图 3.7 所示。图中，箭头表示数据传送的方向。在使用内部数据传送指令时应注意以下几点：

① 在书写和使用指令时，必须遵守指令系统的具体规定，用户不能任意制造非法指令，否则，计算机将不予识别和执行。

② 以累加器 A 为目的的内部数据传送指令只影响 PSW 中的奇偶校验标志位，不影响其他标志位。其余指令对所有的标志位均无影响。

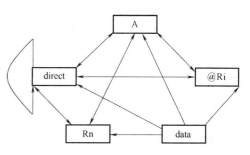

图 3.7　内部数据传送指令的传送方式

③ 学会正确估算指令的字节数。一般，指令码中的操作码为 1 字节，直接地址为 1 字节，8 位立即数为 1 字节，A、DPTR、@Ri、Ri、Rn 一般隐含在操作码中。

④ 同一程序可以有不同的编程方法，应选择最优的编程方法，使程序的字节数最少，执行时间最短。

⑤ 注意对程序进行正确的注释，以便于阅读和修改。

💡 **特别提示**：立即数不能作为目的操作数。

【例 3.24】　设片内 RAM 的 (30H) = 40H、(40H) = 10H、(10H) = 00H，端口 (P1) = 1100 1010B，试分析下面七条指令分别属于前面已学过的 16 条内部传送指令中的哪一类？操作数采用何种寻址方式？指令执行后各单元中的内容是什么？

解：

```
      MOV  R0, #30H    ;属于 MOV Rn,#data 格式的指令
                       ;目的操作数 R0 为寄存器寻址,源操作数 #30H 为立即寻址
                       ;指令执行后(R0)=30H
      MOV  A, @R0      ;属于 MOV A,@Ri 格式的指令
                       ;目的操作数 A 为寄存器寻址,源操作数@R0 为寄存器间址
                       ;指令执行后(A)=((R0))=(30H)=40H
      MOV  R1, A       ;属于 MOV Rn,A 格式的指令
                       ;目的操作数 R1、源操作数 A 都是寄存器寻址
                       ;指令执行后(R1)=(A)=40H
      MOV  20H, @R1    ;属于 MOV direct,@Ri 格式的指令
                       ;目的操作数 20H 为直接寻址,源操作数@R1 为寄存器间址
                       ;指令执行后(20H)=((R1))=((A))=(40H)=10H
      MOV  @R1, P1     ;属于 MOV @Ri,direct 格式的指令
                       ;目的操作数@R1 为寄存器间址,源操作数 P1 为直接寻址
                       ;指令执行后((R1))=(P1)=1100 1010B=CAH
      MOV  P2, P1      ;属于 MOV direct1,direct2 格式的指令
                       ;目的操作数 P2 为直接寻址,源操作数 P1 为直接寻址
                       ;指令执行后(P2)=(P1)=1100 1010B=CAH
      MOV 10H, #20H    ;属于 MOV direct,#data 格式的指令
```

　　　　　　　　　　　　; 目的操作数 10H 为直接寻址,源操作数#20H 为立即寻址

　　　　　　　　　　　　; 指令执行后 (10H) =20H

2. 外部 RAM 数据传送指令（Move External RAM）（4 条）

CPU 与外部数据存储器之间进行数据传送时，必须使用外部 RAM 数据传送指令，只能通过累加器 A 完成，并且也只能采用寄存器间接寻址（用 R0、R1 和 DPTR 这三个间接寻址的寄存器）。Ri（R0、R1）是 8 位寄存器，所以只能访问片外 RAM 的低 256 个单元；DPTR 是 16 位寄存器，它可以访问片外 RAM 的全部 64KB 的空间。具体指令见表 3.6。

表 3.6　外部 RAM 数据传送指令一览表

汇编语言指令	机器语言指令	指令功能	目的操作数寻址方式	源操作数寻址方式
MOVX　A, @ Ri	1110 001i	(A)←((Ri))	寄存器寻址	寄存器间址
MOVX　A, @ DPTR	1110 0000	(A)←((DPTR))	寄存器寻址	寄存器间址
MOVX　@Ri, A	1111 001i	((Ri))←(A)	寄存器间址	寄存器寻址
MOVX　@DPTR, A	1111 0000	((DPTR))←(A)	寄存器间址	寄存器寻址

【例 3.25】　将片外 RAM 2040H 单元中的内容送到片内 RAM 20H 单元中。

解：
```
MOV  DPTR, #2040H     ; 将外部数据存储器的地址送入 DPTR 中
MOVX A, @ DPTR        ; 将 DPTR 提供的片外 RAM 地址 2040H 单元中的内容写入 A 中
MOV  20H, A           ; 将 A 的内容写入片内 RAM 的 20H 单元中
```

特别提示： MCS-51 单片机的 I/O 口和片外 RAM 统一编址，无专门的 I/O 指令，外部数据传送指令作为输入/输出。只要对外部数据存储器进行数据传送操作，无论是内部 RAM 到外部 RAM，还是外部 RAM 之间的数据传送，一定要通过累加器 A 传递，累加器 A 是使用非常频繁的 SFR。

3. 程序存储器（ROM）数据传送指令（查表指令）（Move Code Byte）（2 条）

MCS-51 中的程序存储器可分为内部程序存储器和外部程序存储器。程序存储器的内容是只读的，因此其数据传送是单向的，并且只能写入累加器 A 中。这类指令共有两条，均属于变址寻址指令，因其专门用于查表，又称为查表指令。具体指令见表 3.7。

表 3.7　程序存储器（ROM）数据传送指令一览表

汇编语言指令	机器语言指令	指令功能	目的操作数寻址方式	源操作数寻址方式
MOVC A, @ A + DPTR	1001 0011	(A)←((A) +(DPTR))	寄存器寻址	变址寻址
MOVC A, @ A + PC	1000 0011	(PC)←(PC) +1, (A)←((A) +(PC))	寄存器寻址	变址寻址

在表 3.7 中，源操作数为变址寻址方式，将基址寄存器（DPTR 或 PC）和累加器 A（偏移量）的内容相加，形成一个新的地址，然后将该地址所指向的 ROM 单元中的数据写入累加器 A 中。这两条指令的功能完全相同，但使用中存在着以下差异：

① 查表的位置要求不同。采用 DPTR 作为基址寄存器，不必关注查表指令与具体的表在程序存储器中存储空间上的距离，表可以放在 64KB 程序存储器空间的任何地址，使用方便，故称为远程查表；采用 PC 作为基址寄存器，具体的表在程序存储器中只能在查表指令后的 256B 的地址空间中，使用有限制，故称为近程查表。

② 偏移量的计算方法不同。采用 DPTR 作为基址寄存器，查表地址为(A) +(DPTR)，采用 PC 作为基址寄存器，查表地址为(A) +(PC) +1，因此偏移量的计算方法不同。

【例3.26】 已知程序存储器内已放置一张0~9的二次方值表，在20H单元中存放一个0~9范围内的数，编制程序查出20H单元中数的二次方值并送到21H单元中。

解法1：利用DPTR作为基地址寄存器，可以把二次方表放到程序存储器的某一位置，用标号TABLE指示其位置，程序如下：

```
        ORG   0100H
        MOV   DPTR, #TABLE          ；将二次方表首地址送入DPTR寄存器作为基地址
        MOV   A, 20H                ；从20H单元中取正整数送入A中
        MOVC  A, @A + DPTR          ；(A)←((A) + (DPTR))
        MOV   21H, A                ；将所查到的结果送入RAM中的21H单元中
        SJMP  $                     ；程序执行完，"原地踏步"
TABLE:  DB    0, 1, 4, 9, 16, 25, 36, 49, 64, 81
        END
```

注：TABLE定义语句可以放在程序存储器的任意位置，但要注意，由于它是非执行语句，因此不能让执行语句转移至此，否则会造成误执行。

解法2：利用PC作为基地址寄存器，程序如下：

```
        ORG   1FF0H
        MOV   A, 20H                ；从20H单元中取正整数送入A中
        ADD   A, #data              ；计算真正的偏移量
        MOVC  A, @A + PC            ；(PC)←(PC) + 1, (A)←((A) + (PC))
        MOV   21H, A
        SJMP  $                     ；程序执行完，"原地踏步"
        ORG   2000H
        DB    0, 1, 4, 9, 16, 25, 36, 49, 64, 81
        END
```

程序说明如下：

第二条指令执行前，累加器A中已放有二次方表的地址偏移量，第三条指令的PC当前值并不是二次方表的首地址2000H，所以需要将其变为2000H，这就需要在第二条指令中外加一个修正量data，则有

$$第三条指令的PC当前值 + 1 + data = 二次方表的首地址2000H$$

所以

$$data = 二次方表的首地址2000H - 第三条指令的PC当前值 - 1$$
$$= 2000H - 1FF4H - 1 = 0BH$$

修正量data可以理解为查表指令距表首地址间的存储单元个数（从查表指令的下一条指令算起），是一个8位无符号数。所以，查表指令和被查表必须在同一页内（页内地址为00H~FFH）。

4. 数据交换指令（Exchange with Accumulator）（5条）

数据传输时，若需要保存目的操作数，则经常采用数据交换指令。

（1）半字节数据交换指令（Swap Nibbles within the Accumulator/Exchange Digit）（2条）

半字节数据交换指令见表3.8。

表3.8 半字节数据交换指令一览表

汇编语言指令	机器语言指令	指令功能	目的操作数寻址方式	源操作数寻址方式
SWAP A	1100 0100	$(A)_{3\sim0} \longleftrightarrow (A)_{7\sim4}$	寄存器寻址（仅一个操作数）	
XCHD A, @Ri	1101 011i	$(A)_{3\sim0} \longleftrightarrow ((Ri))_{3\sim0}$	寄存器寻址	寄存器间址

【例3.27】 内部 RAM 的 24H 单元中存有压缩的 BCD 码，编制程序将其转换为非压缩的 BCD 码，并将转换结果存放到 30H 单元和 31H 单元中。要求：30H 单元存放十位，31H 单元存放个位。

解：

```
        ORG   0100H
        MOV   A, 24H          ;(A)←(24H),取压缩 BCD 码送入累加器 A 中
        MOV   31H, #00H       ;(31H)←00H,清 31H 单元
        MOV   R0, #31H        ;(R0)←31H
        XCHD  A, @R0          ;24H 单元内容的低 4 位与 31H 单元内容的低 4 位交换
        SWAP  A              ;24H 单元内容的高 4 位与低 4 位交换
        MOV   30H, A          ;送转换结果的十位到 30H 单元中
        SJMP  $              ;程序执行完,"原地踏步"
        END
```

（2）整字节数据交换指令（Exchange with Accumulator）（3 条）

整字节数据交换指令见表 3.9。

表 3.9 整字节数据交换指令一览表

汇编语言指令	机器语言指令	指令功能	目的操作数寻址方式	源操作数寻址方式
XCH A, Rn	1100 1rrr	(A)←→(Rn)	寄存器寻址	寄存器寻址
XCH A, direct	1100 0101	(A)←→(direct)	寄存器寻址	直接寻址
XCH A, @Ri	1100 011i	(A)←→((Ri))	寄存器寻址	寄存器间址

【例3.28】 已知片内 RAM 的 (30H)＝34H，分析下面指令的执行结果。

```
MOV  A, #12H
MOV  R1, #30H
XCH  A, @R1
```

解： 执行程序后，(A)＝34H，(R1)＝30H 不变，(30H)＝12H。

5. 堆栈操作指令（Push onto Stack，Pop from Stack）（2 条）

为了执行中断、子程序调用、参数传递等程序，必须保护断点和现场地址，这时就要用到堆栈操作指令。堆栈操作指令是一种特殊的数据传送指令，其特点是根据栈指针 SP 中的栈顶地址进行数据操作，其功能是实现 RAM 单元数据送入栈顶或由栈顶取出数据送至 RAM 单元。堆栈操作指令的实质是以栈指针 SP 为间址寄存器的间址寻址方式。堆栈操作指令见表 3.10。

表 3.10 堆栈操作指令一览表

汇编语言指令	机器语言指令	指令功能	操作数的寻址方式
PUSH direct	1100 0000 direct	SP←(SP)+1,((SP))←(direct)	直接寻址
POP direct	1101 0000 direct	(direct)←((SP)),SP←(SP)-1	直接寻址

【例3.29】 用堆栈指令将片内 RAM 40H 中的内容和 50H 中的内容交换。

解：

```
PUSH  40H
PUSH  50H
POP   40H
POP   50H
```

注：① 堆栈操作指令是直接寻址指令，直接地址和堆栈区全部为片内的数据存储区 RAM（含 SFR）。直接地址不能是寄存器，因此应注意指令的书写格式。例如：

```
PUSH    ACC(不能写成 PUSH  A)
PUSH    00H(不能写成 PUSH  R0)
POP     ACC(不能写成 POP  A)
POP     00H(不能写成 POP  R0)
```

② 堆栈区应避开使用的工作寄存器区和其他需要使用的数据区，系统复位后，SP 的初始值为 07H。为了避免重叠，一般初始化时要重新设置 SP。

⚡ **特别提示**：因 MCS-51 单片机的堆栈是向上生长的，故进行入栈或者出栈操作时，堆栈指针 SP 的值相应加 1 或减 1。对比 8088/8086 16 位微机系统，因其堆栈是向下生长，故对堆栈进行入栈或者出栈操作时，堆栈指针 SP 的值变化不一样，对应操作是减 2 或加 2。

3.3.2 算术运算指令（Arithmetic Operations）

在 MCS-51 指令系统中，大部分算术运算指令的执行结果都会影响状态标志寄存器 PSW 的某些标志位。通常，用累加器 A 存放一个源操作数，另一个源操作数可以是立即数或者存放在工作寄存器 Rn、片内 RAM 单元中；在执行指令时，CPU 总是根据指令中的源操作数和累加器 A 中的源操作数进行相应的操作，并把操作结果保留在累加器 A 中。因此累加器 A 在算术运算指令中既可以看做源操作数寄存器，也可以看做目的操作数寄存器。

算术运算指令可以分为加法指令、带进位的加法指令、带借位的减法指令、十进制调整指令、加 1 指令、减 1 指令、乘除指令。现分别进行介绍。

1. 加法指令（Addition）（4 条）

加法指令将源操作数的内容与累加器 A 的内容相加，结果存入累加器 A 中。源操作数可以是 Rn、direct、@ Ri 或#data，目的操作数为累加器 A。具体的指令见表 3.11。

表 3.11　加法指令一览表

汇编语言指令	机器语言指令	指令功能	目的操作数寻址方式	源操作数寻址方式
ADD A, Rn	0010 1rrr	$(A) \leftarrow (A) + (Rn)$	寄存器寻址	寄存器寻址
ADD A, direct	0010 0101 direct	$(A) \leftarrow (A) + (direct)$	寄存器寻址	直接寻址
ADD A, @ Ri	0010 011i	$(A) \leftarrow (A) + ((Ri))$	寄存器寻址	寄存器间址
ADD A, #data	0010 0100 data	$(A) \leftarrow (A) + data$	寄存器寻址	立即寻址

注：加法指令对 PSW 中的所有标志位 C_y、AC、OV、P、Z 均产生影响。

【例 3.30】 分析执行如下程序段后，A、C_y（进位）、AC（半进位）、P（奇偶校验位）、OV（溢出位）、Z（结果为 0 位）的结果。

```
MOV A, #36H           ;(A)←36H,将立即数 36H 赋值给 A 累加器
ADD A, #0EFH          ;(A)←(A)+EFH,A 的内容与立即数 EFH 相加,所得结果存入 A 中
```

解：执行程序后，(A) = 25H，(C_y) = 1，(AC) = 1，(P) = 1，(OV) = 0。

2. 带进位的加法指令（Addition with Carry）（4 条）

带进位的加法指令将源操作数的内容与累加器 A 的内容、进位标志的内容一起相加，结果存入累加器 A 中。源操作数可以是 Rn、direct、@ Ri 或#data，目的操作数为累加器 A。具体的指令见表 3.12。

表 3.12　带进位的加法指令一览表

汇编语言指令	机器语言指令	指 令 功 能	目的操作数寻址方式	源操作数寻址方式
ADDC A, Rn	0011 1rrr	$(A) \leftarrow (A) + (Rn) + (C_y)$	寄存器寻址	寄存器寻址
ADDC A, direct	0011 0101 direct	$(A) \leftarrow (A) + (direct) + (C_y)$	寄存器寻址	直接寻址
ADDC A, @Ri	0011 011i	$(A) \leftarrow (A) + ((Ri)) + (C_y)$	寄存器寻址	寄存器间址
ADDC A, #data	0011 0100 data	$(A) \leftarrow (A) + data + (C_y)$	寄存器寻址	立即寻址

注：带进位的加法指令对 PSW 中的所有标志位均产生影响。

【例 3.31】　编制程序实现 16 位二进制数加法。将片内 RAM 中 21H 单元和 20H 单元中的 16 位二进制数与片内 RAM 中 31H 单元和 30H 单元中的 16 位二进制数相加，并将结果存入片内 RAM 的 41H 单元和 40H 单元中。

解：
```
        ORG  0100H
        MOV  A, 20H          ; (A)←(20H)
        ADD  A, 30H          ; (A)←(A) + (30H)
        MOV  40H, A          ; (40H)←(A)
        MOV  A, 21H          ; (A)←(21H)
        ADDC A, 31H          ; (A)←(A) + (31H) + (Cy)
        MOV  41H, A          ; (41H)←(A)
        SJMP $               ; 程序执行完,"原地踏步"
        END
```

3. 带借位的减法指令（Subtract with Borrow）（4 条）

带借位的减法指令将累加器 A 中的内容减去源操作数的内容，再减去借位位 C_y 的内容，结果存入 A 中。源操作数可以是 Rn、direct、@Ri 或#data，目的操作数为累加器 A。具体的指令见表 3.13。

表 3.13　带借位的减法指令一览表

汇编语言指令	机器语言指令	指 令 功 能	目的操作数寻址方式	源操作数寻址方式
SUBB A, Rn	1001 1rrr	$(A) \leftarrow (A) - (Rn) - (C_y)$	寄存器寻址	寄存器寻址
SUBB A, direct	1001 0101 direct	$(A) \leftarrow (A) - (direct) - (C_y)$	寄存器寻址	直接寻址
SUBB A, @Ri	1001 011i	$(A) \leftarrow (A) - ((Ri)) - (C_y)$	寄存器寻址	寄存器间址
SUBB A, #data	1001 0100 data	$(A) \leftarrow (A) - data - (C_y)$	寄存器寻址	立即寻址

注：带借位的减法指令对 PSW 中的所有标志位均产生影响。

💡 **特别提示**：MCS-51 指令系统中没有不带借位的减法指令，欲实现不带借位的减法计算，应预先置 $C_y = 0$（利用 CLR C 指令），然后利用带借位的减法指令 SUBB 实现计算。

【例 3.32】　已知（C_y）=1，分析下列指令的执行结果。
```
MOV  A, #79H; (A)←79H
SUBB A, #56H; (A)←(A) -56H - (Cy)
```

解： 结果为（A）=22H，（C_y）=0，（AC）=0，（OV）=0，（P）=0。

4. 十进制调整指令（Decimal Adjust）（1 条）

十进制调整指令也称为 BCD 码修正指令，这是一条专用指令。它的功能是跟在加法指令 ADD 或 ADDC 后面，对运算结果的十进制数进行 BCD 码修正，将它调整为压缩的 BCD 码数，以完成十进制数加法运算功能。

两个压缩的 BCD 码按二进制数相加后必须经本指令调整才能得到压缩的 BCD 码的和。十进制调整指令不能对减法指令进行修正。源操作数只能在累加器 A 中，结果存入 A 中。具体的指令见表 3.14。

表 3.14 十进制调整指令一览表

汇编语言指令	机器语言指令	指 令 功 能	操作数寻址方式
DA A	1101 0100	若(AC) = 1 或 $A_{3 \sim 0} > 9$，则(A)←(A) +06H 若(C_y) = 1 或 $A_{7 \sim 4} > 9$，则(A)←(A) +60H 累加器十进制调整	寄存器寻址

注：十进制调整指令对 PSW 中的除溢出标志位 OV 外的所有标志位均产生影响。

（1）BCD 码加法

如果两个 BCD 码相加的结果也是 BCD 码，则该加法称为 BCD 码加法。通常，计算机中并不设有专用的 BCD 码加法指令，BCD 码加法必须通过一条普通加法指令之后紧跟一条十进制调整指令才能完成。

【例 3.33】 试编写程序，实现 95 + 59 的 BCD 码加法，并分析执行过程。

解：
```
MOV A, #95H        ;(A)←95H
ADD A, #59H        ;(A)←(A) +59H
DA  A              ;进行 BCD 码的调整
SJMP $
```

执行后，若不调整，则结果为 0EEH；若调整，则结果为 154（C_y =1，A =54H）。演算过程如下：

$$
\begin{array}{r}
10010101 \\
+\ 01011001 \\
\hline
11101110 \\
+\ 00000110 \\
\hline
11110100 \\
+\ 01100000 \\
\hline
101010100\ （\text{BCD 码}）
\end{array}
$$

（2）BCD 码减法

如果两个 BCD 码相减的结果也是 BCD 码，则该减法称为 BCD 码减法。通常，计算机中并不设有专用的 BCD 码减法指令，BCD 码减法必须采用 BCD 补码运算法则，变减法为补码加法，然后对其进行十进制调整。

① 求 BCD 码减数的补数。由于 MCS-51 是 8 位 CPU，因此，BCD 码减数由两位 BCD 码组成，但两位 BCD 码减数的模是 100，需要 9 位二进制数表示，故只好用 9AH 代替 BCD 码的模 100。所以，BCD 码减数的补数的求法为：9AH – 减数。

② 被减数加 BCD 码减数的补数。

③ 对第②步中得到的两数之和进行十进制加法调整便可得到运算结果。

【例 3.34】 已知片内 RAM 中 30H 单元和 20H 单元分别存有被减数 95 和减数 59，编制程序求差并将结果存入片内 RAM 的 40H 单元中。

解：
```
ORG  0100H
CLR  C             ;(Cy)←0,将标志寄存器中的 Cy 清 0
MOV  A, #9AH       ;(A)←9AH,将 BCD 码的减数模 100 送入 A 中
```

```
SUBB  A, 20H           ;(A)←(A) - (20H),求 BCD 码减数的补数送入 A 中
ADD  A, 30H            ;(A)←(A) + (30H),被减数加减数的补数的和送入 A 中
DA  A                  ;对 A 进行十进制加法调整得到差
MOV  40H, A            ;40H←(A),将结果存入 40H 单元中
SJMP  $                ;程序执行完,"原地踏步"
END
```

5. 加 1 指令（Increment）（5 条）

加 1 指令又称为增量指令,其功能是使操作数所指定的单元的内容加 1。源操作数和目的操作数是相同的（即只有一个操作数）,可以是 A、Rn、direct、@ Ri 或 DPTR。具体指令见表 3.15。

表 3.15 加 1 指令一览表

汇编语言指令	机器语言指令	指 令 功 能	操作数的寻址方式
INC A	0000 0100	(A)←(A) +1	寄存器寻址
INC Rn	0000 1rrr	(Rn)←(Rn) +1	寄存器寻址
INC direct	0000 0101	(direct)←(direct) +1	直接寻址
INC @ Ri	0000 011i	((Ri))←((Ri)) +1	寄存器间址
INC DPTR	1010 0011	(DPTR)←(DPTR) +1	寄存器寻址

注：加 1 指令除对累加器 A 操作影响 P 标志位外,其他操作均不影响 PSW 的各标志位。

【例 3.35】 编制程序,将片内 RAM 中以 20H 为起始地址的三个无符号数相加,并将结果（假设小于 100H）存放到 30H 单元中。

```
解：  ORG  0100H
      MOV  A, #00H       ;(A)←0,将 A 清 0
      MOV  R0, #20H      ;(R0)←20H,将地址 20H 送入 R0 中
      ADD  A, @ R0       ;(A)←(A) + ((R0)),将 20H 中的内容加 A 中的内容后送入 A 中
      INC  R0            ;(R0)←(R0) +1,将 R0 中的内容加 1,变成 21H
      ADD  A, @ R0       ;(A)←(A) + ((R0)),将 21H 中的内容加 A 中的内容后再送入 A 中
      INC  R0            ;(R0)←(R0) +1,再将 R0 中的内容加 1,变成 22H
      ADD  A, @ R0       ;(A)←(A) + ((R0)),将 22H 中的内容加 A 中的内容后再送入 A 中
      MOV  30H, A        ;(30H)←(A),将最后的结果送入 30H 单元中
      SJMP  $            ;程序执行完,"原地踏步"
      END
```

6. 减 1 指令（Decrement）（4 条）

减 1 指令又称为减量指令,其功能是使操作数所指定的单元的内容减 1。只有一个操作数,可以是 A、Rn、direct 或 @ Ri。具体的指令见表 3.16。

表 3.16 减 1 指令一览表

汇编语言指令	机器语言指令	指 令 功 能	操作数的寻址方式
DEC A	0001 0100	(A)←(A) -1	寄存器寻址
DEC Rn	0001 1rrr	(Rn)←(Rn) -1	寄存器寻址
DEC direct	0001 0101	direct←(direct) -1	直接寻址
DEC @ Ri	0001 011i	((Ri))←((Ri)) -1	寄存器间址

注：减 1 指令对 PSW 的各标志位的影响和对端口地址 P0 ~ P3 的操作,同加 1 指令。

【例 3.36】 编程实现 DPTR 减 1 的运算。

解：由于减 1 指令中没有 DPTR 减 1 指令，因此必须将 DPTR 分为 DPH 和 DPL 两部分。程序如下：

```
ORG  0100H
CLR  C              ;(Cy)←0,Cy清0
MOV  A, DPL         ;(A)←(DPL),将数据指针寄存器的低8位DPL的内容送入A中
SUBB A, #01H        ;(A)←(A) - (Cy) -1,将A中的内容减1后再送回A中
MOV  DPL, A         ;(DPL)←(A),再将A中的内容送回DPL中
MOV  A, DPH         ;(A)←(DPH),将数据指针寄存器的高8位DPH的内容送入A中
SUBB A, #00H        ;(A)←(A) - (Cy) -0,将A中的内容减0(虚减)后再送回A中
MOV  DPH, A         ;(DPH)←(A)再将A中的内容送回DPH中
SJMP $             ;程序执行完,"原地踏步"
END
```

7. 乘除指令（Multiply / Divide）（2 条）

乘除指令在 MCS-51 指令系统中执行时间最长，均为四周期指令。乘法指令将累加器 A 和寄存器 B 中的 8 位无符号整数相乘，乘积为 16 位，高 8 位存于 B 中，低 8 位存于 A 中。除法指令将累加器 A 的 8 位无符号整数除以寄存器 B 中的 8 位无符号整数，商的整数部分存入 A 中，余数部分存入 B 中。具体的指令见表 3.17。

表 3.17　乘除指令一览表

汇编语言指令	机器语言指令	指 令 功 能	操作数的寻址方式
MUL　AB	1010 0100	(B)(A)←(A)×(B)	寄存器寻址
DIV　AB	1000 0100	(A)←(A)/(B)	寄存器寻址

注：乘除指令影响 PSW 中的 C_y、OV、P 标志位。

特别提示：在乘除法运算中，C_y 位总是被清 0，P 由累加器 A 中 1 的个数的奇偶性决定。在乘法运算中，若乘积大于 FFH，则 OV 标志位置 1，否则清 0。在除法运算中，若除数为 0，则 OV 标志位置 1，否则清 0。

【例 3.37】 分析下面指令执行的结果。

解：
```
MOV  A, #36H        ;将立即数36H(0011 0110B)送入A中
MOV  B, #03H        ;将立即数03H(0000 0011B)送入B中
MUL  AB             ;将A乘以B,积的高8位存入B中,低8位存入A中
```

执行结果：(A) = A2H，(B) = 00H，(C_y) = 0，(OV) = 0，(P) = 1。

演算过程如下：

$$
\begin{array}{r}
00110110 \\
\times\ 00000011 \\
\hline
00110110 \\
+\ 00110110 \\
\hline
(010100010)
\end{array}
$$

【例 3.38】 分析下面程序的功能。

解：
```
MOV  A, #00H        ;(A)←00H,A清0
MOV  B, #00H        ;(B)←00H,B清0
MOV  A, 24H         ;(A)←(24H)
MOV  B, #10H        ;(B)←10H
```

58

DIV AB	;(A)(B)←(A)/(B),24H 单元中的内容除以 16(相当于右移 4 位)
MOV 30H, A	;(30H)←(A),商送 30H 单元
	;即 24H 单元中的内容的高 4 位送入累加器 A 中
MOV 31H, B	;(31H)←(A),余数送 31H 单元
	;即 24H 单元中的内容的低 4 位送入寄存器 B 中

上面程序的功能是将 24H 单元中的高 4 位和低 4 位分开，结果分别存放到 30H 单元和 31H 单元中。如果 24H 单元中为压缩 BCD 码，则将其转换为非压缩的 BCD 码。

3.3.3 逻辑运算及移位指令（Logical Operations and Rotate）

常用的逻辑运算及移位类指令有逻辑与、逻辑或、逻辑异或、循环移位、清 0、取反（非）等 24 条指令，它们的操作数都是 8 位的。

逻辑运算和移位指令中除了两条带进位的循环移位指令外，其余均不影响 PSW 中的各标志位。但当目的操作数是累加器 A 时，将影响 PSW 中的奇偶校验位 P。逻辑运算都是按位进行的。

1. 逻辑与运算指令（Logical AND）（6 条）

逻辑与运算指令将源操作数单元中的内容与目的操作数单元中的内容相与，结果存放到目的操作单元中，而源操作单元中的内容不变。

这类指令可以分为两类：一类以累加器 A 为目的操作数，其源操作数可以是 Rn、direct、@Ri 或#data；另一类以地址 direct 为目的操作数，其源操作数可以是 A 或#data。具体指令见表 3.18。

表 3.18 逻辑与运算指令一览表

汇编语言指令	机器语言指令	指令功能	目的操作数寻址方式	源操作数寻址方式
ANL A, Rn	0101 1rrr	(A)←(A)∧(Rn)	寄存器寻址	寄存器寻址
ANL A, direct	0101 0101 direct	(A)←(A)∧(direct)	寄存器寻址	直接寻址
ANL A, @Ri	0101 011i	(A)←(A)∧((Ri))	寄存器寻址	寄存器间址
ANL A, #data	0101 0010 data	(A)←(A)∧data	寄存器寻址	立即寻址
ANL direct, A	0101 0010 direct	(direct)←(direct)∧(A)	直接寻址	寄存器寻址
ANL direct, #data	0101 0011 direct data	(direct)←(direct)∧data	直接寻址	立即寻址

在实际编程中，逻辑与指令具有屏蔽功能，主要用于屏蔽（清 0）一个 8 位二进制数中的几位，而保留其余几位不变。即要保留的位同 1 相与，反之，要清 0 的位同 0 相与。

【例 3.39】 要求累加器 A 高 4 位清 0，P1.3、P1.4、P1.7 输出低电平，P1 口的其他情况不变。

解：	ANL A, #0FH	;累加器 A 高 4 位清 0
	ANL P1, #0110 0111B	;P1.3、P1.4、P1.7 输出低电平

【例 3.40】 已知片内 RAM 的 20H 单元中存放着 9 的 ASCII 码（39H），试编写程序求其 BCD 码。

解： 9 的 ASCII 码为 0011 1001B，而 9 的 BCD 码为 0000 1001B

方法 1：	ANL 20H, #0FH	;直接屏蔽可得 0000 1001B
方法 2：	MOV A, 20H	;将 20H 单元中的内容 39H 送入 A 中
	CLR C	;进位标志清 0,避免误操作
	SUBB A, #30H	;39H 减 30H 得 09H,结果送入 A 中
	MOV 20H, A	;再将 09H 送回 20H 单元

2. 逻辑或运算指令（Logical OR）（6条）

逻辑或运算指令将源操作数单元中的内容与目的操作数单元中的内容相或，结果存放到目的操作单元中，而源操作单元中的内容不变。

逻辑或运算指令的分类及源、目的操作数的规定同逻辑与运算指令。具体指令见表3.19。

表3.19 逻辑或运算指令一览表

汇编语言指令	机器语言指令	指 令 功 能	目的操作数寻址方式	源操作数寻址方式
ORL A, Rn	0100 1rrr	(A)←(A)∨(Rn)	寄存器寻址	寄存器寻址
ORL A, direct	0100 0101 direct	(A)←(A)∨(direct)	寄存器寻址	直接寻址
ORL A, @Ri	0100 011i	(A)←(A)∨((Ri))	寄存器寻址	寄存器间址
ORL A, #data	0100 0100 data	(A)←(A)∨data	寄存器寻址	立即寻址
ORL direct, A	0100 0010 direct	(direct)←(direct)∨(A)	直接寻址	寄存器寻址
ORL direct, #data	0100 0011 direct data	(direct)←(direct)∨data	直接寻址	立即寻址

在实际编程中，逻辑或运算指令具有"置位"功能，主要用于使一个8位二进制数中的某几位置1，而保留其余的几位不变。即要置1的位同1相或，反之，要保持不变的位同0相或。

【例3.41】 将累加器A中的高4位传送到P1口的高4位，保持P1口的低4位不变。

解：
```
ANL  A, #11110000B   ;屏蔽累加器A的低4位,保留高4位,送回A中
ANL  P1, #00001111B  ;屏蔽P1口的高4位,保留P1口的低4位不变
ORL  P1, A           ;将累加器A的高4位送入P1口的高4位
SJMP $               ;程序执行完,"原地踏步"
```

【例3.42】 将片内RAM的20H单元中存放的BCD码转换为ASCII码。

解： `ORL 20H, #30H   ;用0011 0000B"或"20H单元中的内容`

设20H单元中存放的BCD码为0000 1001B＝9，执行结果为：（20H）＝0011 1001B＝39H，这是ASCII码的9。

3. 逻辑异或运算指令（Logical Exclusive-OR）（6条）

逻辑异或运算指令将源操作数的内容与目的操作数的内容相异或，结果存放到目的操作单元中，而源操作单元中的内容不变。

逻辑异或运算指令的分类及源、目的操作数的规定同逻辑与运算指令。具体指令见表3.20。

表3.20 逻辑异或运算指令一览表

汇编语言指令	机器语言指令	指 令 功 能	目的操作数寻址方式	源操作数寻址方式
XRL A, Rn	0110 1rrr	(A)←(A)⊕(Rn)	寄存器寻址	寄存器寻址
XRL A, direct	0110 0101direct	(A)←(A)⊕(direct)	寄存器寻址	直接寻址
XRL A, @Ri	0110 011i	(A)←(A)⊕((Ri))	寄存器寻址	寄存器间址
XRL A, #data	0110 0100 data	(A)←(A)⊕data	寄存器寻址	立即寻址
XRL direct, A	0110 0010 direct	(direct)←(direct)⊕(A)	直接寻址	寄存器寻址
XRL direct, #data	0110 0011 direct data	(direct)←(direct)⊕data	直接寻址	立即寻址

在实际编程中，逻辑异或运算指令具有"对位取反"功能，主要用于使一个8位二进制数中的某几位取反，而保留其余的几位不变。即取反的位同1相异或，反之，要保持不变的位同0相异或。

【例3.43】 要求将 P1.6、P1.4、P1.0 的输出取反，P1 的其他口情况不变。

解：　XRL　P1, #01010001B　　　; P1.6、P1.4、P1.0 的输出取反

【例3.44】 编制程序，将存放在片外 RAM 的 30H 单元中某数的低 4 位取反，高 2 位置 1，其余 2 位清 0。

解：
```
        ORG   0100H
        MOV   R0, #30H          ; 将地址 30H 送入 R0 中
        MOVX  A, @R0            ; 用间接寻址将片外 30H 中的内容送入 A 中
        XRL   A, #0000 1111B    ; 将 30H 中的内容高 4 位保留，低 4 位取反
        ORL   A, #1100 0000B    ; 高 2 位置 1
        ANL   A, #11001111B     ; 其余 2 位清 0
        MOVX  @R0, A            ; 处理完毕，数据送回 30H 单元中
        SJMP  $                 ; 程序执行完，"原地踏步"
        END
```

🔍 **特别提示**：对于逻辑与、或、异或运算，指令操作结果可存放在直接地址单元中，若直接地址是 I/O 地址，则为"读—修改—写"操作，即原始数据是从单片机的输出数据锁存器（P0 ~ P3）读入，而不是引脚的状态。

4. 循环移位指令（Cyclic Rotate）（4 条）

MCS-51 的移位指令只能对累加器 A 进行移位，共有不带进位的循环左、右移位（Rotate Accumulator Left / Right，指令码为 RL、RR）和带进位的循环左、右移位（Rotate Accumulator Left / Right through the Carry flag，指令码为 RLC、RRC）指令 4 条。循环移位指令示意图如图 3.8 所示。具体指令见表 3.21。

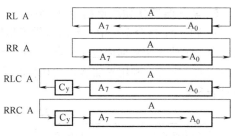

图 3.8　循环移位指令示意图

表 3.21　循环移位指令一览表

汇编语言指令	机器语言指令	指令功能	操作数寻址方式
RL A	0010 0011	$(A_{n+1})\leftarrow(A_n)$, $(n=0\sim6)$, $(A_0)\leftarrow(A_7)$	寄存器寻址
RR A	0000 0011	$(A_n)\leftarrow(A_{n+1})$, $(n=0\sim6)$, $(A_7)\leftarrow(A_0)$	寄存器寻址
RLC A	0011 0011	$(A_{n+1})\leftarrow(A_n)$, $(n=0\sim6)$, $(C_y)\leftarrow(A_7)$, $(A_0)\leftarrow(C_y)$	寄存器寻址
RRC A	0001 0011	$(A_n)\leftarrow(A_{n+1})$, $(n=0\sim6)$, $(A_7)\leftarrow(C_y)$, $(C_y)\leftarrow(A_0)$	寄存器寻址

🔍 **特别提示**：利用移位运算指令，可完成乘、除法运算，逐位左移一位相当于原内容乘以 2，而逐位右移一位相当于原内容除以 2。

【例3.45】 设（A）= 08H = 0000 1000B = 8，试分析下面程序的执行结果。

解：
```
        RL    A          ; (A) = 0001 0000B = 10H = 16
        RL    A          ; (A) = 0010 0000B = 20H = 32
        RL    A          ; (A) = 0100 0000B = 40H = 64
```

可见，运行了三条左移指令后，将原数扩大了 8 倍（每次乘以 2）。
```
        RR    A          ; (A) = 0000 0100B = 04H = 4
        RR    A          ; (A) = 0000 0010B = 02H = 2
        RR    A          ; (A) = 0000 0001B = 01H = 1
```

可见，运行了三条右移指令后，将原数缩小为原来的 1/8（每次除以 2）。

【例3.46】 设片内 RAM 的 20H、21H、22H 单元中存有自然数，编程将其扩大为原来的 2 倍。其中，20H 为高位，22H 为低位。

解：因为累加器中的数据逐位左移一位相当于原内容乘以 2，所以可以用左移来实现扩大 2 倍。移位时，应注意字节与字节之间的衔接。程序如下：

```
ORG  0100H
CLR  C                 ; 最右 1 位应为 0
MOV  A, 22H            ; 向左移应从最右边开始移，取最右边单元的数到 A 中
RLC  A                 ; 低字节左移
MOV  22H, A            ; 存回低字节
MOV  A, 21H            ; 取高 1 字节
RLC  A                 ; 高 1 字节带低字节的最高位左移
MOV  21H, A            ; 存回高 1 字节
MOV  A, 20H            ; 取最高字节
RLC  A                 ; 高字节带前字节的最高位左移
MOV  20H, A            ; 存回最高字节
SJMP $                 ; 程序执行完，"原地踏步"
END
```

5. 累加器清 0 和取反指令（Clear／Complement Accumulator）（2 条）

在 MCS-51 指令系统中，专门提供了累加器 A 清 0 和取反指令，这两条指令都是单字节单周期指令。虽然采用数据传送或逻辑运算指令也同样可以实现对累加器的清 0 和取反操作，但它们至少需要 2 字节。利用累加器 A 清 0 和取反指令可以节省存储空间，提高程序执行效率。具体指令见表 3.22。

表 3.22　累加器清 0 和取反指令一览表

汇编语言指令	机器语言指令	指令功能	操作数寻址方式
CLR A	1110 0100	(A)←00H	寄存器寻址
CPL A	1111 0100	(A) ← $\overline{(A)}$	寄存器寻址

注：CLR A 指令只影响 PSW 的 P 标志位，CPL A 指令不影响 PSW 各标志位。

【例3.47】 编制程序求片内 RAM 的 20H、21H、22H 单元中的数的补码，并将结果仍放回 20H、21H、22H 单元中。

解：求补码的方法是取反加 1，由于有三字节，所以应该最低字节取反加 1，其余字节取反后加 0（带进位），应注意字节与字节之间的衔接。程序如下：

```
ORG  0100H
MOV  A, 22H            ; 取最低字节内容送到累加器 A 中
CPL  A                 ; A 的内容取反
ADD  A, #1             ; 最低字节取反加 1，并影响进位位 Cy
MOV  22H, A            ; 存回低字节
MOV  A, 21H            ; 取第 2 字节内容送到累加器 A 中
CPL  A                 ; A 的内容取反
ADDC A, #0            ; 第 2 字节内容取反加进位位 Cy
MOV  21H, A            ; 存回第 2 字节
MOV  A, 20H            ; 取最高字节内容送到累加器 A 中
CPL  A                 ; A 的内容取反
ADDC A, #0            ; 最高字节内容取反加进位位 Cy
MOV  20H, A            ; 存回高字节
```

```
          SJMP  $                    ; 程序执行完,"原地踏步"
          END
```

3.3.4　控制转移指令（Program Branching）

计算机在运行的过程中，程序的顺序执行是由程序计数器 PC 自动加 1 实现的。有时因为操作的需要或程序较复杂，需要改变程序的执行顺序，实现分支转向，必须通过强迫改变 PC 值的方法来实现。这就是控制转移指令的基本功能。控制转移指令以改变程序计数器 PC 中的内容为目标，以控制程序执行的流向为目的。

为了控制程序的执行方向，MCS-51 单片机提供了丰富的控制转移指令，共有 17 条（不包括按布尔变量控制程序转移的指令）。除了 CJNE 影响 PSW 的进位标志位 C_y 外，其余均不影响 PSW 的各标志位。

1. 无条件转移指令（Unconditional Branch）（4 条）

不规定条件的程序转移称为无条件转移指令。MCS-51 指令系统中提供了 4 条无条件转移指令。具体指令见表 3.23。

表 3.23　无条件转移指令一览表

汇编语言指令	机器语言指令	指令功能
LJMP addr16	0000 0010　$addr_{15\sim8}$　$addr_{7\sim0}$	$PC\leftarrow addr_{15\sim0}$
AJMP addr11	$A_{10}A_9A_8 0$ 0001　$A_7A_6A_5A_4 A_3A_2A_1A_0$	$PC\leftarrow(PC)+2, PC_{10\sim0}\leftarrow addr11$
SJMP rel	1000 0000　rel	$PC\leftarrow(PC)+2+rel$
JMP　@A+DPTR	0111 0011	$PC\leftarrow(DPTR)+(A)$

（1）长转移指令（Long Jump，LJMP　addr16）

长转移指令提供了 16 位的转移目的地址。其功能是，把指令码中的 16 位的转移目的地址 addr16 送入程序计数器 PC 中，使计算机执行下条指令时无条件地转移到地址 addr16 处执行。此指令可以实现在全部 64KB 程序存储空间范围内的无条件转移。为了方便程序设计，addr16 常采用符号地址表示，只有在执行前才被汇编成 16 位二进制数地址。

【例 3.48】 已知 8051 最小系统的监控程序存放在程序存储器的从 100H 开始的一段空间中，试编写程序使之在开机后自动转移到 100H 处执行程序。

解：因为开机后 PC 被自动复位为 0000H，所以要使单片机在开机后能自动执行监控程序，必须在程序存储器空间的 0000H 单元处存放一条无条件转移指令。程序如下：

```
          ORG  0000H
          LJMP  START                ; 程序无条件转移到标号 START 单元处
          ORG  0100H
START:    ……                        ; 监控程序开始处
          ……
          END
```

（2）绝对转移指令（Absolute Jump，AJMP addr11）

绝对转移指令的 11 位地址 addr11（$A_{10}A_9A_8 A_7A_6A_5A_4A_3A_2A_1A_0$）在指令中的分布是，高 3 位 $A_{10}A_9A_8$ 与操作码 00001 共同组成指令的第 1 字节，低 8 位 $A_7A_6A_5A_4A_3A_2A_1A_0$ 组成指令的第 2 字节。11 位地址 addr11 也可用符号地址表示，在执行前才被汇编成具体的指令格式。

绝对转移指令执行时分两步：第一步，取指令操作，此时 PC 自动加 2，指向下一条指令地址（称 PC 的当前值）；第二步，用指令中给出的 11 位地址替换 PC 当前值的低 11 位，形成新的

PC 值，构成转移的目的地址，如图 3.9 所示。

如果把单片机 64KB 寻址区划分成 32 页（每页 2KB），则 PC 的高 5 位地址 $PC_{15} \sim PC_{11}$（变化范围为 00000B ~ 11111B）称为页面地址（0 ~ 31 页），$A_{10} \sim A_0$ 称为页内地址（变化范围应在 2KB 之内，为 000 ~ 7FFH）。应该注意，若转移前与转移后 PC 的高 5 位地址并不是同一个高 5 位地址，则无法使用本指令。例如，若 AJMP 指令地址为 1FFEH，则 PC + 2 = 2000H，所以转移的目的地址必在 2000H ~ 27FFH 这个 2KB 区域内。

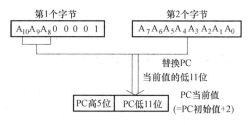

图 3.9　AJMP 指令的转移目的地址形成

【例 3.49】 分析下面绝对转移指令的执行情况（设 KEY 的绝对地址为 2100H）。

```
KEY:    AJMP  101 1010 0101B
```

解： 指令执行前（PC）= KEY 标号地址 = 2100H。取出该指令后，（PC）+2 形成 PC 当前的新地址 2102H = 0010 0001 0000 0010B。用指令中给出的 11 位转移地址 101 1010 0101B，去替换 PC 当前新地址的低 11 位，得 0010 0101 1010 0101B = 25A5H。这就是新的 PC 值。程序的执行结果就是转移到 25A5H 处去执行。

（3）相对（短）转移指令（Short Jump，SJMP）

该指令有 2 字节，第 1 字节是操作码，第 2 字节是操作数，其中偏移量 rel 是一个以补码形式表示的 8 位二进制有符号数地址（范围为 −128 ~ +127），因此可以实现一页地址（前后各半页）范围内的相对转移。若 rel 为正，则程序向后跳转；若 rel 为负，则程序向前跳转。转移的目的地址 = （PC）+ 2 + rel。

SJMP 指令中的相对地址 rel 常用符号地址表示，在执行前汇编时，计算机能自动计算出 rel 的值。而在手工计算偏移量 rel 时，应按 rel = 转移的目的地址 −（PC）− 2 来计算。

【例 3.50】 手工计算下面程序中短转移指令的偏移量 rel。

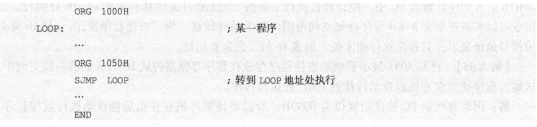

```
        ORG  1000H
LOOP:
        ...                      ；某一程序

        ORG  1050H
        SJMP  LOOP               ；转到 LOOP 地址处执行
        ...

        END
```

解： 因为偏移量

$$rel = 转移的目的地址 − 短转移指令起始地址（PC）− 2$$
$$= 1000H − 1050H − 2 = − 52H = − 101\ 0010B$$

其补码形式为 1010 1110B = 0AEH，最后去替换 LOOP。

程序汇编后，SJMP LOOP 为 SJMP 0AEH，所以 rel = 0AEH。

（4）间接转移指令（Jump Indirect，JMP　@ A + DPTR）

间接转移指令是以 DPTR 的内容为基地址，以 A 的内容为偏移量，可实现在 64KB 范围内无条件相对长转移的指令。MCS-51 单片机在执行这条指令之前，用户应预先将目的转移地址的基地址送入 DPTR 中，目的转移地址相对基地址的偏移量放入 A 中。在执行指令时，将 DPTR 中的基地址与 A 中的偏移量相加，形成目的地址，并送入 PC 中。该指令不影响 PSW 中的标志位。

这条指令常用于程序的分支转移。通常，DPTR 中的基地址是一个确定的值，一般是一张转移指令表的起始地址，A 中的值为表的偏移量地址，计算机通过间接转移指令 JMP　@ A + DPTR

便可实现程序的分支转移。

【例3.51】 若累加器 A 中存放着控制程序转向的值，试编程实现以下功能。

当（A）=00H 时，执行 ZX0 分支程序；

当（A）=01H 时，执行 ZX1 分支程序；

当（A）=02H 时，执行 ZX2 分支程序；

当（A）=03H 时，执行 ZX3 分支程序。

```
解:          ORG   0100H
     TAB1:   CLR   C              ; 清进位 Cy
             RLC   A              ; 累加器内容乘以 2(AJMP 指令为 2 字节),形成正确偏移量
             MOV   DPTR, #TAB2    ; 将表首地址 TAB2 送入 DPTR 寄存器中
             JMP   @A + DPTR      ; 程序转到地址为 A + DPTR 的地方去执行
     TAB2:   AJMP  ZX0            ; 当(A) = 0 时,执行 ZX0 分支程序
             AJMP  ZX1            ; 当(A) = 1 时,执行 ZX1 分支程序(AJMP 双字节)
             AJMP  ZX2            ; 当(A) = 2 时,执行 ZX2 分支程序(AJMP 双字节)
             AJMP  ZX3            ; 当(A) = 3 时,执行 ZX3 分支程序(AJMP 双字节)
     ZX0:    …                    ; ZX0 分支程序
             …
     ZX1:    …                    ; ZX1 分支程序
             …
     ZX2:    …                    ; ZX2 分支程序
             …
     ZX3:    …                    ; ZX3 分支程序
             …
             SJMP  $              ; 程序执行完,"原地踏步"
             END
```

注：① 相对（短）转移指令 SJMP 只能在 256 个存储单元内转移，绝对转移指令 AJMP 可以在 2KB 范围内转移，长转移指令 LJMP 允许在 64 KB 范围内转移。用户在编写程序时应注意灵活应用。

② 使用转移指令时，指令中的地址或地址偏移量均可以采用符号地址（标号）表示，这使编程更为方便。

2. 条件转移指令（Jump if Accumulator Zero / Not Zero）（2 条）

条件转移指令在规定条件满足时进行程序转移，否则程序往下顺序执行。条件转移指令共两条，执行时均以累加器 A 的内容是否为 0 作为转移条件。具体指令见表 3.24。

表 3.24　条件转移指令一览表

汇编语言指令	机器语言指令	指令功能
JZ rel	0110 0000　rel	若（A）=0，则 PC←(PC) + 2 + rel（转移） 若（A）≠0，则 PC←(PC) + 2　　（不转移）
JNZ rel	0111 0000　rel	若（A）≠0，则 PC←(PC) + 2 + rel（转移） 若（A）=0，则 PC←(PC) + 2　　（不转移）

注：rel（范围为 -128 ~ +127，用补码表示）在程序中也可以采用符号地址表示，换算方法和转移地址范围均与无条件转移指令中的相对（短）转移指令 SJMP 指令的相同。

【例3.52】 已知片内 RAM 中以 30H 为起始地址的数据块以 0 为结束标志，试编制程序将其传送到以 DATA 为起始地址的片内 RAM 区中。

解：

```
          ORG  0100H
          MOV  R0, #30H        ;将源数据块起始地址 30H 送入 R0 中
          MOV  R1, #DATA       ;将目的数据块起始地址 DATA 送入 R1 中
LOOP:     MOV  A, @R0          ;将源数据块起始地址 30H 中的内容送入 A 中
          JZ   DONE            ;若 A 的内容为 0,则跳至 DONE 结束,反之继续执行
          MOV  @R1, A          ;将 30H 中的内容送入 DATA 中
          INC  R0              ;将源数据块地址加 1
          INC  R1              ;将目的数据块起始地址也加 1
          SJMP LOOP            ;程序上跳回 LOOP 处执行
DONE:     SJMP $               ;程序执行完,"原地踏步"
          END
```

3. 比较转移指令（Compare and Jump if Not Equal）（4 条）

比较转移指令把两个操作数进行比较,以比较的结果作为条件来控制程序的转移,共有 4 条指令。具体指令见表 3.25。

表 3.25　比较转移指令一览表

汇编语言指令	机器语言指令	指令功能	
CJNE A, direct, rel	1011 0101 direct rel	若(A) = (direct),则 PC←(PC) +3, 若(A) > (direct),则 PC←(PC) +3 + rel, 若(A) < (direct),则 PC←(PC) +3 + rel,	C_y←0 C_y←0 C_y←1
CJNE A, #data, rel	1011 0100 data rel	若(A) = data,　　则 PC←(PC) +3, 若(A) > data,　　则 PC←(PC) +3 + rel, 若(A) < data,　　则 PC←(PC) +3 + rel,	C_y←0 C_y←0 C_y←1
CJNE Rn, #data, rel	1011 1rrr data rel	若(Rn) = data,　　则 PC←(PC) +3, 若(Rn) > data,　　则 PC←(PC) +3 + rel, 若(Rn) < data,　　则 PC←(PC) +3 + rel,	C_y←0 C_y←0 C_y←1
CJNE @Ri, #data, rel	1011 011i data rel	若((Ri)) = data,则 PC←(PC) +3, 若((Ri)) > data,则 PC←(PC) +3 + rel, 若((Ri)) < data,则 PC←(PC) +3 + rel,	C_y←0 C_y←0 C_y←1

（1）指令的特点

① 它们都是三字节指令。指令执行时,PC 的内容先加 3,然后再判断是否相等,若不相等,则转移,其偏移量为 rel。rel 的地址范围为 -128 ~ +127,所以指令的相对转移范围为 -125 ~ +130。

② 指令的比较是通过两操作数相减实现的,所以会影响 C_y 标志位,但对两个操作数本身无影响（不会保存最后的差值）。

③ 若用户处理的是有符号数,则仅根据 C_y 是无法判断它们的大小的。判断两个带符号数 X、Y 的大小可采用如下方法：

若 X >0, Y <0,则 X > Y。若 X <0, Y >0,则 X < Y。若 X >0, Y >0（或 X <0, Y <0）,则须按比较条件产生的 C_y 值进行进一步的判断。此时,若 C_y =0,则 X > Y；若 C_y =1,则 X < Y。

（2）指令的操作过程

CJNE 指令把第一操作数与第二操作数进行比较,若不相等,则跳转,并影响借位位 C_y。具体分为以下三种情况。

① 若第一操作数等于第二操作数,则程序顺序执行,(PC)←(PC) +3,且 C_y←0。

② 若第一操作数大于第二操作数,则程序转到 rel 处执行,PC←(PC) +3 + rel,且 C_y←0。

③ 若第一操作数小于第二操作数,则程序转到 rel 处执行,PC←(PC) +3 + rel,且 C_y←1。

（3）指令的功能

利用 CJNE 指令对 C_y 的影响，可实现两个操作数大小的比较。

💡 **特别提示**：两数在比较时按照减法操作并影响标志位 C_y，但指令的执行结果不影响任何一个操作数内容。

【例 3.53】　试用含有 CJNE 的指令编写程序，将片内 RAM 以 30H 为起始地址的数据块（以 0 为结束标志）传送到以 DATA 为起始地址的片内 RAM 的区域。

解：

```
        ORG  0100H
        MOV  R0, #30H          ; 将源数据块起始地址 30H 送人 R0 中
        MOV  R1, #DATA         ; 将目的数据块起始地址 DATA 送人 R1 中
LOOP:   CJNE @R0, #00H, LOOP1  ; 若(30H)=0,程序顺序执行
                               ; 若(30H)≠0,则程序转至 LOOP1 处(并影响 Cy)
        SJMP $                 ; 程序执行完,"原地踏步"
LOOP1:  MOV  A, @R0            ; 将 R0 中 30H 的内容送人 A 中
        MOV  @R1, A            ; 将 30H 中的内容送人 DATA 中
        INC  R0               ; 将源数据块地址加 1
        INC  R1               ; 将目的数据块地址加 1
        SJMP LOOP              ; 程序上跳回 LOOP 处执行
        END
```

4. 循环（减 1 条件）**转移指令**（Decrement and Jump if Not Zero）（2 条）

循环（减 1 条件）转移指令是一组把减 1 与条件转移两种功能结合在一起的指令，指令共有 2 条，主要用于控制程序循环。预先将循环次数置于寄存器或内部 RAM 中，利用指令的"减 1 判非 0 则转移"功能，可实现按循环次数控制循环的目的。具体指令见表 3.26。

表 3.26　循环转移指令一览表

汇编语言指令	机器语言指令	指令功能
DJNZ Rn, rel	1101 1rrr rel	$(Rn) \leftarrow (Rn) - 1$ 若$(Rn) \neq 0$, 则 $PC \leftarrow (PC) + 2 + rel$　（转移） 若$(Rn) = 0$, 则 $PC \leftarrow (PC) + 2$　　　（不转移）
DJNZ direct, rel	1101 0101 direct rel	$(direct) \leftarrow (direct) - 1$ 若$(direct) \neq 0$, 则 $PC \leftarrow (PC) + 3 + rel$　（转移） 若$(direct) = 0$, 则 $PC \leftarrow (PC) + 3$　　（不转移）

指令的操作过程是，先将操作数内容减 1，并保存减 1 后的结果，若操作数减 1 后不为 0，则程序进行转移；若操作数减 1 后为 0，则程序顺序执行。

【例 3.54】　试编写程序，对片内 RAM 以 DATA 为起始地址的 10 个单元中的数据求和，并将结果送入 SUM 单元中。设相加结果不超过 8 位二进制数能表示的范围。

解：

```
        ORG  0100H
        MOV  A, #00H         ; 将累加器清 0 作为和的初值
        MOV  R0, #DATA       ; 起始地址送入 R0(循环初始化)中
        MOV  R7, #0AH        ; 求和单元个数送入 R7 中
LOOP:   ADD  A, @R0          ; 求和,结果送入 A 中(循环体)
        INC  R0             ; 地址加 1(循环修改)
        DJNZ R7, LOOP        ; 若(R7)-1≠0,则转至 LOOP 处;若(R7)-1=0,则求和完毕
        MOV  SUM, A          ; 求和的结果送入 SUM 单元中保存(循环结束)
        SJMP $               ; 程序执行完,"原地踏步"
        END
```

67

注：条件转移指令均为相对转移指令，因此指令的转移范围十分有限。要实现 64KB 范围内的转移，可以借助于一条长转移指令的过渡来实现。

5. 子程序调用与返回指令（Call and Return）（4 条）

为了减少编写和调试程序的工作量，减小程序在存储器中所占的存储空间，人们常常把具有完整功能的程序段定义为子程序，供主程序调用。

子程序调用是一种重要的程序结构，它是简化源程序的书写、程序模块共享的重要手段。它可以在程序中反复多次使用。主程序与子程序之间的调用关系如图 3.10 所示。

主程序与子程序是相对的，同一个子程序既可以作为另一个程序的子程序，也可以有自己的子程序。若子程序中还调用了其他子程序，则称为子程序嵌套。图 3.11 所示为两级子程序嵌套的示意图。

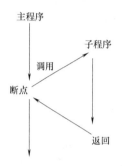 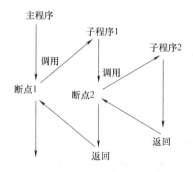

图 3.10 主程序与子程序之间的调用关系　　　图 3.11　两级子程序嵌套的示意图

为了实现主程序对子程序的一次完整调用，必须有子程序调用指令和子程序返回指令。主程序应该能在需要时通过程序调用指令自动转入子程序执行，子程序执行完后应能通过返回指令自动返回调用指令的下一条指令处（该指令地址称为断点地址）执行。子程序调用指令在主程序中使用，而子程序返回指令则是子程序的最后一条指令。

调用与返回指令是成对使用的。调用指令必须具有自动把程序计数器 PC 中的断点地址保护到堆栈中，且将子程序入口地址自动送入程序计数器 PC 中的功能；返回指令则必须具有自动把堆栈中的断点地址恢复到程序计数器 PC 中的功能。

MCS-51 指令系统中提供了 4 条子程序调用与返回指令，具体指令见表 3.27。

表 3.27　子程序调用与返回指令一览表

汇编语言指令	机器语言指令	指令功能
ACALL addr11	$A_{10}A_9A_8 1\ 0001$ $A_7A_6A_5A_4A_3A_2A_1A_0$	$(PC)\leftarrow(PC)+2$，$(SP)\leftarrow(SP)+1$，$(SP)\leftarrow(PC)_{7\sim0}$ $(SP)\leftarrow(SP)+1$，$(SP)\leftarrow(PC)_{15\sim8}$，$(PC)_{10\sim0}\leftarrow addr11$
LCALL addr16	$0001\ 0010$ $addr15\sim8\quad addr7\sim0$	$(PC)\leftarrow(PC)+3$，$(SP)\leftarrow(SP)+1$，$(SP)\leftarrow(PC)_{7\sim0}$ $(SP)\leftarrow(SP)+1$，$(SP)\leftarrow(PC)_{15\sim8}$，$(PC)_{15\sim0}\leftarrow addr16$
RET	$0010\ 0010$	$(PC)_{15\sim8}\leftarrow((SP))$，$(SP)\leftarrow(SP)-1$ $(PC)_{7\sim0}\leftarrow((SP))$，$(SP)\leftarrow(SP)-1$
RETI	$0011\ 0010$	$(PC)_{15\sim8}\leftarrow((SP))$，$(SP)\leftarrow(SP)-1$ $(PC)_{7\sim0}\leftarrow((SP))$，$(SP)\leftarrow(SP)-1$

（1）绝对短调用指令（Absolute Call，ACALL addr11）

该指令执行时，首先产生断点地址（PC）+2，然后把断点地址压入堆栈中保存（先低位后高位），最后用指令中给出的 11 位地址替换当前 PC 的低 11 位，组成子程序的入口地址。在实际编程时，addr11 可以用符号地址（标号）表示，且只能在 2KB 范围以内调用子程序。在这方面，ACALL 指令与绝对转移指令 AJMP 的规定相同。

（2）绝对长调用指令（Long Call，LCALL　addr16）

该指令执行时，首先产生断点地址（PC）+3，然后把断点地址压入堆栈中保存（先低位后高位），最后用指令中给出的 16 位地址替换当前 PC 地址，组成子程序的入口地址。addr16 可以用符号地址（标号）表示，能在 64KB 范围以内调用子程序。在这方面，LCALL 指令与长转移指令 LJMP 的规定相同。

（3）子程序返回指令（Return from Subroutine，RET）

该指令执行时，首先将堆栈中的内容弹出给 PC（先高位后低位），PC 断点地址被恢复，使主程序从断点处继续顺序执行。

（4）中断返回指令（Return from Interrupt，RETI）

中断服务程序是一种特殊的子程序，在计算机响应中断时，由硬件完成调用而进入相应的中断服务程序。RETI 指令与 RET 指令相仿，区别在于，RET 从子程序返回，而 RETI 从中断服务程序返回，此时的子程序为中断服务子程序，RETI 指令在恢复断点前还具有清除中断响应被置位的优先级状态、释放中断逻辑等功能。

🔅 **特别提示**：无论 RET 还是 RETI 指令，都写在子程序内，是子程序执行的最后一条指令。中断子程序至少有一条中断返回指令 RETI。

6. 空操作指令 NOP（No Operation）（1 条）

NOP 占据一个单元的存储空间，除了使 PC 的内容加 1 外，CPU 不产生任何操作结果，只是消耗了一个机器周期。NOP 指令常用于软件延时或在程序可靠性设计中用来稳定程序。具体指令见表 3.28。

🔅 **特别提示**：空操作指令是单字节、单周期指令，常用于在程序中产生 1 个机器周期的时间延迟，在程序存储器 ROM 中占据 1 个字节空间，可用于精确的软件延时程序。

表 3.28　空操作指令一览表

汇编语言指令	机器语言指令	指令功能
NOP	0000 0000	空操作

3.3.5　位操作指令（Boolean Variable Manipulation）

位操作指令的操作数不是字节，而是字节中的某个位。由于这些位只能取 0 或 1，故又称布尔变量操作指令。

MCS-51 单片机硬件结构中有一个布尔处理机，它以进位标志位 C_y 作为位累加器，以内部 RAM 位寻址区的 128 个可寻址位和 11 个特殊功能寄存器 SFR 中的 83 个可寻址位作为位存储区。在软件方面，有一个专门处理布尔变量的指令子集，可以实现布尔变量的传送、运算和控制转移等功能。这些指令称为位操作指令或布尔变量操作指令。

位操作类指令采用直接位寻址方式或寄存器位寻址方式寻址，指令中的位地址的表达方式有直接地址方式（如 0AFH）、特殊功能寄存器名 . 位序号（如 PSW. 3）、字节地址 . 位序号（如 0D0H. 0）、位名称方式（如 F0）和用户定义名称等几种方式。

1. 位数据传送指令（Move Bit Data）（2 条）

位数据传送指令是在可寻址位与位累加器 C_y 之间进行的，不能在两个可寻址位之间直接进行传送。但以位累加器 C_y 为中介，可实现两个可寻址位之间的数据传送。位数据传送指令有两条，具体指令见表3.29。

表3.29 位数据传送指令一览表

汇编语言指令	机器语言指令	指 令 功 能	目的操作数寻址方式	源操作数寻址方式
MOV C, bit	10100010 bit	$(C_y) \leftarrow (bit)$	寄存器位地址	直接位寻址
MOV bit, C	10010010 bit	$(bit) \leftarrow (C_y)$	直接位寻址	寄存器位寻址

【例3.55】 将位地址为20H位的内容与位地址为50H位的内容互换。

解：
```
ORG  0100H
MOV  10H, C        ;暂存 Cy 的原有内容
MOV  C, 20H        ;将20H位中的内容送入 PSW 中的 Cy 内
MOV  F, C          ;将20H位中的内容送入 PSW 中的 F0 位(用户位)内
MOV  C, 50H        ;将50H位中的内容送入 PSW 中的 Cy 内
MOV  20H, C        ;将50H位中的内容送入20H位中
MOV  C, F          ;将 F0 位中送回 Cy 内
MOV  50H, C        ;将 Cy 的内容(原20H位中的内容)送入50H位中
MOV  C, 10H        ;恢复 Cy 的原有内容
SJMP $             ;程序执行完，"原地踏步"
END
```

2. 位逻辑操作指令（Logical Operation for Bit Variables）（6条）

位逻辑操作功能只有三项：位与、位或、位非。除了 CPL bit 指令外，其余指令执行时均不改变 bit 中的内容，C_y 的内容既是源操作数寄存器，又是目的操作数寄存器。位逻辑操作指令常用于对组合逻辑电路的模拟，即用软件的方法获得组合逻辑电路的功能。采用位操作指令进行组合逻辑电路的设计比采用字节型逻辑指令节约存储空间，运算操作十分方便。位逻辑操作指令共有6条，具体指令见表3.30。

表3.30 位逻辑操作指令一览表

汇编语言指令	机器语言指令	指 令 功 能	目的操作数寻址方式	源操作数寻址方式
ANL C, bit	1000 0010 bit	$(C_y) \leftarrow (C_y) \wedge (bit)$	寄存器位寻址	直接位寻址
ANL C, /bit	1011 0000 bit	$(C_y) \leftarrow (C_y) \wedge (\overline{bit})$	寄存器位寻址	直接位寻址
ORL C, bit	0111 0010 bit	$(C_y) \leftarrow (C_y) \vee (bit)$	寄存器位寻址	直接位寻址
ORL C, /bit	1010 0000 bit	$(C_y) \leftarrow (C_y) \vee (\overline{bit})$	寄存器位寻址	直接位寻址
CPL C	1011 0011	$(C_y) \leftarrow (\overline{C_y})$	寄存器位寻址	寄存器位寻址
CPL bit	1011 0010 bit	$bit \leftarrow \overline{bit}$	直接位寻址	直接位寻址

注：在位逻辑操作指令中，没有异或操作，但利用多条位逻辑操作指令可以实现异或操作。

特别提示：bit 前的斜杠表示对（bit）求反，求反后再与 C_y 的内容进行逻辑操作，但并不改变 bit 原来的值。

【例3.56】 试编制程序将位 M 和位 N 的内容相异或（$M \oplus N = M\overline{N} + \overline{M}N$），结果存入 F0 位中。

解：
```
ORG  0100H
MOV  C, M          ;(Cy) ← (M)
ANL  C, /N         ;(Cy) ← (Cy) ∧ (N̄)
```

```
        MOV   F, C           ；(F0)←(C_y)
        MOV   C, N           ；(C_y)←(N)
        ANL   C, /M          ；(C_y)←(C_y)∧(M̄)
        ORL   C, F           ；(C_y)←(MN̄+M̄N)
        MOV   F, C           ；最后结果存于 F0 位中
        SJMP  $              ；程序执行完，"原地踏步"
        END
```

【例 3.57】　试编制程序实现图 3.12 所示的逻辑电路的功能。

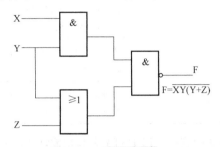

图 3.12　实现 $F = \overline{XY(Y+Z)}$ 功能的电路

解：
```
        ORG   0100H
        MOV   C, X           ；将 X 送入 C_y 中
        ANL   C, Y           ；将 X 与 Y 后送入 C_y 中
        MOV   F, C           ；再送入 F0 中保存
        MOV   C, Y           ；将 Y 送入 C_y 中
        ORL   C, Z           ；将 Y 或 Z 后送入 C_y 中
        ANL   C, F           ；再将 (Y+Z)"与"XY
        CPL   C              ；最后取非
        SJMP  $              ；程序执行完，"原地踏步"
        END
```

3. 位状态（置位、清 0）**控制指令**（Set / Clear Bit）（4 条）

位状态控制指令的功能是把进位标志位 C_y 或位地址 bit 中的内容清 0 或置 1。共有 4 条指令，用到的指令助记符有 CLR、SETB 两个。具体指令见表 3.31。

表 3.31　位状态控制指令一览表

汇编语言指令	机器语言指令	指 令 功 能	操作数寻址方式
CLR　C	1100 0011	$(C_y)←0$	寄存器位寻址
CLR　bit	1100 0010 bit	$(bit)←0$	直接位寻址
SETB　C	1101 0011	$(C_y)←1$	寄存器位寻址
SETB　bit	1101 0010 bit	$(bit)←1$	直接位寻址

4. 位条件（控制）**转移指令**（Jump if Bit Zero / Not Zero）（5 条）

位条件（控制）转移指令以位的状态作为实现程序转移的判断条件，可以使程序设计变得更加方便、灵活和简洁。位条件转移指令 JC（Jump if Carry is set）、JNC（Jump if Carry not set）、JB（Jump if Bit set）、JNB（Jump if Bit Not set）、JBC（Jump if Bit is set and Clear bit）共 5 条，分为以进位标志位 C_y 内容为条件的转移指令和以位地址 bit 内容为条件的转移指令两类。以 C_y 内容为条件的转移指令常与比较条件转移指令 CJNE 连用，以便根据 CJNE 指令执行过程中形成的 C_y

进一步决定程序的流向，或者形成三分支模式。具体指令见表 3.32。

表 3.32 位条件转移指令一览表

汇编语言指令	机器语言指令	指令功能
JC rel	0100 0000 rel	若(C_y) = 1，则(PC)←(PC) + 2 + rel（转移） 若(C_y) = 0，则(PC)←(PC) + 2 （不转移）
JNC rel	0101 0000 rel	若(C_y) = 1，则(PC)←(PC) + 2 （不转移） 若(C_y) = 0，则(PC)←(PC) + 2 + rel（转移）
JB bit, rel	0010 0000 bit rel	若(bit) = 1，则(PC)←(PC) + 3 + rel（转移） 若(bit) = 0，则(PC)←(PC) + 3 （不转移）
JNB bit, rel	0011 0000 bit rel	若(bit) = 1，则(PC)←(PC) + 3 （不转移） 若(bit) = 0，则(PC)←(PC) + 3 + rel（转移）
JBC bit, rel	0001 0000 bit rel	若(bit) = 1，则(PC)←(PC) + 3 + rel（转移），且 bit←0 若(bit) = 0，则(PC)←(PC) + 3 （不转移）

【例 3.58】 已知片外 RAM 中有一个以 DATA 为起始地址的输入数据缓存区，该缓存区中的数据以回车符 CR（ASCII 码为 0DH）为结束标志，试编制程序把其中的正数传送到片内 RAM 从 30H 单元开始的正数区，负数传送到片内 RAM 从 40H 单元开始的负数区。

解：

```
        ORG  0100H
        MOV  DPTR, #DATA      ; 缓存区起始地址 DATA 送 DPTR
        MOV  R0, #30H         ; 正数区起始地址送 R0
        MOV  R1, #40H         ; 负数区起始地址送 R1
LOOP:   MOVX A, @ DPTR        ; 将 DATA 起始地址中的内容送入 A 中
        CJNE A, #0DH, LOOP1   ; 若 A≠0DH，则程序转到 LOOP1 地址执行
                             ; 若 A = 0DH，则程序往下执行
        SJMP $                ; 程序执行完，"原地踏步"
LOOP1:  JB  ACC. 7, LOOP2     ; 累加器 A 的第 7 位为 1（负数），程序转到 LOOP2
                             ; 累加器 A 的第 7 位为 0（正数），程序往下执行
        MOV  @ R0, A          ; 为正数，送正数区
        INC  R0              ; 修改正数区指针
        INC  DPTR            ; 修改缓存区指针
        AJMP LOOP            ; 程序返回 LOOP 处执行，循环
LOOP2:  MOV  @ R1, A         ; 为负数，送负数区
        INC  R1             ; 修改负数区指针
        INC  DPTR           ; 修改缓存区指针
        AJMP LOOP           ; 程序返回 LOOP 处执行，循环
        END
```

3.4 汇编语言程序设计基础

程序设计就是编制计算机的程序，即用计算机所能识别的、能接受的语言把要解决的问题的步骤有序地描述出来。

单片机只能识别用二进制数表示的指令，这就是机器指令（机器码）。机器指令的缺点是难记忆。而汇编语言与机器码有着一一对应的关系，非常有利于用户记忆，它是既面向机器又面向

用户的语言。

在进行单片机应用系统设计时，除了需要熟悉单片机的硬件原理外，还要掌握单片机的汇编语言指令系统，掌握程序设计的基本方法和技巧，才能设计出质量高、可读性好、程序代码少和执行速度快的优秀程序。汇编语言程序设计不仅关系到单片机控制系统的特性和效率，而且还与控制系统本身的硬件结构紧密相关。

3.4.1　汇编语言程序设计的步骤

根据任务要求，采用汇编语言编制程序的过程称为汇编语言程序设计。在进行程序设计时，首先应根据需要解决的实际问题的要求和所使用计算机的特点，决定所采取的计算方法和计算公式，然后结合计算机指令系统特点，本着节省存储单元和提高执行速度的原则编制程序。一个应用程序的编制，从拟订设计任务书直到所编程序的调试通过，通常可分为以下七步：

① 拟订设计任务书。设计者应根据现场的实际情况，明确所要解决问题的具体要求，写出比较明确的设计任务书。设计任务书应包括程序功能、技术指标、精度等级、实施方案、工程进度、所需设备、研制费用和人员分工等内容。

② 建立数学模型。在弄清楚设计任务的基础上，根据对象的特性建立数学模型。数学模型是多种多样的，可以是一系列的数学表达式，也可以是数学的推理和判断，还可以是运行状态的模拟等。

③ 确定算法。设计者应根据对象的特性和逻辑关系确定算法。算法是进行程序设计的依据，它决定了程序的正确性和程序的质量。确定算法时，不但要考虑问题的具体要求，还要考虑指令系统的特点，再决定所采用的计算公式和计算方法。

④ 编制程序框图。这是程序的结构设计阶段，也是程序设计前的准备阶段。对于一个复杂的设计任务，应根据实际情况和所选定的算法确定程序的结构设计方法（如模块化程序设计、自顶向下程序设计等），把总的设计任务划分为若干个子任务（即子模块），并确定解决各任务的步骤和顺序，绘制相应的程序框图。程序框图不但可以体现程序的设计思想，而且可以使复杂的问题简单化，并能起到提纲的作用。

在程序框图的基础上，设计者应确定数据格式，分配工作单元，进一步将程序框图细化成详细的实际操作的程序流程图。程序流程图中各部分的规定画法如图 3.13 所示。

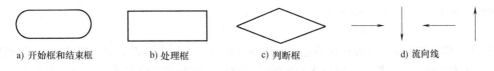

a) 开始框和结束框　　　　b) 处理框　　　　c) 判断框　　　　　d) 流向线

图 3.13　程序流程图中各部分的规定画法

⑤ 编制源程序。根据程序流程图和指令系统应用的软件，遵照指令系统的规定，编写出合法的汇编语言源程序。

⑥ 上机调试。应用汇编或宏汇编程序，将编辑的源程序生成目标程序。然后，应用模拟调试软件或仿真器配合目标系统，进行程序测试或联调，排除错误，直至正确为止。在调试程序时，一般在各模块分调完成后，再进行整个程序的联调。

⑦ 程序优化。程序的优化以能够完成实际问题要求为前提，以质量高、可读性好、节省存储单元和提高执行速度为原则。在程序设计中经常应用循环和子程序的形式来缩短程序的长度，通过改进算法和择优使用指令来节省工作单元和减少程序的执行时间。

3.4.2 汇编语言的汇编与 HEX 文件

使用 MCS-51 汇编语言编写好源程序后，只有按规则使用文本或文字编辑软件将源程序输入计算机形成一个文件，然后使用汇编器（汇编软件）把目标程序从汇编语言源程序"翻译"成机器语言，才能在 51 系列单片机运行。这种翻译的过程称为汇编。

1. 汇编语言的编辑

在应用系统设计的过程中，硬件设计和软件的开发一般可同步或分步进行。应用软件的开发，第一步是编写程序，并以文件的形式存于磁盘中，这一过程称为源程序的编辑。

在计算机上进行源程序的编辑，需要有相应的软件予以支持。编写源程序有两种方法可选择：一种方法是利用计算机中常用的编辑软件，如行编辑软件 EDLIN、记事本等；另一种方法是利用开发系统中提供的编辑环境进行汇编语言的编辑。

2. 汇编语言的汇编

汇编语言在上机调试前必须将其翻译成目标代码（机器码）才能被 CPU 接受执行。这种把汇编语言源程序翻译成目标代码的过程称为汇编。汇编语言源程序的汇编可分为人工汇编和机器汇编两大类。对于量小、简单的程序，程序员可以经过查指令系统表，将汇编语言源程序逐条翻译成机器代码，完成手工汇编。手工汇编在实际工作中已经很少使用。而采用汇编软件完成汇编过程，即为机器汇编。所谓汇编程序，就是将汇编语言源程序转变为相应目标程序的翻译软件。由于指令助记符与机器语言指令是一一对应的等价关系，所以汇编软件很容易将源程序迅速、准确、有效地翻译成目标程序。

汇编语言源程序的一般格式如下（不包含粗体字部分）：

地址	机器码	标号	源程序	注释
			ORG 0000H	; 整个程序起始地址
0000	02 00 30		LJMP MAIN	; 跳向主程序
			ORG 0030H	; 主程序起始地址
0030	C3	MAIN:	CLR C	; MAIN 为程序标号
0031	E6	LOOP:	MOV A, @ R0	
0032	37		ADDC A, @ R1	
0033	08		INC R0	
0034	D9 FB		DJNZ R1,LOOP	; 相对转移
0036	80 FE		SJMP $	; 停止
			END	; 结束标记

程序员编写的汇编语言源程序不包括所列格式中的地址和机器码部分（粗体字）。源程序一般以 ASM 为扩展名进行保存。源程序经汇编后会自动生成两种文件格式（还有其他的文件，但常用的是这两种），即 LST 文件和 HEX 文件。LST 文件基本如上述所列格式（包含粗体字部分），它会在源程序的左侧加上地址和机器码部分。HEX 文件是由一行行符合 Intel HEX 文件格式的文本所构成的 ASCII 文本文件。

3. HEX 文件

源程序经汇编后会自动生成一个 HEX 文件。在 Intel HEX 文件中，每一行包含一个 HEX 记录。这些记录由对应机器语言码和常量数据的十六进制编码数字组成。Intel HEX 文件是将被存入（烧入）CPU ROM 中的程序和数据。上面例子中生成的 Intel HEX 文件如下：

```
: 03000000020030CB
: 08003000C3E63708D9FB80FE8E
: 00000001FF
```

Intel HEX 的记录格式由任意数量的十六进制记录组成。每个记录包含五个域,它们的格式排列如下:

```
: llaaaatt[dd…]cc
```

每一组字母对应一个不同的域,每一个字母对应一个十六进制编码的数字。每一个域由至少两个十六进制编码数字组成,它们构成一个字节。包括:

":" 每个 Intel HEX 记录都由冒号开头。

"ll" 是数据长度域,它代表记录当中数据字节 (dd) 的数量。

"aaaa" 是地址域,它代表记录当中数据的起始地址。

"tt" 是代表 HEX 记录类型的域,它可能是以下数据当中的一个:00 是数据记录;01 是文件结束记录;02 是扩展段地址记录;04 是扩展线性地址记录。

"dd" 是数据域,它代表一个字节的数据。一个记录可以有许多数据字节,记录当中数据字节的数量必须和数据长度域 (ll) 中指定的数字相符。

"cc" 是校验和域,它表示这个记录的校验和。校验和的计算是通过将记录当中所有十六进制编码数字对的值相加,然后模除 256 得到的余数求反加一,例如:

```
: 03000000020030CB
```

其中,03 是这个记录当中数据字节的数量;0000 是数据将被下载到存储器当中的地址;00 是记录类型 (数据记录);020030 是数据;CB 是这个记录的校验和,计算为 (用 C 语言表达)

```
cc = (uchar) ~ (03h + 00h + 00h + 00h + 02h + 30h);
cc + +;
```

Intel HEX 文件必须以文件结束 (EOF) 记录结束,这个记录的记录类型域的值必须是 01,EOF 记录格式总是为

```
: 00000001FF
```

其中,00 是记录当中数据字节的数量;0000 是数据被下载到存储器当中的地址,在文件结束记录中,这个地址是没有意义的;01 是记录类型 (文件结束记录);FF 是这个记录的校验和。

3.4.3　汇编语言的开发系统及调试

一个好的开发环境是单片机应用系统设计的前提。在单片机应用系统设计的仿真调试阶段,为了能调试程序,检查硬件、软件的运行状态,就必须借助于单片机开发系统进行模拟,随时观察运行的中间过程而不改变运行中的原有数据,从而实现模拟现场的真实调试。

1. 单片机开发系统

单片机开发系统对单片机应用系统软、硬件的调试功能很强,一般都具有以下调试功能:

① 运行控制功能。开发系统可以使用户有效地控制目标程序的运行,以便检查运行的结果,并对存在的硬件和软件错误进行定位,可以利用开发系统的设置 (或清除) 断点、单步运行、全速运行、启/停控制、跟踪、连续跟踪等多种功能进行调试。

② 对应用系统状态的读出功能。在 CPU 停止执行目标程序后,此功能可以允许用户方便地读出或修改目标系统所有资源的状态,以便检查程序运行的结果,设置断点条件及设置程序的初始参数。

可供用户读出/修改的目标系统资源有程序存储器、单片机的内部资源 (包括工作寄存器、特殊功能寄存器、I/O 接口、RAM 数据存储器、位寻址单元等)、系统中扩展的数据存储器和 I/O 接口等。

③ 跟踪功能。单片机开发系统一般具有逻辑分析仪功能,在目标程序运行的过程中,能跟

踪存储器目标系统总线上的地址、数据和控制信号的状态变化，从而同步地记录总线上的信息。此功能可使用户掌握总线上信息变化的过程，分析产生错误的原因，进而修改错误。

④ 仿真功能。在线仿真是对目标系统而言的，是指仿真器把其硬件和软件资源（被调试的程序和参数）通过仿真插座暂时出借给目标系统（成为目标系统的硬件和软件中的一个组成部分或全部），这样，设计者就可在单片机开发系统上对系统的硬件和软件进行仿真和调试。

单片机开发系统在单片机应用系统设计中占有重要的位置，是单片机应用系统设计中不可缺少的开发工具。一个好的开发系统，需要具备以下的功能：

① 能方便地输入和修改用户的应用程序。

② 能对用户系统硬件电路进行检查和诊断。

③ 能将用户源程序编译成目标代码，固化到相应的 ROM 中去，并能在线仿真。

④ 能以单步、断点、连续等方式运行用户程序，能正确地反映用户程序执行的中间状态，即实现动态实时调试。

专用的 MCS-51 开发工具一般可以和 PC 兼容机的 RS-232 串行通信接口或并行口相连，利用 PC 的资源实现对 MCS-51 系列单片机的汇编、反汇编、编辑、在线仿真、动态实时调试及各种 ROM 的固化等。开发装置不占用 MCS-51 单片机的任何资源，具有高效率交叉汇编功能及方便的调试手段，所以借助专门的开发工具，可以大大提高编程调试的效率，缩短产品开发周期。

常用的 MCS-51 系列单片机的开发系统有广州周立功单片机发展有限公司的 TKS 系列仿真器、Flyto Pemulator 单片机开发系统、Medwin 集成开发环境、E6000 系列仿真器、Keil C51 单片机仿真器等。单片机开发系统的种类很多，设计者在应用时应根据自己的实际情况选择符合自己的机型并且方便应用的开发系统。

2. 汇编语言的调试

单片机应用系统的软件调试无规律可循，调试时更多的是凭经验。软件调试的主要任务是排查错误，软件错误大致可分为以下几类：

（1）逻辑错误

逻辑错误主要是语法错误。这类错误有些是显性的，有些是隐性的。前者比较容易发现，通过仿真开发系统一般都能发现并改正；后者往往难以发现，必须在分析错误或结果的基础上逐步缩小可能出现错误的区域，最后找到错误所在。

（2）功能错误

功能错误主要是指在没有语法错误的基础上，由于设计思想或算法的问题导致不能实现软件功能的一类错误。仿真开发系统一般不能发现这类错误，开发者必须借助于开发系统的寄存器内容和 RAM 数据的查看/设置及断点运行等调试功能，通过入口和出口的比较等方法才能定位。

（3）指令错误

指令错误是指在编辑应用指令时所产生的错误。一般有如下四种：

① 指令疏漏。例如，编写、调试减法程序时，由于 MCS-51 的减法指令只有 SUBB 带进位减法，故在减法指令开始前，如不利用 CLR C 指令将进位清除，可能会导致计算结果比实际结果小 1 的错误，这类错误不易被发现。

② 位置不妥。例如，指令的位置颠倒，高位、低位单元指针弄混等。

③ 指令不当。例如，指令应用有误，书写错误，指令应用超出允许的范围（如相对转移指令 SJMP 的范围为 – 128 ~ + 127）等。

④ 非法调用。按照子程序的说明，调用子程序并不难，但有时可能由于疏忽，没有按照入口要求送数，出现非法调用现象，导致出错。出现这种错误时，开发者首先应检查子程序的入

口、出口条件，然后再检查子程序。

（4）程序跳转错误

这种错误是指程序不能到指定的地方执行，或发生死循环。这通常是由于用错指令、设错标号或偏移量计算有误造成的。

（5）子程序错误

每一个子程序都需要经过反复测试后，才能验证其正确性。通常采用的方法是，设置子程序的入口参数，执行子程序，查看子程序执行结果的出口参数。如果入口参数、出口参数均正确，则说明子程序无错误，否则应利用设置单步、断点的方法检查子程序的错误。

（6）动态错误

用单步、断点仿真命令，一般只能测试目标系统的静态性能。目标系统的动态性能要用全速仿真命令来测试，这时应选中目标单片机中的晶振电路。

系统的动态性能范围很广，如控制系统的实时响应速度、显示器的亮度、定时器的精度等。若动态性能没有达到系统设计的指标，可能是由于元器件速度不够造成的，也可能是由于多个任务之间的关系处理不当引起的。

（7）上电复位电路的错误

排除硬件和软件故障后，将 EPROM 和 CPU 插上目标系统，若能正常运行，则应用系统的开发研制便完成了；若目标单片机工作不正常，则可能是上电复位电路出现故障造成的。例如，8051 没有被初始复位，则程序计数器 PC 不是从 0000H 开始运行，故系统不会正常运行，必须及时检查上电复位电路。

（8）中断程序错误

① 现场的保护与恢复。为了避免干扰或破坏其他程序的正常执行，在中断服务程序开始时，应把中断服务子程序中用到的寄存器及其他资源保护起来（一般用堆栈），在中断服务程序返回之前再将其恢复，否则可能会出现错误。

② 触发方式错误。MCS-51 单片机的外中断有两种触发方式（电平触发和边沿触发），为了设计正确的中断服务子程序，必须十分清楚地了解这两种触发方式的差异。电平触发方式的中断标志位不会自动清除，而边沿触发方式的中断标志位能自动清除。因此，在采用电平触发方式时，如果在中断服务程序开始时将 CLR IE0 漏掉，将会导致中断重入错误。

③ 中断程序的调试。由于中断的不可控制性，中断服务子程序的调试常常通过仿真器的断点功能来实现，一般用如下方法：

● 检查是否正常触发中断。为了查看是否正常触发中断，以排查相关的软件、硬件系统错误，可以简单地在中断服务子程序的第一条指令处设置断点，然后联机全速执行。如果能进入断点，则说明硬件触发电路等基本正常，软件的中断初始化程序也基本正常。

● 检查结果是否正常。也就是采用断点法，将断点设置在中断服务子程序需要查看的位置。设置完断点后，仍联机全速执行。如果不能进入断点，则说明断点前程序隐含错误，将断点逐步前移，一旦能正常进入断点，则可以断定，进入断点后的程序可能有错误。

调试中出现的问题、错误是各种各样的，这里只指出了几种常见的错误，读者在调试过程中如果出现错误，应该从原理、指令系统的具体规定、硬件要求等方面入手，通过仿真开发系统的各种调试方法寻找错误的原因，进而消除错误。

3.5　汇编语言程序设计方法

程序根据结构可分为顺序结构、循环结构、分支结构及查表程序等，在编写程序时，要根据程序编写的方法及功能选择合适的结构，以达到事半功倍的效果。另外，程序根据功能分类可分为主程序及子程序，子程序也非常重要，它可以简化程序结构、减少程序代码等，对于它的结构及编写方法一定要掌握，这样才能更好地应用单片机。

3.5.1 顺序程序设计

顺序结构程序是最简单、最基本的程序。在这类程序中，大量使用了数据传送指令，程序的结构比较简单。它是按由上往下的顺序依次执行的。它能够解决某些实际问题，或成为复杂程序的子程序。

【例3.59】 将片内 RAM 的 30H 单元中的两位压缩 BCD 码转换成二进制数送到片内 RAM 的 40H 单元中。

解： 两位压缩 BCD 码转换成二进制数的算法为

$$(a_1 a_0)_{BCD} = 10a_1 + a_0$$

程序流程图如图3.14所示。程序如下：

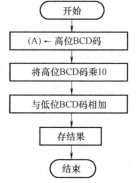

图 3.14 例 3.59 程序流程图

```
            ORG   0000H
            LJMP  START
            ORG   0030H
START:      MOV   A, 30H        ; 取两位 BCD 压缩码 a₁a₀ 送 A
            ANL   A, #0F0H      ; 取高 4 位 BCD 码 a₁
            SWAP  A             ; 高 4 位与低 4 位换位
            MOV   B, #0AH       ; 将二进制数 10 送入 B 中
            MUL   AB            ; 将 10×a₁ 送入 A 中
            MOV   R0, A         ; 结果送入 R0 中保存
            MOV   A, 30H        ; 再取两位 BCD 压缩码 a₁a₀ 送 A
            ANL   A, #0FH       ; 取低 4 位 BCD 码 a₀
            ADD   A, R0         ; 求 10×a₁ + a₀
            MOV   40H, A        ; 结果送入 40H 单元中保存
            SJMP  $             ; 程序执行完，"原地踏步"
            END
```

3.5.2 分支程序设计

分支程序设计的特点是根据不同的条件确定程序的走向，它主要依靠条件转移指令、比较转移指令和位转移指令来实现。

分支程序体现了计算机执行程序时的分析判断能力。若某个条件满足，则计算机转移到另一分支上执行程序；若该条件不满足，则计算机按原程序继续执行，如图3.15所示。

【例3.60】 求符号函数的值。已知片内 RAM 的 40H 单元中有一个自变量 X，编制程序按如下条件求函数 Y 的值，并将其存入片内 RAM 的 41H 单元中。

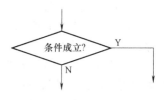

图 3.15 分支程序结构示意图

$$Y = \begin{cases} 1 & X > 0 \\ 0 & X = 0 \\ -1 & X < 0 \end{cases}$$

解： 此题有三个条件，所以有三个分支程序。这是一个三分支归一的条件转移问题，可以先

分支后赋值或先赋值后分支。下面以"先分支后赋值"的方法为例编写程序（先赋值后分支的方法请读者自行分析设计）。程序流程图如图 3.16 所示。程序如下：

```
        ORG  0000H
        LJMP  START
        ORG  0030H
START:  MOV  A, 40H        ; 将 X 送入 A 中
        JZ  COMP           ; 若 A 为 0, 则转至 COMP 处
        JNB  ACC.7, POST   ; 若 A 第 7 位不为 1(X 为正数)，则程序转到 POST 处
                           ; 否则(X 为负数)程序往下执行
        MOV  A, #0FFH      ; 将 -1(补码)送入 A 中
        SJMP  COMP         ; 程序转到 COMP 处
POST:   MOV  A, #01H       ; 将 +1 送入 A 中
COMP:   MOV  41H, A        ; 结果存入 Y 中
        SJMP  $            ; 程序执行完，"原地踏步"
        END
```

散转程序是一种并行分支程序（多分支程序），它根据某种输入或运算结果，分别转向各个处理程序。在 MCS-51 中用 JMP @ A + DPTR 指令来实现程序的散转。

散转程序是按照程序运行时计算出来的地址执行间接转移指令的。程序用 DPTR 存放散转地址表的首（基）地址，用 A 存放转移地址序号（偏移量），因此转移的地址最多为 256 个。散转指令 JMP @ A + DPTR 将累加器 A 中的 8 位偏移量与 16 位数据指针 DPTR 中的内容相加后装入程序计数器 PC 中，A 的内容不同，散转的入口地址也就不同，如图 3.17 所示。

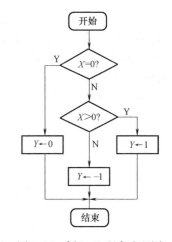

图 3.16 例 3.60 程序流程图

散转程序的设计方法如下：

① 应用转移指令表实现的散转程序。在某些场合应用中，需根据某一单元的内容 0，1，2，…，n，分别转向处理程序 0，处理程序 1，…，处理程序 n。此时，可以直接用转移指令（AJMP 或 LJMP）组成一个转移表，然后将标志单元内容读入累加器 A 中，转移表首址送入 DPTR 中，再利用散转指令 JMP @ A + DPTR 实现散转。

图 3.17 散转程序执行示意图

② 应用地址偏移量表实现的散转程序。该方法利用了 JMP @ A + DPTR 指令与伪指令 DB 汇编时的计算功能，适用于分支处理程序总长度小于 256B 的范围。其特点是，程序简单、转移表短，转移表和处理程序可位于程序存储器的任何地方，且不依赖 256B 的存储器的页。

③ 应用转向地址表的散转程序。当转向范围较大时，可以直接使用转向地址表，表中各项即为各转向程序的入口。散转时，使用查表指令，按某单元中的内容查找到对应的转向地址，将它装入 DPTR 中，然后清累加器 A，再用 JMP @A + DPTR 指令直接转向各个分支程序。

④ 应用 RET 指令实现散转程序。除了用 JMP @A + DPTR 指令实现散转外，还可以用子程序返回指令 RET 实现散转。其方法是，在查找到转移地址后，不是将其装入 DPTR 中，而是将它压入堆栈中（先低位字节，后高位字节，即模仿调用指令），然后通过执行 RET 指令，将堆栈中的地址弹回 PC 中，实现程序的转移。

【例 3.61】 编制程序用单片机实现四则运算。

解：在单片机的键盘上设置"+、-、×、÷"四个运算按键，其键值存放在寄存器 R2 中。当（R2）= 00H 时，作加法运算；当（R2）= 01H 时，作减法运算；当（R2）= 02H 时，作乘法运算；当（R2）= 03H 时，作除法运算。

P1 口输入被加数、被减数、被乘数、被除数，输出商或运算结果的低 8 位；P3 口输入加数、减数、乘数、除数，输出余数或运算结果的高 8 位。

程序简化流程图如图 3.18 所示。

程序如下：

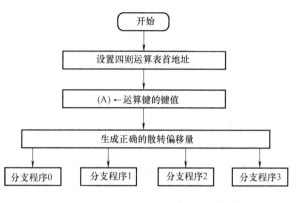

图 3.18　例 3.61 程序简化流程图

```
          ORG   0100H
START:    MOV   P1, #DATA1H      ; 给 P1 口、P3 口送数据 DATA1、DATA2,用于计算
          MOV   P3, #DATA2H
          MOV   DPTR, #TABLE     ; 将基址 TABLE 送 DPTR
          CLR   C                ; Cy 清 0
          MOV   A, R2            ; 将运算键键值送 A
          SUBB  A, #04H          ; 将键值与 04H 相减,用于产生 Cy 标志
          JNC   ERROR            ; 若输入按键不合理,则程序转 ERROR 处
                                 ; 否则,按键合理,程序继续执行
          ADD   A, #04H          ; 还原键值
          CLR   C                ; Cy 清 0
          RLC   A                ; 将 A 左移,即键值乘 2,形成正确的散转偏移量
          JMP   @A + DPTR        ; 程序跳到 (A) + (DPTR) 形成的新地址
TABLE:    AJMP  PRG0             ; 程序跳到 PRG0 处,将要作加法运算
          AJMP  PRG1             ; 程序跳到 PRG1 处,将要作减法运算
          AJMP  PRG2             ; 程序跳到 PRG2 处,将要作乘法运算
          AJMP  PRG3             ; 程序跳到 PRG3 处,将要作除法运算
ERROR:    (按键错误的处理程序)(略)
PRG0:     MOV   A, P1            ; 被加数送 A
          ADD   A, P3            ; 作加法运算,结果送 A,并影响 Cy(进位)
          MOV   P1, A            ; 和的低 8 位结果送 P1
          CLR   A                ; A 清 0
          ADDC  A, #00H          ; 将进位 Cy 送 A,作为和的高 8 位
          MOV   P3, A            ; 和的高 8 位结果送 P3
```

```
            RET                    ;返回开始程序
    PRG1:   MOV  A, P1             ;被减数送 A
            CLR  C                 ;C_y 清 0
            SUBB A, P3             ;作减法运算,结果送 A,并影响 C_y(借位)
            MOV  P1, A             ;差的低 8 位结果送 P1
            CLR  A                 ;A 清 0
            RLC  A                 ;将借位 C_y 左移进 A,作为差的高 8 位(负号)
            MOV  P3, A             ;差的高 8 位(负号)结果送 P3
            RET                    ;返回开始程序
    PRG2:   MOV  A, P1             ;第一个因数送 A
            MOV  B, P3             ;第二个因数送 B
            MUL  AB                ;作乘法运算,积的低 8 位送 A,高 8 位送 B
                                   ;影响 C_y、OV 标志位
            MOV  P1, A             ;积的低 8 位结果送 P1
            MOV  P3, B             ;积的低 8 位结果送 P3
            RET                    ;返回开始程序
    PRG3:   MOV  A, P1             ;被除数送 A
            MOV  B, P3             ;除数送 B
            DIV  AB                ;作除法运算,商送 A,余数送 B
            MOV  P1, A             ;商送 P1
            MOV  P3, B             ;余数送 P3
            RET                    ;返回主程序
            END
```

注意:

① AJMP addr11 为双字节指令,所以散转偏移量必须为偶数。

② 由于 A 中的内容乘 2 后又必须小于 255,因此程序最多可扩至 128 个分支。

③ 由 AJMP addr11 指令得知,分支程序与该指令应在同一个 2KB 的地址空间内。

🔅 **特别提示:** 当散转点较多,转向范围不止一页(2KB)内时,可建立一张转向地址表,先用查表的方式得到表中的转向地址放至数据指针寄存器 DPTR 中,然后清除累加器 A,执行散转指令,进入相应分支程序。

3.5.3　循环程序设计

循环程序的特点是,程序中含有可以重复执行的程序段。该程序段称为循环体。采用循环程序可以有效地缩短程序,减少程序占用的内存空间,使程序的结构紧凑、可读性好。循环程序一般由下面四部分组成:

① 循环初始化。循环初始化程序段位于循环程序开头,用于完成循环前的准备工作,如设置各工作单元的初始值及循环次数等。

② 循环体。循环体是循环程序的主体,位于循环体内,是循环程序的工作程序,在执行中会被多次重复使用。循环体要求编写得尽可能简练,以提高程序的执行速度。

③ 循环控制。循环控制位于循环体内,一般由循环次数修改、循环修改和条件语句等组成,用于控制循环次数和修改每次循环时的参数。循环次数修改是指对循环计数器内容的修改;循环修改是指每执行一次循环体都要对参与工作的各单元的地址进行修改,以便指向下一个待处理的单元;条件语句一般是 DJNZ 语句,用于对循环结束条件进行判断,若不满足结束条件,则继续循环,若满足结束条件,则退出循环。循环次数修改一般包含在 DJNZ 指令中。

④ 循环结束。循环结束用于存放执行循环程序所得的结果，以及恢复各工作单元的初值。

常见的循环结构有两种，如图 3.19 所示：一种是先循环处理，后循环控制（即先处理后控制）；另一种是先循环控制，后循环处理（即先控制后处理）。

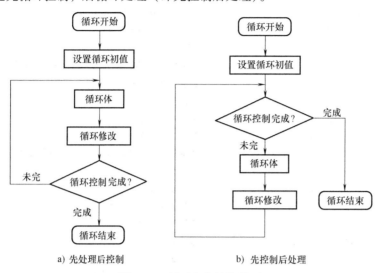

a) 先处理后控制　　　　　　　b) 先控制后处理

图 3.19　循环程序结构类型

1. 单循环程序

循环体内部不包含其他循环的程序称为单循环程序。

【例 3.62】　已知片内 RAM 的 30H ~ 3FH 单元中存放了 16 个二进制无符号数，编制程序求它们的累加和，并将和数存放在 R4 和 R5 中。

解：因为首地址为 30H，且存放了 16 个二进制无符号数，所以此循环程序的循环次数为 16 次（存放在 R2 中），它们的和放在 R4 和 R5 中（R4 中存高 8 位，R5 中存低 8 位）。程序流程图如图 3.20 所示。程序如下：

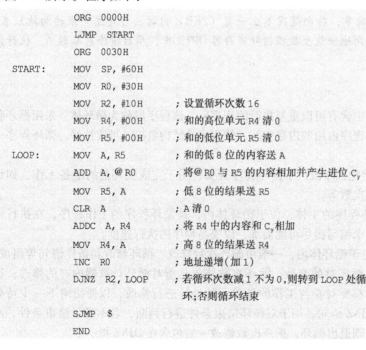

```
        ORG   0000H
        LJMP  START
        ORG   0030H
START:  MOV   SP, #60H
        MOV   R0, #30H
        MOV   R2, #10H     ; 设置循环次数16
        MOV   R4, #00H     ; 和的高位单元 R4 清 0
        MOV   R5, #00H     ; 和的低位单元 R5 清 0
LOOP:   MOV   A, R5        ; 和的低 8 位的内容送 A
        ADD   A, @R0       ; 将@R0 与 R5 的内容相加并产生进位 Cy
        MOV   R5, A        ; 低 8 位的结果送 R5
        CLR   A            ; A 清 0
        ADDC  A, R4        ; 将 R4 中的内容和 Cy 相加
        MOV   R4, A        ; 高 8 位的结果送 R4
        INC   R0           ; 地址递增（加 1）
        DJNZ  R2, LOOP     ; 若循环次数减 1 不为 0,则转到 LOOP 处循环;否则循环结束
        SJMP  $
        END
```

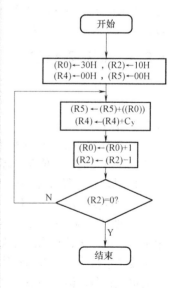

图 3.20　例 3.62 程序流程图

验证:32H＋41H＋01H＋56H＋11H＋03H＋95H＋01H＋02H＋44H＋48H＋12H＋54H＋F6H＋1BH＋20H＝0399H

【例 3.63】　编制程序将片内 RAM 的 30H～4FH 单元中的内容传送至片外 RAM 的以 2000H 开始的单元中。

解: 片内 RAM 数据区首地址送 R0,片外 RAM 数据区首地址送 DPTR,循环次数送 R2。程序流程图如图 3.21 所示。程序如下:

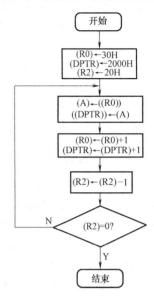

```
          ORG   0000H
          LJMP  START
          ORG   0030H
START:    MOV   R0, #30H
          MOV   DPTR, #2000H
          MOV   R2, #20H        ;设置循环次数
LOOP:     MOV   A, @R0          ;将片内 RAM 数据区内容送 A
          MOVX  @DPTR, A        ;将 A 中的内容送片外 RAM 数据区
          INC   R0              ;源地址递增
          INC   DPTR            ;目的地址递增
          DJNZ  R2, LOOP        ;若 R2 的不为 0,则转到 LOOP 处继
                                ;续;循环;否则循环结束
          SJMP  $
          END
```

图 3.21　例 3.63 程序流程图

2. 多重循环程序

以上介绍的循环结构是单循环结构。若循环中还有循环,则称为多重循环,也叫循环嵌套。最简单的多重循环是由 DJNZ 指令构成的软件延时程序。

【例 3.64】　编制程序设计 50ms 延时程序。

解: 延时程序与 MCS-51 指令执行时间(机器周期数)和晶振频率 f_{osc} 有直接的关系。当 $f_{osc}=$ 12MHz 时,机器周期为 1μs,执行一条 DJNZ 指令需要两个机器周期,时间为 2μs。可用双重循环的方法编写 50ms 延时子程序。程序如下:

```
          ORG   0100H
DELAY:    MOV   R7, #200        ;设置外循环次数(此指令需要 1 个机器周期)
DLY1:     MOV   R6, #123        ;设置内循环次数
DLY2:     DJNZ  R6, DLY2        ;若(R6)-1=0,则顺序执行,否则转回 DLY2 继续循环
                                ;延时时间为 2μs×123＝246μs
          NOP                   ;延时时间为 1μs
          DJNZ  R7, DLY1        ;若(R7)-1=0,则顺序执行,否则转回 DLY1 继续循环
                                ;延时时间为[(246+2+1)×200+2+1]ms＝50.003ms
          RET                   ;子程序结束
          END
```

特别提示: 应用软件延时的程序中不允许有中断,否则将严重影响延时时间(定时)的准确性。如果需要延时更长的时间,可采用更多重的循环,如延时 1min,可采用三重循环。

3. 设计循环程序时应注意的问题

① 循环程序是一个有始有终的整体,它的执行是有条件的,所以要避免从循环体外直接转到循环体内部。

② 多重循环程序是从外层向内层一层一层进入的,循环结束时,则由内层到外层一层一层退出。

③ 编写循环程序时，首先要确定程序结构，处理好逻辑关系。在一般情况下，一个循环体的设计可以从第一次执行情况入手，先画出重复执行的程序流程图，然后再加上循环控制和置循环初值部分，使其成为一个完整的循环程序。

④ 循环体是循环程序中重复执行的部分，应仔细推敲，合理安排，从改进算法、选择合适的指令入手对其进行优化，以达到缩短程序执行时间的目的。

在双重循环（或多重循环）中，外循环执行一次，内循环执行一圈。因此，在双重循环和多重循环的程序设计中，内循环体前应注意安排循环初始化，内外循环不应相互交叉。此外，为了减少多重循环指令的执行时间，内循环指令应尽可能简洁。

3.5.4 查表程序设计

在许多情况下，本来可以通过计算才能解决的问题也可以采用查表的方法解决，而且要简便得多。因此，在实际的单片机应用中，常常需要编制查表程序以缩短程序的长度和提高程序的执行效率。查表程序主要应用于数码显示、打印字符的转换、数据转换等场合。

查表就是根据存放在 ROM 中数据表格的项数来查找与它对应的表中值。MCS-51 指令系统专门设置了两条查表指令。

（1）MOVC A，@ A + DPTR

程序设计步骤如下：

① 首先在程序存储器中建立相应的函数表（设自变量为 X）。

② 然后计算出这个表中所有的函数值 Y。

③ 将这些函数值按顺序存放在起始（基）地址为 TABLE 的程序存储器中。

④ 最后将 TABLE 送 DPTR，X 送 A，采用查表指令 MOVC A，@ A + DPTR 完成查表，就可以得到与 X 相对应的 Y 值。

（2）MOVC A，@ A + PC

程序设计步骤如下：

① 首先在程序存储器中建立相应的函数表（设自变量为 X）。

② 然后计算出这个表中所有的函数值 Y。

③ 将这些函数值按顺序存放在起始（基）地址为 TABLE 的程序存储器中。

④ 将 X 送 A，使用 ADD A，#data 指令对累加器 A 的内容进行修正，data 由公式

$$data = 函数数据表首地址 - PC - 1$$

确定，即 data 值等于查表指令和函数表之间的字节数。

⑤ 采用查表指令 MOVC A，@ A + PC 完成查表，就可以得到与 X 相对应的 Y 值。

【例 3.65】 利用查表的方法编写计算 $Y = X^2$（$X = 0$，1，2，…，9）的程序。

解：设变量 X 的值存放在内存 30H 单元中，求得的 Y 的值存放在内存 31H 单元中，二次方表存放在首地址为 TABLE 的程序存储器中。

方法 1：采用 MOVC A，@ A + DPTR 指令实现，查表过程如图 3.22 所示。程序如下：

```
        ORG  0000H
        LJMP  START
        ORG  1000H
START:  MOV  A, 30H          ; 将查表的变量 X 送 A
        MOV  DPTR, #TABLE    ; 将查表的 16 位基址 TABLE 送 DPTR
        MOVC  A, @ A + DPTR  ; 将查表结果 Y 送 A
        MOV  31H, A          ; Y 值最后放入 31H 中
```

```
        SJMP  $                    ;程序执行完,"原地踏步"
TABLE:  DB  0,1,4,9,16
        DB  25,36,49,64,81
        END
```

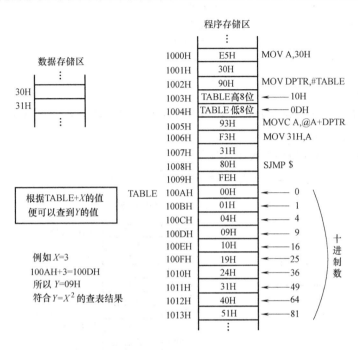

图 3.22　例 3.65 方法 1 查表过程

方法 2：采用 MOVC　A，@ A + PC 指令实现，查表过程如图 3.23 所示。程序如下：

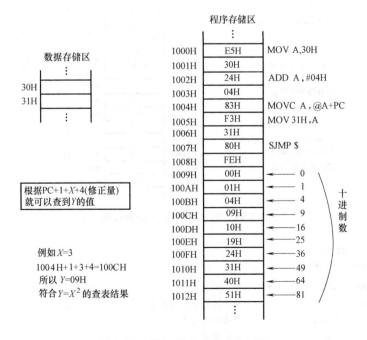

图 3.23　例 3.65 方法 2 查表过程

```
          ORG  0000H
          LJMP  START
          ORG  1000H
START:    MOV  A,30H          ;将查表的变量 X 送 A
          ADD  A,#04H         ;定位修正
          MOVC  A,@A+PC       ;将查表结果 Y 送 A
          MOV  31H,A          ;Y 值最后放入 31H 中
          SJMP  $             ;程序执行完,"原地踏步"
TABLE:    DB 0,1,4,9,16,25,36,49,64,81
          END
```

【例3.66】 将1位十六进制数存放在40H单元中,并转换成相应的 ASCII 码。编制程序,分别用查表和计算法完成。

解:设转换后的 ASCII 码仍存放在40H单元中。

方法1:查表求解。查表过程如图3.24所示。程序如下:

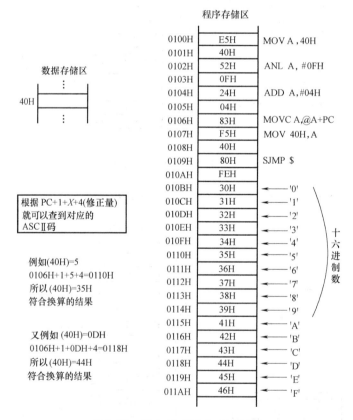

图 3.24 例 3.66 方法 1 查表过程

```
          ORG  0000H
          LJMP  START
          ORG  0030H
START:    MOV  A,40H          ;将要转换的十六进制数送 A
          ANL  A,#0FH         ;屏蔽 A 的高 4 位
          ADD  A,#04H         ;定位修正
```

```
        MOVC  A, @A + PC        ; 查表结果送 A
        MOV   40H, A            ; 转换后的 ASCII 码存入
                                  40H 中
        SJMP  $                 ; 程序执行完,"原地踏步"
        DB    '0', '1', '2', '3'
        DB    '4', '5', '6', '7'
        DB    '8', '9', 'A', 'B'
        DB    'C', 'D', 'E', 'F'
        END
```

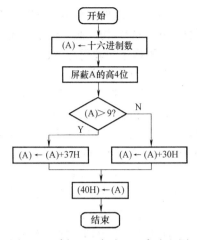

图 3.25 例 3.66 方法 2 程序流程图

方法 2:计算求解。十六进制数与 ASCII 码对照表见表 3.33。从表 3.33 中可以看出,十六进制数转换为 ASCII 码的计算方法是,当被转换的数小于或等于 9 时,要加 30H 修正;当被转换的数大于 9 时,要加 37H 修正。程序流程图如图 3.25 所示。

表 3.33 十六进制数与 ASCII 码对照表

十六进制数	0	1	2	3	4	5	6	7	8	9	A	B	C	D	E	F
ASCII 码	30H	31H	32H	33H	34H	35H	36H	37H	38H	39H	41H	42H	43H	44H	45H	46H

程序如下:

```
            ORG   0000H
            LJMP  START
            ORG   0030H
START:      MOV   A, 40H          ; 将要转换的十六进制数送 A
            ANL   A, #0FH         ; 屏蔽 A 的高 4 位
            CLR   C               ; Cy 清 0
            SUBB  A, #0AH         ; 用 A 减 10,产生 Cy 标志
            JC    LP1             ; 若有借位,则转换数不大于 9,程序转到 LP1 处执行
                                  ; 否则转换数大于 9,程序往下顺序执行
            ADD   A, #0AH         ; 恢复 A 中的转换数
            ADD   A, #37H         ; 加 37H 修正
            SJMP  LP2             ; 程序转到 LP2 处执行
LP1:        ADD   A, #0AH         ; 恢复 A 中的转换数
            ADD   A, #30H         ; 加 30H 修正
LP2:        MOV   40H, A          ; 转换后的 ASCII 码存入 40H 中
            SJMP  $               ; 程序执行完,"原地踏步"
            END
```

3.5.5 子程序设计

能够完成确定任务,并可以被其他程序反复调用的程序段称为子程序。子程序可以多次重复使用。

在一个程序中,往往有许多地方需要执行同样的操作,而该操作又并非规则,不能用循环程序来实现,此时,可以将这个操作单独编制成一个子程序。调用子程序的程序叫做主程序或调用程序。在主程序中需要执行这种操作的地方执行一条调用指令(LCALL 或 ACALL),转到子程序,完成规定的操作后,再在子程序的最后应用 RET 返回指令返回到主程序断点处,继续执行

下去。这样处理的优点是，可以避免重复性工作，缩短整个程序，节省程序存储空间，有效地简化程序的逻辑结构，便于程序调试。

1. 子程序的调用与返回

（1）子程序的调用

① 子程序的入口地址。子程序的第一条指令地址称为子程序的入口地址，常用标号表示。

② 程序的调用过程。单片机收到 ACALL 或 LCALL 指令后，首先将当前的 PC 值（调用指令的下一条指令的首地址）压入堆栈保存（低 8 位先进栈，高 8 位后进栈），然后将子程序的入口地址送入 PC，转去执行子程序。

（2）子程序的返回

① 主程序的断点地址。子程序执行完毕后，要返回主程序，这个返回地址就是主程序的断点地址，它保存在堆栈中。

② 子程序的返回过程。子程序执行到 RET 指令后，将压入堆栈的断点地址弹回给 PC（先弹回 PC 的高 8 位，后弹回 PC 的低 8 位），使程序回到原先被中断的主程序地址去继续执行。

需要指出的是，中断服务程序是一种特殊的子程序，它在计算机响应中断时，由硬件完成调用而进入相应的中断服务程序。RETI 指令与 RET 指令相似，区别在于，RET 从子程序返回，而RETI 从中断服务程序返回。

2. 保存与恢复寄存器内容

（1）保护现场

由于单片机中的寄存器为共享资源，主程序转入子程序后，原来的信息必须保存才不会在运行子程序时丢失。这个保护过程称为保护现场。通常在进入子程序的开始部分时用堆栈来完成这项工作。例如：

```
PUSH  PSW
PUSH  ACC
PUSH  06H
  …
```

（2）恢复现场

从子程序返回时，必须将保存在堆栈中的信息还原，这个还原过程称恢复现场。通常在从子程序返回之前将堆栈中保存的内容弹回各自的寄存器。注意：必须遵循堆栈存取原则"先进后出"来恢复现场。例如：

```
  …
POP  06H
POP  ACC
POP  PSW
```

3. 子程序的参数传递

主程序在调用子程序时，有一些参数要传送给子程序，同时，在子程序结束后，也有一些结果参数要送回主程序，这些过程称为参数传递。

（1）入口参数

入口参数是指子程序需要的原始参数。主程序在调用子程序前将入口参数送到约定的存储器单元（或寄存器）中，然后子程序从约定的存储器单元（或寄存器）中获得这些入口参数。

（2）出口参数

出口参数是指子程序根据入口参数执行程序后获得的结果参数。子程序在结束前将出口参数送到约定的存储器单元（或寄存器）中，然后主程序从约定的存储器单元（或寄存器）中获得这些出口参数。

（3）传送子程序参数的方法

① 应用工作寄存器或累加器传递参数。这种方法就是将入口参数和出口参数放在工作寄存器或累加器中。其优点是程序简单，运算速度较快；缺点是工作寄存器有限，不能传递太多的数据，主程序必须先将数据送到工作寄存器中，参数个数固定，不能由主程序任意设定。

② 应用指针寄存器传递参数。由于数据一般存放于存储器中，而不是工作寄存器中，因此可以用指针来指示数据的位置，这样能有效地节省传递数据的工作量，并可实现可变长度运算。数据如果在内部 RAM 中，可用 R0 或 R1 作指针；数据如果在外部 RAM 中，可用 DPTR 作指针。进行可变长度运算时，可用一个寄存器来指出数据的长度，也可以在数据中指出其长度（如使用结束标志等）。

③ 应用堆栈传递参数。应用堆栈来传递参数，其优点是简单，能传递的数据量较大，不必为特定的参数分配存储单元。在实际使用时，不同的调用程序可使用不同的技术来处理这些参数。

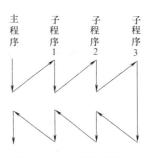

④ 利用位地址传送子程序参数。如果子程序的入口参数是字节中的某些位，则可利用位地址传送子程序参数，传送的过程与上述各方法类似。

4. 子程序的嵌套

在子程序中再调用子程序，称为子程序的嵌套，如图 3.26 所示。MCS-51 单片机允许多重嵌套。

图 3.26　子程序的嵌套

5. 编写子程序时应注意的问题

① 子程序的第一条指令地址称为子程序的入口地址。该指令前必须有标号，标号习惯上以子程序的任务命名，以便一目了然。例如，延时子程序常以 DELAY 作为标号。

② 主程序调用子程序是通过主程序中的调用指令实现的，在子程序返回主程序之前，必须执行子程序末尾的一条返回指令 RET。

③ 主程序调用子程序和从子程序返回主程序，计算机能自动保护和恢复主程序的断点地址。但对于各工作寄存器、特殊功能寄存器和内存单元的内容，如果需要保护和恢复的话，就必须在子程序开头和末尾（RET 指令前）安排一些能够保护和恢复它们的指令。

④ 为使所编子程序可以放在程序存储器 64KB 存储空间的任何子域并能为主程序调用，子程序内部必须使用相对转移指令，而不能使用其他转移指令，以便汇编时生成浮动代码。

⑤ 子程序的参数传递方法同样适用于中断服务程序。

【例 3.67】　编制程序实现 $c = a^2 + b^2$（a、b 均为 1 位十进制数）。

解：计算某数的二次方可用子程序来实现，只要两次调用子程序，并求和就可得运算结果。设 a、b 分别存放于片内 RAM 的 30H、31H 两个单元中，结果 c 存放于片内 RAM 的 40H 单元中。程序流程图如图 3.27 所示。

参数传递：约定使用 A 寄存器。

子程序的入口参数：A 中存放的某数值。

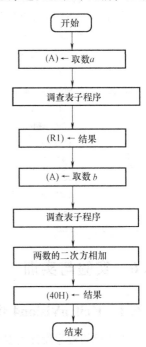

图 3.27　例 3.67 程序流程图

子程序的出口参数：A 中存放所求数的二次方值。

主程序如下：

```
        ORG  0000H
        LJMP  START
        ORG  0030H
START:  MOV  A, 30H       ; 将 30H 中的内容 a 送 A
        ACALL  SQR        ; 转求二次方子程序 SQR 处执行
        MOV  R1, A        ; 将 a² 结果送 R1
        MOV  A, 31H       ; 将 31H 中的内容 b 送 A
        ACALL  SQR        ; 转求二次方子程序 SQR 处执行
        ADD  A, R1        ; a² + b² 结果送 A
        MOV  40H, A       ; 结果送 40H 单元
        SJMP  $           ; 程序执行完,"原地踏步"
```

求二次方子程序如下（采用查二次方表的方法）：

```
SQR:    INC  A
        MOVC  A, @A + PC
        RET
TABLE:  DB  0, 1, 4, 9, 16
        DB  25, 36, 49, 64, 81
        END
```

【例 3.68】 编制子程序，将由 R0 和 R1 所指的片内 RAM 中的两个 3 字节无符号数相加，结果送到 R0 所指的片内 RAM 中。

解：

入口参数：R0、R1 分别指向两个加数的低字节。

出口参数：R0 指向结果的高位字节。

利用 MCS-51 的带进位加法指令，编制子程序如下（程序流程图略）：

```
        ORG  0100H
NADD:   MOV  R7, #03      ; 置字节长度到 R7 中
        CLR  C            ; 清 Cy,为加法作准备
NADD1:  MOV  A, @R0       ; 取一个加数到 A 中
        ADDC  A, @R1      ; 两个加数相加
        MOV  @R0, A       ; 和送 R0
        INC  R0           ; 修改加数、和的地址
        INC  R1           ; 修改被加数的地址
        DJNZ  R7, NADD1   ; 3 字节没加完,转 NADD1 继续相加;加完则继续执行
        DEC  R0           ; 修改和的地址
        RET               ; 子程序结束返回指令
        END
```

3.6　实验与实训

3.6.1　Keil μVision4 集成开发环境和程序调试

单片机的程序设计需要在特定的编译器中进行。编译器完成对程序的编译、链接等工作，并生成可执行文件。对于单片机程序的开发，可采用 Keil μVision4 集成开发环境，它支持所有

8051 系列衍生产品，是美国 Keil Soflware 公司出品的集成开发环境。Keil μVision4 集编辑、编译、仿真于一体，支持汇编和 C 语言的程序设计，还提供了丰富的库函数和功能强大的集成开发调试工具，包括 C51 编译器、汇编器、实时操作系统、项目管理器、调试器等。

1. Keil μVision4 集成开发环境

正确安装后，双击启动 Keil μVision4 的集成环境图标，即可进入 Keil μVision4 的集成开发环境。Keil μVision4 集成开发环境设置有菜单栏、工具栏、工作区、项目管理窗口和输出窗口，允许同时打开浏览多个源文件。Keil μVision4 提供了多种命令执行方式：菜单栏提供了如文件操作、编辑操作、项目维护、程序调试、开发工具选项、窗口选择和操作、在线帮助等 11 种下拉操作菜单，如图 3.28 所示。

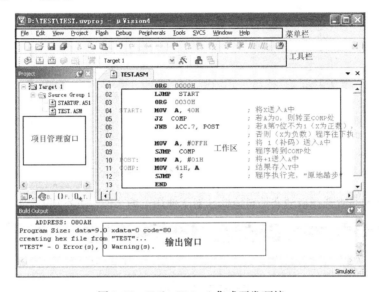

图 3.28 Keil μVision4 集成开发环境

2. 项目建立

① 双击桌面的 Keil μVision4 图标，或单击"开始→程序"中"Keil μVision4"命令，启动集成开发环境软件。

② 建立文件，单击"File→New"命令，则会建立一个空白文件。

③ 编写程序。将参考程序输入这个新建的文件中。

④ 保存文件。如编写的文件为汇编文件，扩展名要保存为 .asm，如编写的程序用 C51 语言，扩展名要保存为 .c。由于本参考程序是汇编程序，故扩展名一定要用 .asm。

⑤ 项目文件的建立。单击"project→new proiect"命令建立项目文件。

在图 3.29 所示的对话框中，可选择保存路径和定义项目名称，然后保存，最好与汇编文件保存在同一路径下。

保存后，弹出 CPU 选择对话框，如图 3.30 所示，在此对话框中，选择 CPU 的生产厂及型号。

图 3.29 项目文件对话框

CPU 的型号要根据实际应用的情况而定，对于此实验，可选用 Intel 的 8051 或 Atmel 的 89C51 等。

图 3.30　CPU 选择对话框

选择后，出现是否选择启动文件对话框（对于使用汇编文件，可不加），如图 3.31 所示。

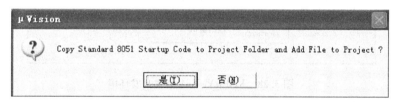

图 3.31　启动文件对话框

⑥ 给项目中添加程序文件。项目建立好之后，就可以给项目添加程序文件了，既可加 C51 程序，又可加汇编文件。注意：项目相当于一个文件夹，它对属于同一个项目的文件进行管理。程序文件只是项目文件中的一种文件而已，一个项目由多种文件构成，如程序文件、头文件、库文件、目标文件等。

在项目管理器窗口中，展开"Target 1"，可看到"Source Group 1"。右击"Source Group 1"，出现图 3.32 所示的下拉菜单，选取"Add Files to Group 'Source Group 1'"。在弹出的对话框中，选择想添加的程序文件或头文件。注意：在添加文件前，要选择文件的类型，否则，可能看不到源文件。

⑦ 设置参数。在项目管理器窗口中，单击"Target 1"，右击，选择"Options for Target 'Target 1'"，出现图 3.33 所示的对话框。在"Target"选项卡下，设置晶振频率、是否使用片内 ROM 等选

图 3.32　添加源文件

项。如使用的是软件仿真（用 Keil 软件模拟），要求设置晶振的频率，如使用的是硬件仿真（使用仿真器），则频率的设置无效。对 ROM 的设置要根据实际情况而定。在"Output"选项卡中设置是否产生 HEX 文件、HEX 文件名及调试时是否使用硬件仿真器等。"Debug"选项卡中设置仿真类型：软件模拟或硬件仿真，硬件仿真需要"Debug"选项卡"Use"下选择仿真器类型。其余可以默认。

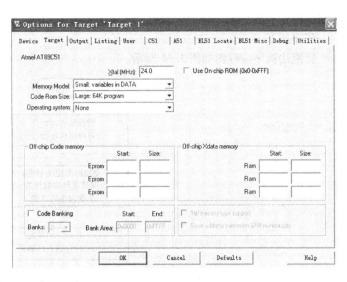

图 3.33　目标选项对话框

⑧ 编译连接项目。单击"Project→Rebuilt all target files"命令或单击工具栏中的 图标。此操作可对源程序进行汇编或编译，以检查程序中有无语法方面的错误。只有本过程通过，才能对所编写的程序进行调试。

⑨ 运行调试观察结果。单击菜单栏中的"Debug→start/stop debug session"命令，可进行调试。可单步、停止、全速运行，可设断点及运行到光标处等。断点是人为设定的点，可使程序执行到此处停下来，以方便调试。

⑩ 其他说明。设置断点：双击待设置断点的源程序或反汇编程序行，第一次设置断点，第二次取消该断点。

查看和修改寄存器的内容：在调试状态下，在寄存器窗口可观察寄存器的情况，单击一次这个寄存器的值时，稍停再单击，其值颜色变化，此时可改此值。

观察存储器区域：单击菜单栏中的"view→memory window"命令，或单击工具栏中的 图标，打开存储器窗口，可以显示四个区域，单击窗口下部分的编号，可以切换显示，在 Address 下输入 D：XX，观察低 128 个字节中的内容，XX 为具体地址；可输入 I：XX，观察高 128 个字节中的内容；可以输入 X：XXXX，观察片外 RAM 中的内容；还可以通过输入 C：XXXX，观察程序存储器中的内容。单击工具栏中的 图标在 Watch 1 和 Watch 2 标签下，可添加观察的变量，或在调试的状态下，选择存储单元，右击鼠标后单击 add to 添加的观察窗口。

观察片内外部设备：在"Peripherals"下可选中断、I/O 口、串口及定时器等外部设备。

3.6.2　冒泡法数据排序

设 MCS-51 单片机内部 RAM 起始地址为 30H 的数据块中，共存有 64 个无符号数，编制程序使它们按从小到大的顺序排列。

设 64 个无符号数在数据块中的顺序为 e_{64}，e_{63}，…，e_2，e_1，采用冒泡法。冒泡法又称两两比较法。它先比较 e_{64} 和 e_{63}，若 $e_{64} > e_{63}$，则两个存储单元中的内容交换，否则就不交换。然后比较 e_{63} 和 e_{62}，按同样的原则决定是否交换。一直比较下去，最后完成 e_2 和 e_1 的比较及交换，经过 $N - 1 = 63$ 次比较（常用内循环 63 次来实现）后，e_1 的位置上必然得到数组中的最大值，犹如一个气泡从水底冒出来一样。第二次冒泡过程和第一次完全相同，比较次数也可以是 62 次（每冒一次泡，减少一次比较）。

程序如下：

冒泡法程序流程图如图 3.34 所示。

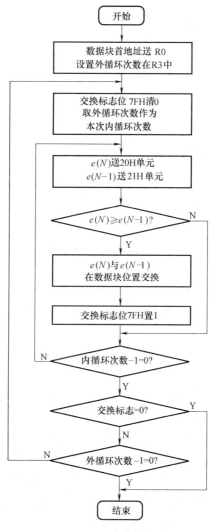

图 3.34　冒泡法程序流程图

参考程序如下：

```
        ORG   0000H
        LJMP  START
        ORG   0030H
START:  MOV   R3, #63        ;设置外循环次数在 R3 中
LP0:    MOV   R0, #30H        ;数据区首地址送 R0
        CLR   7FH             ;交换标志位 7FH 清 0
        MOV   A, R3           ;取外循环次数
        MOV   R2, A           ;设置内循环次数
LP1:    MOV   20H, @R0        ;数据区数据送 20H
        MOV   A, @R0          ;20H 内容送 A
```

```
              INC   R0                 ; 修改地址指针 R0 +1
              MOV   21H, @ R0          ; 下一个地址的内容送 21H
              CLR   C                  ; Cy 清 0
              SUBB  A, 21H             ; 前一个地址单元的内容与下一个地址单元的内容比较
              JC    LP2                ; 若有借位(Cy =1),则前者小,程序转移到 LP2 处执行
                                       ; 若无借位(Cy =0),则前者大,不转移,程序往下执行
              MOV   @ R0, 20H          ; 前、后内容交换
              DEC   R0
              MOV   @ R0, 21H
              INC   R0                 ; 修改地址指针 R0 +1
              SETB  7FH                ; 置位交换标志位 7FH 为 1
LP2:          DJNZ  R2, LP1            ; 修改内循环次数 R2(减少)
                                       ; 若 R2≠0,则程序转到 LP1 处仍执行循环
                                       ; 若 R2 =0,则程序结束循环,程序往下执行
              JNB   7FH, LP3           ; 交换标志位 7FH 若为 0,则程序转到 LP3 处结束循环
              DJNZ  R3, LP0            ; 修改外循环次数 R3(减少)
                                       ; 若 R3≠0,则程序转到 LP0 处执行外循环
                                       ; 若 R3 =0,则程序结束循环,往下执行
LP3:          SJMP  $                  ; 程序执行完,"原地踏步"
              END
```

习题 3

1. 指令格式是由 (   ) 和 (   ) 所组成,也可能仅由 (   ) 组成。

2. 在 MCS-51 中,PC 和 DPTR 都用于提供地址,但 PC 是为访问 (   ) 存储器提供地址,而 DPTR 是为访问 (   ) 存储器提供地址。

3. 单片机的指令按照其对应的机器码的长度,可以分为 (   )、(   ) 和 (   ),按照其执行时间,可以分为 (   )、(   ) 和 (   )。

4. 定义字节伪指令 (   ) 用于在单片机内存中保存数据表,只能对 (   ) 存储器进行操作。

5. 在变址寻址方式中,以 (   ) 作变址寄存器,以 (   ) 或 (   ) 作基址寄存器。

6. 通过堆栈操作实现子程序调用,首先就要把 (   ) 的内容入栈,以进行断点保护。调用返回时,再进行出栈保护,把保护的断点送回到 (   )。

7. 多分支结构一般采用 (   ) 来实现。

8. 子程序执行完毕后,通过 (   ) 返回。

9. 在 51 系列单片机的指令系统中,提供了如下两条循环转移指令 (   ) 和 (   )。

10. MOVX A, @ DPTR 指令中源操作数的寻址方式是 (   )。

    A. 寄存器寻址   B. 寄存器间接寻址   C. 直接寻址   D. 立即寻址

11. ORG 000BH

    LJMP 3000H

    ORG 0003H

    LJMP 2000H

    当 CPU 响应外部中断 0 后,PC 的值是 (   )。

    A. 0003H   B. 2000H   C. 000BH   D. 3000H

12. 执行 PUSH ACC 指令，MCS-51 完成的操作是（   ）。

   A. SP + 1（ACC）→（SP）   B.（ACC）→（SP）SP − 1

   C. SP − 1（ACC）→（SP）   D.（ACC）→（SP）SP + 1

13. 执行完 MOV A, #08H 后，PSW 的一位被置位（   ）。

   A. C   B. F0   C. OV   D. P

14. 下面哪条指令将 MCS-51 的工作寄存器置成 3 区（   ）。

   A. MOV   PSW, #13H   B. MOV   PSW, #18H

   C. SETB   PSW.4 CLR PSW.3   D. SETB PSW.3   CLR PSW.4

15. 执行 MOVX A, @ DPTR 指令时，MCS-51 产生的控制信号是（   ）。

   A. $\overline{PSEN}$ B. ALE   C. $\overline{RD}$ D. $\overline{WR}$

16. 对程序存储器的读操作，只能使用（   ）。

   A. MOV 指令   B. PUSH 指令   C. MOVX 指令   D. MOVC 指令

17. 下列指令哪个不可以用作分支结构（   ）。

   A. JB   B. JC   C. ADD   D. JZ

18. 判断以下指令的正误：

   （1）MOV 28H, @ R2   （2）DEC DPTR   （3）INC DPTR   （4）CLR R0

   （5）CPL R5   （6）MOV R0, R1   （7）PUSH DPTR（8）MOV F0, C

   （9）MOV F0, Acc.3   （10）MOV C, 30H   （11）RLC R0   （12）MOV #32H, A

   （13）MOVX A, @ R1   （14）MOV @ R1, R3（15）MOV R1, R2（16）MOV A, A

   （17）MOVX R1, @ DPTR（18）POP A   （19）PUSH R1   （20）POP 03H

   （21）MOVC @ A + DPTR, A   （22）MOVC A, @ DPTR

19. 指出下列指令中的源操作数的寻址方式。

   （1）MOV   A, #16

   （2）MOV   20H, P1

   （3）MOV   A, R0

   （4）MOVX   A, @ DPTR

   （5）MOVC   A, @ A + DPRT

   （6）SJMP   LOOP

   （7）ANL   C, 70H

20. 指出下列各指令在程序存储器中所占的字节数。

   （1）MOV   DPTR, #1234H

   （2）MOVX   A, @ DPTR

   （3）LJMP   LOOP

   （4）MOV   R0, A

   （5）AJMP   LOOP

   （6）MOV   A, 30H

   （7）SJMP   LOOP

   （8）MOV   B, #30H

21. 完成以下的数据传送过程。

   （1）R1 的内容传送到 R0。

   （2）片外 RAM 20H 单元的内容送 R0。

（3）片外 RAM 20H 单元的内容送片内 RAM 20H 单元。

（4）片外 RAM 1000H 单元的内容送片内 RAM 20H 单元。

（5）ROM 2000H 单元的内容送 R0。

（6）ROM 2000H 单元的内容送片内 RAM 20H 单元。

（7）ROM 2000H 单元的内容送片外 RAM 20H 单元。

22. 简述 MCS-51 汇编语言指令格式。

23. SJMP（短转移）指令和 AJMP（绝对转移）指令的主要区别。

24. 简述循环结构程序的构成。

25. 简述 Keil μVision4 集成开发环境中使用单片机汇编语言的步骤。

26. 编程将片内 RAM 30H 开始的 15 字节单元的数据传送到片外 RAM 3000H 开始的单元中去。

27. 查找 20H ~4FH 单元中出现 00H 的次数，并将查找结果存入 50H 单元。

28. 片内 RAM 40H 开始的单元内有 10 字节二进制数，编程找出其中最大值并存于 50H 单元中。

29. 若数据块为有符号数，起始地址为片外 RAM 0001H，数据块长度存在片外 RAM 0000H 单元，求数据块正数的个数，编程并注释。

30. 编程查找内部 RAM 的 32H ~41H 单元中是否有 0AAH 这个数据，若有这一数据，则将 50H 单元置为 0FFH，否则将 50H 单元清 0。

31. 已知单片机的晶振频率为 12MHz，分别设计延时为 0.1s、1s 的子程序。

32. 内部 RAM 从 20H 单元开始处有一数据块，以 0DH 为结束标志，试统计该数据块的长度，将该数据块送到外部数据存储器 7E01H 开始的单元，并将长度存入 7E00H 单元。

33. 内部 RAM 从 DATA 开始的区域中存放着 10 个单字节十进制数，求其累加和，并将结果存入 SUM 和 SUM +1 单元。

97

第 4 章　C51 程序设计及 Proteus 仿真

内容提示

用 C51 作为单片机应用系统开发语言近年来普遍使用。C51 程序设计语言功能丰富，表达能力强，使用灵活，目标程序效率高，可移植性好，而且能直接对计算机硬件进行操作。由于 C51 既有高级语言使用方便的特点，也有汇编语言直接面向硬件的特点，因此在现在的计算机硬件系统设计中，特别是在单片机应用系统开发中，往往用 C51 来进行开发和设计。本章首先重点介绍 C51 的程序特点、编程实例，然后介绍 Proteus 仿真软件环境的使用方法和仿真实例，并在介绍虚拟仿真开发工具 Proteus 仿真软件结构和资源基础上，说明软件的使用和参数的设置。本章还以典型示例讲述基于 Proteus ISIS 的电路设计和调试方法。

学习目标

◇ 掌握 C51 语言的基本结构和语句、构造数据类型和函数；
◇ 掌握 C51 语言的基本使用和程序设计；
◇ 掌握 Proteus 软件的基本使用和参数的设置；
◇ 掌握 Proteus 软件电路设计方法、调试方法。

知识结构

本章知识结构如图 4.1 所示。

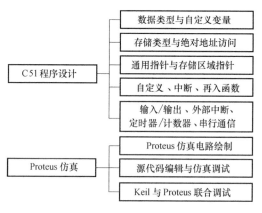

图 4.1　本章知识结构

引言

汇编语言对单片机内部资源的操作直接、简捷，代码紧凑。但是当系统的规模较大时，设计人员更趋于采用 C 语言进行程序设计。采用 C 语言进行编程已经被更多的工程师和单片机爱好者所喜爱。这是由于 C 语言具有良好的可读性、可移植性和基本的硬件操作能力，采用 C 语言进行单片机程序开发，能够提高效率，便于系统的实现和维护，而且可以大大加快软件的开发速度。但是这并不能说明程序设计人员可以放弃汇编语言，因为很多实时系统都需采用 C 语言和汇编语言联合开发的手段，而且在一些时间上要求比较严格的程序，更多的还是采用汇编语言。

现有，对 MCS-51 单片机硬件进行操作的 C 语言通常统称为 C51，在众多的 C51 开发环境中，以 Keil 公司的 Keil　μVision 最受欢迎。

4.1　编程语言种类及其特点

4.1.1　汇编语言的特点

汇编语言具有执行速度快、占存储空间少，对硬件可直接编程、比较灵活，程序代码的效率很高等特点，因而特别适合对实时性要求比较高的场合使用。使用汇编语言编程，要求程序设计人员必须熟悉单片机的内部结构和工作原理。汇编语言编写单片机应用程序的周期往往较长，而且调试和排错也比较困难，程序可读性较差，对产品的移植、升级不利。

4.1.2　C 语言的特点

C 语言是一种通用的编译型结构化计算机程序设计语言，它兼顾了多种高级语言的特点，并具备汇编语言的功能，支持由顶向下的结构化程序设计方法。一般高级语言难以实现像汇编语言那样对计算机硬件的直接操作，如对内存地址的操作、移位操作等功能，而 C 语言则既具有一般高级语言的特点，又能直接对计算机的硬件进行操作。同时，C 语言有功能丰富的库函数，其运算速度快、编译效率高，用 C 语言编写的程序很容易在不同类型的计算机之间进行移植。与其他计算机高级语言相比，C 语言具有很好的可移植性和硬件控制能力，表达和运算能力也较强。

C 语言具有以下一些特点：

① 语言简洁，使用方便、灵活；关键字少，ANSI C 标准一共有 32 个关键字、9 种控制语句。

② 可移植性好，不同机器上的 C 语言编译程序 80% 的代码是公共的，所以便于移植。

③ 表达能力强，C 语言具有丰富的数据结构类型和多种运算符，可以实现各种复杂数据结构的运算。

④ 表达方式灵活，利用 C 语言提供的多种运算符，可以组成各种表达式；C 语言的语法规则不太严格，程序设计的自由度比较大，书写格式自由、灵活。

⑤ 可进行结构化程序设计，C 语言程序本身就是由许多个函数组成的，一个函数即相当于一个程序模块，因此 C 语言可以很容易地进行结构化程序设计。

⑥ 可以直接操作计算机硬件。

⑦ 生成的目标代码质量高，C 语言程序生成代码的效率仅比汇编语言的程序低 10% ~ 20%。

4.1.3　C51 语言的特点

可以对 MCS-51 单片机硬件进行操作的 C 语言通常统称为 C51。由于 C51 程序本身不依赖于机器硬件系统，因此更便于将程序从不同的机型中互相移植。C51 提供了很多数学函数并支持浮点运算，开发效率高，故可缩短开发时间，增加程序可读性和可维护性，利于程序的改进和扩充，从而研制出规模更大、性能更完备的嵌入式系统。C51 克服了汇编语言的不足之处，具有高级语言编程简单、方便、易读的特征，但同时，C51 大多数代码被翻译成目标代码后，效率和汇编语言相当，特别是其内嵌汇编功能，使 C51 对硬件操作和采用汇编语言一样方便。因此，用 C 语言进行单片机程序设计是单片机开发与应用的必然趋势。

单片机的 C 语言采用 C51 编译器，它产生的目标代码短、运行效率高。C51 语言的语法规定、程序结构及程序设计方法都与标准的 C 语言程序设计相同，仅在语言程序上有以下几个方面不同：

① C51 语言中定义的库函数和标准 C 语言定义的库函数不同。标准的 C 语言定义的库函数是按通用微型计算机来定义的，而 C51 语言中的库函数是按 MCS-51 单片机相应情况来定义的。

② C51 语言中的数据类型与标准 C 语言的数据类型也有一定的区别，在 C51 语言中还增加了几种特有的针对 MCS-51 单片机的数据类型。

③ C51 语言变量的存储模式与标准 C 语言中变量的存储模式不一样，C51 语言中变量的存储模式是与 MCS-51 单片机的存储器紧密相关。

④ C51 语言与标准 C 语言的输入/输出处理不一样，C51 语言中的输入/输出是通过 MCS-51 单片机的串行口来完成的，输入/输出指令执行前必须要对串行口进行初始化。

⑤ C51 语言与标准 C 语言在函数使用方面也有一定的区别，C51 语言中有专门的中断函数。

单片机的 C51 与汇编 ASM-51 相比，有如下优点：

① 仅要求对 8051 的存储器结构有初步了解。

② 寄存器分配、不同存储器的寻址及数据类型等细节可由编译器管理。

③ 程序有规范的结构，可分成不同的函数，这种方式可使程序结构化。

④ 提供的库包含许多标准子程序，具有较强的数据处理能力。

⑤ 由于具有方便的模块化编程技术，使已编好程序容易移植。

4.2 C51 简介及特征

C51 编译器不仅兼容 ANSI C 语言标准，而且又扩展支持 8051 微处理器。本节仅介绍 C51 对于 ANSI C 语言标准的扩展部分及特征。对于 C 语言编程知识，读者可参阅相关教材和资料。

4.2.1 C51 扩展

C51 编译器在兼容 ANSI C 语言标准的基础上，对 8051 微处理器支持和扩展的内容如下：

① 存储区。

② 存储区类型。

③ 存储模型。

④ 存储类型说明符。

⑤ 变量数据类型说明符。

⑥ 位变量和位可寻址数据。

⑦ SFR。

⑧ 指针。

⑨ 函数属性。

C51 扩展了关键字对 8051 微处理器进行支持，具体见表 4.1。

表 4.1　C51 扩展关键字

关 键 字	说　　明	关 键 字	说　　明
_at_	为变量定义存储空间绝对地址	pdata	分页寻址的外部 RAM
alien	声明与 PL/M51 兼容的函数	_priority_	RTX51 的任务优先级
bdata	可位寻址的内部 RAM	reentrant	可重入函数
bit	位类型	sbit	声明可位寻址的特殊功能位
code	ROM	sfr	8 位的特殊功能寄存器
compact	使用外部分页 RAM 的存储模式	sfr16	16 位的特殊功能寄存器
data	直接寻址的内部 RAM	small	内部 RAM 的存储模式
idata	间接寻址的内部 RAM	_task_	实时任务函数
interrupt	中断服务函数	using	选择工作寄存器组
large	使用外部 RAM 的存储模式	xdata	外部 RAM

4.2.2　数据类型

单片机的程序设计中，一般需要运算，而在单片机的运算中，"变量"数据的大小是有限制的，不能随意给一个变量赋任意的值。因为变量在单片机的内存中是要占据空间的，变量大小不同，所占据的空间就不同，所以在设定一个变量之前，必须要给编译器声明这个变量的类型，以便让编译器提前从单片机内存中给这个变量分配合适的空间。

C51 和 ANSI C 的数据类型基本类似，大体可以分为基本数据类型、构造数据类型、指针类型和空类型等。为了充分利用 MCS-51 单片机的资源特点，C51 在 ANSI C 的数据类型基础上增设了位型变量，取消了布尔变量，其实两者的使用方法也是基本类似的。C51 不仅支持所有的 C 语言标准数据类型，而且还对其进行了扩展，增加了专门用于访问 8051 硬件的数据类型，使其对单片机的操作更加灵活。C51 的基本数据类型见表 4.2。

表 4.2　C51 的基本数据类型

数 据 类 型	长度/bit	长度/B	值 域 范 围
unsigned char	8	1	0 ~ 255
signed char	8	1	− 128 ~ + 127
enum	8/16	1/2	− 128 ~ + 127 或 − 32768 ~ + 32767
unsigned int	16	2	0 ~ 65535
signed int	16	2	− 32768 ~ + 32767
unsigned long	32	4	0 ~ 4294967295
signed long	32	4	− 2147483648 ~ + 2147483647
float	32	4	± 1.175494E − 38 ~ ± 3.402823E + 38
*		1 ~ 3	对象的地址
bit	1		0 或 1
sbit	1		0 或 1
sfr	8	1	0 ~ 255
sfr16	16	2	0 ~ 65535

由表 4.2 可以看出，bit、sbit、sfr 和 sfrl6 是 C51 中特有的数据类型。为了能够直接访问 51 单片机内部编程资源，C51 扩展了一种自定义变量的方法，这种自定义变量与标准 C 语言不兼容，只适用于对 8051 及其兼容机进行 C51 语言编程。或者说，正是有了面向 MCS-51 单片机内部编程资源的变量定义，才能实现单片机 C51 语言程序设计。因此，C51 提供的自定义变量与单片机内部 RAM（或 SFR）的存储单元（或物理地址）是直接关联的。

1. bit 类型

bit 用于声明位变量，其值为 1 或 0。用 bit 类型声明的变量位于内部 RAM 的位寻址区。由单片机存储结构可以看出，可进行位寻址的区域只有内部 RAM 地址为 0x20 ~ 0x2F 的 16 个字节单元，所以在这个区域只能声明 $16 \times 8 = 128$ 个位变量。

例如，"bit bdata flag" 声明的位变量 flag 位于内部 RAM 的位寻址区。

【例 4.1】 判断一个正整数是奇数还是偶数。

```
解:  bit func(unsigned char n)     /* 声明函数的返回值为 bit 类型* /
     {
     if(n% 2)
       return(1);
     else
       return(0);
     }
```

💡 **特别提示**：位变量不能声明为以下形式。

① 一个位变量不能声明为指针，如 "bit * prt"。

② 不能定义一个位类型的数组，如 "bit a [4]"。

2. sbit 类型

sbit 类型用于声明可位寻址区或特殊功能寄存器中的可寻址位的某个位变量，其值为 1 或 0。

【例 4.2】 声明位变量。

```
解:  char bdata bobject;         /* 声明可位寻址 char 型变量 bobject * /
     sbit bobj3 = bobject^3;     /* 声明位变量 bobj3 为 bobject 的第 3 位* /
     sbit CY = 0xD0^7;           /* 指定 0xD0 中的第 7 位为 CY * /
     sbit CY = 0xD7;             /* 声明绝对地址 0xD7 表示 CY 的位地址* /
```

3. sfr 类型

sfr 类型用于声明特殊功能寄存器（8 位），位于内部 RAM 地址为 0x80 ~ 0xFF 的 128B 存储单元（变量），这些存储器一般供定时器、计数器、串行口、并行口和外部设备使用。在声明（定义）时，为方便编程，应该使用特殊功能寄存器的实际符号名作为变量名，其地址必须是相应特殊功能寄存器的实际物理地址，这样就可以在 C51 程序中通过使用这些变量来访问单片机内部的 SFR。在这 128B 中，若有的区域未定义则不能使用（如果强行使用那么其值将不确定）。

💡 **特别提示**：sfr 的值只能为常量值，其范围在特殊功能寄存器的地址范围内（0x80 ~ 0xFF）。

【例 4.3】 定义 TMOD 位于 0x89、P0 位于 0x80、P1 位于 0x90、P2 位于 0xA0、P3 位于 0xB0。

```
解:  sfr TMOD = 0x89;     /* 声明变量 TMOD(定时器/计数器工作模式寄存器)其地址为 0x89 * /
     sfr P0 = 0x80;       /* 声明变量 P0 为特殊功能寄存器,其 P0 口物理地址为 0x80 * /
     sfr P1 = 0x90;       /* 声明变量 P1 为特殊功能寄存器,其 P1 口物理地址为 0x90 * /
     sfr P2 = 0xA0;       /* 声明变量 P2 为特殊功能寄存器,其 P2 口物理地址为 0xA0 * /
     sfr P3 = 0xB0;       /* 声明变量 P3 为特殊功能寄存器,其 P3 口物理地址为 0xB0 * /
```

【例 4.4】 声明使用 sbit 类型的变量访问 sfr 类型变量中的位。

解：
```
sfr PSW = 0xD0;      /* 声明 PSW 为特殊功能寄存器,地址为 D0H */
sbit CY = PSW^7;     /* 声明 CY 为 PSW 中的第 7 位 */
sfr P1 = 0x90;       /* 声明变量 P1 为特殊功能寄存器,其 P1 口物理地址为 90H */
sbit P1_1 = P1^1;    /* 声明 P1_1 为 P1 中的第 1 位,P1.1 */
```

💡 **特别提示：** 通常可以直接使用系统提供的预处理文件，里面已定义好各特殊功能寄存器的简单名字，可直接引用。例如，C51 库文件中的一些头文件，如 < reg51.h >、< reg52.h > 中，分别声明了 51 系列、52 系列及兼容单片机中的特殊功能寄存器的定义等，详见相关资料。在编程时只需要在程序开始设置"#include < reg51.h >"或"#include < reg52.h >"即可使用单片机特殊功能寄存器的符号名编程。对于其他类型微控制器，在编程使用时需包含其相应头文件。

4. sfr16 类型

sfr16 类型用于声明两个连续地址的特殊功能寄存器（地址范围为 0 ~ 65535）。

【例 4.5】 在 8052 中，用两个连续地址 0xCC 和 0xCD 表示定时器/计数器 2 的低字节和高字节计数单元，可用 sfr16 声明。

解： `sfr16 T2 = 0xCC;      /* 声明 T2 为 16 位特殊功能寄存器,地址低字节 0xCC,高字节 0xCD */`

4.2.3 存储类型

1. 存储区与存储模式

C51 允许将变量或常量定义成不同的存储类型，C51 编译器允许的存储类型主要包括 data、bdata、idata、pdata、xdata 和 code 等，它们和单片机的不同存储区相对应。C51 存储类型与 MCS-51 单片机实际存储空间的对应关系见表 4.3。

表 4.3　C51 存储类型与 MCS-51 单片机实际存储空间的对应关系

存储类型	长度/bit	长度/B	值域范围	与存储空间的对应关系
data	8	1	0 ~ 255	直接寻址片内低 128B 片内数据 RAM
bdata	1		0 ~ 127	按位或字节寻址片内 RAM 的 0x20 ~ 0x2F 地址空间
idata	8	1	0 ~ 255	间接寻址片内数据 RAM 的 0x00 ~ 0xFF 地址空间
pdata	8	1	0 ~ 255	分页寻址 256B 片外 RAM, 对应 MOVX　@Ri
xdata	16	2	0 ~ 65535	寻址 64KB 片外 RAM, 对应 MOVX　@DPTR
code	16	2	0 ~ 65535	寻址 64KB 程序 ROM, 对应 MOVC　@DPTR

单片机访问片内 RAM 比访问片外 RAM 相对快一些，鉴于此，应当将使用频繁的变量置于片内数据存储器，即采用 data、bdata 或 idata 存储类型；而将容量较大的或使用不频繁的变量置于片外 RAM，即采用 pdata 或 xdata 存储类型；常量只能采用 code 存储类型。

定义一个变量的格式如下：

[存储种类] 数据类型 [存储器类型] 变量名表

在定义格式中除了数据类型和变量名表是必要的之外，其他都是可选项。存储种类有四种：自动（auto）、外部（extern）、静态（static）和寄存器（register），默认类型为自动（auto）。

变量存储类型定义举例（C51 支持 ANSI C 和 C++ 的注释方法）：

```
① char data var1;     /* 字符变量 var1 被定义为 data 型,被分配在片内 RAM */
② bit bdata flags;    /* 位变量 flags 被定义为 bdata 型,定位片内 RAM 中的位寻址区 */
```

③ float idata x,y,z; /* 浮点型变量 x、y 和 z 被定义为 idata 存储类型,定位在片内 RAM 中,并只能用间接寻址方式进行访问* /

④ unsigned int pdata dimension; /* 无符号整型变量 dimension 被定义为 pdata 型,定位在片外数据存储区,相当于用 MOVX @ Ri 访问* /

⑤ unsigned char xdata vector[10][4][4]; /* 无符号字符型三维数组变量 vector[10][4][4] 被定义为 xdata 存储类型,定位在片外 RAM 中,占据 10 × 4 × 4 = 160 个字节* /

如果在变量定义时略去存储类型标志符,编译器会自动默认存储类型。默认的存储类型进一步由 SMALL、COMPACT 和 LARGE 存储模式指令限制。例如,若表明 char varl 在 SMALL 存储模式下,varl 被定位在 data 存储区;在 COMPACT 模式下,varl 被定位在 idata 存储区,在 LARGE 模式下,varl 被定位在 xdata 存储区。存储模式及说明见表 4.4。

表 4.4　存储模式及说明

存　储　模　式	说　　明
SMALL	参数及局部变量放入可直接寻址的片内存储器（最大 128B,默认存储类型是 data）,因此访问十分方便。另外,所有对象,包括栈,都必须嵌入片内 RAM。栈长很关键,因为实际栈长依赖于不同函数的嵌套层数
COMPACT	参数及局部变量放入分页片外存储区（最大 256B,默认的存储类型是 pdata）,通过寄存器 R0 和 R1 间接寻址,栈空间位于内部数据存储区中
LARGE	参数及局部变量直接放入片外数据存储区（最大 64KB,默认存储类型为 xdata）,使用数据指针 DPTR 来进行寻址。用此数据指针访问的效率较低,尤其是对两个或多个字节的变量,这种数据类型的访问机制直接影响代码的长度,另一个不便之处在于这种数据指针不能对称操作

2. 绝对地址访问

如果变量需要定义在指定存储区的一个绝对物理地址,C51 提供了下面三种访问绝对地址的方法。

(1) 绝对宏

在程序中,包含了头文件 "#include < absacc. h >" 即可使用其中定义的宏来访问绝对地址,包括 CBYTE、DBYTE、PBYTE、XBYTE、CWORD、DWORD、PWORD、XWORD。

在 absacc. h 头文件中,用预处理伪指令#define 为各空间的绝对地址定义宏数组名如下:

```
#define CBYTE ((unsigned char volatile code * ) 0)     /* code 空间 * /
#define DBYTE ((unsigned char volatile data * ) 0)     /* data 空间 * /
#define PBYTE ((unsigned char volatile pdata * ) 0)     /* pdata 空间 * /
#define XBYTE ((unsigned char volatile xdata * ) 0)     /* xdata 空间 * /
```

以上存取对象是 char 类型字节。

```
#define CWORD ((unsigned int volatile code * ) 0)     /* code 空间 * /
#define DWORD ((unsigned int volatile data * ) 0)     /* data e 空间 * /
#define PWORD ((unsigned int volatile pdata * ) 0)     /* pdata 空间 * /
#define XWORD ((unsigned int volatile xdata * ) 0)     /* xdata 空间 * /
```

以上存取对象是 int 类型字。

例如:

```
#define PortA  XBYTE[0x7FFC]    /* PortA 则指向 0x7FFC 绝对物理地址* /
#define PortB  XBYTE[0x7FFD]    /* PortB 则指向 0x7FFD 绝对物理地址* /
rva1 = CBYTE[0x0002];          /* 指向程序存储器的 0x0002 地址 * /
rva2 = XWORD [0x0004];         /* 指向外 RAM 的 0x0004 地址 * /
```

（2）_at_关键字

直接在数据定义后加上_at_const 即可，但是注意：

① 绝对变量不能被初使化。

② bit 型函数及变量不能用_at_指定。

例如：

```
idata struct link list _at_ 0x40;        /* 指定 list 结构从 40h 开始 */
xdata char text[25] _at_ 0xE000;         /* 指定 text 数组从 0E000H 开始 */
```

如果外部绝对变量是 I/O 端口等可自行变化数据，需要调用 absacc.h 头文件，使用 volatile 关键字进行描述。

3. 连接定位控制

连接定位控制是利用连接控制指令 code、xdata、pdata、data、bdata 对"段"地址进行绝对地址访问，如要指定某具体变量地址，则很有局限性，不作详细讨论。

4.2.4　指针

指针是 C 语言中的精华，所谓指针就是存储单元（变量）的地址，指针变量就是存放地址的变量。程序中可以通过变量直接对存储单元进行访问，也可以通过指针（地址）对存储单元进行间接访问。在某些较复杂的控制程序中，使用指针对数据进行操作可以优化编程，大大提高程序效率。

在 C51 编译器中，指针分为两种类型：通用指针和指定存储区地址的指针。

1. 通用指针

所谓通用指针是指未对指向的对象（变量）存储空间进行说明的指针。通用指针可以访问 8051 存储空间中与位置无关的任何变量。通用指针的使用方法和 ANSI C 中的使用方法相同。

【例 4.6】　通用指针使用示例。

```
解: void main(void)
    {
        char * p_c;              /* 定义指向字符变量的指针变量 p_c */
        char data c_1;
        char xdata c_2;
        c_1 = 'a';
        c_2 = 'b';
        p_c = &c_2;              /* p_c 指向外部 RAM 的变量 c_2 */
    }
```

2. 存储区域的指针

所谓存储区域的指针是指在指针声明中同时包含存储器类型，这种指针与标准 C 语言不兼容，仅适用于对 8051 及其兼容机进行 C51 语言编程。

程序中使用指定存储区域的指针速度要比通用指针快（指定存储区域指针在编译时 C51 编译器已知道其存储区域，而通用指针直到运行时才确定存储区域），在实时控制系统中应尽量使用指定存储区域的指针。

【例 4.7】　指定存储区域的指针使用示例。

```
解:
#include "reg51.h"
#include "absacc.h"
#define IN1 XBYTE[0x7FF8]            /* 定义 IN1 为外部 RAM 单元（地址为 0x7FF8） */
```

```
void main (void)
{
    char data* pd_c;                 /* 定义指向字符变量(内部RAM)的指针变量 pd_c * /
    char xdata* px_c;                /* 定义指向字符变量(外部RAM)的指针变量 px_c * /
    char data a[10];                 /* 定义内部 RAM 区数组 a * /
    char xdata b[10];                /* 定义外部 RAM 区数组 b * /
    unsigned char xdata * adr;       /* 定义外部 RAM 区指针变量 adr * /
    pd_c = &a[0];                    /* pd_c 指向数组元素 a[0] * /
    px_c = &b[0];                    /* px_c 指向数组元素 b[0] * /
    a[0] = 0;                        /* a[0]直接赋值 0 * /
    * pd_c = 20;                     /* 使用指针 a[0]间接赋值 20 * /
    * px_c = 30;                     /* 使用指针 b[0]间接赋值 30 * /
    (* pd_c) ++ ;                    /* a[0] = a[0] +1 * /
    (* px_c) ++ ;                    /* b[0] = b[0] +1 * /
    adr = &IN1;                      /* 指针变量 adr = 0x7FF8,即指向外部 RAM-0x7FF8 单元 * /
    * adr = 0;                       /* 外部 RAM-0x7FF8 单元赋 0 * /
    adr ++ ;                         /* 指针变量 adr = adr +1,(adr = 0x7FF9) * /
    while (1) ;
}
```

本例中，由于设置文件包含 "#include < absacc. h >"，因此可以使用 XBYTE［0x7FF8］对外部 RAM 存储单元进行操作；宏定义#define IN1 XBYTE［0x7FF8］定义符号 IN1 表示外部 RAM 地址为 0x7FF8 的存储单元，而 &IN1 则表示这个单元的地址。

4.2.5 函数

函数是 C 语言程序的基本单元，全部 C 语言程序都是由一个个函数组成的。在结构化程序设计中，函数作为独立的模块存在，增加了程序的可读性，为解决复杂问题提供了方便。C 语言程序中的函数包括主函数（main）、库函数、自定义函数、中断函数及再入函数。C 语言程序总是从主函数开始执行，而不管它在程序中所处的位置如何。

1. C51 语言自定义函数

C51 语言不仅可以自定义标准 C 语言函数，还具有支持 8051 单片机自定义函数的功能。C51 语言自定义函数与标准 C 语言不兼容，仅适用于对 8051 及其兼容机进行 C 语言编程，其自定义函数的语法格式如下：

返回值类型 函数名(形式参数列表)［编译模式］［reentrant］［interrupt m］［using n］
其中：

返回值类型：返回类型，在默认情况下为 int，当函数没有返回值时，应用关键字 void 明确说明返回值类型。要明确说明形式参数的类型，对于无形式参数的函数，括号也要保留。

编译模式：small、compact 或 large，即函数的存储模式，用来指定函数中局部变量参数和参数所在存储器空间。

reentrant：函数是否可重入，要注意可重入函数中变量的同步。

interrupt：可以用 interrupt 告诉计算机这个函数是中断服务函数。

using：指定函数所使用的寄存器组。

在 8051 内部的 data 空间中存有四组寄存器，其中每组由八个寄存器构成，这些寄存器组存在于 data 空间中的 0x00～0x1F，R0～R7 使用哪个寄存器组由程序状态字寄存器 PSW 决定，可以用 using 来指定所使用的寄存器组，n 取值 0～3，见表 4.5。

表 4.5　工作寄存器 R0 ~ R7 的选择

using n	RS1（PSW.4）	RS0（PSW.3）	汇编对应	选定工作寄存器组（区）
using 0	0	0	MOV PSW, #00H	第 0 区
using 1	0	1	MOV PSW, #08H	第 1 区
using 2	1	0	MOV PSW, #10H	第 2 区
using 3	1	1	MOV PSW, #18H	第 3 区

【例 4.8】　自定义函数（寄存器组）及调用使用示例程序。

解：

```
char sum(char data a,char data b) using 3      /* 定义 sum 函数,返回值 char 型,形式参数 a 和 b,工作
                                                  寄存器选择 3 区 */

{
    char ave;
    ave = (a + b)/2;
    return ave;
}
void main(void)                                /* 主函数 */
{
    char data res;
    char data c_1;
    char data c_2;
    c_1 = 20;
    c_2 = 21;
    res = sum(c_1,c_2);                         /* 调用 sum 函数,实参值 20 和 21 传给形式参数 a 和 b,
                                                  函数返回值赋给变量 res */

    while(1);
    return 0;
}
```

在 8051 中，堆栈指针只能直接访问内部存储区的数据，其存储位置在所有变量的后面，所以在 8051 中堆栈的空间是受到限制的，最多只有 256B。C51 编译器为每个函数的参数分配一个特定的地址，当使用函数时，实际参数被复制到已分配的函数参数所在的内存地址处，函数运行过程中会从指定的函数参数地址获取这些数据，在函数调用时函数的返回地址被保存到堆栈中，函数返回值类型与寄存器的关系见表 4.6。

表 4.6　函数返回值类型与寄存器的关系

返回值类型	寄存器	返回值类型	寄存器
bit	CY	long、unsigned long	R4 ~ R7
char、unsigned char、1 字节指针	R7	float	R4 ~ R7
int、unsigned int、2 字节指针	R6 和 R7	通用指针	R1 ~ R3

2. 中断函数

C51 语言中提供了对 8051 单片机中断的支持函数，中断服务程序在 C51 中是以中断函数的形式出现的。此类型函数用 interrupt 关键字加中断号进行描述，interrupt m 用于定义中断函数，m 为中断号，取值 0 ~ 4。中断描述见表 4.7。

表4.7　中断描述

中断号	中断说明	地址	中断号	中断说明	地址
0	外部中断0	0x0003	3	定时器/计数器1	0x001B
1	定时器/计数器0	0x000B	4	串行口中断	0x0023
2	外部中断1	0x0013			

特别提示：

① 在中断函数中不能使用参数；

② 在中断函数中不能存在返回值；

③ 不能对中断函数产生明显的调用；

④ 中断函数的中断号在不同单片机中的数量是不相同的，具体情况请查阅相关的处理器。

3. 再入函数

C51在调用函数时，函数的形式参数及函数内的局部变量将会动态地存储在固定的存储单元中。一旦函数在执行时被中断，若再次调用该函数，函数的形式参数及函数内的局部变量将会被覆盖，导致程序不能正常运行。为此，可在定义函数时用reentrant属性引入再入函数。

再入函数可以被递归调用，也可以被多个程序调用。

【例4.9】 声明再入函数fun。

解：

```
int fun(int a,int b) reentrant
{
    int z;
    z = a* b;
    return z;
}
```

4.3　单片机的C51编程

MCS-51单片机通过其特殊功能寄存器（SFR）实现对其主要资源的控制。MCS-51单片机有21个SFR，有的单片机还有更多的SFR，它们分布在片内RAM的高128B中，其地址能够被8整除的SFR一般可以进行位寻址。对SFR只能用直接寻址方式访问。C51语言允许通过使用关键字sfr、sbit或直接引用编译器提供的头文件来实现对SFR的访问，但对于片外RAM或扩展I/O的直接访问只能由用户实现。

4.3.1　输入/输出

单片机中的I/O口（即P0、P1、P2、P3）可以单独的作为输入/输出口使用。在实际的开发过程中，输入/输出是单片机最基本的功能，所以使用C51对单片机进行输入/输出的控制也是用得最多、用得最广的操作。

并行接口定义有两种方式：

① 对于片内I/O口用关键字sfr来定义。

```
sfr  P1 = 0x90;
sfr  P3 = 0xB0;
```

② 对于片外扩展I/O口，则根据其硬件译码地址，将其视为片外数据存储器的一个单元，使用define语句进行定义。

```
#include < absacc. h >
#define   PORTA XBYTE[0x7FFF]
```

输入/输出是单片机的重要组成部分。实现单片机的输入操作就是读取 I/O 口引脚的状态，在读取前应该先对要读数据的引脚写 1，使 I/O 口处于读取状态；实现单片机的输出操作就是将数据写入 I/O 口。

例如，从 P1 口读取数据，并把数据放入 VAL1 中，从 P3 口输出数据，程序段如下：

```
P1 = 0xFF;
VAL1 = P1;
P3 = 0x55;
```

4.3.2　外部中断

中断服务程序在 C51 中是以中断函数的形式出现的，此类型函数用 interrupt 关键字加中断号进行描述。interrupt m 用于定义中断函数，m 为中断号，取值 0 ~ 4。

【例 4. 10】　8051 外部中断 0 的中断函数示例程序。

解：

```
#include < reg51. h >              /*  IT0、EA、EX0 等寄存器变量在 reg51. h 中被定义* /
char data num;                     /*  定义全局变量 num * /
void extemal0 (void) interrupt 0   /*  m 外部中断 0 函数定义( 入口) * /
{
    EX0 = 0;                       /*  关闭外部中断 0   CLR EX0 * /
    num + +;                       /*  累计外部中断 0 的次数   INC num * /
    EX0 = 1;                       /*  打开外部中断 0   SETB EX0 * /
}
void main (void)
{
    IT0 = 1;                       /*  设置外部中断 0 触发方式为边沿触发   SETB IT0* /
    EA = 1;                        /*  打开全局中断   SETB EA * /
    EX0 = 1;                       /*  打开外部中断 0   SETB EX0 * /
    num = 0;
    while (1);                     /*  等待中断 * /
    return 0;
}
```

4.3.3　定时器/计数器

【例 4. 11】　8051 定时器 0 的中断函数示例程序：用定时器 0 的方式 1 实现在 P1. 0 引脚输出周期为 2ms 的方波。

解： 设单片机的时钟频率为 12MHz，则定时器计数频率为 1MHz，机器周期为 1 μs，定时时间为 1000 μs，计数次数为 1000/1 = 1000，计数初值为 65536 − 1000。源程序如下：

```
#include < reg51. h >        /*  P0、P1、TR0、EA、ET0 等寄存器变量在 reg51. h 中被定义 * /
sbit p1_0 = P1^0;            /*  定义全局变量 p1_0 为 P1.0(P 必须大写) * /
void timer0 (void)  interrupt 1   /*  定时器 0 中断函数入口 * /
{
    p1_0 = ! p1_0;
    TH0 = (65536 - 1000)/256;
    TL0 = (65536 - 1000)% 256;
```

```
}void main(void)
{
    TMOD = 0x01;                    /* 设置定时器 0 方式 1 */
    p1_0 = 0;
    TH0 = (65536 - 1000)/256;       /* 计数初值 */
    TL0 = (65536 - 1000)% 256;
    EA = 1;                         /* CPU 开中断 */
    ET0 = 1;                        /* 定时器 0 中断允许 */
    TR0 = 1;                        /* 启动定时器 0 */
    while(1) ;                      /* 等待中断 */
}
```

4.3.4 串行通信

串行口通信是单片机与 PC 和其他设备进行数据交换的主要途径。8051 的串行口是一个全双工通信口，可以通过异步通信与 PC 和其他设备进行通信。

8051 系统通过 RXD(P3.0)串行口输入端接收数据，通过 TXD(P3.1)串行口输出端输出数据。

【例 4.12】 设置单片机串行口工作模式 2，间隔循环发送十六进制数 0xaa，然后用示波器观察单片机 P3.1 口的波形。

解：

```
#include < reg52. h >
#define uchar unsigned char
#define uint unsigned int
void delayms(uint xms)
{
    uint i,j;
    for(i = xms;i > 0;i - -)          /* i = xms, 延时约 xms 毫秒*/
        for(j = 110;j > 0;j - -);
}
void main(void)
{
    SM0 = 1;                         /* 工作模式 2*/
    SM1 = 0;
    TB8 = 1;
    EA = 1;                          /* cpu 开中断*/
    ES = 1;                          /* 串行中段允许*/
    TI = 0;
    while(1)
    {
        SBUF = 0xaa;                 /* 发送数据 0xaa*/
        delayms(1);
    }
}
void ser0() interrupt 4
{                                    /* 发送标志位清零*/
    TI = 0;
}
```

4.4 Proteus 软件仿真

4.4.1 Proteus 软件介绍

1. Proteus 简介

Proteus 是英国 Labcenter 公司开发的电路分析与仿真软件。该软件的特点如下：

① 集原理图设计、仿真和 PCB 设计于一体，真正实现从概念到产品的完整电子设计工具。

② 具有模拟电路、数字电路、单片机应用系统、嵌入式系统设计与仿真功能。

③ 具有全速、单步、设置断点等多种形式的调试功能。

④ 具有各种信号源和电路分析所需的虚拟仪表。

⑤ 支持 Keil μVision、MPLAB 等第三方的软件编译和调试环境。

⑥ 具有强大的原理图到 PCB 设计功能，可以输出多种格式的电路设计报表。

拥有 Proteus 电子设计工具，就相当于拥有了一个电子设计和分析平台。

Proteus 革命性的特点如下：

① 互动的电路仿真。用户甚至可以实时采用诸如 RAM、ROM、键盘、电动机、LED、LCD、AD/DA、部分 SPI 和 I^2C 元器件。

② 仿真处理器及其外围电路。可以仿真 MCS-51 系列、AVR、PIC、ARM 等常用主流单片机，还可以直接在基于原理图的虚拟原型上编程，再配合显示及输出，看到运行后输入/输出的效果。配合系统配置的虚拟逻辑分析仪、示波器等，Proteus 建立了完备的电子设计开发环境。

2. Proteus 的组成

Proteus 软件自 1989 年问世至今，经历了 20 多年的发展历史，功能得到了不断的完善，性能越来越好，全球的用户也越来越多。Proteus 之所以在全球得到应用，原因是它具有自身的特点和结构。Proteus 电子设计软件由原理图输入模块（ISIS）、混合模型仿真器、动态元器件库、高级图形分析模块、处理器仿真模型及 PCB 布线/编辑（ARES）六部分组成，如图 4.2 所示。

图 4.2 Proteus 的组成

3. 传统设计方法与 Proteus 设计比较

（1）传统产品设计流程

单片机应用产品的传统开发过程一般可分为以下三步：

① 单片机系统硬件设计：单片机系统原理图设计，选择、购买元器件和接插件，安装和电气检测等。

② 单片机系统软件设计：进行单片机系统程序设计，调试、汇编编译等。

③ 单片机系统综合调试：单片机系统在线调试、检测，实时运行直至完成。

传统电子产品开发流程如图 4.3 所示。

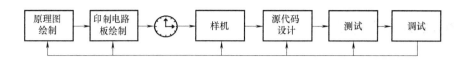

图 4.3 传统电子产品开发流程

传统电子产品开发的缺点：
- 没有物理原型就无法对系统进行测试；
- 没有系统硬件就很难对软件进行调试；
- 重新制版费钱又费时。

（2）基于 Proteus 产品设计流程

单片机应用产品的 Proteus 开发过程如下：

① Proteus 电路设计：在 Proteus 平台上进行单片机系统电路设计、选择元器件、接插件、连接电路和电气检测等。

② Proteus 软件设计：在 Proteus 平台上进行单片机系统源程序设计、编辑、汇编编译、调试，最后生成目标代码文件（*.hex）。

③ Proteus 仿真：在 Proteus 平台上将目标代码文件加载到单片机系统中，并实现单片机系统的实时交互、协同仿真。

④ 实际产品安装、运行与调试：仿真正确后，制作、安装实际单片机系统电路，并将目标代码文件（*.hex）下载到实际单片机中运行、调试。若出现问题，可通过 Proteus 设计与仿真相互配合调试，直至运行成功。

基于 Proteus 的电子产品开发流程如图 4.4 所示。

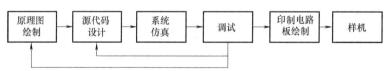

图 4.4 基于 Proteus 的电子产品开发流程

基于 Proteus 的电子产品开发优点：
- 只要完成原理图设计就可用于系统的测试；
- Proteus 的交互仿真特性使软件的调试和测试在布板之前完成；
- 硬件设计的改动像软件设计改动一样容易。

4.4.2 基于 Proteus 的电路仿真

1. 仿真电路绘制

① 运行 Proteus 7。运行 Proteus 7 Professional（ISIS7 Professional），进入工作界面，如图 4.5 所示。

② 新建设计文件。单击"File/New Design"，出现选择模板窗口，如图 4.6 所示。

其中，横向图纸（Landscape）、纵向图纸（Portrait）和默认模板（Default），此处选择默认模板，并保存设计文件。

③ 设定绘图纸大小。单击"System/Set Sheeet Size"，设置相应图纸大小，默认为 A4，如图 4.7 所示。

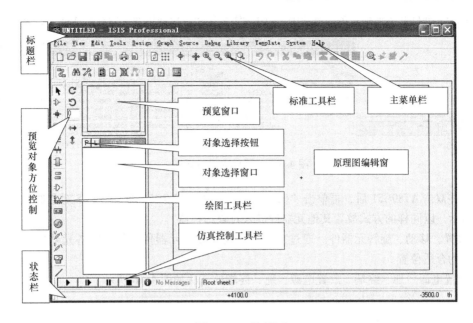

图 4.5　工作界面

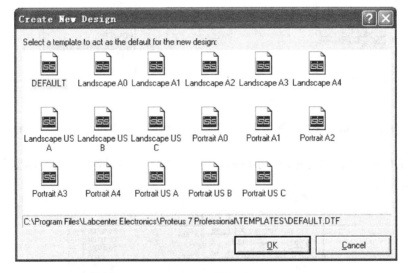

图 4.6　选择模板窗口

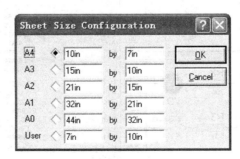

图 4.7　图纸设置选项

④ 选取元器件并添加到对象选择器中。单击"P"按钮，出现挑选元器件对话框，如图 4.8 所示。

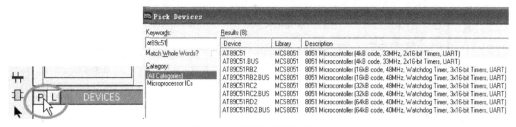

图 4.8　元器件选取对话框

选中并双击 AT89C51 后，再单击"OK"按钮，便将 AT89C51 加入到 ISIS 对象选择器中，如图 4.9 所示。以同样的方式放置其他元器件进入对象选择器。

⑤ 放置、移动、旋转元器件。通过放置、移动、旋转元器件操作，将各元器件放置在 ISIS 编辑区中的合适位置。

⑥ 放置电源、地、终端。放置电源、地、终端的方法如图 4.10 所示。

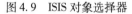

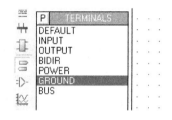

图 4.9　ISIS 对象选择器　　　　图 4.10　放置电源、地、终端的方法

⑦ 电路图布线。鼠标单击元器件引脚间、线间等要连线的两处，就会自动生成连线。ISIS 编辑区如图 4.11 所示。

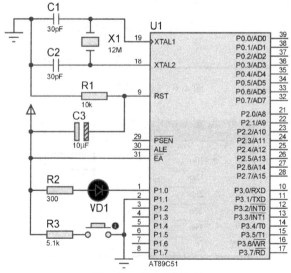

图 4.11　ISIS 编辑区

⑧ 设置，修改元器件属性。先用鼠标右击元器件，选中该元器件（显示高亮）后，再单击打开元器件属性窗口，如图 4.12 所示。

⑨ 电气检查。通过菜单 Tools/Electrical Rule Check 实现电气检查。电气检查窗口如图 4.13 所示。

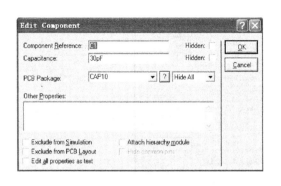

图 4.12　元器件属性窗口

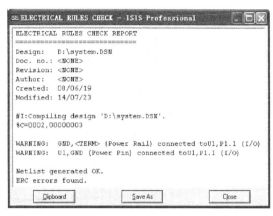

图 4.13　电气检查窗口

2. 源程序设计

电路设计完成后，进入程序设计，在介绍交互仿真前，先简要介绍一下 Proteus 自带的编辑器。Proteus 带有 ASM 的、PIC 的、AVR 等编译器，操作方法如下：在 ISIS 中单击菜单栏 "Source"，在下拉菜单中单击 "Add/Remove Source Files（添加或删除源程序）" 出现一个对话框，如图 4.14 所示。单击对话框的 "NEW" 按钮，在出现的对话框放置要设计的程序文件名（这里以上述的 start. asm 为例），在 "Code Generation Tool" 的下选择 "ASEM51"，然后单击 "OK" 按钮，设置完毕。回到菜单栏，找 Source 下面的 start. asm，将程序输入即可。

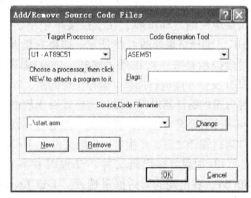

图 4.14　使用自带编辑器

单击菜单 "Source"，出现如图 4.15 所示的下拉菜单，单击 "start. asm"，在弹出的源程序编辑窗口中编辑源程序，如图 4.16 所示。

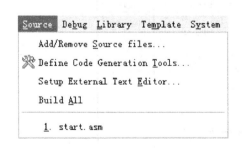

图 4.15　源程序下拉菜单

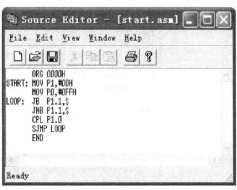

图 4.16　源程序编辑窗口

3. 生成目标代码文件

① 目标代码生成工具设置。单击菜单"Source→Define Code Generation Tools"，在 Command Line 处进行修改%1 源文件、%2 目标文件和%3 列表文件（中间无空格），目标代码生成选项卡如图 4.17 所示。

图 4.17　目标代码生成选项卡

② 汇编编译源程序，生成目标代码文件。单击菜单栏的"Source"，在下拉菜单中单击"Build All"，编译结果如图 4.18 所示。如果有错误，对话框会提示是哪一行出现了问题。只有编译过关的 ASM 文件才能进行加载。值得注意的是，Proteus 软件自带的编译器对程序设计的格式要求较高，空格和字符需要符合规定，否则就不能通过编译。源文件通过编译之后，产生目标代码文件 ＊.HEX 文件。

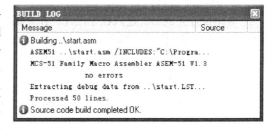

图 4.18　源程序编译日志窗口

③ 加载目标代码文件，设置时钟频率。在原理图编辑窗口中选中单片机 80C51，双击 80C51，在出现的对话框里选择"Edit Component"选项卡，如图 4.19 所示。然后在"Program File"一栏中选择"start.HEX"文档，加载目标代码文件，设置时钟频率。

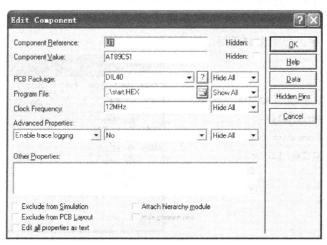

图 4.19　Edit Component 选项卡

4. 调试仿真

Proteus 有交互仿真和基于图表仿真两种方式，两种方式可以结合进行。交互仿真用进程控制按钮启动，起到定性分析电路功能的作用；基于图表仿真是通过按键盘空格键或菜单来启动，起到定量分析电路特性的作用，如图 4.20 所示。

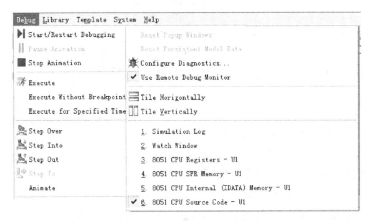

a) 交互仿真控制　　　　　　b) 图表仿真控制

图 4.20　Proteus 仿真控制

交互式仿真是通过交互式器件和工具观察电路的运行状况，用来定性分析电路，验证电路是否能正确工作。

单击"单步"按钮，进入单步调试状态，选择"Debug"菜单栏，出现如图 4.21 所示对话框。在"Debug"的下拉菜单栏中，单击"Simulation Log"会出现和模拟调试有关的信息；单击"8051 CPU SFR Memory"会出现特殊功能寄存器（SFR）窗口；单击"8051 CPU Internal（IDATA）Memory"会出现数据寄存器窗口。此外还有"Watch Window"窗口，可以将某个信号加载到这个窗口，对其变化进行跟踪，如图 4.22 所示。例如，在寄存器窗口，单击右键，在出现的菜单中单击"Add Item（By name）"然后选择 P1，再双击 P1，这样 P1 就出现在"Watch Window"窗口。在单步调试状态和在全速调试状态，Watch Window 的内容都随着寄存器的变化而变化，便于调试。

图 4.21　Debug 下拉菜单

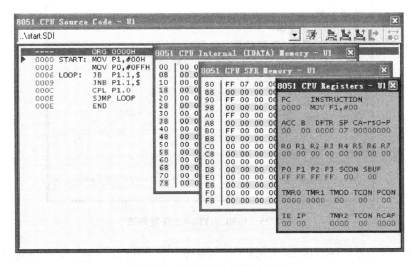

图 4.22　源代码单步调试窗口

为了调试程序，可以在单步调试时设置断点。其设置方法是用鼠标单击程序中的语句，设置断点，再次单击则取消断点。

4.4.3 Keil 与 Proteus 联合调试

对于单片机应用系统，Proteus 支持 IDE，如 IAR's Embedded Workbench、Keil、Microchip's MP-LAB 和 Atmel's AVR studio 开发源代码联合调试，本书在后面的章节将介绍 Proteus 与 Keil 联调。本节仅详细介绍 Proteus 软件与 Keil 软件联调的功能。

1. 安装 vdmagdi 插件

要实现联调先要将 vdmagdi 插件安装到 Keil 目录。

① 运行 CD 中 UTILITY 下的 vdmagdi.exe，如图 4.23 所示。

图 4.23　安装 vdmagdi 插件

② 选择对应的 Keil 版本（如果您使用的 Keil 为 μVision2 则选择 AGDI Drivers for μVision2，使用的是 μVision3 则选择 AGDI Drivers for μVision3），如图 4.24 所示。

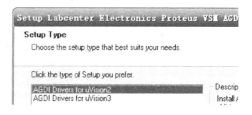

图 4.24　选择 Keil 版本

2. 对 Keil 进行设置

选择 "Proteus VSM Simulator"。设置 Keil 选项：进入 KeilC μVision2 开发集成环境，创建一个新项目（Project），为该项目选定合适的单片机 CPU 器件（如 Atmel 公司的 AT89C51）并为该项目加入源程序，如图 4.25 所示。

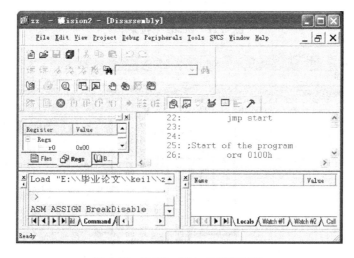

图 4.25　KeilC μVision2 开发环境

单击 "Project 菜单→Options for Target" 选项或者单击工具栏的 "option for ta rget" 按钮，弹出窗口，单击 "Debug" 按钮，出现如图 4.26 所示页面。选中 "Use" 前面的小圆点，在出现的对话框里在右栏上部的下拉菜单里选中"Proteus VSM Driver",如图 4.26 所示。

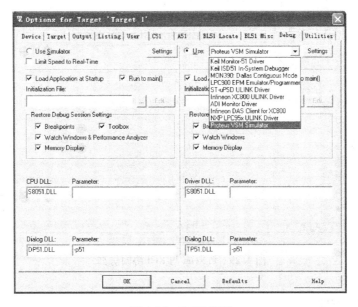

图 4.26　KeilC 设置

再单击"Setting"按钮,设置通信接口,在"Host"后面添上"127.0.0.1",如果使用的不是同一台计算机,则需要在这里添上另一台计算机的 IP 地址(另一台计算机也应安装 Proteus)。在"Port"后面添加"8000"。设置好的情形如图 4.26 所示,单击"OK"按钮即可。最后将工程编译,进入调试状态,并运行,如图 4.27 所示。

进入 Proteus 的 ISIS,单击菜单"Debug",选中"use romote debuger monitor",如图 4.28 所示。到此,便可实现 KeilC 与 Proteus 连接调试。

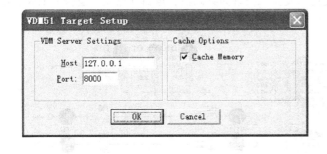

图 4.27　KeilC 通信设置

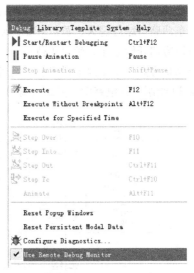

图 4.28　Proteus Debug 设置

协同仿真:运行 Keil,则 Proteus 同时进入仿真状态,如图 4.29 所示。

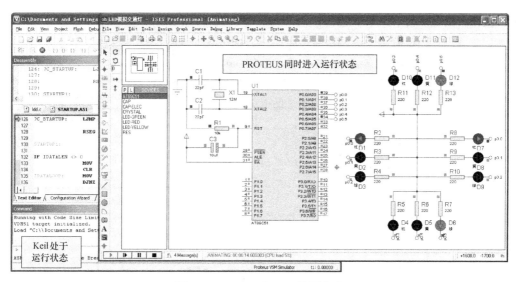

图 4.29　Proteus 与 Keil 协同仿真

4.5　实验与实训

4.5.1　Proteus 绘制单片机最小系统

按照图 4.11 所示的 MCS-51 单片机最小系统的原理图，绘制 Proteus 仿真电路图。

4.5.2　交通灯控制

十字路口车辆穿梭，行人熙攘，有条不紊的交通系统需要交通信号灯的指挥。利用 8051 并行 I/O 口控制 12 个发光二极管亮灭，模拟交通灯管理。

交通灯的亮灭规律：东西路口的绿灯亮、南北路口的红灯亮，东西路口方向通车。延时等待后，东西路口绿灯熄灭、黄灯开始闪烁。闪烁若干次后，东西路口红灯亮、南北路口绿灯亮，南北路口方向开始通车，延时等待后，南北路口绿灯熄灭、黄灯开始闪烁。闪烁若干次后，切换到东西路口方向，重复以上过程。系统使用的发光二极管为共阳极，逻辑 0 点亮、逻辑 1 熄灭。按图 4.30 绘制仿真电路图，并编写源代码。程序流程图如图 4.31 所示。

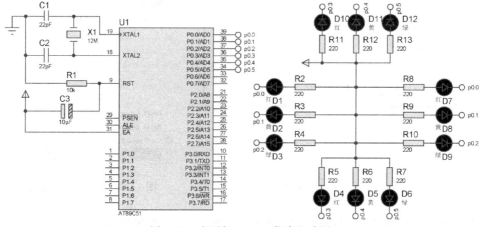

图 4.30　交通灯 Proteus 仿真电路图

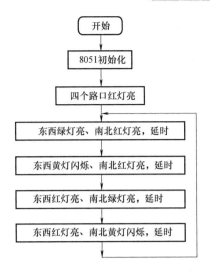

图 4.31　交通灯程序流程图

程序如下：

```c
#include < reg52. h >
#define uchar unsigned char
#define uint unsigned int
sbit RED_A = P0^0;                          /* 定义路口各灯* /
sbit YELLOW_A = P0^1;
sbit GREEN_A = P0^2;
sbit RED_B = P0^3;
sbit YELLOW_B = P0^4;
sbit GREEN_B = P0^5;
uchar Flash_Count = 0;
uchar Operation_Type = 1;
void delayms(uint xms)
{
    uint i,j;
    for(i = xms;i > 0;i - -)                 /* i = xms 即延时约 xms 毫秒* /
        for(j = 110;j > 0;j - -);
}
void Traffic_lignt()
    {
    switch(Operation_Type)
        {
        case 1:
            RED_A = 1;YELLOW_A = 1;GREEN_A = 0;
            RED_B = 0;YELLOW_B = 1;GREEN_B = 1;
            delayms(2000);
            Operation_Type = 2;
            break;
        case 2:
            delayms(200);
```

```
            YELLOW_A = ~ YELLOW_A;
            if(+ +Flash_Count ! =10)
                return;
            Flash_Count =0;
            Operation_Type = 3;
            break;
        case 3:
            RED_A =0;YELLOW_A =1;GREEN_A =1;
            RED_B =1;YELLOW_B =1;GREEN_B =0;
            delayms(2000);
            Operation_Type = 4;
            break;
        case 4:
            delayms(200);
            YELLOW_B = ~ YELLOW_B;
            if(+ +Flash_Count ! =10)
                return;
            Flash_Count =0;
            Operation_Type = 1;
            break;
        }
    }
void main(void)
{
    while(1)
    {
        Traffic_lignt();
    }
}
```

习题 4

1. 在 C51 语言的程序中，注释一般采用（　　）符号和（　　）符号来实现。

2. 字符 char 型变量的取值范围为（　　　）。

3. 在 C51 语言的程序中，循环语句一般采用（　　）、（　　）和（　　）来实现。

4. 字符在 C51 语言的程序中，跳转语句一般采用（　　）、（　　）和（　　）来实现。

5. 返回语句由关键字（　　）来表示，常用于函数的末尾。

6. 在定义指针变量时，指针名前的（　　）不能省略，同一个指针变量只能指向同一类型的变量。

7. 表达式中出现的"＊"是取值运算符，用来表示指针变量所指向的地址中的（　　）。

8. data 存储类型可以直接寻址（　　），共（　　）字节，访问速度快。

9. sfr16 存储类型用于字寻址，定义（　　），且该 16 位必须低位在低字节，高位在紧跟的高字节才行。

10. 在 Keil μVision 编译系统中，支持的 8051 系列单片机存储模式共有如下三种：（　　）、（　　）和（　　）。

11. 中断函数中 interrupt 2　using 1 时，此为（　　）中断函数，通用工作寄存器 R0 ~ R7 地址为（　　　）。

12. 以下哪个不是 C51 的关键字（　　　）。

    A. if   B. case   C. return   D. ch

13. 下述哪个不是 C51 的存储类型（　　　）。

    A. int   B. sfr   C. bdata   D. code

14. bdata 不可用于哪个类型的声明（　　　）。

    A. int   B. short   C. float   D. long

15. 简述 C51 语言中各种存储类型的保存区域。

16. 简述 Keil μVision 编译系统的存储模式。

17. 简述为何多维数组不提倡使用。

18. C51 语言的优点是什么？C51 程序的主要结构特点是什么？

19. C51 语言的变量定义包含哪些关键因素？为何这样考虑？

20. C51 与汇编语言的特点各有哪些？怎样实现两者的优势互补？

21. Proteus ISIS 的工作界面中包含哪几个窗口？菜单栏中包含哪几个选项？

22. 利用 ISIS 模块开发单片机系统需要经过哪几个主要步骤？

23. 将外部 RAM 10H～15H 单元的内容传送到内部 RAM 10H～15H 单元。

24. 有一外部中断源，$\overline{INT0}$ 接入端，当其中有中断请求时，要求 CPU 把一个从内部 RAM 30H 单元开始的 50 个字节的数据块传送到外部 RAM 从 1000H 开始的连续存储区。请编写对应的程序。

25. 设 fosc = 12MHz，利用定时器 T0（方式 2）在 P1.1 引脚上获取输出周期为 0.4ms 的方波信号，采用中断方式处理，请编写 T0 的初始化程序及中断服务程序。

第5章 MCS-51 单片机的内部资源及应用

内容提示

输入/输出（I/O）接口是 CPU 与外部设备之间交换信息的桥梁。中断系统是单片机的重要组成部分，能显著提高单片机对外部事件的处理能力和响应速度，在单片机控制系统中发挥着重要的作用。定时器/计数器是单片机不可或缺的重要器件，熟悉定时器/计数器的结构组成和工作原理，是正确设计单片机控制系统的基本要求。随着单片机系统的广泛应用和计算机网络技术的普及，对串行通信方式的稳定性、可靠性和传输速度的要求大幅度提高，使得单片机的通信功能越来越重要。本章将对 MCS-51 单片机内部的并行 I/O 接口、中断系统、定时器/计数器、串行 I/O 接口等内部硬件资源及其应用进行介绍。

学习目标

◇ 掌握 MCS-51 单片机 I/O 的使用方法；
◇ 理解中断源、中断嵌套、中断优先级、中断响应条件和过程；
◇ 掌握 MCS-51 单片机外部中断系统的使用；
◇ 了解 MCS-51 单片机定时器/计数器的结构、工作原理及应用；
◇ 掌握 MCS-51 单片机串行接口的波特率设置、结构、工作方式和应用。

知识结构

本章知识结构如图 5.1 所示。

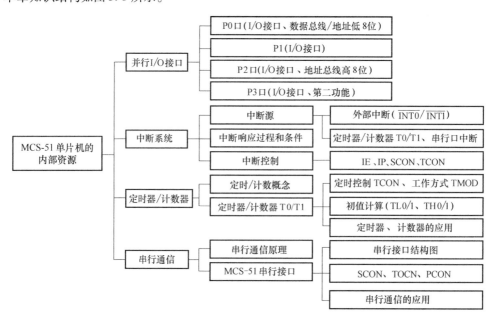

图 5.1 本章知识结构

引言

输入/输出（I/O）接口是指连接 CPU 与外部输入/输出设备之间的部件，是 CPU 与外部设备之间进行信息传送的媒介。

人们的大脑每天都在判断选择做什么，或不做什么，重要而紧急的事情要优先选择。同样，单片机也有这样的判断选择功能，当它运行正常程序时对来自外部或者内部的中断事件也要进行判断选择。单片机能根据中断参数的设置，积极而有序地处理中断事件，中断技术的发明是重要变革，使计算机能模仿人类的大脑对事物判断选择，实现多用户、多任务的管理调度。可以说，中断技术是实现 CPU、RAM 等有限资源对多用户、多任务应用时的一种资源分时共享技术。

在以单片机为核心的检测系统和智能仪表中，由于经常要求有一些实时时钟，以实现定时控制、定时测量，有时也要求对外部事件进行计数等，因此，定时器/计数器得到了广泛应用，如闹钟、秒表、交通灯的控制、数字钟、心率计等。

单片机通信是指单片机与计算机或单片机与单片机之间的信息交换，通信有并行和串行两种方式，而且要构成一个较大规模的控制系统，也常需要采用多机控制来实现。MCS-51 单片机有一个异步全双工串行通信接口，可以构成双机、多机系统。

5.1　MCS-51 单片机的并行 I/O 接口

输入/输出（I/O）接口是 CPU 与外部设备之间交换信息的桥梁，它可以制成一块单独的大规模集成电路，也可以和 CPU 集成在同一块芯片上。单片机属于后一种结构。I/O 接口有并行接口和串行接口两种，本节介绍 MCS-51 的并行 I/O 接口。

5.1.1　MCS-51 内部并行 I/O 接口

MCS-51 单片机内部有四个 8 位并行 I/O 接口，分别命名为 P0、P1、P2 和 P3 口。其中，P0 口为双向三态输入/输出口，P1、P2 和 P3 为准双向口。这四个并行 I/O 接口内部结构如图 5.2 所示。每个端口均为 8 位（图中只画出了其中的 1 位），其中每位主要由锁存器、输出驱动器和输入缓冲器等电路组成。每根 I/O 端口线都能独立用做输入或输出。用做输出时，数据可以锁存；用做输入时，数据可以缓冲。每个 I/O 接口的 8 位数据锁存器与端口号 P0、P1、P2 和 P3 同名，属于特殊功能寄存器 SFR，用于存放需要输出的数据。每个 I/O 接口的 8 位数据缓冲器用于对端口引脚上的输入数据进行缓冲，但不能锁存，因此各个引脚上输入的数据必须一直保持到 CPU 把它读完为止。P0～P3 口的结构和功能基本相同又各具特点，下面分别进行介绍。

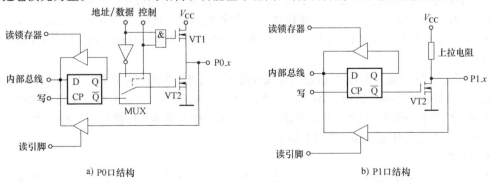

a) P0 口结构　　　　　　　　　　　　　　b) P1 口结构

图 5.2　MCS-51 并行 I/O 接口的内部位结构

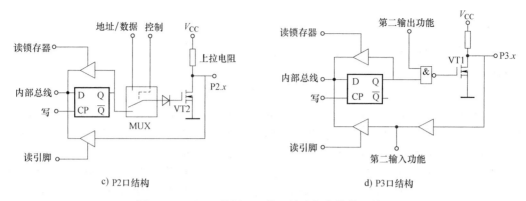

c) P2口结构   d) P3口结构

图 5.2　MCS-51 并行 I/O 接口的内部位结构（续）

1. P0 口

图 5.2a 所示为 P0 口结构，它由一个输出锁存器、两个三态缓冲器、一个输出驱动电路和一个输出控制电路组成。其中，输出驱动电路由一对场效应晶体管组成，其工作状态受输出电路控制。

当从 P0 口输出地址/数据时，控制信号应为高电平 1，模拟转换开关（MUX）把地址/数据信息经反相器与下拉场效应晶体管接通，同时打开输出控制电路的与门。输出的地址/数据通过与门去驱动上拉场效应晶体管，又通过反相器去驱动下拉场效应晶体管。例如，若地址/数据信息为 0，则该 0 信号一方面通过与门使上拉场效应晶体管截止，另一方面经反相器使下拉场效应晶体管导通，从而使引脚上输出相应的 0 信号；反之，若地址/数据信息为 1，将会使上拉场效应晶体管导通而下拉场效应晶体管截止，引脚上将输出相应的 1 信号。

若 P0 口作为通用 I/O 接口使用，则在 CPU 向接口输出数据时，对应的输出控制信号应为 0 信号，MUX 将把输出级与锁存器的 $\overline{Q}$ 端接通。同时，由于与门输出为 0，使上拉场效应晶体管处于截止状态，因此输出级是漏极开路电路。这样，当写脉冲加在触发器的时钟端 CP 上时，与内部总线相连的 D 端数据取反后就出现在触发器的 $\overline{Q}$ 端，再经过场效应晶体管反相，在 P0 引脚上出现的数据正好是 CPU 内部总线的数据。

当 P0 作为通用 I/O 接口使用时，如果从 P0 口输入数据，则此时上拉场效应晶体管一直处于截止状态。引脚上的外部信号既加在下面一个三态缓冲器的输入端，又加在下拉场效应晶体管的漏极，假定在此之前曾输出锁存数据 0，则下拉场效应晶体管是导通的。这样 P0 引脚上的电位就始终被钳位在 0 电平，使输入高电平无法读入。因此，P0 作为通用 I/O 接口使用时是一个准双向口，即输入数据时，应先向口写 1，使两个场效应晶体管均截止，然后方可作为高阻抗输入。但在 P0 口作为地址/数据总线口连接外部存储器使用时，访问外部存储器期间，CPU 会自动向 P0 口的锁存器写入 0FFH。因此，对用户而言，P0 口作为地址/数据总线口使用时是一个真正的双向口。

综上所述，P0 口既可作为地址/数据总线口使用，又可作为通用 I/O 接口使用，可驱动八个 TTL 输入。在访问外部存储器时，P0 口作为地址/数据总线复用口，是一个真正的双向口，并分时送出地址的低 8 位和发送/接收相应存储单元的数据。作为通用 I/O 接口使用时，P0 口只是一个准双向口，需要在外部引脚处外接上拉电阻。

2. P1 口

图 5.2b 所示为 P1 口结构，它与 P2 口基本相同，只是少了一个模拟转换开关（MUX）和一个反相器，无选择电路，且为了保持逻辑上的一致，将锁存器的 $\overline{Q}$ 端与输出场效应晶体管相连。

126

在输出的场效应晶体管的漏极上接有上拉电阻，不必外接上拉电阻就可以驱动任何 MOS 驱动电路，带负载能力与 P2 口相同，只能驱动四个 TTL 输入。P1 口常用做通用 I/O 接口，它也是一个标准的准双向 I/O 接口，即作为输入口使用时必须先将锁存器置 1，使输出场效应晶体管截止。

3. P2 口

图 5.2c 所示为 P2 口结构，它与 P0 口基本相同，为使逻辑上一致，将锁存器的 Q 端与输出场效应晶体管相连。只是输出部分略有不同。P2 口在输出的场效应晶体管的漏极上接有上拉电阻，这种结构不必外接上拉电阻就可以驱动任何 MOS 驱动电路，且只能驱动四个 TTL 输入。P2 口常用做外部存储器的高 8 位地址口。当不用做地址接口时，P2 口也可作为通用 I/O 接口使用，这时它也是一个准双向 I/O 接口。

4. P3 口

图 5.2d 所示为 P3 口结构，它是一个双功能口，第一功能与 P1 口一样可用做通用 I/O 接口，也是一个准双向 I/O 接口。另外，它还具有第二功能。P3 口的结构特点是不设模拟转换开关（MUX），增加了第二功能控制逻辑，多增设一个与非门和缓冲器，内部具有上拉电阻。

P3 口作为通用输出口使用时，内部第二功能线应为高电平 1，以保证与非门的畅通，维持从锁存器到输出口数据输出通路的畅通无阻，锁存器的内容经 Q 端输出。此时 P3 口的功能和带负载能力与 P1 口相同。P3 口作为第二功能输出口时，锁存器应置高电平 1，使与非门对第二功能信号的输出是畅通的，从而实现内部第二输出功能的数据经与非门至引脚输出。

P3 口作为输入口使用时，对于第二功能为输入的信号引脚，在 I/O 接口上的输入通路增设了一个缓冲器，输入的第二功能信号即从这个缓冲器的输出端取得。而作为通用 I/O 接口输入端时，第二功能信号取自三态缓冲器的输出端。因此，无论是通用 I/O 接口的输入，还是内部第二功能的输入，锁存器的输出端 Q 和内部第二功能线均应置为高电平 1，使与非门输出为 0，这样，驱动电路才不会影响引脚上外部数据的正常输入。P3 口工作在第二功能时各引脚定义见表 5.1。

表 5.1　P3 口工作在第二功能时各引脚定义

引　脚	功　　能	引　脚	功　　能
P3.0	串行输入口（RXD）	P3.4	定时器/计数器 0 的外部输入口（T0）
P3.1	串行输出口（TXD）	P3.5	定时器/计数器 1 的外部输入口（T1）
P3.2	外中断 0（$\overline{INT0}$）	P3.6	外部数据存储器写选通（$\overline{WR}$）
P3.3	外中断 1（$\overline{INT1}$）	P3.7	外部数据存储器读选通（$\overline{RD}$）

5.1.2　MCS-51 内部并行 I/O 接口的应用

MCS-51 四个 I/O 接口共有三种操作方式：输出数据方式、读端口数据方式和读端口引脚方式。

① 在输出数据方式下，CPU 通过一条数据传送指令就可以把输出数据写入 P0～P3 的端口锁存器中，然后通过输出驱动器送到端口引脚线。因此，凡是端口操作指令，都能达到从端口引脚线上输出数据的目的，而且写入时，都可直接写到 P0～P3 端口引脚上。例如，下面的指令均可在 P0 口输出数据：

```
MOV  P0, A
ANL  P0, #data
ORL  P0, A
```

② 读端口数据方式是一种仅对端口锁存器中的数据进行读入的操作方式。由于 CPU 读入的这种数据并非端口引脚线上的数据，因此 CPU 只要用一条指令就可以把端口锁存器中的数据读到累加器 A 或片内 RAM 中，读端口数据可以直接读端口。例如，下面的指令均可以从 P1 口输入数据：

```
MOV  A, P1
MOV  20H, P1
MOV  R0, P1
MOV  @ R0, P1
```

③ 读端口引脚方式可以从端口引脚上读入信息。在这种方式下，CPU 首先必须使欲读端口引脚所对应的锁存器置 1，以便使输出场效应晶体管截止，然后打开输入三态缓冲器，使相应端口引脚上的信号输入到 MCS-51 内部数据线上。因此，用户在读引脚时，必须先置位锁存器然后读，连续使用两条指令。例如，下面的程序可以读 P1 引脚上的低 4 位信号：

```
MOV  P1, #0FH    ; 置位 P1 引脚的低 4 位锁存器
MOV  A, P1       ; 读 P1 引脚上的低 4 位信号送累加器 A
```

应当指出，MCS-51 内部四个 I/O 接口，既可以采用字节寻址，也可以采用位寻址，每位既可以用做输入，也可以用做输出。下面举例说明它们的使用方法。

1. I/O 接口直接用于输入/输出

当 I/O 接口直接用做输入/输出时，CPU 既可以把它们看做数据口，也可以看做状态口，这是由用户决定的。

【例 5.1】 P1 口作为输出口，接八个发光二极管，编写程序，使发光二极管循环点亮。

解：电路原理图如图 5.3 所示，程序流程图如图 5.4 所示。

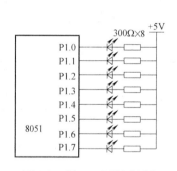

图 5.3 例 5.1 电路原理图

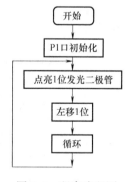

图 5.4 程序流程图

汇编语言程序如下：

```
          ORG 0000H
          LJMP START
          ORG 0030H
START:    MOV SP, #60H
          MOV P1, #0FFH    ; 送 P1 口
          MOV A, #0FEH     ; 点亮二极管
MLOOP:    MOV P1, A
          LCALL DELAY      ; 延时
          RL A             ; 左移位
          SJMP MLOOP       ; 循环
DELAY:    MOV R6, #0A0H    ; 延时
```

```
D1:     MOV R7,#0FFH
        DJNZ R7,$
        DJNZ R6,D1
        RET
        END
```

C51 程序如下：

```
#include <reg51.h>
#include <intrins.h>
#define uchar unsigned char
#define uint unsigned int
void DelayMS(uint x)
{
    uchar i;
    while(x--)
{
    for(i=120;i>0;i--);
}
}
void main(void)
{
    P1 = 0xFE;
    while(1)
    {
        P1 = _crol_(P1,1);
        DelayMS(150);
    }
}
```

【例 5.2】　P3 为输入口，P1 口为输出口，P3.3 外接按键，每输入一个脉冲，按十六进制加一后通过 P1 口外接 LED 灯显示。

　　解： 电路原理图如图 5.5 所示，程序流程图如图 5.6 所示。

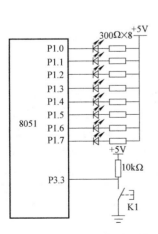

图 5.5　例 5.2 电路原理图

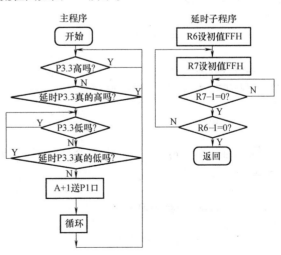

图 5.6　程序流程图

汇编语言程序如下：

```
            ORG 0000H
            LJMP START
            ORG 0030H
    START:  MOV SP, #60H
    J100:   MOV A, #00H
    J101:   JB P3.3, J101
            LCALL DELAY
            JB P3.3, J101        ; P3.3 电平为低吗?
    J102:   JNB P3.3, J102
            MOV R2, #20H
            LCALL DELAY
            JNB P3.3, J102       ; P3.3 电平高吗?
            INC A                ; 加1
            PUSH ACC
            CPL A                ; 取反
            MOV P1, A            ; 驱动发光二极管
            POP ACC
            AJMP J101            ; 循环
    DELAY:  MOV  R6, #0FFH       ; 延时
    DLY1:   MOV  R7, #0FFH
    DLY2:   DJNZ R7, DLY2
            DJNZ R6, DLY1
            RET
            END
```

C51 程序如下：

```c
#include <reg51.h>
sbit CNT = P3^3;
void Delay(unsigned int count)
{
  unsigned char i;
  while(count - - ! = 0) for(i=0;i<120;i + +);
}
void main(void)
{
  unsigned char val = 0;
  while(1)
  {
    for(val =1;val < 0xff;val + +)
    {
```

```
        while(CNT);
        Delay(50);
        while(! CNT);
        Delay(50);
        P1 = ~ (val);
    }
  }
}
```

2. I/O 接口扩展外部锁存器/译码器

为了提高数据传输速率，常常需要使 I/O 接口通过外部锁存器与输入设备相连。图 5.7 所示为 8051 通过 74LS373 与输入设备连接的接口。输入设备在 IN0 ~ IN7 上输出数据的同时使 STB 端变为低电平，该低电平一方面使 74LS373 锁存 1D ~ 8D 上的输入数据输出，另一方面向 8051 的 INT0 发出中断请求。8051 响应该中断请求后在中断服务程序中通过下面的指令读取输入数据：

```
    MOV  DPTR, #7FFFH      ; DPTR 指向 74LS373 端口(地址为 7FFFH)
    MOVX A, @ DPTR         ; 读入数据到 A 中
```

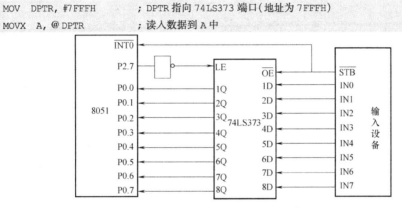

图 5.7　8051 和 74LS373 的接口

应当注意，8051 也可以通过外部锁存器输出数据，但由于 8051 内部每个 I/O 接口都带有 8 位锁存器，因此只有扩展 I/O 接口和分时复用时，才需要利用外部锁存器来输出数据。

74LS138 是低电平有效的 3 线-8 线译码器/数据分配器，是最常见地址译码逻辑芯片。V_{CC} 是电源，GND 接地。A、B、C 是地址输入，A 是低地址，C 是高地址；G1、/G2A、/G2B 是控制输入，当 G1 为 "1" 并且/G2A 和/G2B 同时为 "0" 时，74LS138 输出端 Y7 ~ Y0 八中选一，有一个输出端为 "0"，其余输出端为 "1"。否则 Y0 ~ Y7 为全 "1"。

【**例 5.3**】　通过单片机 P1.2 ~ P1.0 控制 74LS138 译码器的使能及译码输入端口，控制其译码输出端口（Y7 ~ Y0），把译码输出端口 Y7 ~ Y0 连接到八位 LED 电平指示输入端口，验证 74LS138 的逻辑译码功能。

解：8051 单片机与 74LS138 的连接电路如图 5.8 所示。

汇编语言程序如下：

```
          ORG 0000H
          LJMP START
          ORG 0030H
START:    MOV SP, #60H
ST1:      CLR A
MLOOP:    MOV P1,A
```

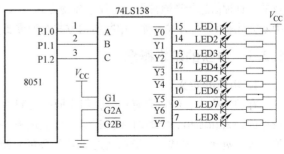

图 5.8　例 5.3 电路

```
        LCALL DELAY
        INC A
        JNB ACC.3, MLOOP
        SJMP ST1
DELAY:  MOV R7,#0
DL1:    MOV R6,#0
        DJNZ R6, $
        DJNZ R7,DL1
        RET
        END
```

C51 程序如下：

```c
#include <reg51.h>
void Delay(unsigned int count)
{
  unsigned char i;
  while(count - - ! = 0) for(i=0;i<120;i++);
}


voidmain(void)
{
  int i = 0;
  while(1)
  {
    for(i=0;i<8;i++)
    {  P1 = i;
       Delay(50);
    }
  }
}
```

5.2　MCS-51 单片机的中断系统

计算机与外界的联系是通过外部设备（也称为外设、输入/输出设备或 I/O 设备）与外界联系的。人们通过输入设备向计算机输入原始的程序和数据，计算机则通过输出设备向外界输出运算结果。因此，外部设备也是计算机的重要组成部分。

计算机与外部设备之间不是直接相连的，而是通过不同的接口电路来达到彼此间的信息传送的目的。这种信息传送通常可分为程序控制方式（又可分成无条件传送方式、条件传送方式两种）、中断方式和 DMA 方式三种。中断传送方式尤为重要。本节即介绍 MCS-51 单片机的中断系统。

5.2.1　中断的基本概念

1. 中断的定义

在单片机中，CPU 只有一个，但在同一时间内可能会有很多任务需要处理，如运行主程序、数据的输入和输出、定时时间已到等，可能还有一些外部的更重要的事件（如掉电、超温超压等）要先处理。这是一个资源面对多项任务的处理方式。由于资源有限，面对多项任务同时需要处理时，就会出现资源竞争的现象。中断技术就是用于解决资源竞争问题的一个可行的方法，采用中断技术可使多项任务共享一个资源，所以有些文献也称中断技术是一种资源共享技术。

在计算机中，中断是指计算机暂时停止程序执行转而为外部设备服务（执行中断服务程序），并在中断服务完成后自动返回原程序执行的过程。

中断可以提高 CPU 的工作效率，使 CPU 可以通过分时操作启动多个外部设备同时工作，并能对它们进行统一的管理。中断可以提高实时数据的处理实效，及时发现并处理报警和故障信息，提高产品的质量和系统的安全性，对系统做出应急处理。因此，中断系统在计算机中占有重要的位置，是计算机必不可少的。中断与子程序的最主要区别是，子程序是预先安排好的，而中断是随机发生的。

2. 中断源

中断源是指引起中断的设备或事件，或发出中断请求的源头。中断源通常可分为外部设备中断源、控制对象中断源、故障中断源和定时脉冲中断源等几类。

3. 中断的分类

中断按功能通常可分为可屏蔽中断、非屏蔽中断和软件中断三类。可屏蔽中断是指 CPU 可以通过指令来允许或屏蔽中断的请求。非屏蔽中断是指 CPU 对中断的请求是不可以屏蔽的，一旦出现，CPU 必须响应。软件中断则是指通过相应的中断指令使 CPU 响应中断。

4. 中断优先权与中断嵌套

一个 CPU 可能有若干个中断源，可以接收若干个中断源发出的中断请求，但在同一瞬间，CPU 只能响应其中的一个中断请求。为了避免 CPU 在同一瞬间因响应若干个中断源的中断请求而带来的混乱，就必须给每个中断源的中断请求赋予一个特定的中断优先级（也称为中断优先权），以便 CPU 按中断优先级的高低来响应中断请求。中断优先级问题不仅存在于多个中断同时产生的情况，还存在于一个中断正在被响应，另一个中断又产生的情况。

和子程序类似，中断也是允许嵌套的。在某一瞬间，CPU 因响应某一中断源的中断请求而正在执行它的中断服务程序时，若又有一优先级更高的中断源向 CPU 发出中断请求，且 CPU 的中断是开放的，则 CPU 可以把正在执行的中断服务程序暂停下来，转而响应和处理优先级更高的中断源的中断请求，等处理完后再转回来，继续执行原来的中断服务程序，这就是中断嵌套。中断嵌套的先决条件是在中断服务程序开始应设置一条开放中断的指令，其次是要有优先级更高的中断请求存在。中断优先级直接反映每个中断源的中断请求被 CPU 响应的优先级别，也是分析中断嵌套的基础。

中断嵌套的过程和子程序嵌套过程类似，不同的是，子程序的返回指令是 RET，而中断服务程序的返回指令是 RETI。读者可自行分析中断嵌套的过程。

5. 中断响应及处理过程

CPU 响应中断请求后，就立即转入执行中断服务程序。不同的中断源、不同的中断要求可能有不同的中断处理方法，但它们的一般处理流程如下：

① 保护断点：断点即为当前指令的下一条指令地址，也就是中断返回后将要执行的指令地址。CPU 响应中断时，首先把断点压入堆栈保存，即当前 PC 值入栈。

② 寻找中断源：根据中断标志，将相应的中断服务程序的入口地址送入程序计数器 PC 中，所以程序就会转到中断服务程序入口处继续执行。

保护断点和寻找中断源都是由硬件自动完成的，用户不用考虑。

③ 中断处理：执行中断源所要求的中断服务程序。中断服务程序就是中断处理的具体内容。

④ 中断返回：执行完中断服务程序后，必然要返回。中断返回是通过一条专门的指令 RETI（中断服务程序的最后一条指令）实现的。执行 RETI 指令，栈顶内容自动送入 PC（也称为恢复

断点）中，程序返回断点处继续执行。

6. 中断系统的功能

中断系统是指能够实现中断功能的硬件电路和软件程序。中断系统应具有能够实现中断优先权排队、中断嵌套、自动响应中断和中断返回等功能。对于 MCS-51 单片机，大部分中断电路都是集成在芯片内部的，只有外部中断请求信号产生电路才分散在各中断源电路和接口电路中。

5.2.2 MCS-51 的中断系统

MCS-51 提供了五个中断源，两个中断优先级控制，可实现两个中断服务嵌套。当 CPU 支持中断屏蔽指令后，可将一部分或所有中断关断，只有打开相应的中断控制位之后，方可接收相应的可屏蔽中断请求。可以通过程序设置中断的允许或屏蔽，以及设置中断的优先级。

1. MCS-51 的中断源

在 MCS-51 系列单片机中，不同型号的单片机中断源的数量也不同。例如，8031、8051、8751 有五个中断源，8032、8052、8752 有六个中断源，80C32、80C252、87C252 有七个中断源。现以 8051 为例进行介绍。

8051 有五个中断源，它们是两个外中断$\overline{\text{INT0}}$（P3.2）和$\overline{\text{INT1}}$（P3.3）、两个片内定时器/计数器溢出中断 TF0 和 TF1，以及一个片内串行口中断 TI 或 RI。这五个中断源由 TCON 和 SCON 两个特殊功能寄存器进行控制，其中断结构如图 5.9 所示。

（1）外部中断请求源（$\overline{\text{INT0}}$和$\overline{\text{INT1}}$）

8051 有两个外部中断源，即外中断 0 和 1，经由外部引脚（P3.2 和 P3.3）引入，名称为$\overline{\text{INT0}}$和$\overline{\text{INT1}}$。CPU 内部的 TCON 中有 4 位是与外中断有关的。

8051 允许外部中断源以电平方式（低电平有效）或负边沿方式两种中断触发方式输入中断请求信号，可由用户通过设置 TCON 中的 IT0 和 IT1 位的状态来实现。CPU 在每个机器周期的 S5P2 检测$\overline{\text{INT0}}$和$\overline{\text{INT1}}$上的信号。对于电平方式，只要检测到低电平，即为有效申请；对于负边沿方式，则需要比较两次检测的信号，才能确定中断请求信号是否有效（即前一次检测为高电平且后一次检测为低电平才为有效），并且中断请求信号高、低电平的状态都应至少保持一个机器周期，以确保电平变化能被单片机检测到。

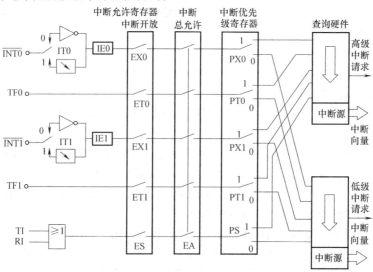

图 5.9　MCS-51 的中断结构

（2）内部中断请求源（T0、T1 和串行口）

定时器 T0 的溢出中断标志是 TF0，当 T0 计数产生溢出时，由硬件置位 TF0。当 CPU 响应中断后，再由硬件将 TF0 清 0。定时器 T1 的溢出中断标志是 TF1，TF1 与 TF0 类似。串行口发送、接收中断的标志分别是 TI 和 RI。

2. 中断控制

MCS-51 单片机设置了四个专用寄存器用于中断控制，用户通过设置其状态来管理中断系统。下面分别进行介绍。

（1）定时器控制寄存器（TCON）

TCON 寄存器的格式见表 5.2。TCON 被分成两部分，高 4 位用于定时器/计数器的中断控制，低 4 位用于外部中断的控制。各个位的含义说明如下：

表 5.2 TCON 寄存器的格式

TCON	D7	D6	D5	D4	D3	D2	D1	D0
	TF1	TR1	TF0	TR0	IE1	IT1	IE0	IT0
位地址	8FH	8EH	8DH	8CH	8BH	8AH	89H	88H

① IT0 与 IT1：IT0 为外部中断 $\overline{INT0}$ 触发方式控制位，用于控制外部中断的触发信号类型，通过软件设置或清除。IT0 = 1，为负边沿触发方式；IT0 = 0，为电平触发方式（低电平有效）。IT1 为外部中断 $\overline{INT1}$ 触发方式控制位，其作用与设置同 IT0。

② IE0 与 IE1：IE0 为外部中断 $\overline{INT0}$ 的请求标志位。当 CPU 检测到 $\overline{INT0}$（P3.2 引脚）端有中断请求信号时，由硬件置位 IE0，即 IE0 = 1，请求中断。当中断响应后转向中断服务程序时，由硬件自动清 0，即 IE0 = 0。IE1 为外部中断 $\overline{INT1}$ 的请求标志位，其作用与设置同 IE0。

③ TR0 与 TR1：TR0 为定时器 T0 的启/停控制位，TR0 的状态可由用户通过软件设置。若设定 TR0 = 1，则定时器 T0 立即开始计数；若设定 TR0 = 0，则定时器 T0 停止计数。TR1 为定时器 T1 的启/停控制位，其作用与设置同 TR0。

④ TF0 与 TF1：TF0 为定时器 T0 的溢出中断标志位。当定时器 T0 产生溢出（由全 1 变成全 0）时，TF0 被硬件自动置位（TF0 = 1）；当定时器 T0 的溢出中断被 CPU 响应时，TF0 被硬件自动复位。TF1 为定时器 T1 的溢出中断标志位，其作用与设置同 TF0。

（2）串行口控制寄存器（SCON）

串行口控制寄存器 SCON 的格式见表 5.3。表中的 D2 ~ D7 位用于串行口方式设置和串行口发送/接收控制，将在 5.4.2 节中介绍，其余两位的含义说明如下：

表 5.3 串行口控制寄存器 SCON 的格式

SCON	D7	D6	D5	D4	D3	D2	D1	D0
	SM0	SM1	SM2	REN	TB8	RB8	TI	RI
位地址							99H	98H

① TI 为串行口的发送中断标志位，在串行口发送完一帧串行数据时，在串行口电路向 CPU 发出串行口中断请求的同时，由硬件自动置位 TI。TI = 1 表示串行发送器正向 CPU 发出中断请求。但是 CPU 响应中断请求后，TI 不能被硬件自动复位，TI 必须由用户的中断服务程序清 0，即中断服务程序中必须通过 "CLR TI" 或 "ANL SCON,#0FDH" 等指令来复位 TI。

② RI 为串行口接收中断标志位。在串行口接收到一帧串行数据时，串行口电路向 CPU 发出串行口中断请求的同时，RI 被硬件自动置 1。RI 为 1，表示串行口接收器正向 CPU 申请中断。

同样，RI 标志也必须由用户通过软件清 0。

（3）中断允许控制寄存器（IE）

在 MCS-51 中断系统中，中断的允许或禁止是由片内可进行位寻址的 8 位中断允许寄存器 IE 来控制的，见表 5.4。表中，D5 和 D6 两位未用，其余各个位的含义说明如下：

表 5.4　中断允许控制寄存器 IE 的格式

IE	D7	D6	D5	D4	D3	D2	D1	D0
	EA	—	—	ES	ET1	EX1	ET0	EX0
位地址	AFH			ACH	ABH	AAH	A9H	A8H

① EA：EA 为允许中断总控制位。EA = 0，CPU 禁止（屏蔽）所有可屏蔽中断；EA = 1，CPU 开放所有可屏蔽中断，但每个中断是否真的开放，还取决于 IE 中相应中断的中断允许控制位的状态。EA 的状态可由用户通过软件设定。

② ES：ES 为串行口中断允许控制位。ES = 0，屏蔽串行口中断；ES = 1，允许串行口中断，但串行口中断是否真的开放，还取决于中断允许总控制位 EA 的状态。ES 的状态可由用户通过软件设定。

③ ET1 和 ET0：ET1 为定时器/计数器 T1 的溢出中断允许控制位。ET1 = 0，禁止 T1 溢出中断；ET1 = 1，允许 T1 溢出中断，但 T1 的溢出中断是否真的开放，还取决于中断允许总控制位 EA 的状态。ET1 的状态可由用户通过软件设定。ET0 为定时器/计数器 T0 的溢出中断允许控制位，其作用与设置同 ET1。

④ EX1 和 EX0：EX1 为外中断$\overline{INT1}$中断允许控制位。EX1 = 0，禁止外中断$\overline{INT1}$中断；EX1 = 1，允许外中断$\overline{INT1}$中断，但$\overline{INT1}$的中断是否真的开放，还取决于中断允许总控制位 EA 的状态。EX1 的状态可由用户通过软件设定。EX0 为外中断$\overline{INT0}$的中断允许控制位，其作用与设置同 EX1。

【例 5.4】　在 8051 的五个中断源中，设置允许外中断$\overline{INT1}$、定时器 T1 中断，其他不允许。

解：根据题意，IE 各个位的设置如下：

EA	X	X	ES	ET1	EX1	ET0	EX0
1	0	0	0	1	1	0	0

即 IE 的值为 8CH。

方法 1：通过传送指令设置

```
MOV IE, #8CH
```

方法 2：通过位操作指令实现

```
SETB EA
SETB ET1
SETB EX1
```

（4）中断优先级控制寄存器（IP）

8051 有两个中断优先级，即高优先级和低优先级。每个中断源都可设置为高或低中断优先级，以便 CPU 对所有的中断实现两级中断嵌套。在响应中断时，CPU 先响应高优先级中断，然后响应低优先级中断。如果有一个低优先级的中断正在执行，当高优先级的中断出现中断请求时，CPU 会响应这个高优先级的中断，即高优先级的中断可以打断低优先级的中断。而若 CPU 正在处理一个高优先级的中断，此时，即便有低优先级的中断发出中断请求，CPU 也不会理会这个中断，而是继续执行正在执行的中断服务程序，一直到程序结束，执行最后一条返回指令返回主程序，然后再执行一条指令后，才会响应新的中断请求。

8051 内部中断系统对各中断源的中断优先级有一个统一的规定，称为自然优先级（也称为系统默认优先级），见表 5.5。

表 5.5　8051 内部各中断源中断优先级的顺序

中　断　源	中断标志	默认优先级
外中断INT0	IE0	最高
定时器 T0	TF0	
外中断INT1	IE1	↓
定时器 T1	TF1	
串行口中断	TI, RI	最低

8051 的中断优先级采用了自然优先级和人工设置高、低优先级的策略，即可以由程序员设定哪些中断是高优先级的，哪些中断是低优先级的。由于只有高、低两级，必有一些中断处于同一级别。当处于同一级别时，就由自然优先级确定。开机时，每个中断都处于低优先级，每个中断的中断优先级都可以通过程序来设定，由中断优先级寄存器 IP 来统一管理。

中断优先级寄存器 IP 是用户对中断优先级进行控制的基础。若 IP 中某位设为 1，则相应的中断设置为高优先级，否则设置为低优先级。中断优先级寄存器 IP 的格式见表 5.6。表中，D7、D6、D5 这三位未用，其余各个位的含义说明如下：

表 5.6　中断优先级寄存器 IP 的格式

IP	D7	D6	D5	D4	D3	D2	D1	D0
	—	—	—	PS	PT1	PX1	PT0	PX0
位地址				BCH	BBH	BAH	B9H	B8H

① PS：PS 为串行口中断优先级控制位。PS = 1，串行口中断被定义为高优先级中断；PS = 0，串行口定义为低优先级中断。PS 的状态可由用户通过软件设定。

② PT1 和 PT0：PT1 为定时器 T1 优先级控制位。PT1 = 1，定时器 T1 被定义为高优先级中断；PT1 = 0，定时器 T1 被定义为低优先级中断。PT1 的状态可由用户通过软件设定。PT0 为定时器 T0 优先级控制位，其作用与设置同 PT1。

③ PX1 和 PX0：PX1 为外中断INT1优先级控制位。PX1 = 1，外中断INT1被定义为高优先级中断；PX1 = 0，外中断INT1被定义为低优先级中断。PX1 的状态可由用户通过软件设定。PX0 为外中断INT0优先级控制位，其作用与设置同 PX1。

【例 5.5】　设置 IP 的值，将 T0、外中断INT1设为高优先级，其他为低优先级。如果五个中断源请求同时发生中断请求，请给出中断响应的次序。

解：IP 的前 3 位没用，可任意取值，全设为 0，根据题意，IP 各个位的设置如下：

X	X	X	PS	PT1	PX1	PT0	PX0
0	0	0	0	0	1	1	0

因此，IP 的值为 06H。指令为

```
MOV  IP, #06H
```

如果五个中断源同时发生中断请求，则响应次序如下：

定时器 0→外中断 1→外中断 0→定时器 1→串行口中断

3. 中断响应

（1）中断响应的条件

MCS-51 单片机工作时，在每个机器周期中都会去查询一下各个中断标志，看它们是否为1，如果是，则说明有中断请求。因此，所谓中断，其实就是查询，不过是每个周期都查一下而已。

MCS-51 单片机响应中断的条件是需要满足下列三个条件之一：

① 若 CPU 处在非响应中断状态，且相应的中断是开放的，则 MCS-51 在执行完当前指令后将自动响应某中断源发出的中断请求。

② 若 CPU 正处在响应某一中断请求状态，又来了新的优先级更高的中断请求，则 CPU 在执行完当前指令后，便会立即响应而实现中断嵌套；若新来的中断优先级比正在服务的优先级低或者同级，则 CPU 必须等到现有中断服务完成以后才会自动响应新来的中断请求。

③ 若 CPU 正处在执行中断返回指令（RETI）或访问 IP、IE 寄存器的指令（如 SETB EA）状态，则 CPU 必须等到执行完当前指令的下一条指令后，才响应该中断请求。

（2）中断响应的过程

MCS-51 的 CPU 在每一个机器周期的 S5P2 期间顺序采样每一个中断源，置相应的中断标志。在 S6 期间查询中断标志，按优先级处理所有被激活的中断请求，此时，如果 CPU 没有正在处理更高或相同优先级的中断，或者 CPU 不是正在执行 RETI 指令或访问 IE 和 IP 的指令，并且现在的周期是所执行指令的最后一个周期，则 CPU 在下一个机器周期的 S1 期间将响应最高级中断的请求。

CPU 响应中断时，首先保护断点，PC 值进栈（先送低 8 位，再送高 8 位），然后根据中断标志，将相应的中断服务程序的入口地址送入程序计数器 PC 中，转去执行中断服务程序。这些工作都是由硬件自动完成的，用户不用考虑。

中断程序完成后，一定要执行一条 RETI 指令，执行这条指令后，CPU 将会把堆栈中保存的断点地址取出，送回 PC，然后程序会从主程序的中断处继续往下执行。

需要指出的是，CPU 自动进行的保护工作是很有限的，只保护了一个断点地址，而其他的所有信息都没有保护。为了在执行完中断服务程序返回主程序后，各有关寄存器的内容不被破坏，就必须在中断服务程序开始处，将这些内容通过软件进行保存——即现场保护。现场保护一般是通过在中断服务程序开始处将各有关寄存器的内容压入堆栈来实现的。在执行完中断服务程序返回主程序之前（在 RETI 指令之前），需要把保护的现场内容从堆栈中弹出，恢复有关寄存器的原有内容，这就是现场恢复。在现场保护和现场恢复这方面，中断服务程序与子程序的规定是一样的，可参见第 3 章 3.5.5 节。

中断响应的主要内容是，由硬件自动生成一条长调用指令（LCALL addr16），CPU 执行这条长调用指令便响应中断，转入相应的中断服务程序。这里的 addr16 就是程序存储器中相应的中断服务程序的入口地址，MCS-51 的 5 个中断源的中断服务程序入口地址是固定的，见表 5.7。

表 5.7　8051 中断服务程序入口地址

中 断 源	入 口 地 址	中 断 源	入 口 地 址
外中断$\overline{INT0}$	0003H	定时器/计数器 T1	001BH
定时器/计数器 T0	000BH	串行口中断	0023H
外中断$\overline{INT1}$	0013H		

从表 5.7 可以看出，8051 的 5 个中断源的中断服务入口地址之间相差 8 个单元。这 8 个存储单元用来存储中断服务程序一般来说是不够的。为了解决这一问题，用户常在中断服务程序地

址入口处放一条 3 字节的长转移指令，CPU 执行这条长转移指令便可转到实际的中断服务程序处执行。另外，为了让出中断源在程序存储器中所占用的中断服务程序入口地址，一般主程序是从 0030H 单元以后开始存放。例如：

```
            ORG 0000H
            LJMP START          ;转入主程序,START 为主程序地址标号
            ORG 0003H
            LJMP INT0           ;转外中断INT0中断服务程序
            ORG 000BH
            LJMP T0             ;转定时器 T0 中断服务程序
            ORG 0030H
    START:  …                   ;主程序开始
```

当然，在程序中如果没有用到中断，直接从 0000H 开始写程序，这样做在理论上并没有错，但在实际工作中最好不这样做。因为这样做在系统受到干扰时会使程序出现错误。

　　特别提示：中断服务程序入口地址相当于一个固定的传递区域，用于连接中断源及相应的中断服务子程序，可通过在中断入口位置放置一条无条件跳转指令来连接中断响应过程。如果有多个中断源，就对应有多个"ORG 中断入口地址"，而且必须依次由小到大排列。

（3）中断响应时间

在实时控制系统中，为了满足控制速度要求，常常需要弄清楚 CPU 响应中断所需要的时间。中断响应时间是指从查询中断请求标志位到转向中断服务程序入口地址所需要的机器周期数，一般为 3～8 个机器周期。响应中断的时间有最短和最长之分。

响应中断最短的时间是：CPU 查询中断请求标志位的周期正好是执行一条指令的最后一个机器周期（占用一个机器周期），此后，不需等待即可响应中断，保护断点，硬件自动生成并执行 LCALL 指令（需要 2 个机器周期），所以总共需要 3 个机器周期。

响应中断最长的时间是：CPU 查询中断请求标志位时，正好开始执行 RETI 指令或访问 IP、IE 寄存器的指令，此时，需要把当前指令执行完，再继续执行一条指令后，才能响应中断。执行前者最长需要 2 个机器周期，而执行后者，若是乘、除指令，则需要 4 个机器周期，再加上执行长调用指令 LCALL 所需的 2 个机器周期，总共需要 8 个机器周期。

以上中断响应时间是就一般情况而言的，如果有同级或高级中断正在响应服务，或者中断服务中有循环等待，则响应时间需要具体问题具体分析。通常，中断响应时间可以不予考虑，但在某些需要精确定时的场合，应进行调整，以保证精确的定时控制。

4. 中断请求的撤除

在中断请求被响应之前，中断源发出的中断请求保存在特殊功能寄存器 TCON 和 SCON 的相应中断标志位中。一旦某个中断请求得到响应，CPU 必须及时将其中断请求标志位撤除（清 0 或称为复位），否则中断请求标志位始终为 1，就意味着中断请求仍然有效，造成重复响应同一中断请求的错误，从而造成中断系统的混乱。

8051 的 5 个中断源实际上只分属于三种类型，即外部中断、定时器溢出中断和串行口中断。这三种类型的中断请求撤除的方法是不同的，现分别介绍如下：

（1）定时器溢出中断请求的撤除

定时器溢出中断请求的标志位 TF0 和 TF1 因定时器溢出中断源的中断请求的输入而置位，因定时器溢出中断得到响应而由硬件自动复位成 0 状态，用户不必专门将它们撤除。

（2）串行口中断请求的撤除

串行口中断请求的标志位 TI 和 RI 不能由硬件自动复位。这是因为 MCS-51 进入串行口中断

服务程序后，需要对它们进行检测，以测定串行口正在接收中断还是发送中断。为了防止CPU再次重复响应这类中断，用户需要在中断服务程序的适当位置通过如下指令将它们撤除：

```
CLR  TI      ; 撤除发送中断请求标志
CLR  RI      ; 撤除接收中断请求标志
```

或采用字节型指令：

```
ANL  SCON,#0FCH
```

（3）外部中断请求的撤除

外部中断请求有两种触发方式：电平触发和负边沿触发。对于这两种不同的触发方式，其中断请求撤除的方法是不同的。

在负边沿触发方式下，外部中断标志位IE0或IE1是依靠CPU两次检测$\overline{INT0}$（或$\overline{INT1}$）上的负边沿触发电平状态而置位的。CPU在响应中断时，由硬件自动复位IE0或IE1，用户也不必专门将它们撤除。另外，外部中断源在得到CPU中断服务时，不可能再在$\overline{INT0}$或$\overline{INT1}$上产生负边沿而使相应的中断标志位置位。

在电平触发方式下，外部中断标志位IE0或IE1是依靠CPU检测$\overline{INT0}$或$\overline{INT1}$上的低电平而置位的。尽管CPU在响应中断时能由硬件自动复位IE0或IE1，但若外部中断源不能及时撤除它在$\overline{INT0}$（或$\overline{INT1}$）上的低电平，就会使已经复位的IE0或IE1再次置位，这是绝对不允许的。因此，电平触发方式下外部中断请求的撤除必须使$\overline{INT0}$（或$\overline{INT1}$）上的低电平随着其中断被响应而变为高电平。一种可供采用的电平触发方式下外部中断请求撤除的电路如图5.10所示。图中，D锁存器的作用是锁存外部中断请求的低电平信号，并由Q端输出至$\overline{INT0}$（或$\overline{INT1}$）端，供CPU检测。D触发器的异步置1端接8051的一条I/O接口线（如P1.0），此口线平时为1，对D触发器的输出状态无影响。在中断响应后，只要在P1.0口输出一个负脉冲，使触发器置1，就可撤除低电平的中断请求。负脉冲信号可以在中断服务程序中用如下指令来实现：

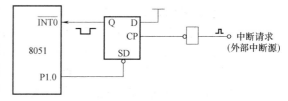

图5.10 电平触发方式下外部中断请求撤除的电路

```
ANL  P1,#0FEH
ORL  P1,#01H
```

5.2.3 MCS-51中断系统的编程

1. 中断系统的初始化

MCS-51中断系统的功能可以通过特殊功能寄存器进行统一管理。中断系统的初始化是指用户对这些特殊功能寄存器中的各个控制位进行赋值。

中断系统初始化的步骤如下：开相应中断源的中断，包括总中断和各相应中断；设定所用中断的优先级，若不设定，系统默认为默认优先级；若为外部中断，则应规定中断触发方式。

【例5.6】 设8051外部中断源接$\overline{INT0}$引脚，中断触发方式为电平触发，试编制8051中断系统的初始化程序。

解：方法1：采用位操作指令实现，程序如下：

```
SETB  EA       ; 开总中断
SETB  EX0      ; 开INT0中断
SETB  PX0      ; 设置INT0为高优先级
CLR   IT0      ; 设置INT0为电平触发方式
```

140

方法 2：采用传送指令实现，程序如下：

```
    MOV   IE, #81H      ; 开总中断,开INT0中断
    ORL   IP, #01H      ; 设置INT0为高优先级
    ANL   TCON, #0FEH   ; 设置INT0为电平触发方式
```

显然，采用位操作指令进行中断系统初始化是比较简单的，因为用户不必记住各控制位在特殊功能寄存器中的位置，而各控制位的名称是比较容易记忆的。

2. 中断服务程序的编写

中断服务程序的结构包括四部分：保护现场、处理中断的程序、恢复现场和中断返回指令 RETI。

编写中断服务程序应注意：中断服务程序入口处的处理；在程序中可以禁止高级中断；在保护和恢复现场时，可关闭 CPU 中断，以免造成混乱；中断服务程序的最后一条指令必须是中断返回指令 RETI。

【例 5.7】 通过外部中断控制 P1 口 8 盏灯循环点亮，电路原理图如图 5.5 所示。

解：汇编语言程序如下：

```
        ORG   0000H
        LJMP  MAIN
        ORG   0013H          ; 中断服务程序入口地址
        LJMP  IN11
        ORG   0030H
MAIN:   MOV   SP,#60H        ;设置堆栈指针
        SETB  EA             ; 开总中断允许"开关"
        SETB  EX1            ; 开分中断允许"开关"
        CLR   PX1            ; 低优先级(也可不要此句)
        SETB  IT1            ; 边沿触发
        MOV   A,#0FEH        ; 给累加器 A 赋初值
        SJMP  $              ; 原地等待中断申请
IN11:   MOV   P1,A           ; 输出到 P1 口
        RL    A              ; 左环移一次
        RETI                 ; 中断返回
        END
```

C51 程序如下：

```c
#include < reg52. h >
#include < intrins. h >
unsigned char led = 0xfe;
voidmain(void)
{
    EA = 1;                 /* 开总中断允许"开关"* /
    EX1 = 1;                /* 开分中断允许"开关"* /
    IT1 = 1;                /* 边沿触发* /
    while(1);
}
EX_INT1 () interrupt 2
{
    led = _crol_ (led, 1);
    P1 = led ;              /* 依次点亮 8 盏灯中的一盏* /
}
```

5.2.4 MCS-51 扩展外部中断请求输入口

8051 单片机只提供了两个外部中断请求输入端。在实际应用中，如果需要使用多于两个的中断源，就必须扩展外部中断请求输入口。下面简单介绍几种扩展外部中断请求输入口的方法。

1. 定时器/计数器用于扩展外部中断请求输入口

8051 单片机有两个定时器/计数器，它们作为计数器使用时，计数输入端 T0（或 T1）发生负跳变将使计数器加 1。利用此特性，适当设置计数初值，就可以把计数输入端 T0（或 T1）作为外部中断请求输入口。例如，定时器/计数器 T0 设置为工作方式 2，计数方式，计数初值为 0FFH，允许计数，其初始化程序如下：

```
    MOV   TMOD,#06H        ;设置定时器 T0 为工作方式 2
    MOV   TH0,#0FFH        ;设置计数器初值
    MOV   TL0,#0FFH
    SETB  ET0             ;允许定时器 T0 中断
    SETB  EA              ;CPU 开中断
    SETB  TR0             ;启动定时器 T0 计数
    ...
```

以上程序执行后，当定时器/计数器 T0（P3.4）的信号发生负跳变时，TL0 加 1，产生溢出，溢出标志 TF0 置 1，向 CPU 发出中断申请，同时，TH0 的值重新送 TL0。这样，T0（P3.4）端就相当于负边沿触发方式的外部中断请求输入口。同理，T1（P3.5）也可以实现外部中断请求输入口的扩展。

用定时器/计数器扩展外部中断请求输入口，其特点是以占用内部定时中断为代价。中断服务程序的入口地址仍然为 000BH 或 001BH。

2. 查询方式扩展外部中断请求输入口

当外部中断源较多时，可以用查询方式扩展外部中断请求输入口，把多个中断源通过硬件（如与非门）引入外部中断输入端（$\overline{INT0}$ 或 $\overline{INT1}$），同时也连到某个 I/O 接口。这样，每个中断源都可能引起中断，并在中断服务程序中通过软件查询便可确定哪一个是正在申请的中断源，其查询的次序可由中断优先级决定。这样，可实现多个外部中断请求输入口的扩展，但其中断响应速度较慢。

例如，系统有四个故障源，通过查询方式扩展外部中断请求输入口，使单片机通过中断方式处理故障，有故障时要进行光报警，如图 5.11 所示。

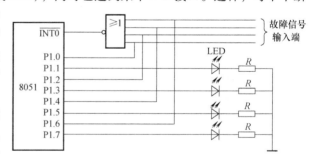

图 5.11　扩展外部中断电路原理图

3. 使用专用芯片扩展外部中断请求输入口

当外部中断源较多，同时又要求中断响应速度很高时，采用查询方式扩展外部中断请求输入口的方法很难满足要求，这时可以使用专用接口芯片进行外部中断请求输入口的扩展。74LS148 优先级编码器和 8259 可编程中断控制器均可以实现该任务。

74LS148 优先级编码器最多可以扩展八个外部中断请求输入口，而且当八个外部中断源同时产生中断请求时，能够保证 CPU 只响应优先级最高的那个中断请求。

单片 8259 可编程中断控制器最多可以扩展八个外部中断请求输入口（当多片 8259 级联时，最多可以扩展 64 个外部中断请求输入口），并可以实现 8 级优先中断。当八个中断源中有一个或

一个以上提出中断请求时，8259 就会向 CPU 发出中断请求信号，并能确定哪个中断源的中断请求是最高级中断请求，然后将相应中断源的中断服务程序入口地址送 CPU。

74LS148 和 8259 扩展的详细情况此处从略，可参阅相关资料。

5.3　MCS-51 单片机的定时器/计数器

5.3.1　定时器/计数器

1. 基本概念

（1）计数

计数是指对外部事件的个数进行计量。例如，家用电能表、汽车上的里程表等都是计数器。在计算机中，外部事件的发生是以输入脉冲表示的，所以计数的实质就是对外部输入脉冲的个数进行计量。实现计数功能的器件称为计数器。8051 单片机中有两个计数器，分别称为 T0 和 T1。这两个计数器都是 16 位的计数器，最大的计数容量为 $2^{16} = 65\ 536$。

（2）定时

8051 单片机中的定时器和计数器是一个部件，只不过计数器记录的是外界发生的事件，而定时器则是由单片机内部提供一个非常稳定的计数源进行定时的。这个计数源是由单片机的晶振经过 12 分频后获得的一个脉冲源。晶振的频率很准。所以这个计数脉冲的时间间隔也很准。定时器计数脉冲的时间间隔与晶振有关，设单片机的晶振频率是 12MHz，则它提供给计数器的脉冲时间间隔是 1 μs。

（3）定时的种类

在计算机中，可供选择的定时方法有软件定时、硬件定时和可编程定时三种方法：

① 软件定时是指通过执行一个循环程序来实现时间延迟。其特点是，定时时间精确，不需外加硬件电路，可通过改变软件编程实现；但占用 CPU 时间，工作效率低。因此，软件定时的时间不宜过长。

② 硬件定时是指利用硬件电路实现定时（如 555 定时器）。其特点是，不占用 CPU 时间，通过改变电路元器件参数来调节定时；但使用不够灵活方便。对于时间较长的定时，常用硬件电路来实现。

③ 可编程定时器通过专用的定时器/计数器芯片实现。其特点是，通过对系统时钟脉冲进行计数实现定时，定时时间可通过程序设定的方法改变，使用灵活方便，也可实现对外部脉冲的计数功能。可编程定时器/计数器同时具有软件定时和硬件定时的优点，应用广泛。

特别提示： 可编程定时器/计数器是软件和硬件配合工作，通过软件编程来设置工作参数，用中断或查询方法来完成定时/计数功能。相对纯软件定时/计数，减少了 CPU 的占用时间，编程简单，简化了外围电路。可编程定时器/计数器的使用更为广泛。

2. MCS-51 内部定时器/计数器

MCS-51 单片机内部有两个 16 位可编程的定时器/计数器，它们均是二进制加法计数器，当计数器计满回零时，能自动产生溢出中断请求，表示定时时间已到或计数已终止。两个定时器/计数器均可编程设定为定时模式和计数模式两种，在这两种模式下又均可设定四种工作方式。其控制字和状态均在相应的特殊功能寄存器中，通过对控制寄存器的编程，就可方便地选择适当的工作方式。定时模式下的定时时间和计数模式下的计数值均可通过程序设定。下面介绍它们的特性。

（1）定时器/计数器的结构

8051 单片机内部的定时器/计数器的结构如图 5.12 所示，定时器/计数器主要由 16 位加法计数器、工作方式寄存器 TMOD 和控制寄存器 TCON 组成。定时器/计数器 T0 由特殊功能寄存器 TL0（低 8 位）和 TH0（高 8 位）构成，定时器/计数器 T1 由特殊功能寄存器 TL1（低 8 位）和 TH1（高 8 位）构成。工作方式寄存器 TMOD 用于设定定时器/计数器 T0 和 T1 的工作方式，控制寄存器 TCON 则用于控制定时器/计数器 T0 和 T1 的启动/停止计数，同时管理定时

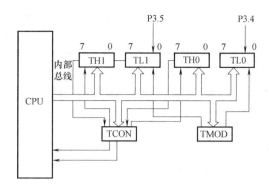

图 5.12　8051 单片机内部的定时器/计数器的结构

器 T0 和 T1 的溢出标志等。程序开始时，需要对 TMOD 和 TCON 进行初始化编程，以定义 T0 和 T1 的工作方式及控制 T0 和 T1 计数的启动/停止。在应用定时器/计数器时，需要通过程序设置 TL0、TH0、TL1 和 TH1，即设置定时器/计数器的初始值。

（2）控制寄存器 TCON

控制寄存器 TCON 的格式见表 5.8。

表 5.8　控制寄存器 TCON 的格式

TCON	D7	D6	D5	D4	D3	D2	D1	D0
	TF1	TR1	TF0	TR0	IE1	IT1	IE0	IT0
位　地　址	8FH	8EH	8DH	8CH	8BH	8AH	89H	88H

TCON 分成两部分：高 4 位用于定时器/计数器的中断控制，低 4 位用于外部中断的控制。定时器控制寄存器（TCON）在 5.2.2 节中断控制中已详细介绍过，这里只介绍用于定时器/计数器的中断控制的高 4 位。

TR0 和 TR1：TR0 为定时器/计数器 T0 的启/停控制位，TR0 的状态可由用户通过软件设置。若设定 TR0 = 1，则定时器/计数器 T0 立即开始计数；若设定 TR0 = 0，则定时器/计数器 T0 停止计数。例如，可用指令 SETB　TR0 置位 TR0 以启动定时器/计数器 T0 运行，用指令 CLR TR0 关闭定时器/计数器 T0 的工作。TR1 为定时器/计数器 T1 的启/停控制位，其作用与设置同 TR0。

TF0 和 TF1：TF0 为定时器/计数器的溢出中断标志位。当定时器/计数器 T0 产生溢出（由全 1 变成全 0）时，TF0 被硬件自动置位，TF0 = 1；当定时器/计数器 T0 的溢出中断被 CPU 响应时，TF0 被硬件自动复位，TF0 = 0。TF1 为定时器/计数器 T1 的溢出中断标志位，其作用与设置同 TF0。

（3）工作方式寄存器 TMOD

TMOD 的功能是控制定时器/计数器 T0 和 T1 的工作方式。TMOD 寄存器不能位寻址，只能用字节传送指令设置其内容，字节地址为 89H，其格式见表 5.9。

表 5.9　方式控制字 TMOD 的格式

D7	D6	D5	D4	D3	D2	D1	D0
GATE	C/$\overline{T}$	M1	M0	GATE	C/$\overline{T}$	M1	M0
T1 方式字段				T0 方式字段			

从表 5.9 可以看出，TMOD 分成两部分，每部分 4 位，分别用于控制 T1 和 T0。各个位的含义说明如下：

① M1M0：工作方式选择位。定时器/计数器一共有四种工作方式：

M1M0 = 00　　　方式 0，13 位定时器/计数器

M1M0 = 01　　　方式 1，16 位定时器/计数器

M1M0 = 10　　　方式 2，自动重新装入计数初值的 8 位定时器/计数器

M1M0 = 11　　　方式 3，两个 8 位定时器/计数器（仅适用于 T0）

② C/$\overline{\text{T}}$：定时方式/计数方式选择位。定时器/计数器既可以作定时器用，也可以作计数器用，具体用哪一种功能，可由用户根据需要通过软件自行设定，如图 5.13 所示（定时器/计数器 T1 与 T0 完全一致）。若设定 C/$\overline{\text{T}}$ = 0，则选择定时器工作方式，此时多路开关接通系统晶振振荡脉冲输出的 12 分频，计数器进行计数；若设定 C/$\overline{\text{T}}$ = 1，则选择计数器工作方式，此时多路开关接通计数引脚（T0），外部计数脉冲由 T0 引脚输入，当计数脉冲发生负跳变时，计数器加 1。注意，一个定时器/计数器同一时刻或者作定时用，或者作计数用，不能同时既作定时用又作计数用。

③ GATE：门控位。门控位 GATE 的状态决定定时器/计数器的启/停控制是取决于 TR0，还是取决于 TR0 和 $\overline{\text{INT0}}$ 引脚两个条件的组合，如图 5.13 所示。

若 GATE = 0，或门输出为 1，使引脚 $\overline{\text{INT0}}$ 信号无效，则只由 TCON 中的启/停控制位 TR0 控制定时器/计数器的启/停。此时，只要 TR0 = 1，即接通模拟开关，使计数器进行加法计数，定时器/计数器启动工作。而如果 TR0 = 0，则断开模拟开关，定时器/计数器停止工作。

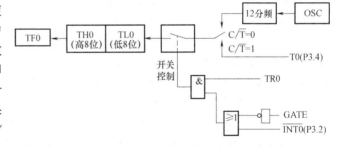

图 5.13　定时器/计数器 T0 方式控制逻辑

若 GATE = 1，或门输出只取决于 $\overline{\text{INT0}}$，则与门的输出由 TR0 和 $\overline{\text{INT0}}$ 电平的状态确定，即由外部中断请求信号 $\overline{\text{INT0}}$ 和 TCON 中的启/停控制位 TR0 的组合状态控制定时器/计数器的启/停。只有当 TR0 = 1，且 $\overline{\text{INT0}}$ 引脚也是高电平时，才能启动定时器/计数器工作；否则，定时器/计数器停止工作。

5.3.2　定时器/计数器的工作方式

8051 单片机的定时器/计数器共有四种工作方式，现以定时器/计数器 T0 为例进行介绍。定时器/计数器 T1 与 T0 的工作原理相同，但在工作方式 3 下，T1 停止计数。

1. 工作方式 0

工作方式 0 也称 13 位定时器/计数器工作方式，将 M1M0 设为 00 即可。工作方式 0 由 TH0 的全部 8 位和 TL0 的低 5 位构成 13 位加 1 计数器，此时 TL0 的高 3 位未用。有关控制状态字（GATE、C/$\overline{\text{T}}$、TF0、TR0）的功能与设置同 5.3.1 节的介绍。

无论定时工作方式，还是计数工作方式，在计数过程中，当 TL0 的低 5 位溢出时，都会向 TH0 进位，而当全部 13 位计数器溢出时，计数器溢出标志位 TF0 置位。

2. 工作方式 1

工作方式 1 是 16 位的定时器/计数器方式，将 M1M0 设为 01 即可，其他特性与工作方式 0 相同。工作方式 0 和工作方式 1 的区别仅在于计数器的位数不同，工作方式 0 为 13 位，而工作

方式 1 则为 16 位，由 TH0 作为高 8 位，TL0 为低 8 位，有关控制状态字（GATE、C/$\overline{\text{T}}$、TF0、TR0）的功能与设置同 5.3.1 节的介绍。

3. 工作方式 2

工作方式 2 是自动重新装入计数初值的 8 位定时器/计数器工作方式，将 M1M0 设为 10 即可。工作方式 2 的 16 位定时器/计数器被拆成两个 8 位寄存器 TH0 和 TL0，CPU 在对它们进行初始化时必须装入相同的定时器/计数器初值。定时器/计数器启动后，TL0 按 8 位加 1 计数器计数。当 TL0 计数溢出时，置位 TF0 的同时，又从预置寄存器 TH0 中重新获得计数初值，并启动计数。如此反复，这样省去了程序不断给计数器赋值的麻烦，而且计数准确度也提高了。但这种方式也有其不利的一面，即只有 8 位，计数值有限，最大计数值只能是 $2^8 = 256$。所以这种工作方式适合于那些重复计数的应用场合。例如，可以通过这样的计数方式产生中断，从而产生一个固定频率的脉冲，也可以当做串行数据通信的波特率发生器使用。

💡 **特别提示**：工作方式 2 的初值自动重装载避免了工作方式 0 和工作方式 1 在每次计数溢出后计数器都需要复位，而进行新一轮计数时需要重新给定时器/计数器赋计数初值，故工作方式 2 适合作为串行口波特率发生器使用。

4. 工作方式 3

当 M1M0 = 11 时，定时器/计数器 0 处于工作方式 3。在工作方式 3，定时器/计数器 1 的工作方式与定时器/计数器 0 的工作方式不同。

在工作方式 3，定时器/计数器 0 被拆成两个独立的 8 位计数器 TL0 和 TH0。其中，TL0 既可以作为计数器使用，也可以作为定时器使用，定时器/计数器 0 的各控制位和引脚信号全归它使用，其功能和操作与工作方式 0 或工作方式 1 完全相同。TH0 只能作为简单的定时器使用，而且由于定时器/计数器 0 的控制位已被 TL0 占用，因此只能借用定时器/计数器 1 的控制位 TR1 和 TF1，也就是以计数溢出去置位 TF1，TR1 则负责控制 TH0 定时的启动和停止。由于 TL0 既能作为定时器也能作为计数器使用，而 TH0 只能作为定时器使用而不能作为计数器使用，因此在工作方式 3，定时器/计数器 0 可以构成两个定时器或者一个定时器和一个计数器。

如果定时器/计数器 0 工作于工作方式 3，那么定时器/计数器 1 的工作方式就不可避免受到一定的限制，因为它的一些控制位已被定时器/计数器 0 借用。一般，只有在定时器/计数器 1 以工作方式 2 运行（当做波特率发生器用）时，才让定时器/计数器 0 工作于方式 3。在这种情况下，定时器/计数器 1 通常作为串行口的波特率发生器使用，以确定串行通信的速率，因为 TF1 已被定时器/计数器 0 借用了，所以只能把定时器/计数器 1 计数溢出直接送给串行口。作为波特率发生器使用时，只需设置好工作方式，即可自动运行。要停止它的工作，需送入一个把它设置为工作方式 3 的方式控制字，这是因为定时器/计数器 1 本身就不能工作在工作方式 3，若强行把它设置为工作方式 3，则自然会停止工作。

💡 **特别提示**：一般情况下，只在定时器/计数器 1 用作波特率发生器时，定时器/计数器 0 才选工作方式 3，这样可以增加一个定时器。

5.3.3 定时器/计数器的应用

定时器/计数器在应用时，其工作方式和工作过程均可通过程序进行设定和控制，因此，定时器/计数器在工作前必须先进行初始化，计算并设置初值。

1. 定时器/计数器初始化的步骤

① 根据任务要求，通过设置方式寄存器 TMOD 设置定时器/计数器的工作方式。

② 根据任务要求计算并设置定时器/计数器的初值。

③ 根据需要设置中断允许寄存器 IE 和中断优先级寄存器 IP，以开放相应的中断和设定中断优先级。

2. 定时器/计数器的定时/计数范围

① 工作方式 0：13 位定时器/计数器方式，因此，最多可以计到 2^{13}，也就是 8192 次。

② 工作方式 1：16 位定时器/计数器方式，因此，最多可以计到 2^{16}，也就是 65 536 次。

③ 工作方式 2 和工作方式 3：都是 8 位的定时器/计数器方式，因此，最多可以计到 2^8，也就是 256 次。

3. 计数器初值的计算

定时器/计数器在计数器模式下工作时，必须给计数器预置初值，并通过程序送入 TH（TH0/TH1）和 TL（TL0/TL1）中。预置初值的计算方法是用最大计数量减去需要的计数次数，即

$$TC = M - C \tag{5.1}$$

式中　TC——计数器需要预置的初值；

　　　M——计数器的模值（最大计数值），工作方式 0 时，$M = 2^{13}$；工作方式 1 时，$M = 2^{16}$；工作方式 2、3 时，$M = 2^8$；

　　　C——计数器计满回零所需的计数值，即设计任务要求的计数值。

🔍 **特别提示**：加法计数器是加 1 计满溢出时才申请中断，所以在给计数器赋初值时不能直接输入所需的计数值，而应输入计数器计数的最大值与这一计数值的差值。

例如，流水线上，一个包装是 12 盒，要求每到 12 盒就产生一个动作，用单片机的工作方式 0 来控制，则应当预置的初值为 8192 −12 = 8180。

4. 定时器初值的计算

定时器/计数器在定时模式下工作时，计数器的计数脉冲是由单片机系统主频经 12 分频后提供的。因此，定时器的定时时间的计算公式为

$$T = (M - TC)T_0 \tag{5.2}$$

或

$$TC = M - T/T_0 \tag{5.3}$$

式中　T——定时器的定时时间，即设计任务要求的定时时间；

　　　T_0——计数器计数脉冲的周期，即单片机系统主频周期的 12 倍；

　　　M——计数器的模值，含义同式（5.1）；

　　　TC——定时器需要预置的初值。

若设 TC = 0，则定时器定时时间为最大，由于 M 的值与定时器的工作方式有关，因此，不同的工作方式，定时器的最大定时时间 T_{max} 也不一样。若设单片机系统主频为 12MHz，则各种工作方式定时器的最大定时时间如下：

工作方式 0：$T_{max} = 2^{13} \times 1\,\mu s = 8.192ms$；

工作方式 1：$T_{max} = 2^{16} \times 1\,\mu s = 65.536ms$；

工作方式 2 和工作方式 3：$T_{max} = 2^8 \times 1\,\mu s = 0.256ms$。

5. 定时器/计数器应用举例

【例 5.8】　设一只 LED 和 8051 的 P1.0 脚相连。当 P1.0 脚为高电平时，LED 不亮；当 P1.0 脚为低电平时，LED 发亮，LED 每 1s 闪烁一次。编制程序用定时器来实现 LED 的闪烁功能。已知单片机系统主频为 12MHz。

解：（电路略）

设置实现一个 1s 的定时。但在 12MHz 主频下，定时器/计数器的最长的定时是 65.536ms，

无法实现 1s 的定时。

这里采用软件计数器来进行设计,设计思想如下:定义一个软件计数器单元 30H,先用定时器/计数器 0 实现一个 50ms 的定时器;定时时间到了以后并不是立即执行闪烁变换(取反 P1.0),而是将软件计数器中的值加 1;如果软件计数器计到了 20,就取反 P1.0,并清掉软件计数器中的值,否则直接返回;这样,就变成了 20 次定时中断后才取反一次 P1.0,因此定时时间就为 $20 \times 50\text{ms} = 1000\text{ms} = 1\text{s}$。

定时器/计数器 0 采用工作方式 1,其初值为

$$2^{16} - 50\text{ms}/1\mu\text{s} = 65536 - 50000 = 15536 = 3\text{CB0H}$$

汇编语言程序如下:

```
          ORG    0000H
          AJMP   START          ; 转入主程序
          ORG    000BH          ; 定时器/计数器 0 的中断服务程序入口地址
          AJMP   TIME0          ; 跳转到真正的定时器中断服务程序处
          ORG    0030H
START:    MOV    SP,#60H         ; 设置堆栈指针
          MOV    P1,#0FFH        ; 关 LED(使其灭)
          MOV    30H,#00H        ; 软件计数器预清 0
          MOV    TMOD,#01H       ; 定时器/计数器 0 工作于工作方式 1
          MOV    TH0,#3CH        ; 设置定时器/计数器的初值
          MOV    TL0,#0B0H
          SETB   EA             ; 开总中断允许
          SETB   ET0            ; 开定时器/计数器 0 中断允许
          SETB   TR0            ; 启动定时器/计数器 0
LOOP:     AJMP   LOOP           ; 循环等待
          (真正工作时,这里可写任意其他程序)
```

定时器/计数器 0 的中断服务程序如下:

```
TIME0:    PUSH   ACC            ; 将 PSW 和 ACC 推入堆栈保护
          PUSH   PSW
          INC    30H            ; 软件计数器加 1
          MOV    A,30H
          CJNE   A,#20,T_LP2    ; 软件计数器单元中的值是否为 20? 若是,则继续执行
                                ; 否则,转入 T_LP2
T_LP1:    CPL    P1.0           ; P1.0 取反
          MOV    30H, #00H       ; 清软件计数器
T_LP2:    MOV    TH0, #3CH       ; 重置定时器/计数器的初值
          MOV    TL0, #0B0H
          SETB   TR0
          POP    PSW            ; 恢复 PSW 和 ACC
          POP    ACC
          RETI                  ; 中断返回
          END
```

C51 程序如下:

```
#include <reg52.h>
#define uchar unsigned char
#define uint unsigned int
```

```
sbit LED = P1^0;
uchar T_Count = 0;
void main(void)
{
    TMOD = 0x01;                        /* 定时器 0,工作方式 1* /
    TH0 = (65536 - 50000)/256;          /* 50ms 定时* /
    TL0 = (65536 - 50000)% 256;
    IE = 0x82;                          /* 允许 T0 中断* /
    TR0 = 1;
    while(1);
}
void LED_Flash() interrupt 1           /* T0 中断函数* /
{
    TH0 = (65536 - 50000)/256;          /* 恢复初值* /
    TL0 = (65536 - 50000)% 256;
    if(++ T_Count = = 20)               /* 1s 开关一次 LED* /
    {
      LED = ~ LED;
      T_Count = 0;
    }
}
```

特别提示：在实际应用中，如果需要更长的定时时间或更大的计数范围，以此为基础通过软件计数编程实现。

【例 5.9】 设外部有一个计数源，编制程序，对外部计数源进行计数并显示。

解：将外部计数源连到定时器/计数器 1 的外部引脚 T1 上，可用 LED 将计数的值显示出来，这里用 P1 口连接的八个 LED 显示计数值。LED 对 P1 口电平要求同例 5.8（电路略）。

汇编语言程序如下：

```
        ORG   0000H
        AJMP  START              ;转入主程序
        ORG   0030H
START:  MOV   SP,#60H            ;设置堆栈指针
        MOV   TMOD,#60H          ;定时器/计数器 1 计数
        SETB  TR1                ;启动计数器 1
LOOP:   MOV   A,TL1              ;读计数值送 A
        MOV   P1,A               ;计数值送到 P1 口显示
        AJMP  LOOP               ;转回 LOOP
        END
```

C51 程序如下：

```
#include < reg51. h >
void main(void)
{
    P1 = 0x00;
    TMOD = 0x60;                        /* 定时器 1 为计数器,方式 2* /
    TH1 = 0;
    TL1 = 0;                            /* 初值为 0* /
    TR1 = 1;
```

149

```
    while(1)
    {
        P1 = TL1;
    }
}
```

5.4 MCS-51 单片机的串行通信

5.4.1 概述

1. 通信

单片机与外界进行信息交换统称为通信。8051 单片机的通信方式有两种。

并行通信：数据的各位同时发送或接收。特点是传送速度快、效率高，但成本高。适用于短距离传送数据。计算机内部的数据传送一般均采用并行方式。

串行通信：数据一位一位顺序发送或接收。特点是传送速度慢，但成本低。适用于较长距离传送数据。计算机与外界的数据传送一般均采用串行方式。

2. 数据通信的制式

常用于数据通信的传输方式有单工、半双工、全双工和多工方式。

单工方式：数据仅按一个固定方向传送。这种传输方式的用途有限，常用于串行口的打印数据传输和简单系统间的数据采集。

半双工方式：数据可实现双向传送，但不能同时进行，实际的应用是通过某种协议实现收/发开关转换。

全双工方式：允许双方同时进行数据双向传送，但一般全双工传输方式的线路和设备较复杂。

多工方式：以上三种传输方式都是用同一线路传输一种频率信号，为了充分利用线路资源，通过使用多路复用器或多路集线器，采用频分、时分或码分复用技术，实现在同一线路上资源共享功能，称为多工传输方式。

3. 串行通信的分类

串行数据通信按数据传送方式又可分为异步通信和同步通信两种形式。

（1）异步通信（Asynchronous Communication）

在这种通信方式中，接收器和发送器有各自的时钟。不发送数据时，数据信号线总是呈现高电平，称其为空闲态。异步通信用 1 帧来表示 1 个字符，其字符帧的数据格式如下：在 1 帧格式中，先是 1 个起始位 0（低电平），然后是 5~8 个数据位，规定低位在前，高位在后，接下来是 1 位奇偶校验位（可以省略），最后是 1~2 位的停止位 1（高电平），如图 5.14 所示。在异步通信中，CPU 与外部设备之间必须有两项规定，即字符格式和波特率。字符格式的规定是双方能够对同一种 0 和 1 的串理解成同一种含义。原则上字符格式可以由通信的双方自由制定，但从通用、方便的角度出发，一般还是使用标准格式。

异步通信的优点是不需要传送同步脉冲，可靠性高，所需设备简单；缺点是字符帧中因包含有起始位和停止位而降低了有效数据的传输速率。

（2）同步通信（Synchronous Communication）

同步通信是一种连续串行传送数据的通信方式，一次通信只传送 1 帧信息。这里的信息帧和异步通信中的字符帧不同，通常含有若干个数据字符，如图 5.15 所示。它们均由同步字符、数据字符和校验字符 CRC（Cyclic Redundancy Check，循环冗余校验）三部分组成。其中，同步字符位于帧结构开头，用于确认数据字符的开始。接收时，接收端不断对传输线采样，并把采样到的字符与双方约定的同步字符进行比较，只有比较成功后才会把后面接收到的字符加以存储。数据字符在同步字符之后，个数不受限制，由所需传输的数据块长度决定。校验字符有 1~2 个，位于帧结构末尾，用于接收端对接收到的数据字符的正确性校验。

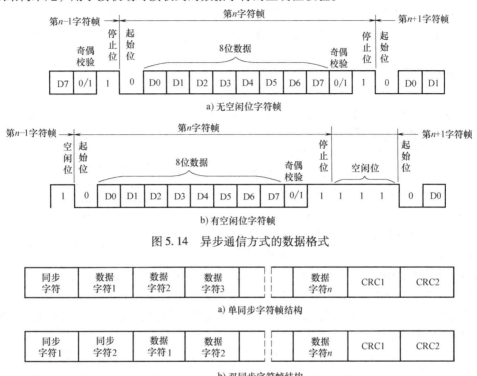

图 5.14　异步通信方式的数据格式

图 5.15　同步通信方式的数据格式

在同步通信中，同步字符可以采用统一标准格式，也可由用户约定。在单同步字符帧结构中，同步字符一般采用 ASCII 码中规定的 SYN 代码 16H。在双同步字符帧结构中，同步字符一般采用国际通用标准代码 EB90H。

同步通信的数据传输速率较高，通常可达 56Mbit/s 或更高。同步通信的缺点是，要求发送时钟和接收时钟保持严格同步，因此，发送时钟除应和发送波特率保持一致外，还要求把它同时传送到接收端去。

4. 串行数据通信的波特率

为了衡量串行通信的速度，应该有一个测量单位，在串行通信中通常用波特率（Baud Rate）来表示。所谓波特率，是指每秒传送信号的数量，单位为波特（Baud）。把每秒传送二进制数的信号数（即二进制数的位数）定义为比特率，单位是 bit/s（bit per second），有些文献也写成 b/s 或 bps。

在串行通信中，传送的信号可能是二进制数、八进制数或十进制数等。只有在传送的信号是二进制信号时，波特率才与比特率在数值上相等。而在采用调制技术进行串行通信时，波特率是描述载波信号每秒变化的信号的数量（又称为调制速率）。在这种情况下，波特率与比特率在数值上可能不相等。

本书中所描述的串行通信，其传送的信号不需要调制，并且信号均是采用二进制数形式传输的，所以比特率与波特率相等。本书统一使用波特率来描述串行通信的速度，单位采用 bit/s。

151

例如，数据传送的速率是 120 字符/s，而每个字符如上述规定包含 10 位数字，则传输波特率为 1200bit/s。

5.4.2 MCS-51 的串行口

MCS-51 单片机内部有一个全双工的串行通信口，它可工作在异步通信方式（UART）下，与串行传送信息的外部设备相连接，或用于通过标准异步通信协议进行全双工通信的 8051 多机系统，也可以工作在同步方式下，通过外接移位寄存器扩展 I/O 接口。

1. 串行口寄存器结构

MCS-51 单片机串行口寄存器结构如图 5.16 所示。SBUF 为串行口的收发缓冲寄存器，它是可寻址的专用寄存器，其中包含了发送寄存器 SBUF（发送）和接收寄存器 SBUF（接收），可以实现全双工通信。这两个寄存器具有相同的名字和地址（99H），但不会出现冲突，因为它们其中一个只能被 CPU 读出数据，另一个只能被 CPU 写入数据。CPU 通过执行不同的指令对它们进行存取，即 CPU 执行 MOV SBUF，A 指令，产生"写 SBUF"脉冲，

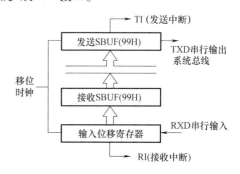

图 5.16　MCS-51 单片机串行口寄存器结构

把累加器 A 中欲发送的字符送入 SBUF（发送）寄存器中；CPU 执行 MOV A，SBUF 指令，产生"读 SBUF"脉冲，把 SBUF（接收）寄存器中已接收到的字符送入累加器 A 中。所以，MCS-51 的串行数据传输很简单，只要向发送缓冲器 SBUF 写入数据就可发送数据，而只要从接收缓冲器 SBUF 读出数据就可接收数据。

从图 5.16 中可以看出，接收缓冲器 SBUF 前还有一级输入位移寄存器。MCS-51 采用这种结构的目的是，在接收数据时避免发生数据帧重叠现象，以免出错，部分文献称这种结构为双缓冲器结构。而发送数据时就不需要这样设置，因为发送时，CPU 是主动的，不可能出现这种现象。

2. 串行通信控制寄存器 SCON

在 5.2.2 节已经分析了 SCON 控制寄存器中某些位的功能，SCON 是一个可位寻址的专用寄存器，它用于定义串行口的工作方式，并实施接收和发送控制，单元地址是 98H。SCON 的格式见表 5.10。

表 5.10　串行通信控制寄存器 SCON 的格式

SCON	D7	D6	D5	D4	D3	D2	D1	D0
	SM0	SM1	SM2	REN	TB8	RB8	TI	RI
位 地 址	9FH	9EH	9D	9CH	9BH	9AH	99H	98H

各个位的含义说明如下：

① SM0 和 SM1：串行口工作方式控制位。

SM0，SM1 = 00，工作方式 0，8 位同步移位寄存器，其波特率为 $f_{osc}/12$；

SM0，SM1 = 01，工作方式 1，10 位异步接收/发送，其波特率为可变，由定时器控制；

SM0，SM1 = 10，工作方式 2，11 位异步接收/发送，其波特率为 $f_{osc}/64$ 或 $f_{osc}/32$；

SM0，SM1 = 11，工作方式 3，11 位异步接收/发送，其波特率为可变，由定时器控制。

其中，f_{osc} 为系统晶振频率。

② TI：发送中断标志位。用于指示一帧信息发送是否完成，可寻址标志位。在工作方式 0 下，发送完第 8 位数据后，由硬件置位，在其他工作方式下，在开始发送停止位时由硬件置位。TI 置位表示一帧信息发送结束，同时申请中断。可根据需要，用软件查询的方法获得数据已发送完毕的信息，或用中断的方式来发送下一个数据。TI 在发送数据前必须由软件清 0。

③ RI：接收中断标志位。用于指示一帧信息是否接收完，可寻址标志位。在工作方式 0 下，接收完第 8 位数据后，该位由硬件置位，在其他工作方式下，在接收到停止位的中间时刻由硬件置位（例外情况见关于 SM2 的说明）。RI 置位表示一帧数据接收完毕，RI 可供软件查询，或者用中断的方法获知，以决定 CPU 是否需要从"SBUF（接收）"中读取接收到的数据。RI 也必须用软件清 0。

④ TB8：发送数据位 8。在工作方式 2 和工作方式 3 下，TB8 是要发送的第 9 位数据位。在工作方式 2 或工作方式 3 下，要发送的第 9 位数据 TB8 可根据需要由软件置 1 或清 0。在双机通信中，TB8 一般作为奇偶校验位使用。在多机通信中，TB8 代表传输的是地址还是数据，TB8 = 0，为数据；TB8 = 1，为地址。

⑤ RB8：接收数据位 8。在工作方式 2 和工作方式 3 下，RB8 用于存放接收到的第 9 位数据，用以识别接收到的数据特征：可能是奇偶校验位，也可能是地址/数据的标志位，规定同 TB8。在工作方式 0 下不使用 RB8。在工作方式 1 下，若 SM2 = 0，则 RB8 用于存放接收到的停止位。

⑥ REN：允许接收控制位。REN 用于控制数据接收的允许和禁止，REN = 1 时，允许接收；REN = 0 时，禁止接收。该位可由软件置位以允许接收，又可由软件清 0 来禁止接收。

⑦ SM2：多机通信控制位。SM2 位主要用于工作方式 2 和工作方式 3，在工作方式 0 下，SM2 不用，一定要设置为 0。在工作方式 1 下，SM2 也应设置为 0，当 SM2 = 1 时，只有接收到有效停止位时，RI 才置 1。当串行口工作于方式 2 或方式 3 下，若 SM2 = 1，只有当接收到的第 9 位数据（RB8）为 1 时，才把接收到的前 8 位数据送入 SBUF，且置位 RI 发出中断申请；否则会将接收到的数据放弃。当 SM2 = 0 时，不管第 9 位数据是 0 还是 1，都将接收到的前 8 位数据送入 SBUF，并发出中断申请。

3. 中断允许寄存器 IE

中断允许寄存器 IE 在 5.2.2 节中已介绍，格式见表 5.4。这里重述一下对串行口有影响的位 ES。ES 为串行中断允许控制位，ES = 1，允许串行中断；ES = 0，禁止串行中断。

4. 电源管理寄存器 PCON

PCON 是为了在 CHMOS 型单片机上实现电源控制而设置的专用寄存器，单元地址是 87H，不可位寻址。其格式见表 5.11。

表 5.11　电源管理寄存器 PCON 的格式

PCON	D7	D6	D5	D4	D3	D2	D1	D0
位　符　号	SMOD	—	—	—	GF1	GF0	PD	IDL

SMOD 是串行口波特率倍增位，当 SMOD = 1 时，串行口波特率加倍。系统复位时，默认为 SMOD = 0。PCON 中的其余各位用于 MCS-51 单片机的电源控制，已在 2.4.3 节中介绍过。

5.4.3　串行口的工作方式

8051 单片机的全双工串行口有四种工作方式。

1. 工作方式 0

工作方式 0 为 8 位同步移位寄存器输入/输出方式，用于通过外接移位寄存器扩展 I/O 接口，也可以外接同步输入/输出设备。8 位串行数据从 RXD 输入或输出，低位在前，高位在后。TXD 用来输出同步脉冲。

输出：发送操作是在 TI＝0 时进行的，此时发送缓冲寄存器"SBUF（发送）"相当于一个并入串出的移位寄存器。发送时，从 RXD 引脚输出串行数据，从 TXD 引脚输出移位脉冲。CPU 通过指令 MOV SBUF，A，将数据写入"SBUF（发送）"，立即启动发送，将 8 位数据以 $f_{osc}/12$ 的固定波特率从 RXD 输出，低位在前，高位在后。发送完一帧数据后，发送中断标志 TI 由硬件置位，并可向 CPU 发出中断请求。若中断开放，则 CPU 响应中断，在中断服务程序中，需用指令 CLR TI 先将 TI 清 0，然后向"SBUF（发送）"送下一个欲发送的数据，以重复上述过程。

输入：接收过程是在 RI＝0 且 REN＝1 条件下启动的，此时接收缓冲寄存器"SBUF（接收）"相当于一个串入并出的移位寄存器。接收时，先置位允许接收控制位 REN。此时，RXD 为串行数据输入端，TXD 仍为同步脉冲移位输出端。当 RI＝0 和 REN＝1 条件同时满足时，开始接收。当接收到第 8 位数据时，将数据移入接收缓冲寄存器"SBUF（接收）"，并由硬件置位 RI，同时向 CPU 发出中断请求。CPU 查到 RI＝1 或响应中断后，通过指令 MOV A，SBUF，将"SBUF（接收）"接收到的数据读入累加器 A 中。RI 也必须用软件清 0。

8051 串行口工作方式 0 扩展 I/O 接口电路如图 5.17 所示。

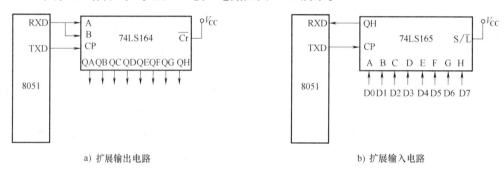

a）扩展输出电路 b）扩展输入电路

图 5.17 8051 串行口工作方式 0 扩展 I/O 接口电路

需要指出，串行口在工作方式 0 下的工作并非是一种同步通信方式，它的主要用途是与外部同步移位寄存器连接，以达到扩展一个并行口的目的。

2. 工作方式 1

在工作方式 1 下，串行口被设定为波特率可变的 10 位异步通信方式。发送或接收的一帧信息包括 1 个起始位 0，8 个数据位和 1 个停止位 1。

输出：发送操作也是在 TI＝0 条件下进行的。当 CPU 执行指令 MOV SBUF，A，将数据写入发送缓冲寄存器"SBUF（发送）"时，就启动发送。发送电路自动在 8 位发送数据前、后分别添加 1 位起始位和 1 位停止位。串行数据从 TXD 引脚输出，发送完一帧数据后，TXD 引脚自动维持高电平，且 TI 在发送停止位时由硬件自动置位，并可向 CPU 发出中断请求。TI 必须用软件复位。

输入：接收过程也是在 RI＝0 且 REN＝1 条件下启动的。平时，接收电路对高电平的 RXD 进行采样（采样脉冲频率是接收时钟的 16 倍），当采样到 RXD 由 1 向 0 跳变时，确认是开始位 0，开始接收一帧数据。只有当 RI＝0 且停止位为 1（接收到的第 9 位数据）或者 SM2＝0 时，停止位才进入 RB8，8 位数据才能进入接收缓冲寄存器"SBUF（接收）"，并由硬件置位中断标志 RI；否则信息丢失。这是不允许的，因为这意味着丢失了一组数据。所以在工作方式 1 下接收时，应先用软件对 RI 和 SM2 标志清 0。

在工作方式 1 下，发送时钟、接收时钟和通信波特率均由定时器 1 溢出信号经过 32 分频，并由 SMOD 倍频得到。因此，工作方式 1 的波特率是可变的，这点同样适用于工作方式 3。

3. 工作方式 2 和工作方式 3

工作方式 2 为固定波特率的 11 位异步接收/发送方式，工作方式 3 为波特率可变的 11 位异步接收/发送方式，它们都是 11 位异步接收/发送方式，两者的差异仅在于通信波特率有所不同。工作方式 2 的波特率由 MCS-51 主频 f_{osc} 经 32 分频或 64 分频后提供；而工作方式 3 的波特率由定时器 1 溢出信号经过 32 分频，并由 SMOD 倍频得到，故它的波特率是可调的。

工作方式 2 和工作方式 3 的接收、发送过程类似于工作方式 1，所不同的是它们比工作方式 1 增加了"第 9 位"数据。发送时，除要把发送数据装入"SBUF（发送）"外，还要预先用指令 SETB TB8（或 CLR TB8）把第 9 位数据装入 SCON 的 TB8 中。第 9 位数据可由用户设置，它可作为多机通信中地址/数据信息的标志位，也可以作为双机通信的奇偶校验位，或可作为其他控制位。

输出：发送的串行数据由 TXD 端输出一帧信息为 11 位，附加的第 9 位来自 SCON 寄存器的 TB8 位，用软件置位或复位。当 CPU 执行数据写入"SUBF（发送）"的指令时，就启动发送器发送。发送一帧信息后，置位中断标志 TI，CPU 便可通过查询 TI 或中断方式来以同样的方法发送下一帧信息。

输入：在 REN = 1 时，串行口采样 RXD 引脚，当采样到由 1 至 0 的跳变时，确认是开始位 0，就开始接收一帧数据。在接收到附加的第 9 位数据后，只有当 RI = 0 且接收到的第 9 位数据为 1 或者 SM2 = 0 时，第 9 位数据才进入 RB8，8 位数据才能进入接收缓冲寄存器"SUBF（接收）"，并由硬件置位中断标志 RI；否则信息丢失，且不置位 RI。再过一段时间后，不管上述条件是否满足，接收电路都复位，并重新检测 RXD 上由 1 到 0 的跳变。

5.4.4 串行口的通信波特率

在串行通信中，收发双方的数据传送速率要有一定的约定。串行口的通信波特率恰到好处地反映了串行传输数据的速率。通信波特率的选用，不仅与所选通信设备、传输距离和调制解调器（MODEM）型号有关，还受传输线状况制约。用户应根据实际需要正确选择。

在 8051 串行口的四种工作方式中，工作方式 0 和工作方式 2 的波特率是固定的，而工作方式 1 和工作方式 3 的波特率是可变的，由定时器 T1 的溢出率（T1 溢出信号的频率）控制。各种工作方式的通信波特率说明如下：

① 工作方式 0 的波特率固定，为系统晶振频率的 1/12，其值为 $f_{osc}/12$。其中，f_{osc} 为系统主机晶振频率。

② 工作方式 2 的波特率由 PCON 中的选择位 SMOD 来决定，可由下式表示：

$$波特率 = (2^{SMOD}/64)f_{osc} \tag{5.4}$$

即，当 SMOD = 1 时，波特率为 $f_{osc}/32$；当 SMOD = 0 时，波特率为 $f_{osc}/64$。

③ 工作方式 1 和工作方式 3 的波特率由定时器 T1 的溢出率控制，因此，波特率是可变的。定时器 T1 作为波特率发生器，相应公式如下：

$$波特率 = (2^{SMOD}/32) \times 定时器 T1 溢出率 \tag{5.5}$$

$$T1 溢出率 = T1 计数率/产生溢出所需的周期数$$
$$= (f_{osc}/12)/(2^K - TC) \tag{5.6}$$

式中　K——定时器 T1 的位数；

　　　TC——定时器 T1 的预置初值。

需要指出，式（5.6）中 T1 计数率取决于它工作在定时器状态下还是计数器状态下。当工作于定时器状态下时，T1 计数率为 $f_{osc}/12$；当工作于计数器状态下时，T1 计数率为外部输入频率，此频率应小于 $f_{osc}/24$。产生溢出所需周期与定时器 T1 的工作方式和 T1 的预置初值有关。

定时器 T1 工作于工作方式 0：溢出所需周期 = 2^{13} –TC = 8 192 –TC；

定时器 T1 工作于工作方式 1：溢出所需周期 = 2^{16} –TC = 65 536 –TC；

定时器 T1 工作于工作方式 2：溢出所需周期 = 2^{8} –TC = 256 –TC。

串行口的波特率发生器就是利用定时器提供一个时间基准。定时器计数溢出后只需要做一件事情，就是重新装入定时初值，再开始计数，而且中间不要任何延迟。因为 MCS-51 定时器/计数器的工作方式 2 就是自动重装入初值的 8 位定时器/计数器模式，所以用它来做波特率发生器最恰当。当时钟频率选用晶振频率 11.0592MHz 时，容易获得标准的波特率，所以很多单片机系统都选用这个看起来"很怪"的晶振频率。

表 5.12 列出了定时器 T1 工作于工作方式 2 的常用波特率及初值。

表 5.12 定时器 T1 工作于工作方式 2 常用波特率及初值

常用波特率/（bit/s）	f_{osc}/MHz	SMOD	TH1 初值
19200	11.0592	1	FDH
9600	11.0592	0	FDH
4800	11.0592	0	FAH
2400	11.0592	0	F4H
1200	11.0592	0	E8H

5.4.5 串行口的应用

1. 串行口工作方式 0 应用编程

8051 单片机串行口的工作方式 0 为 8 位同步移位寄存器输入/输出方式，只要外接一个串入并出的移位寄存器，就可以扩展一个并行接口。

【例 5.10】 利用 MCS-51 单片机串行口扩展一片串行输入并行输出的移位寄存器 74LS164，把串转并的数据（存于片内 RAM 的 3FH 单元中）经 74LS164 送到发光二极管单元显示，电路如图 5.18 所示。

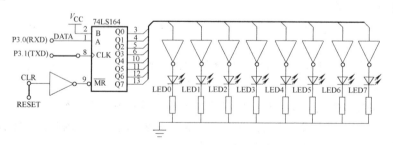

图 5.18 8051 串行口工作方式 0 扩展 I/O 接口电路

解： 汇编语言程序如下：

```
        ORG     0000H
        AJMP    START          ;转入主程序
        ORG     0030H
```

```
        START: MOV     SP,#60H        ; 设置堆栈指针
               MOV     SCON,#00H      ; 置串行口方式 0
               MOV     A,3FH          ; 从3FH单元取出数据送给 A
        OUT0:  MOV     SBUF,A         ; 开始串行输出
               JNB     TI, $          ; 输出完否? 未完,等待;完了,继续执行
               CLR     TI             ; 完了,清 TI 标志,以备下次发送
               ACALL   DELAY          ; 延时一段时间
               SJMP    OUT0           ; 循环
        DELAY: MOV R7,#250            ; 延时子程序
           D1: MOV R6,#250
           D2: DJNZ R6,D2
               DJNZ R7,D1
               RET
               END
```

C51 程序如下:

```
#include <reg51.h>
#include <intrins.h>
#include <absacc.h>
#define uint   unsigned int
#define uchar  unsigned char
#define ram3fh DBYTE[0x003f]
void Delay(uint count)              /* 延时程序 */
{
    uchar i;
    while(count - - ! = 0) for(i =0;i <120;i ++);
}
void main(void)
{
    while(1)
    {
        ACC = ram3fh;
        SBUF = ACC;
        if(TI = =0) _nop_;
        else TI =0;
        Delay(2);
    }
}
```

2. 双机通信

要实现双机通信, 双机软件协议需事先约定。

发送方: 应知道什么时候发送信息、内容, 对方是否收到, 收到的内容是否错误, 要不要重发, 怎样通知对方发送结束等。

接收方: 必须知道对方是否发送了信息, 发的是什么, 收到的信息是否有错, 如果有错怎样通知对方重发, 怎样判断结束等。

发送和接收双方的数据帧格式、波特率等必须一致。

【例 5.11】 利用 MCS-51 单片机串行口实现双机通信。将 K0 ~ K3 作为发送的数据, 并将接收到的数据通过 LED0 ~ LED3 显示, 电路如图 5.19 所示。

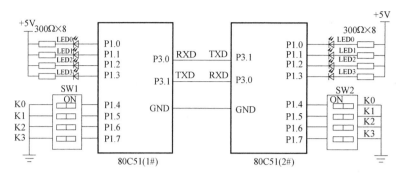

图 5.19　MCS-51 串行口双机通信电路

解：汇编语言程序如下：

```
                ORG 0000H
                LJMP START
                ORG 0023H
                LJMP UARTINT
                ORG 0030H
        START:  MOV SP, #60H
                LCALL INIT
        MLOOP:  CALL SEND
                SJMP MLOOP
        INIT:   MOV TMOD,#20H       ;设置 T1 为方式 2
                MOV SCON,#50H       ;设置串行口为方式 1
                MOV TH1,#0FDH       ;设置波特率为 9600bit/s
                MOV TL1,#0FDH
                MOV PCON,#00H
                SETB EA
                SETB ES
                SETB TR1            ;定时器 1 开始计数
                RET
        SEND:   CLR ES
                CLR TI
                MOV A,P1
                ANL A,#0F0H
                MOV SBUF,A          ;发送
                JNB TI, $
                CLR TI
                SETB ES
                RET
        UARTINT: JB RI,RECEIVE
                CLR TI
                RETI
        RECEIVE: CLR RI
                PUSH ACC
                MOV A,SBUF
                ANL A,#0F0H
                ORL A,#0FH
```

```
        SWAP A
        MOV P1,A
        POP ACC
        RETI
        END
```

C51 程序如下：

```c
#include <reg51.h>
#define uint  unsigned int
#define uchar unsigned char
void ser()interrupt 4
{
    uchar a;
    While(RI==0);
    TI=0;
    a=SBUF;
    a>>4;
    P1=a;
    }
void send()
{
    uchar a;
    ES=0
    TI=0;
    a=P1;
    a=a&&0xf0;
    SBUF=a;
    While(TI==0);
    TI=0;
    ES=1
}
void main(void)
{
    uchar val;
    TMOD=0x20;                /* 定时器1工作于方式2 */
    SCON=0x50;                /* 串行口工作方式设置*/
    TH1=0xfd;                 /* 11.0592MHz, 9600bit/s*/
    TL1=0xfd;
    PCON=0x00;                /* SMOD 置 0*/
    EA=1
    ES=0;
    TR1=1;
    ET1=0;
    while(1)
    {
        send();
    }
}
```

3. 多机通信

（1）硬件连接

单片机构成的多机系统常采用总线型主从式结构。所谓主从式，是指在数个单片机中，有一个是主机，其余都是从机，从机要服从主机的调度、支配。8051 单片机的串行口工作方式 2 和工作方式 3 适合这种主从式的通信结构。当然，采用不同的通信标准时，还需要进行相应的电平转换，有时还要对信号进行光电隔离。在实际的多机应用系统中，常采用 RS-485 串行标准总线进行数据传输。简单的硬件连接如图 5.20 所示（图中没有画出 RS-485 接口）。

（2）通信协议

① 主机的 SM2 位置为 0，所有从机的 SM2 位置为 1，处于接收地址帧状态。

② 主机发送一个地址帧，其中，8 位是地址，第 9 位为地址/数据的区分标志，该位置为 1，表示该帧为地址帧。

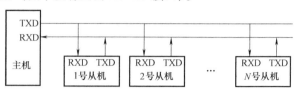

图 5.20　多机通信的硬件连接

③ 所有从机收到地址帧后，都将接收的地址与本机地址进行比较。对于地址相符的从机，把自己的 SM2 位置为 0（以接收主机随后发来的数据帧），并把本机地址发回主机作为应答；对于地址不符的从机，仍保持 SM2 = 1，对主机随后发来的数据帧不予理睬。

④ 从机发送数据结束后，要发送一帧校验和，并置第 9 位（TB8）为 1，作为从机数据传送结束的标志。

⑤ 主机接收数据时先判断数据接收标志（RB8）。若接收帧的 RB8 = 0，则存储数据到缓冲区，并准备接收下帧信息。若 RB8 = 1，则表示数据传送结束，并比较此帧校验和，若正确，则回送正确信号 00H，此信号命令该从机复位（即重新等待地址帧）；若校验和出错，则发送 0FFH，命令该从机重发数据。

⑥ 主机收到从机应答地址后，确认地址是否相符，如果地址不符，则发复位信号（数据帧中 TB8 = 1）；如果地址相符，则清 TB8，开始发送数据。

⑦ 从机收到复位命令后回到监听地址状态（SM2 = 1），否则开始接收数据和命令。

（3）应用程序过程

① 设主机发送的地址联络信号为 00H，01H，02H，…（即从机设备地址），地址 FFH 为命令各从机复位，即恢复 SM2 = 1。

② 主机命令编码为 01H，主机命令从机接收数据；编码为 02H，主机命令从机发送数据。其他都按 02H 对待。

③ 程序分为主机程序和从机程序，约定一次传递数据为 16B。

4. 单片机与 PC 的通信

在工控系统（尤其是多点现场工控系统）设计实践中，单片机与 PC 组合构成分布式控制系统是一个重要的发展方向。分布式系统采用主从管理方式，层层控制。主控计算机监督管理各子系统分机的运行状况。子系统与子系统可以平等信息交换，也可以有主从关系。分布式系统最明显的特点是可靠性高，某子系统的故障不会影响其他子系统的正常工作。单片机与 PC 通信硬件连接如图 5.21 所示。

一台 PC 既可以与一个 8051 单片机应用系统通信，也可以与多个 8051 单片机应用系统通信；可以近距离通信，也可以远距离通信。单片机与 PC 通信时，其硬件接口技术主要是电平转换、控制接口设计和通信距离不同的接口等处理技术。

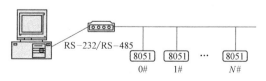

图 5.21　单片机与 PC 通信硬件连接

5.5 实验与实训

5.5.1 继电器控制

现代自动化控制设备都存在一个电子与电气电路的互相连接的问题，一方面要使电子电路的控制信号能够控制电气电路的执行元件（电动机、电磁铁、电灯等），另一方面又要为电子电路和电气电路提供良好的电隔离，以保护电子电路和人身的安全。电子继电器便能完成这一桥梁作用。利用 P1.0 输出高低电平，控制继电器的开合，以实现对外部装置的控制。如图 5.22 所示，使 P1.0 电平变化，低电平时继电器吸合，常开触点接上，LED0 点亮，LED1 熄灭；高电平时继电器不工作，常闭触点闭合，LED0 熄灭，LED1 点亮。

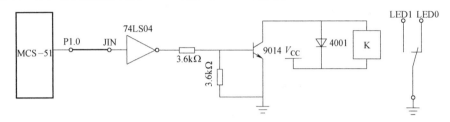

图 5.22 MCS-51 单片机外控制继电器电路

汇编语言程序如下：

```
            ORG 0000H
            LJMP START
            ORG 0030H
START:      MOV SP, #60H
ST1:        CLR P1.0
            CALL DELAY
            SETB P1.0
            CALL DELAY
            SJMP ST1
DELAY:      MOV R7, #0DH
DL1:        MOV R6, #0F7H
DL2:        MOV R5, #8EH
            DJNZ R5, $
            DJNZ R6, DL2
            DJNZ R7, DL1
            RET
            END
```

5.5.2 工业顺序控制

在工业控制中，像冲压、注塑、轻纺、制瓶等生产过程，都是一些断续生产过程，按某种程序有规律地完成预定的动作。对这类断续生产过程的控制称顺序控制，如注塑机工艺过程，大致都是按"合模→注射→保压→冷却→开模→顶针进→顶针退"的顺序动作，用单片机最易实现。

MCS-51 单片机的 P1.0～P1.6 控制注塑机的七道工序，现模拟控制七只发光二极管的点亮，高电平有效。设定每道工序时间转换为延时，设定前六道工序只有 1 位输出，第七道工序 3 位有输出。P3.4 为开工启动开关，高电平启动运行。P3.3 为外故障输入模拟开关，其为低电平时，有声音报警（人为设置故障），为高电平时，排除故障，程序应从报警的那道工序继续执行。P1.7 为报警声音输出。电路如图 5.23 所示，控制流程图如图 5.24 所示。

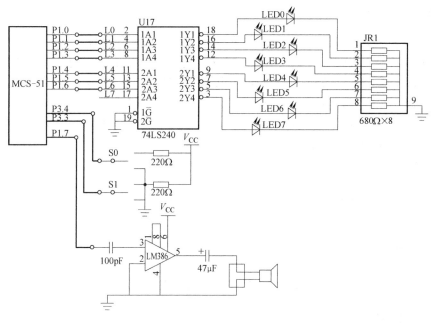

图 5.23　工业顺序控制电路

汇编语言程序如下：

```
        ORG 0000H
        LJMP PO10
        ORG 0013H
        LJMP PO16
        ORG 0190H
PO10:   MOV P1,#7FH
        ORL P3,#00H
PO11:   JNB P3.4,PO11          ;开工吗？
        ORL IE,#84H
        ORL IP,#01H
        MOV PSW,#00H           ;初始化
        MOV SP,#53H
PO12:   MOV P1,#7EH            ;第一道工序
        ACALL PO1B
        MOV P1,#7DH            ;第二道工序
        ACALL PO1B
        MOV P1,#7BH            ;第三道工序
        ACALL PO1B
        MOV P1,#77H            ;第四道工序
        ACALL PO1B
        MOV P1,#6FH            ;第五道工序
        ACALL PO1B
```

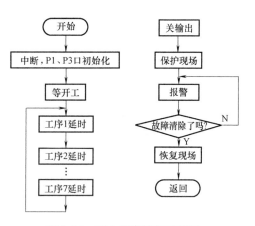

图 5.24　工业顺序控制流程图

```
             MOV P1,#5FH                    ; 第六道工序
             ACALL PO1B
             MOV P1,#0FH                    ; 第七道工序
             ACALL PO1B
             SJMP PO12
PO16:        MOV B,R2                       ; 保护现场
PO17:        MOV P1,#7FH                    ; 关输出
             MOV 20H,#0A0H                  ; 振荡次数
PO18:        SETB P1.7                      ; 振荡
             ACALL PO1A                     ; 延时
             CLR P1.7                       ; 停振
             ACALL PO1A                     ; 延时
             DJNZ 20H,PO18                  ; 不为 0 转
             CLR P1.7
             ACALL PO1A                     ; 停振
             JNB P3.3,PO17                  ; 故障消除吗?
             MOV R2,B                       ; 恢复现场
             RETI
PO1A:        MOV R2,#06H
             ACALL DELY                     ; 延时
             RET
PO1B:        MOV R2,#30H
             ACALL DELY                     ; 延时
             JNB P3.4,$
             RET
DELY:        PUSH 02H
DEL2:        PUSH 02H
DEL3:        PUSH 02H                       ; 延时
DEL4:        DJNZ R2,DEL4
             POP 02H
             DJNZ R2,DEL3
             POP 02H
             DJNZ R2,DEL2
             POP 02H
             DJNZ R2,DELY
             RET
             END
```

习题 5

1. MCS-51 的 P0 口作为输出端口时,每位能驱动(　　)个 LS 型 TTL 负载。

2. MCS-51 有四个并行 I\O 口,其中 P0～P3 口由输出转输入时必须先写入(　　)。

3. 8051 的(　　)口一般不能用作 I/O 口,而作为数据/地址总线使用。

4. MCS-51 有(　　)个中断源,有(　　)个中断优先级,优先级由软件设置特殊功能寄存器(　　)加以选择。

5. 如果定时器/计数器 T0 产生溢出,将标志位(　　)置位,请求中断,中断系统将进入中断处理。

6. 当（　　）时，禁止串行口中断；当（　　）时，允许串行口中断。

7. PX1 是外部中断 1 优先级设置位。当（　　）时，该中断源被定义为低优先级；当（　　）时，该中断源被定义为高优先级。

8. MCS-51 串行接口有四种工作方式，这可在初始化程序中用软件设置特殊功能寄存器（　　）加以选择。

9. 当定时器 T0 工作在方式 3 时，要占定时器（　　）的（　　）和（　　）两个控制位。

10. T0 和 T1 都具有（　　）和（　　）的功能，可以通过特殊功能寄存器（　　）的（　　）位来选择。

11. 定时器/计数器的工作模式 2，其是一个（　　）的定时器/计数器。

12. 串行通信可以分为四种制式：（　　）、（　　）、（　　）和（　　）方式。

13. 在异步通信中，通信的双方需要约定相同的（　　）和（　　）。

14. 串行接口内部包含有两个互相独立的（　　）和（　　）。

15. 用串口扩并口时，串行接口工作方式应选为方式（　　）。

16. 以下哪个中断标志不会自动清零（　　）。
    A. RI　　　　　　　B. TF0　　　　　　　C. TF1　　　　　　　D. IE0

17. 外部中断 0 的入口地址为（　　）。
    A. 000BH　　　　　B. 0013H　　　　　C. 0003H　　　　　D. 0023H

18. 51 系列单片机对中断的自然优先级查询次序为（　　）。
    A. 外部中断 1→T0→外部中断 0→T1→串行中断
    B. 外部中断 0→T1→外部中断 1→T0→串行中断
    C. 外部中断 0→T0→外部中断 1→T1→串行中断
    D. 外部中断 1→T1→外部中断 0→T0→串行中断

19. 在中断服务程序中，至少应有一条（　　）。
    A. 传送指令　　　B. 中断返回指令　　　C. 加法指法　　　D. 转移指令

20. 要使 MCS-51 能够响应定时器 T1 中断、串行接口中断，它的中断允许寄存器 IE 的内容应是（　　）。
    A. 98H　　　　　　B. 89H　　　　　　C. 84H　　　　　　D. 22H

21. 当使用快速外部设备时，最好使用的输入/输出方式是（　　）。
    A. 中断　　　　　B. 条件传送　　　C. DMA　　　　　D. 无条件传送

22. MCS-51 的并行 I/O 口信息有两种读取方法：一种是读引脚，还有一种是（　　）。
    A. 读锁存器　　　B. 读数据库　　　C. 读累加器　　　D. 读 CPU

23. T1 不可以工作如下哪个模式（　　）。
    A. 工作模式 0　　　B. 工作模式 1　　　C. 工作模式 2　　　D. 工作模式 3

24. 在 MCS-51 中，需要外加电路实现中断撤除的是（　　）。
    A. 定时中断　　　　　　　　　　　B. 脉冲方式的外部中断
    C. 外部串行中断　　　　　　　　　D. 电平方式的外部中断

25. 波特率 $= f_{osc}(2^{SMOD}/64)$ 是如下哪个串口工作模式的波特率公式（　　）。
    A. 模式 0　　　　　B. 模式 1　　　　　C. 模式 2　　　　　D. 模式 3

26. 什么是中断、中断源、中断优先级和中断嵌套？

27. MCS-51 有哪些中断源？各有什么特点？它们的中断向量地址分别是多少？

28. MCS-51 中断的中断响应条件是什么？

29. MCS-51 的中断响应过程是怎样的?

30. 简述中断服务例程和普通子程序的区别。

31. MCS-51 系列的 8051 单片机内有几个定时器/计数器? 每个定时器/计数器有几种工作方式? 如何选择?

32. 如果采用的晶振频率为 3MHz, 定时器/计数器 T0 分别工作在方式 0、1 和 2 下, 其最大的定时时间各为多少?

33. 定时器/计数器 T0 作为计数器使用时, 其计数频率不能超过晶振频率的多少倍?

34. 定时器工作在方式 2 时有何特点? 适用于什么应用场合?

35. 一个定时器的定时时间有限, 如何采用两个定时器的串行定时来实现较长时间的定时?

36. 定时器/计数器作计数器使用时, 对外界计数频率有何限制?

37. 简述串口各种工作模式下的波特率设置。

38. 简述异步串行通信与同步串行通信的异同。

39. 编制一个循环闪烁灯的程序。有 8 个发光二极管, 每次其中某个发光二极管闪烁点亮 10 次后, 转到下一个闪烁 10 次, 循环不止。画出电路图。

40. 请写出INT1为低电平触发的中断系统初始化程序。

41. 在 8051 单片机的INT0引脚外接脉冲信号, 要求每送来一个脉冲, 把 30H 单元值加 1, 若 30H 单元记满则进位 31H 单元。试利用中断结构, 编制一个脉冲计数程序。

42. 应用单片机内部定时器 T0 工作在方式 1 下, 从 P1.0 输出周期为 2ms 的方波脉冲信号, 已知单片机的晶振频率为 6MHz。

43. 利用 8051 串行口控制 8 位发光二极管工作, 要求发光二极管每 1s 交替地亮、灭, 画出电路图并编写程序。

44. 试编写串行通信的数据发送程序, 发送片内 RAM 的 20H ~ 2FH 单元的 16B 数据, 串行接口方式设定为方式 2, 采用偶校验方式。设晶振频率为 6MHz。

45. 试编写串行通信的数据接收程序, 将接收到的 16B 数据送入片内 RAM 30H ~ 3FH 单元中。串行接口设定为方式 3, 波特率为 1200bit/s, 晶振频率为 6MHz。

第6章 MCS-51单片机系统的扩展技术

内容提示

MCS-51单片机的特点之一是系统结构紧凑、硬件设计简单灵活，片内资源较为丰富，但是在实际应用中还不能完全满足所有应用的要求，为此，针对不同的应用，往往要进行一些资源的扩展。MCS-51单片机能提供很强的扩展功能，可外扩程序存储器、数据存储器及并行I/O等。本章主要讨论MCS-51单片机的扩展技术。

学习目标

◇ 掌握MCS-51单片机系统扩展的原理和方法；
◇ 掌握MCS-51单片机的存储器扩展方法；
◇ 掌握MCS-51单片机的I/O口扩展；
◇ 了解总线扩展接口。

知识结构

本章知识结构如图6.1所示。

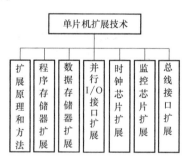

图6.1 本章知识结构

引言

在日常工作生活中，系统扩展技术最常见的案例之一就是台式计算机主机系统的主板扩展。台式计算机主机箱前面板预留有外存储器驱动器扩展空间；机箱内主板预留有多个总线扩充槽，可插接不同功能的扩充板（如声卡、显卡、网卡等）；机箱后面板一般设置有可直接使用的端口和连接口，如PS/2键盘接口、PS/2鼠标器接口、USB接口、RS-232C串行接口等。系统扩展使得台式计算机可根据使用者的需要增加一些系统原本没有的信息处理功能，或者扩充它的某些性能指标。例如，外接的平板扫描仪，增加了计算机图形图像信息的扫描功能；内存的扩充，提升了系统处理信息的性能指标等。

因为MCS-51单片机片内的ROM和RAM的容量、并行I/O接口、串行口、定时器及中断源等资源是有限的，且相当多的芯片内部没有集成A/D和D/A等功能芯片，所以在实际应用中，考虑到人机接口、参数检测、系统监控、报警等需要，经常会出现内部资源不够用的情况。因此，系统扩展是单片机应用系统设计中经常遇到的问题。根据应用系统的不同要求，MCS-51 单片机可以很方便地进行资源的扩充和功能的扩展。本章以 MCS-51 单片机为例，讨论单片机系统扩展技术。

6.1　MCS-51 单片机系统扩展概述

系统扩展是指为加强单片机某方面功能，在最小应用系统基础上，增加一些外围功能部件而进行的扩充。

6.1.1　MCS-51 系列单片机的外部扩展原理

1. MCS-51 系列单片机的片外总线结构

MCS-51 系列单片机具有很强的外部扩展功能，其外部引脚可构成三总线结构，即地址总线、数据总线和控制总线。单片机所有的外部扩展都是通过三总线进行的。

① 地址总线（AB）。地址总线用于传送单片机输出的地址信号，宽度为 16 位，可寻址的地址范围为 $2^{16} = 64\text{KB}$。地址总线是单向的，只能由单片机向外发出。P0 口提供低 8 位地址，P2 口提供高 8 位地址。由于 P0 口既用做地址线又用做数据线，分时复用，因此 P0 口提供的低 8 位地址由 P0 口经锁存器提供。另外，锁存信号由 CPU 的 ALE 引脚提供。

② 数据总线（DB）。数据总线由 P0 口提供，宽度为 8 位。P0 口是双向三态口，是单片机应用系统中使用最频繁的通道。P0 口提供的数据总线上要连接多个扩展的外围芯片，而某一时刻只能有一个有效的数据传输通道，具体哪一个芯片的数据通道有效，由各个芯片的片选信号控制。欲使 CPU 与某个外部芯片交换数据，CPU 必须先通过地址总线发出该芯片的地址，使该芯片的片选信号有效，此时 P0 口数据总线上的数据只能在 CPU 和该芯片之间进行传送。

③ 控制总线（CB）。控制总线实际上是 CPU 输出的一组控制信号。虽然每条控制信号都是单向的，但由多条不同的控制信号组合而成的控制总线则是双向的。MCS-51 系列单片机中用于系统扩展的控制信号有 $\overline{\text{RD}}$、$\overline{\text{WR}}$、$\overline{\text{PSEN}}$、ALE 和 $\overline{\text{EA}}$。

MCS-51 单片机通过三总线扩展外部设备的总体结构如图 6.2 所示。

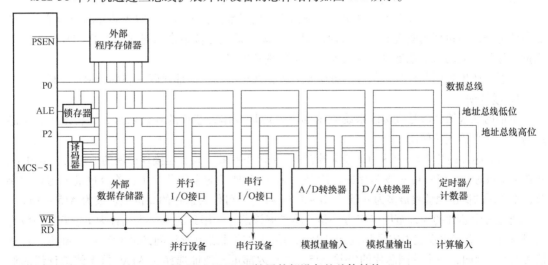

图 6.2　MCS-51 扩展外部设备的总体结构

2. MCS-51 系列单片机系统的扩展能力

根据 MCS-51 单片机外部地址总线的宽度可知，片外可扩展存储器的最大容量为 $2^{16} = 64\text{KB}$，地址范围为 0000H ~ FFFFH。由于 MCS-51 单片机对片外程序存储器和数据存储器的操作指令和控制信号不同，因此允许片外程序存储器和数据存储器的地址重叠，即片外程序存储器和数据存储器分别可扩展至 64KB。

因为片内、片外数据存储器的操作指令不同（片内 RAM 用 MOV，片外 RAM 用 MOVX），所以允许两者的地址重叠，即片内、片外数据存储器的地址均可以从 0000H 单元开始。

对于程序存储器的操作，片内、片外使用相同的指令，由 $\overline{EA}$ 信号控制选择。当 $\overline{EA} = 0$ 时，无论片内有无程序存储器，均从片外开始寻址程序存储器。当 $\overline{EA} = 1$ 时，程序存储器先寻址片内，片内寻址完后再转向片外，但总的容量不能超过 64KB。例如，对于片内有 4KB 程序存储器的芯片（如 8051、89C51、8751），当 $\overline{EA} = 1$ 时，前 4KB（0000H ~ 0FFFH）在片内程序存储器寻址，而片外程序存储器的地址只能从 1000H 单元开始设置。

在计算机系统中，凡需要进行读/写操作的部件都存在编址的问题。存储器的每个单元均有自己的地址，对于 I/O 接口，则需要对接口中的每个端口进行编址。通常采取两种编址方法：一种是独立编址；另一种是统一编址。MCS-51 单片机采用的是统一编址方式，即 I/O 端口地址与外部数据存储单元地址共同使用 0000H ~ FFFFH（64KB）。因此，MCS-51 单片机应用系统扩展较多外部设备和 I/O 接口时，要占去大量的数据存储器的地址。

6.1.2　MCS-51 单片机系统地址空间的分配

MCS-51 单片机系统是通过三总线扩展各种外接芯片的。CPU 根据地址访问外部扩展器件，即由系统地址线上送出的地址信息选中某一芯片的某一单元进行读/写。要使应用系统有条不紊地工作，使任意时刻总线上只有一个有效的数据传输通道，就必须正确设置各工作芯片的片选/使能信号。因此，如何通过适当的地址线产生各外部扩展器件的片选/使能等信号就显得十分重要，这就是系统空间分配。

所谓编址，就是利用系统提供的地址总线，通过适当的连接，最终达到一个编址唯一地对应系统中的一个外围芯片的目的，实现与接口对象的一一对应过程。编址就是研究外围芯片片选/使能信号的产生问题，即系统地址空间的分配问题。

若某芯片内部还有多个可寻址单元，则称为片内寻址。在逻辑上，因为芯片的选择是由系统的高位地址线通过译码实现的，所以片内寻址直接由系统低位地址信息确定。把芯片的地址引线按位号与相应的系统地址总线直接连接即可实现片内寻址。

一般，产生外围芯片片选信号的方法有三种：线选法、全地址译码法和部分地址译码法。

1. 线选法

所谓的线选法，就是直接以系统空闲的高位地址线作为芯片的片选信号，即将地址线与芯片的片选端直接连接使用。

一般，芯片的片选端用 $\overline{CS}$、$\overline{CE}$ 等符号表示，低电平有效，只要连接片选端的地址线为低电平，就选中了该芯片，CPU 可对该芯片进行读/写。在 CPU 外扩的全部芯片中，若容量最大的是 2^n 字节，则所用的低位地址线最多为 n 条 [A0 ~ A$(n-1)$]，可作为选片的高位地址线为 A15 ~ An。

线选法中芯片的地址范围确定方法是，将扩展该芯片未用到的地址线设置为 1 或 0（一般为 1，且在同一个应用系统中应是相同的选择），用到的地址线由所访问的芯片和单元确定，片选信号为 0。例如，一个外围芯片的 $\overline{CS}$ 接 A15，芯片内部单元地址选择线 A1A0 接系统地址线的低两位地址线 A1A0，则该芯片的地址范围是 7FFCH ~ 7FFFH（其中，A15 为 0，A1A0 的取值范围为 00 ~ 11，其余未用到的地址线为 1）。

线选法的优点是简单明了，无需另外增加电路；缺点是寻址范围不唯一，地址空间没有被充分利用，受系统地址总线的宽度的限制，可外扩的芯片的个数较少。线选法适用于小规模单片机应用系统中片选信号的产生。

2. 全地址译码法

所谓的全地址译码法，是指利用译码器对系统地址总线中未被外扩芯片用到的高位地址线进行译码，以译码器的输出作为外围芯片的片选信号。常用的译码器如 2-4 译码器 74LS139、3-8 译码器 74LS138、4-16 译码器 74LS154。

3-8 译码器，一般对系统地址的高位 A15、A14、A13 译码产生 8 个片选信号，可外扩 8 个芯片，每个芯片最多可占 8KB 的地址空间。

全地址译码法芯片的地址范围确定方法是，以外部扩展的全部芯片未用到的地址线作为地址译码器的输入，译码器的输出作为片选信号接到外部扩展芯片上。例如，设外部扩展的全部芯片中所用地址线最多为 A0 ~ A12，则可将 A15、A14、A13 作为地址译码器 74LS138 的输入，地址译码器 74LS138 的 8 个输出端可分别接到 8 个外扩芯片的选片端上。不管 8 个外扩芯片内各有多少个单元，所占的地址空间都是一样的，均为 8KB。具体地址由所访问芯片和用到的地址线来决定。

全地址译码法优点是，存储器的每个存储单元只有唯一的一个系统空间地址，不存在地址重叠现象；对存储空间的使用是连续的，能有效地利用系统的存储空间；利用同样的高位地址线，全地址译码法编址产生的选片线比线选法多，为系统扩展提供了更多的冗余条件。其缺点是，所需地址译码电路较多，尤其在单片机寻址能力较大和所采用的存储器容量较小时更为严重。全地址译码法是单片机应用系统设计中经常采用的方法。

3. 部分地址译码法

部分地址译码法是指单片机的未被外扩芯片用到的高位地址线中，只有一部分参与地址译码，其余部分是悬空的。在部分地址译码方式下，无论 CPU 使悬空的高位地址线上的电平如何变化，都不会影响它对外部存储单元的选址，故存储器每个存储单元的地址不是唯一的，存在地址重叠现象。因此，采用部分地址译码法时，必须把程序和数据存放在基本地址范围内（即悬空的高位地址线全为低电平时存储芯片的地址范围），以避免因地址重叠引起程序运行的错误。部分地址译码法的优点是可以减少所用地址译码器的数量。

6.2 存储器的扩展

存储器是计算机系统中的记忆装置，用来存放要运行的程序和程序运行所需要的数据。从不同角度出发，存储器有不同的分类：按存储元件材料可分为半导体存储器、磁存储器及光存储器；按读/写工作方式可分为随机存取存储器（RAM）和只读存储器（ROM）等。单片机系统扩展的存储器通常使用半导体存储器，根据用途可以分为程序存储器（一般用 ROM）和数据存储器（一般用 RAM）两种类型。

MCS-51 单片机对外部存储器的扩展应考虑以下几方面的问题。

1. 选取存储器芯片的原则

只读存储器常用于固化程序和常数，以便系统一开机就可按预定的程序工作。只读存储器可分为掩膜 ROM、可编程 PROM、紫外线可擦除 EPROM 和电可擦除 E^2PROM 几种。若所设计的系统是小批量生产或开发产品，则建议使用 EPROM 和 E^2PROM；若为成熟的大批量产品，则应采用 PROM 或掩膜 ROM，以降低生产成本和提高系统的可靠性。

随机存取存储器可分为静态 RAM（SRAM）和动态 RAM（DRAM）两类，常用来存取实时数据、变量和运算结果。若所用的 RAM 容量较小或要求有较高的存取速度，则宜采用 SRAM；若所用的 RAM 容量较大或要求低功耗，则应采用 DRAM，以降低成本。

近年来又出现了新型存储器，如一次性编程的 OTP ROM、Flash（闪速）存储器、非易失性铁电存储器 FRAM、新型非易失性静态读/写存储器 NVSRAM、用于多处理机系统的 DPRAM（双端口 RAM）等。读者在实际应用中应注意选择与利用。

2. 工作速度匹配

MCS-51 单片机对外部存储器进行读/写所需要的时间称为 MCS-51 的访存时间，是指 CPU 向外部存储器发出地址码，并在 P0 口读/写完数据所需要的时间。存储器的最大存取时间是存储器固有的时间（可查阅相关的手册或实际测量获得）。为了使 MCS-51 和外部存储器同步而可靠地工作，MCS-51 的访存时间必须大于所用外部存储器的最大存取时间。例如，若 8051 系统的主频率为 6MHz，则它的最小访存时间是 400ns，所选存储器芯片的最大存取时间必须小于这个数。

3. 对存储容量的要求

MCS-51 单片机所需的存储容量与存储器芯片本身的存储容量不是同一个概念。MCS-51 单片机所需的存储容量是由实际应用系统的应用程序和实时数据的数量决定的，而存储器芯片的存储容量是存储器固有的参数，型号不同，存储器的存储容量也不同。一般来说，在 MCS-51 应用系统所需存储容量不变的前提下，所选存储器本身存储容量越大，所用芯片数量就越少，所需的地址译码电路就越简单。

4. 存储器地址空间的分配

在确定外部 RAM 和 ROM 的容量及所选存储器的型号和数量之后，还必须给每个芯片划定一个地址范围，因为不同的译码器的输出引脚与存储器的片选引脚相连时，存储器的地址范围也不同。无论怎样划定存储器的地址范围，都必须满足存储器本身的存储容量要求，否则会造成存储器硬件资源的浪费。

5. 合理地选择地址译码方式

可根据实际应用系统的具体情况，按 6.1.2 节介绍的线选法、全地址译码法、部分地址译码法等的优缺点，选择合理的地址译码方式。

6.2.1 程序存储器扩展

程序存储器是用来存储程序代码、常数和表格的。单片机的程序存储器一般由半导体 ROM 构成。对于无 ROM 型单片机，或者当单片机内部程序存储器容量不够用时，需要在外部扩展程序存储器。半导体存储器 EPROM、E^2PROM 和 Flash ROM 等都可以用做单片机的外部程序存储器。本节以常用 EPROM 芯片为例介绍程序存储器的扩展。

1. 常用程序存储器

EPROM 主要是 27 系列芯片，即 2716、2732、2764、27128、27256、27512、27040 等型号，其容量分别是 $2K \times 8bit$、$4K \times 8bit$、$8K \times 8bit$、$16K \times 8bit$、$32K \times 8bit$、$64K \times 8bit$ 和 $512K \times 8bit$。其中，2716、2732 为 24 脚，且容量较小，性价比低；而 2764、27128、27256 和 27512 为 28 脚，其引脚排列基本向下兼容，程序容量升级较为方便，使用较多。又由于价格相差不大，大容量的 EPROM 速度快，且扩展时程序存储器应留一定的程序功能扩充空间，因此一般选择 8KB 以上的芯片作为外部程序存储器。

常用的 2764、27128、27256 和 27512 EPROM 芯片的引脚排列如图 6.3 所示。其引脚符号的含义和功能说明如下：

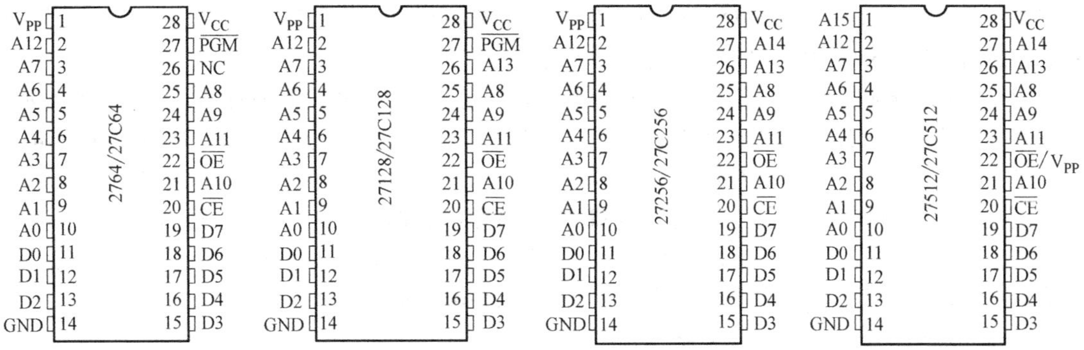

图 6.3　常用的 EPROM 芯片引脚排列

① D7 ~ D0：三态数据总线，读或编程校验时，为数据输出线；编程固化时，为数据输入线；维持或编程禁止时，D7 ~ D0 呈高阻抗。

② A0 ~ Ai：地址输入线，$i = 12 \sim 15$。2764 的地址线为 13 位，$i = 12$；27512 的地址线为 16 位，$i = 15$。

③ $\overline{CE}$：片选信号输入线，该引脚输入为 0 时，芯片被选中，处于工作状态；输入为 1 时，芯片处于数据高阻态。

④ $\overline{OE}$：输出允许输入线，低电平有效。该引脚为低电平，$\overline{CE}$、地址线有效时，数据从 D7 ~ D0 输出到数据总线上。

⑤ V_{PP}：编程电源输入线，输入电压值因制造厂商和芯片型号而异。

⑥ $\overline{PGM}$：编程脉冲输入线。

⑦ V_{CC} 与 GND：电源与地。

⑧ NC：空引脚。

在单片机应用中，EPROM 主要工作在读和维持两种方式下，其他工作方式都是芯片的编程状态。由于现在较多使用编程器，大多数的编程与编程校验均在编程器上自动完成，故本书对上述与编程有关的方式不过多叙述。表 6.1 中列出了 2764、27128、27256 和 27512 芯片在读和维持操作方式下各引脚的状态。

表 6.1　EPROM 芯片的操作方式及各引脚的状态

芯　片	方　式	引脚状态					
		$\overline{CE}$	$\overline{OE}$	$\overline{PGM}$	V_{PP}	V_{CC}	D0 ~ D7
2764	读	L	L	H	V_{CC}	+5V	数据输出
	维持	H	X	X	V_{CC}	+5V	高阻
27128	读	L	L	H	V_{CC}	+5V	数据输出
	维持	H	X	X	V_{CC}	+5V	高阻
27256	读	L	L	H	V_{CC}	+5V	数据输出
	维持	H	X	X	V_{CC}	+5V	高阻
27512	读	L	L	H	V_{CC}	+5V	数据输出
	维持	H	X	X	V_{CC}	+5V	高阻

注：表中，L 表示低电平，H 表示高电平，X 表示任意。

2. 地址锁存器

程序存储器扩展时，除了要选择 EPROM 芯片外，还必须选择地址锁存器。地址锁存器可使用

171

带三态缓冲输出的 8D 锁存器 74LS373，也可以选择带有清除端的 74LS273，其引脚排列如图 6.4 所示。在使用 74LS373 与 74LS273 时，应注意两者的区别。

74LS373 是透明的带有三态门的 8D 锁存器，内部功能可以简化，其原理结构如图 6.5 所示。当三态门的使能信号线 $\overline{OE}$ 为低电平时，三态门处于导通状态，允许 Q 端输出；当 $\overline{OE}$ 端为高电平时，输出三态门断开，输出端对外电路呈高阻状态。因此，74LS373 用做地址锁存器时，应使三态门的使能信号端 $\overline{OE}$ 为低电平，这时，当 LE 输入端为高电平时，锁存器处于透明状态，Q 端等于 D 端；当 LE 端从高电平下降到低电平时（下降沿），输入端 D 的数据锁入锁存器中，在 LE 端为低电平期间，不论输入端 D 如何变化，Q 端保持原输出不变。

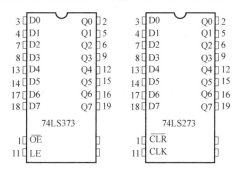

图 6.4　锁存器的引脚排列

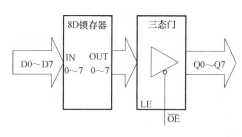

图 6.5　74LS373 原理结构

使用 74LS373 锁存控制端 LE 时，可以直接与 CPU 的地址锁存控制信号 ALE 相连，在其下降沿锁存低 8 位地址，而 74LS273 的 CLK 在上升沿锁存，为了满足单片机的时序要求，ALE 输出的信号必须经过反相器反相之后，才能与 CLK 端相连。由于使用 74LS273 作为锁存器比 74LS373 多使用一个非门，因此在实际应用中，地址锁存器使用 74LS373 较多。单片机与 74LS373 锁存器的连接如图 6.6 所示。

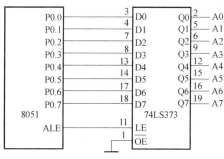

图 6.6　单片机与锁存器的连接

3. 典型扩展电路

由于 EPROM 容量越来越大，因此在 EPROM 扩展外部程序存储器时，通常只需使用一片或两片 EPROM 芯片即可，大大简化了扩展电路。由于程序存储器扩展时容量通常大于 256B（$2^8 = 256$），因此，EPROM 片内地址线除 P0 口提供外，还需 P2 口提供。例如，扩展 2764 芯片所需地址线为 13 根（$2^{13} = 8K$），由 P0 口提供低 8 位，P2.0 ~ P2.4 提供高 5 位地址；当使用 27128 时，地址线为 14 根，高 6 地址位由 P2.0 ~ P2.5 提供。当系统只扩展一片 EPROM 时，无需片选控制，因此，$\overline{CE}$ 接地即可；若扩展多片，则需要考虑片选和各片对应的地址空间问题。

如图 6.7 所示为 8051 扩展

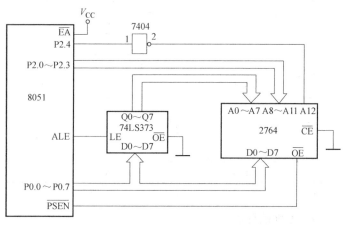

图 6.7　8051 扩展 8KB EPROM 的电路

8KB EPROM 的电路。这是一种既使用单片机片内 4KB（地址为 0000H ~ 0FFFH）程序存储器，又使用片外 8KB 程序存储器的扩展方法，所以 CPU 的 $\overline{EA}$ 接到 V_{cc}。当 PC 的值不大于 0FFFH 时，处理器访问片内程序存储器的程序，此时 $\overline{PSEN}$ 信号无效，单片机不会访问到片外程序存储器；当 PC 的值大于 0FFFH 时，处理器访问片外 2764 程序存储器，2764 的地址范围为 1000H ~ 2FFFH。

4. 超出 64KB 容量程序存储器的扩展

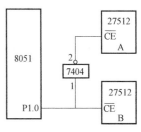

图 6.8 系统扩展 128KB 程序存储空间示意图

MCS-51 单片机由 P2 口、P0 口可提供 16 位地址线，可直接访问程序存储器的空间为 64KB（2^{16}）。若系统的程序总容量需求超过 64KB，可以采用区选法来实现。单片机系统的程序存储器每个区为 64KB，由系统直接访问，区与区之间的转换通过控制线的方式来实现。图 6.8 所示为系统扩展 128KB 程序存储空间（$2 \times 64KB$）示意图，系统复位后，P1.0 为高电平，选中 A 芯片；若 P1.0 输出低电平，则访问 B 芯片。

6.2.2 数据存储器扩展

MCS-51 系列单片机内部已具有 128B 或 256B 的 RAM 数据存储器，这些存储器主要用于工作寄存器、堆栈、数据缓冲器和存放各种标志，对于大多数应用场合，能够满足系统对数据存储器的需求。对于有大量数据缓冲保存需求（如数据采集系统），或者重要数据保存的应用场合，就需要对单片机系统的数据存储器进行扩展。根据应用系统的具体需求，对数据存储器的扩展可以采用并行扩展数据存储器，或者串行扩展数据存储器的方法，本节仅介绍并行扩展数据存储器。

1. 常用静态 RAM（SRAM）存储器

常用的静态存储器 RAM 芯片有 6116（2K ×8 位）、6264（8K ×8 位）、62128（16K ×8 位）、62256（32K ×8 位）、628128（128K ×8 位）等。由于价格相差不大，而大容量的 RAM 速度快，且扩展时数据存储器应留有一定的空间裕量，因此一般选择 8KB 以上的芯片作为外部数据存储器。该系列的不同型号仅仅是地址线的数目和个别引脚有差别，其引脚排列如图 6.9 所示。引脚符号的含义和功能说明如下：

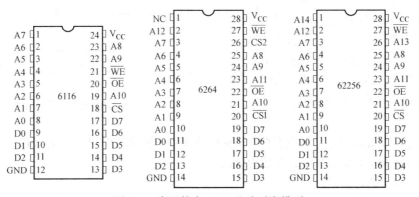

图 6.9 常用静态 RAM 芯片引脚排列

① D7 ~ D0：双向三态数据总线。

② A0 ~ A_i：地址输入线 $i = 10$（6116 芯片），$i = 12$（6264 芯片），$i = 14$（62256 芯片）。

③ $\overline{CS}$（$\overline{CS1}$）：片选信号输入端，低电平有效。

④ CS2：片选信号输入端，高电平有效（仅 6264 芯片有）。

⑤ $\overline{OE}$：读选通信号输入线，低电平有效。

⑥ $\overline{WE}$：写选通信号输入线，低电平有效。

⑦ V_{CC}：电源 +5V。

⑧ GND：接地。

静态 RAM 存储器在使用时，主要有三种工作方式，即数据的读出、写入和维持，这些工作方式的操作控制见表 6.2。

表 6.2　6116、6264、62256 芯片操作控制

信　号　方　式	$\overline{CS}$（$\overline{CS1}$）	$\overline{OE}$	$\overline{WE}$	D0 ~ D7
读	L	L	H	数据输出
写	L	H	L	数据输入
维持	H	X	X	高阻态

注：表中，L 表示低电平，H 表示高电平，X 表示无关，6264 中还有 CS2 片选，读、写时为高电平，维持时为低电平。

2. 数据存储器典型扩展电路

数据存储器扩展电路与程序存储器扩展电路相似，所用的地址总线、数据总线完全相同。与程序存储器扩展不同的是，数据存储器的读、写控制线用 $\overline{RD}$、$\overline{WR}$ 分别控制存储器芯片的 $\overline{OE}$ 和 $\overline{WE}$，而程序存储器的读选通信号由 $\overline{PSEN}$ 控制。两个存储器虽然共处同一地址空间，但由于控制信号不同，因此不会发生冲突。数据存储器扩展时还应注意，因为单片机系统采用统一编址的方式，I/O 扩展的地址空间与数据存储器扩展的空间是共用的，所以涉及的问题远比程序存储器扩展多。

扩展单片程序存储器时，系统一般只用一片程序存储器芯片，所以片选端可直接接地。但是扩展单片数据存储器时，即便仅扩展一片 RAM 芯片，其片选端能否直接接地，还需考虑应用系统中有无 I/O 接口及外围设备扩展。若无 I/O 接口，可以接地，如图 6.10 所示，6264 芯片地址范围为 0000H ~ 1FFFH；若有，则要统一进行片选，片选方式与程序存储器片选方式类似，可根据系统扩展数据存储器容量、芯片数量及 I/O 接口和外部设备的数量采用线选方式或地址译码方式。

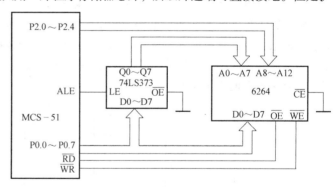

图 6.10　扩展 8KB 数据存储器电路

【例 6.1】　以图 6.10 所示数据存储器扩展电路为例，将片内 RAM 地址为 50H 单元开始的 16 个数据，送片外数据存储器 0000H 开始的单元。

解：汇编语言程序如下：

```
        ORG   0100H
        MOV  R0, #50H          ; 数据指针指向片内 50H 单元
        MOV  R7, #16           ; 待传送数据个数送计数寄存器
        MOV  DPTR, #0000H      ; 数据指针指向数据存储器 6264 的 0000H 单元
AGAIN:  MOV  A, @R0            ; 片内待输出的数据送累加器 A
        MOVX  @DPTR, A         ; 数据输出至数据存储器 6264
```

```
        INC     R0
        INC     DPTR                        ; 修改数据指针
        DJNZ    R7, AGAIN                   ; 判断数据是否传送完成
        RET
        END
```

C51 程序如下：

```
#include < reg52. h >
#include < absacc. h >
#define in_ram50h DBYTE[0x0050]                    /* 绝对地址访问片内 RAM50H* /
#define out_ram0000h XBYTE[0x0000]                 /* 绝对地址访问片外 RAM0000H* /
#define uchar unsigned char
#define uint unsigned int
main()
{
        uchar i;
        uchar * address1, * address2;
        while(1)
        {
                address1 = &in_ram50h;              /* 取待传送数据首地址* /
                address2 = &out_ram0000h;           /* 取目的存储区首地址* /
                for(i = 0;i < 16;i ++)              /* 16 次循环传送* /
                {
                        * address2 = * address1;    /* 传送数据* /
                        address1 ++;                /* 源和目的地址累加* /
                        address2 ++;
                }
        }
}
```

6.2.3　MCS-51 对外部存储器的扩展

在存储器扩展中，程序存储器扩展和数据存储器扩展在很多情况下是同时存在的，这时就不能孤立地看待这两部分扩展电路了，要将这两部分电路有机地结合起来。

图 6.11 所示电路中，8031 外扩了 16KB 程序存储器（使用两片 2764 芯片）和 8KB 数据存储

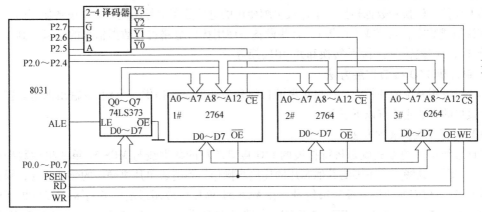

图 6.11　8031 外扩 ROM、RAM 的电路原理图

器（使用一片 6264 芯片），其中，采用全地址译码方式，P2.7 用于控制 2-4 译码器的工作，P2.6 和 P2.5 参加译码，且无悬空地址线，无地址重叠现象；1#2764、2#2764、3#6264 的地址范围分别为 0000H ~ 1FFFH、2000H ~ 3FFFH、4000H ~ 5FFFH。

6.3 并行 I/O 接口的扩展

MCS-51 单片机具有四个并行 8 位 I/O 接口（即 P0、P1、P2、P3），从原理上看，这四个 I/O 接口均可用做双向并行 I/O 接口，但在实际应用中，P0 口常被用做数据总线和低 8 位地址总线，P2 口常被用做高 8 位地址总线，P3 口又常使用它的第二功能，所以，只有对于片内有程序存储器而又不再需要外部扩展的单片机系统，即只有在单片机的最小应用系统下才允许这四个 I/O 接口作为用户的 I/O 接口使用。由于 MCS-51 单片机需要进行外部扩展时，可提供给用户使用的 I/O 接口只有 P1 口和部分 P3 口线及作为数据总线使用的 P0 口，因此在大多数 MCS-51 单片机应用系统设计中，都不可避免地要进行并行 I/O 接口的扩展。

6.3.1 概述

与 CPU 和存储器之间的数据读/写操作不同，CPU 和外部设备之间的数据传送比较复杂。复杂性体现在以下几点：

① 速度不匹配，高速的 CPU 与慢速的外部设备矛盾。

② 外部设备的 I/O 信号多种多样。

③ 外部设备种类繁多。

④ 传输距离各不相同，外部设备的数据传送有近距离的，也有远距离的。

所以，必须在 CPU 和外部设备之间设置一个接口电路，通过接口电路对 CPU 与外部设备之间的数据传送进行协调合作。

在数据的 I/O 传送中，接口电路主要有如下几项功能：

① 速度协调。单片机往往要比 I/O 设备快得多，速度上的差异，使得数据的 I/O 传送只能以异步方式进行。因此，在接口电路中要设置锁存器，保证 CPU 输出的数据可以被输出设备接收，从而解决单片机与 I/O 设备的速度协调问题。

② 设置输入设备的三态缓冲电路。输入设备向 CPU 传送的数据也要通过数据总线，为了维护数据总线上数据的传送有秩序，只允许当前时刻正在进行数据传送的数据源使用数据总线，其他数据源都必须与数据总线处于隔离状态。

③ I/O 信号转换和数据转换。单片机引脚使用的电压数字信号不同于 I/O 设备使用的信号类型（如模拟或数字、电流或电压等），有些设备要使用接口电路进行数据信号的转换，其中包括模/数转换、数/模转换、串/并转换和并/串转换等。

1. 单片机 I/O 接口扩展方法

单片机应用系统中并行 I/O 接口扩展的目的是为外部设备提供一个输入/输出通道。扩展并行 I/O 接口的方法主要有以下三种：

（1）并行总线扩展的方法

并行总线扩展的方法就是将待扩展的 I/O 接口芯片的数据线与 MCS-51 单片机的数据总线（P0 口）并联。其特点是不影响其他芯片的连接与操作，不造成单片机硬件的额外开支，只是分时占用 P0 口，仅需要使用一根片选信号。在 MCS-51 单片机应用系统的并行 I/O 接口扩展中广泛采用总线扩展法，可通过 TTL 或 CMOS 电路的缓冲器（如 74LS244、74LS245）和锁存器

（74LS373、74LS273、74LS377）实现扩展，也可通过可编程并行接口电路（如 8155、8255）实现扩展，还可通过可编程阵列（如 GAL16V8、GAL20V8 等）实现扩展。

（2）串行口扩展方法

MCS-51 单片机串行口的工作方式 0 为移位寄存器方式，通过 MCS-51 的串行口外扩串入、并出移位寄存器（如 74LS164、74LS165），可以扩展并行输入/输出口。对于不使用串行口的 MCS-51 单片机应用系统，利用串行口资源扩展并行口是一种可选的方法。而且，通过移位寄存器的级联，可扩展大量的并行 I/O 接口线。当然，用串行口扩展并行 I/O 接口的数据传输速度较慢。

（3）I/O 接口模拟串行方法

串行外围扩展总线接口常用标准有 I²C、SPI 等，这是一种芯片间的总线。MCS-51 单片机没有集成串行外围扩展总线接口，但可以用 MCS-51 的普通输入/输出线来模拟。这种扩展方法与单片机串行口的扩展方法相似，二者的区别在于：串行口扩展的串/并转换由硬件完成，输入/输出固定为 RXD（P3.0）和 TXD（P3.1）引脚；模拟串行口的串/并转换由软件编程来完成，输入/输出的引脚由普通输入/输出线模拟完成。

2. MCS-51 单片机并行 I/O 接口的扩展性能

MCS-51 单片机并行 I/O 接口的扩展性能如下：

① 访问扩展 I/O 接口的方法与访问数据存储器完全相同，使用相同的指令，单片机可以像访问外部 RAM 一样访问外部扩展的 I/O 接口芯片，对其进行读/写操作。所有扩展的 I/O 接口与片外数据存储器统一编址，分配给 I/O 接口的地址不能再分配给片外数据存储单元。

② 利用串行口扩展法扩展的外部并行 I/O 接口不占用外部 RAM 地址空间。

③ 利用并行总线扩展的方法扩展外部并行 I/O 接口时，P0 口必须分时复用，P2 口需要提供较多的片选信号，还必须通过 P3 口的第二功能提供读/写控制线等，因此，必须注意 P0、P2、P3 口的负载问题。若负载能力不够，必须进行总线驱动能力扩展。

④ 扩展外部并行 I/O 接口对外部设备的硬件具有依赖性。在 I/O 接口扩展时，必须考虑与之相连的外部设备硬件电路特性、操作方式特点。也就是说，接口电路设计时，必须考虑诸如驱动功率、电平匹配、干扰抑制、隔离等与具体外部设备有关的问题；软件设计时，I/O 接口的初始状态设置、工作方式选择要与外部设备相匹配。

6.3.2　普通并行 I/O 接口扩展

采用 TTL 或 CMOS 电路的锁存器、寄存器、缓冲器、三态门等电路通过 P0 口可以构成各种类型的输入/输出口。由于这些电路虽然具有数据缓冲或锁存功能，但自身仅有数据的输入或输出及选通端或时钟信号端，没有地址线和读/写控制线，因此其扩展方法与扩展数据存储器的方法不同。它们的选通端或时钟信号端要与地址线和控制线的逻辑组合输出端相连，而数据线不必与 MCS-51 单片机的数据总线宽度相等，可以少于 8 根数据线，视具体情况而定。这类 I/O 接口具有电路简单、成本低、配置灵活方便等特点，在单片机应用系统中被广泛应用。

1. 扩展并行输出口

CPU 发出的数据或命令通过 P0 口扩展输出口时，通常使用寄存器、锁存器等器件暂存，它们的端口地址被视为外部 RAM 的地址单元，使用 MOVX　@DPTR，A 指令输出数据，输出控制信号为 $\overline{WR}$。为防止单片机在对外部 RAM 及其他外部设备输出数据时对扩展器件中的数据产生影响，应选择带有使能控制的锁存器。

（1）用 74LS377 扩展并行输出口

74LS377 是带有输出允许端的 8D 锁存器，引脚排列图略，具体功能如下：

① 8 个输入端口 D0 ~ D7。

② 8 个输出端口 Q0 ~ Q7。

③ 1 个时钟信号输入端 CLK（上升沿有效）。

④ 1 个允许控制端 $\overline{E}$。

74LS377 功能表见表 6.3，在 $\overline{E}=0$ 时，通过 CLK 端上升沿信号将数据从输入端 D 存入锁存器中，Q 端输出 D 端的 8 位数据，当 CLK 端变成低电平时，Q 端保持 CLK 端变低电平前的数据不变。所以在与单片机相连时，D 端与 P0 相连，$\overline{WR}$ 与 CLK 相连，允许控制端 $\overline{E}$ 作为片选控制与单片机地址相连。系统连接如图 6.12 所示。由于 $\overline{E}$ 与 P2.7 相连，因此，74LS377 的地址为 7FFFH；若 $\overline{E}$ 与 P2.0 相连，则地址相应为 0FEFFH。

表 6.3　74LS377 功能表

输　　入			输　　出
$\overline{E}$	CLK	D	Q
H	X	X	Q0
L	↑	H	H
L	↑	L	L
X	L	X	Q0

注：H—高电平；L—低电平；↑—低电平到高电平跳变；X—任意；Q0—保持前一状态。

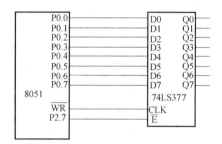

图 6.12　MCS-51 扩展并行接口 74LS377 电路

【例 6.2】 以图 6.12 所示电路为接口电路，将片内 RAM 地址为 60H 单元的数据通过该电路输出。

解： 程序如下：

```
MOV DPTR, #7FFFH    ;数据指针指向 74LS377
MOV A,60H           ;输出的 60H 单元数据送累加器 A
MOVX @DPTR, A       ;P0 口将数据通过 74LS377 输出
```

（2）用 74LS374 扩展并行输出口

74LS374 是具有三态输出的 8D 边沿触发器，其功能表与 74LS377 相似，见表 6.4。应注意，74LS374 具有三态输出，当控制端 $\overline{OE}$ 为高电平时，输出为高阻态，将失去锁存器中缓存的数据，故在应用时与 74LS377 有差异。74LS374 与单片机接口电路如图 6.13 所示。74LS374 的地址为 7FFFH。

表 6.4　74LS374 功能表

输　　入			输　　出
$\overline{OE}$	CLK	D	Q
L	↑	H	H
L	↑	L	L
L	L	X	Q0
H	X	X	高阻

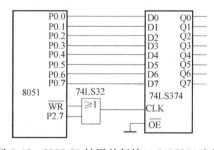

图 6.13　MCS-51 扩展并行接口 74LS374 电路

74LS374 具有较强的驱动能力，输出低电平电流 I_{OL} 最大可达 24mA，是 74LS377 的 3 倍。在要求较强驱动能力要求的场合，可选用 74LS374 作为并行口扩展器件。

2. 扩展并行输入口

并行输入口扩展比较简单，只需采用 8 位缓冲器即可。常用的缓冲器有 74LS244，其功能表见表 6.5。74LS244 为单向总线缓冲器，只能一个方向传输数据。并行输入接口与单片机连接如图 6.14 所示。图中，P2.7 引脚与 $\overline{RD}$ 共同控制 74LS244 的 G 端，当两者均为低电平时，数据输入到单片机中。74LS244 的地址为 7FFFH。

表 6.5　74LS244 功能表

输　入		输　出	输　入		输　出
G_1，G_2	D	Q	L	H	H
L	L	L	H	X	高阻

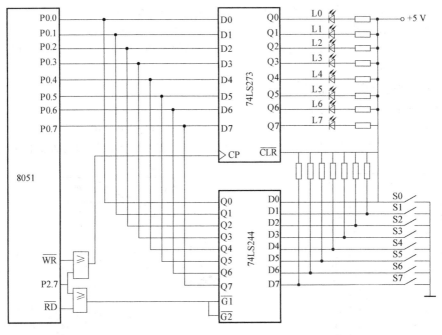

图 6.14　MCS-51 单片机扩展外部 I/O 口电路

【例 6.3】　如图 6.14 所示，扩展并行输入/输出口，开关量 S0 ~ S7 的输入经 74LS244 8 位缓冲输入，74LS273 作为锁存输出接口，控制 L0 ~ L7 八个发光二极管的亮灭。

解： 汇编语言程序如下：

```
        CS244 EQU 7FFFH
        CS273 EQU 7FFFH
        ORG 0000H
        LJMP START
        ORG 0030H
START:  MOV SP, #60H
ST1:    MOV DPTR,#CS244
        MOVX A,@ DPTR          ; 取出 74LS244 的状态
        MOV DPTR,#CS273
        MOVX @ DPTR,A          ; 送 74LS273 驱动发光二极管
        SJMP ST1
        END
```

179

C51 程序如下：

```
unsigned char xdata* CS244 = 0x7fff;
unsigned char xdata * CS273 = 0x7fff;
viodmain(void)
{
    while(1) * CS273 = * CS244;
}
```

6.3.3 可编程并行 I/O 接口芯片扩展

随着大规模集成电路技术的发展，接口电路已被集成在单一的芯片上，使许多接口芯片可以通过编程方法设定工作方式。这种接口芯片称为可编程 I/O 接口芯片。可编程 I/O 接口芯片具有适应多种功能需求，使用灵活，可扩展多个并行 I/O 接口，可以编程设定为输入口或输出口等特点，应用非常广泛。下面以最常用的 8255A、8155 芯片为例，介绍通过可编程 I/O 接口芯片扩展并行 I/O 接口的方法。

1. 可编程并行口 8255A 芯片

（1）8255A 芯片的结构及引脚功能

8255A 芯片是 Intel 公司生产的可编程并行接口电路，广泛应用于单片机扩展并行 I/O 接口。它有三个 8 位并行口 PA、PB 和 PC。8255 芯片的内部逻辑结构及引脚排列如图 6.15 所示。

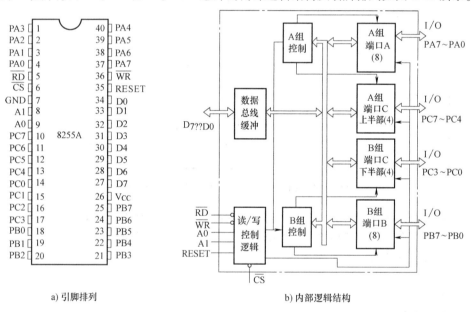

图 6.15　8255A 芯片的内部逻辑结构及引脚排列

8255A 芯片的引脚功能说明如下：

① D0 ~ D7：双向三态数据总线，通常与 CPU 数据总线相连。

② PA、PB、PC：三个 8 位 I/O 接口。PC 口还可分为高 4 位和低 4 位，其中，高 4 位可与 PA 口组成 A 组，低 4 位可与 PB 口组成 B 组。PC 口可按位进行置位/复位。

③ $\overline{CS}$：片选信号输入端，低电平有效。

④ $\overline{RD}$：读选通输入端，低电平有效。

⑤ $\overline{WR}$：写选通输入端，低电平有效。

⑥ RESET：复位输入引脚，高电平有效，复位后，PA、PB、PC 口均为输入。

⑦ A0、A1：端口地址输入线，通过地址组合选择 8255A 内部寄存器。

⑧ V_{CC}、GND：电源 + 5 V、接地。

（2）8255A 芯片的工作方式

8255A 芯片的工作方式是通过读/写控制逻辑的组合状态来实现的。

8255A 芯片的逻辑操作主要通过单片机输出的地址线 A1、A0 选择端口，$\overline{CS}$ 选中芯片，$\overline{WR}$ 与 $\overline{RD}$ 选择数据流向。8255A 芯片的 A1、A0、$\overline{CS}$、$\overline{WR}$、$\overline{RD}$ 信号组合所实现的操作状态见表 6.6。

表 6.6　8255A 的操作状态

A1	A0	$\overline{RD}$	$\overline{WR}$	$\overline{CS}$	操　作	说　明
0	0	0	1	0	PA 口→数据总线	
0	1	0	1	0	PB 口→数据总线	输入操作（读）
1	0	0	1	0	PC 口→数据总线	
0	0	1	0	0	数据总线→PA 口	
0	1	1	0	0	数据总线→PB 口	输出操作（写）
1	0	1	0	0	数据总线→PC 口	
1	1	1	0	0	数据总线→控制寄存器	
x	x	x	x	1	数据总线三态	
1	1	0	1	0	非法条件（读控制寄存器）	禁止操作
x	x	1	1	0	数据总线三态	

注：表中 x 表示任意。

8255A 有三种工作方式：工作方式 0、工作方式 1 和工作方式 2，下面分别介绍：

① 工作方式 0（基本输入/输出方式）。这种工作方式不需要任何选通信号，适合于无条件传输数据的设备，数据输出有锁存功能，数据输入有缓冲（无锁存）功能。

② 工作方式 1（选通输入/输出方式）。在这种工作方式下，PA 口和 PB 口仍作为两个独立的 8 位 I/O 数据通道，可单独连接外部设备，通过编程分别设置它们为输入或输出。PC 口的高 5 位（PC7 ~ PC3）用来作为 PA 口输入/输出操作的控制和同步信号，PC 口的低 3 位（PC2 ~ PC0）则用来作为 PB 口输入/输出操作的控制和同步信号。

③ 工作方式 2（双向 I/O 接口方式）。仅 PA 口有这种工作方式，PB 口无此工作方式。在此工作方式下，PA 口为 8 位双向 I/O 接口，PC 口的高 5 位（PC7 ~ PC3）用来作为输入/输出的控制和同步信号。此时，PB 口可以工作在工作方式 0 或工作方式 1 下。

8255A 芯片在不同的工作方式下，各口线的功能见表 6.7。

表 6.7　8255A 在不同工作方式下，各口线的功能

端　口	工作方式 0		工作方式 1		工作方式 2
	输　入	输　出	输　入	输　出	输入/输出
PA 口	IN	OUT	IN	OUT	双向
PB 口	IN	OUT	IN	OUT	无
PC0	IN	OUT	INTRB	INTRB	无
PC1	IN	OUT	IBFB	$\overline{OBFB}$	无
PC2	IN	OUT	$\overline{STBB}$	$\overline{ACKB}$	无
PC3	IN	OUT	INTRA	INTRA	INTRA
PC4	IN	OUT	$\overline{STBA}$	I/O	$\overline{STBA}$
PC5	IN	OUT	IBFA	I/O	IBFA
PC6	IN	OUT	I/O	$\overline{ACKA}$	$\overline{ACKA}$
PC7	IN	OUT	I/O	$\overline{OBFA}$	$\overline{OBFA}$

在各种工作方式下，PC 口引脚符号含义说明如下：

$\overline{STB}$（Strobe Input）：设备选通信号输入线，低电平有效。外部设备将数据送入 8255A 芯片的输入口时，发一个$\overline{STB}$脉冲，在$\overline{STB}$脉冲的下降沿将端口数据线上的信息送入 8255A 端口缓存器。

IBF（Input Buffer Full）：输入缓存器满状态标志输出线，与设备相连。IBF 为高电平，表示设备已将数据送入端口缓存器，但 CPU 尚未读取；CPU 读取端口数据后，IBF 变成低电平，表示端口缓存器已为空。

INTR（Interrupt Request）：中断请求信号线，高电平有效，送 CPU 申请中断。对 MCS-51 来说，应使该信号反相后接 CPU 的外部中断源输入端。

$\overline{OBF}$（Output Buffer Full）：输出缓存器满状态标志输出线，$\overline{OBF}$为低电平表示 CPU 已将数据写入端口。设备从端口取走数据后，发来的应答信号$\overline{ACK}$使$\overline{OBF}$升为高电平。

$\overline{ACK}$（Acknowledge）：设备响应信号输入线，设备通过此引脚通知端口数据已被外部设备取走。

以上信号中，$\overline{STB}$、$\overline{ACK}$为握手信号，IBF、$\overline{OBF}$为缓冲器满状态。在输入时，外部设备通过$\overline{STB}$将数据送入端口缓存器，同时 IBF 变为高电平，表示端口缓存器已接收到外部设备送来的数据，且 INTR 变为高电平，向 CPU 申请中断，等待 CPU 将数据取走。CPU 取走数据后，IBF 自动变低，INTR 随 IBF 自动无效。输出与输入类似。

（3）8255A 芯片的控制字

8255A 芯片的初始化编程是通过对控制口写入控制字的方式实现的。控制字有两个：一个是方式控制字；另一个是 PC 口按位置位/复位控制字。

① 方式控制字。方式控制字控制 8255A 芯片三个端口的工作方式，其特征是，最高位为 1。例如，将 0B1H（1011 0001B）写入 8255A 芯片控制寄存器后，8255A 芯片被编程设定为：PA 口为工作方式 1 输入，PB 口为工作方式 0 输出，PC4 ~ PC7 为输出，PC0 ~ PC3 为输入。格式如图 6.16a 所示。

② PC 口按位置位/复位控制字。PC 口具有位操作能力，其每一位都可以通过软件设置为置位或复位。把一个置位/复位控制字写入 8255A 芯片的控制寄存器，就能把 PC 口的某一位置 1 或清 0 而不影响其他位的状态。其特征是，最高位为 0。若将控制字 0DH（0000 1101B）写入 8255A 芯片控制寄存器，则将 PC6 置 1。格式如图 6.16b 所示。

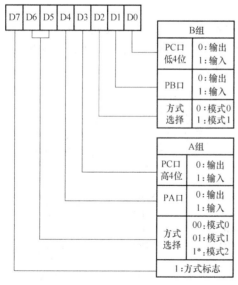

a）方式控制字

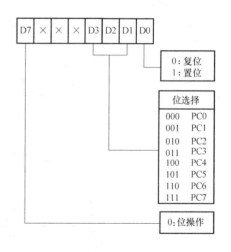

b）PC 口按位置位/复位控制字

图 6.16　8255A 控制字格式

182

（4）接口与编程方法

由于 8255A 芯片内部已有数据总线驱动器，因此可以直接与 MCS-51 单片机总线相连接。图 6.17 所示为 MCS-51 单片机外扩 8255A 芯片的电路原理图。

图 6.17 中，8255A 芯片的 $\overline{RD}$、$\overline{WR}$ 分别与 MCS-51 单片机 $\overline{RD}$、$\overline{WR}$ 相连，$\overline{CS}$ 接 P2.7，单片机地址线最低两位分别接 8255A 芯片的 A1、A0，P0 口接 D0～D7，PA、PB、PC 及控制寄存器的地址分别是 7FFCH、7FFDH、7FFEH 和 7FFFH。具体应用时，8255A 芯片复位应与 MCS-51 系统复位保持同步。

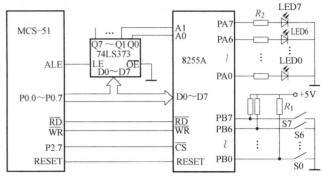

图 6.17　MCS-51 单片机外扩 8255A 芯片的电路原理图

如图 6.17 所示，8255A 芯片的 PA 接一组 8 只状态指示灯，PB 接一组 8 个开关，现需将开关闭合的状态输入到片内 60H 单元中保存，将 70H 单元的内容送状态指示灯显示，并置位 PC7 引脚，试编写相应的程序。

通过分析可知，8255A 的 PA、PB 均为基本输入/输出方式，即 PA 口工作方式 0 输入，PB 口工作方式 0 输出，则 8255A 的方式控制字为 82H（1000 0010B）。初始化过程及输入/输出的汇编语言程序如下：

```
        PORTA   EQU   7FFCH
        PORTB   EQU   7FFDH
        PORTC   EQU   7FFEH
        CS8255  EQU   7FFFH
        ORG 0000H
        LJMP START
        ORG 0030H
START:  MOV SP, #60H
ST1:    MOV DPTR, #CS8255      ; 数据指针指向 8255A 控制口
        MOV A, #82H
        MOVX @ DPTR, A         ; 工作方式字送 8255A 控制口
ST2:    MOV DPTR, #PORTB       ; 数据指针指向 8255A 的 PB 口
        MOVX A, @ DPTR         ; 读 PB 口数据
        MOV  60H, A
        MOV DPTR, #PORTA       ; 数据指针指向 8255A 的 PA 口
        MOV A, 70H
        MOVX @ DPTR, A         ; 送数据给 PA 口
        MOV A, #0FH
        MOVX @ DPTR, A         ; 置位 PC7
        SJMP ST2
        END
```

C51 程序如下：

```
#include < reg51. h >
#include < absacc. h >
#define COM8255A XBYTE[0x7FFF]     /* 8255A 的命令口地址* /
```

```
#define PA8255A XBYTE[0xFFC]        /* A口的地址* /
#define PB8255A XBYTE[0xFFD]        /* B口的地址* /
#define ram60h DBYTE[0x0060]        /* 片内RAM60H存储单元* /
#define ram70h DBYTE[0x0070]        /* 片内RAM70H存储单元* /
voidmain(void)
{
    while(1)
    {
        COM8255A = 0x82;            /* 8255A初始化,A口输出、B口输入* /
        ram70h = 0x66;             /* 片内RAM70H单元初始化赋值* /
        ACC = PB8255B;             /* 读8255A的B口状态* /
        ram60h = ACC;              /* B口状态存入60H单元* /
        ACC = ram70h;              /* 将70H单元里的内容输出到A口并经发光二极管显示* /
        PA8255A = ACC;
        COM8255A = 0x0f;           /* 置位PC7引脚* /
    }
}
```

2. RAM、I/O 扩展芯片 8155

8155 芯片内具有 RAM、并行 I/O 接口和计数器，是一种可编程多功能接口芯片。它具有与 MCS-51 单片机接口简单、内部资源丰富等优点，是单片机应用系统中广泛使用的可编程接口芯片。8155 芯片的功能说明如下：

① 两个 8 位可编程并行 I/O 接口 PA、PB。

② 一个 6 位可编程并行 I/O 接口 PC。

③ 256B 的静态 RAM。

④ 一个 14 位计数器。

（1）8155 芯片的结构及引脚功能

8155 芯片的内部逻辑结构如图 6.18a 所示，其引脚排列如图 6.18b 所示。其中，各引脚符号的含义和功能说明如下：

① AD0 ~ AD7：地址/数据总线。

② IO/$\overline{M}$：I/O 或 RAM 选择信号线，输入高电平选择 I/O 操作，输入低电平选择访问片内 RAM。

③ $\overline{CE}$：片选信号输入线，低电平有效。

④ $\overline{RD}$、$\overline{WR}$：读、写选通输入线，低电平有效。

⑤ TI（TIMER IN）：计数器计数脉冲输入线。

⑥ TO（TIMER OUT）：计数器的输出信号线，输出波形由内部定时工作方式决定。

⑦ PA0 ~ PA7，PB0 ~ PB7：两个 8 位并行 I/O 接口。

⑧ PC0 ~ PC5：6 位并行 I/O

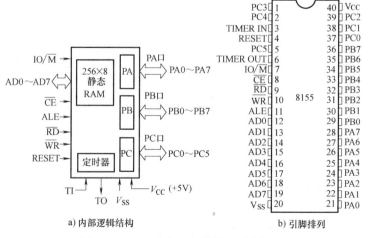

a) 内部逻辑结构　　　　b) 引脚排列

图 6.18　8155 内部逻辑结构及引脚排列

接口。

⑨ ALE：地址锁存信号输入线，其下降沿时，锁存 AD0 ~ AD7 上的地址。当 IO/$\overline{\text{M}}$ = 1 时，该地址为端口地址；当 IO/$\overline{\text{M}}$ = 0 时，该地址为片内 RAM 地址。

⑩ RESET：复位输入引脚，高电平复位。复位结束后，PA、PB、PC 口的初始状态均为输入口。

⑪ V_{CC}：电源 +5V；V_{SS}：接地。

（2）8155 芯片的 RAM 地址和 I/O 端口地址编码

8155 芯片的 I/O 端口地址及 RAM 地址在单片机应用系统中与外部数据存储器是统一编址的，其控制操作见表 6.8，对应 I/O 接口内部寄存器的地址编码见表 6.9。

表 6.8　8155 芯片控制操作

控　制　信　号				操　　作
$\overline{\text{CE}}$	IO/$\overline{\text{M}}$	$\overline{\text{RD}}$	$\overline{\text{WR}}$	
0	0	0	1	读 RAM 单元（地址为 xx00H ~ xxFFH）
0	0	1	0	写 RAM 单元（地址为 xx00H ~ xxFFH）
0	1	0	1	读内部寄存器
0	1	1	0	写内部寄存器
1	x	x	x	无操作

表 6.9　8155 芯片内部寄存器的地址编码

地　　址	寄　存　器
xxxx x000	命令字、状态字
xxxx x001	PA 口寄存器
xxxx x010	PB 口寄存器
xxxx x011	PC 口寄存器
xxxx x100	定时器/计数器低 8 位寄存器
xxxx x101	定时器/计数器高 8 位寄存器

（3）命令/状态寄存器

8155 芯片的命令/状态寄存器在物理上只有一个端口地址（见表 6.9），对该端口进行写操作，命令字被写入命令寄存器；对该端口进行读操作，则从状态寄存器读出状态字。

8155 芯片所提供的每个 I/O 接口和定时器都是可编程的。I/O 接口的工作方式选择、定时器/计数器的工作控制都是通过对 8155 芯片内部命令寄存器设定命令控制字的方式来实现的，并通过对状态字的读取来判别它们的工作状态。命令/状态寄存器共用一个端口地址，通过读/写信号加以区分，命令字寄存器只能写、不能读，状态寄存器只能读、不能写。

8155 的命令字格式如图 6.19 所示。

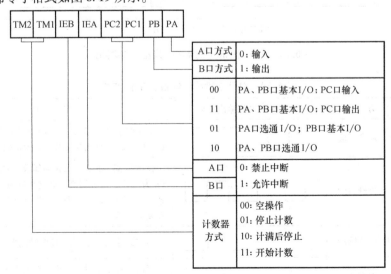

图 6.19　8155 的命令字格式

8155 的状态字格式如图 6.20 所示。

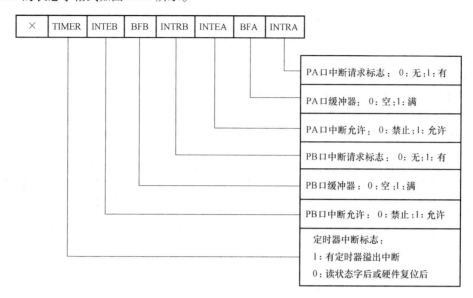

图 6.20　8155 的状态字格式

（4）定时器/计数器

8155 芯片内有一个 14 位的减法计数器，可对输入脉冲进行减法计数，它可以在 0002H ~ 3FFFH 之间选择计数器初值。8155 芯片外部有两个定时器/计数器引脚 TIMER OUT 和 TIMER IN。其中，TIMER IN 为定时器/计数器时钟输入，由外部输入时钟脉冲，其频率最高可达 4MHz；TIMER OUT 为定时器/计数器输出，输出各种信号脉冲波形。定时器/计数器的计数单元和工作方式由 8155 内部两个寄存器确定，这两个寄存器格式如图 6.21 所示。其中，高字节寄存器的最高两位 M2、M1 用于设定定时器/计数器的工作方式，见表 6.10。

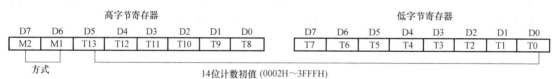

图 6.21　8155 内部定时器/计数器寄存器格式

表 6.10　8155 定时器/计数器工作方式

M2	M1	方　式	TIMER OUT 的输出波形	说　　明
0	0	单负方波		低电平宽为 $n/2$ 个 TI 时钟周期（n 为偶数）或（$n-1$）/2 个 TI 时钟周期（n 为奇数）
0	1	连续方波		低电平宽为 $n/2$ 个（n 为偶数）或（$n-1$）/2 个（n 为奇数）时钟周期，高电平宽为 $n/2$ 个（n 为偶数）或（$n+1$）/2 个（n 为奇数）时钟周期，自动恢复初值
1	0	单负脉冲		溢出时输出一个宽为 TI 时钟周期的负脉冲
1	1	连续脉冲		每次计数溢出时，输出一个宽为 TI 时钟周期的负脉冲，自动恢复初值

对定时器/计数器进行编程时，首先将计数初值及工作方式送入定时器/计数器的高、低字节寄存器，计数初值不要超过范围，计数器的启/停由命令字的最高两位控制，任何时刻都可以置定时器/计数器的初值和工作方式。然后，必须将启动命令写入命令寄存器，即使计数器已经计数，在写入启动命令后仍可改变定时器/计数器的工作方式。8155 芯片复位后不预置定时器/计数器方式和计数初值。

（5）接口与编程

8155 芯片可以直接与 MCS-51 单片机连接，不需要任何外加逻辑，扩展一片 8155 芯片系统，可以增加 256B 片外 RAM、22 位 I/O 接口线及一个 14 位减法计数器。MCS-51 与 8155 芯片的连接方法如图 6.22 所示。

MCS-51 的 P0 口不需要加锁存器，可以直接与 8155 芯片的 AD0 ~ AD7 相连，它既是低 8 位地址线，也是 8 位数据线。8155 芯片的锁存信号 ALE 直接引自 MCS-51 单片机

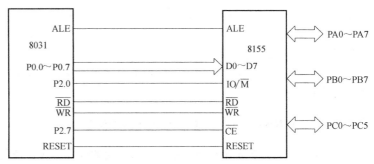

图 6.22　MCS-51 与 8155 芯片的连接方法

的 ALE 输出，用以在内部锁存地址。$\overline{CE}$ 及 IO/$\overline{M}$ 与 MCS-51 的连接方法决定了 8155 的地址范围，按图 6.22 中的连接方法可知 RAM 和各端口的地址如下：

RAM 字节地址范围：7E00H ~ 7EFFH；命令/状态寄存器：7F00H；PA 口：7F01H；PB 口：7F02H；PC 口：7F03H；定时器低 8 位寄存器：7F04H；定时器高 8 位寄存器：7F05H。

在图 6.22 所示的接口电路中，将单片机片内 RAM 的 40H ~ 4FH 单元的内容，送 8155 芯片内的 00H ~ 0FH 单元，并设定 8155 芯片的工作方式为：PA 口基本输入方式、PB 口基本输出方式、PC 口输入方式，定时器作为方波发生器，对输入脉冲 100 分频。

汇编语言程序如下：

```
        ORG   0100H
        MOV   R0, #40H          ; CPU 片内 RAM 的 40H 单元地址指针送 R0
        MOV   DPTR,#7E00H       ; 数据指针指向 8155 内部 RAM 单元
LP:     MOV   A,@R0             ; 数据送累加器 A
        MOVX  @DPTR,A           ; 数据从累加器 A 送 8155 内部 RAM 单元
        INC   DPTR              ; 指向下一个 8155 内部 RAM 单元
        INC   R0                ; 指向下一个 CPU 内部 RAM 单元
        CJNE  R0,#50H,LP        ; 数据未传送完返回
        MOV   DPTR,#7F04H       ; 指向定时器低 8 位
        MOV   A, #64H           ; 分频系数 (64)₁₆ = (100)₁₀
        MOVX  @DPTR, A          ; 低 8 位初值装入
        INC   DPTR              ; 指向定时器高 8 位
        MOV   A,#40H            ; 设定时器方式为连续方波 (40H = 0100 0000B)
        MOVX  @DPTR, A          ; 定时器/计数器方式及高 6 位初值装入
        MOV   DPTR, #7F00H      ; 数据指针指向控制字寄存器
        MOV   A,#0C2H           ; 设定 PA、PB、PC 口工作方式
        MOVX  @DPTR, A          ; 启动定时器 (0C2H = 1100 0010B)
        RET
        END
```

187

6.4 总线接口扩展

总线种类繁多，可分为局部总线、系统总线和通信总线。通信总线是系统之间或 CPU 与外部设备之间进行通信的一组信号线。通信总线接口按电气标准及协议来分，包括 RS-232、RS-422、RS-485、MODEM、USB、IEEE 1394、Internet 网络芯片等，它们在不同的领域得到了广泛的应用。

数字信号的传输随着信号传输速率的提高，其传输线上的反射、串扰、衰减和共地噪声等影响越来越大，将引起信号的畸变，从而限制了通信距离。普通的 TTL 电路，由于驱动能力差，输入电阻小，灵敏度不高，以及抗干扰能力差，因而信号传输的距离短；借助通信接口电路，可以进行较长距离的数据传输。

本节主要介绍 MCS-51 单片机应用系统中常用的通信总线标准及接口。其他总线的知识可参阅相关书籍。

6.4.1 EIA RS-232C 总线标准与接口电路

EIA RS-232C 是异步串行通信中应用最广泛的标准总线，是美国电子工业联合会（Electronic Industries Association，EIA）与 Bell 等公司 1969 年一起开发公布的通信协议。它最初是为远程通信连接数据终端设备（Data Terminal Equipment，DTE）和数据通信设备（Data Communication Equipment，DCE）制定的，因此这个标准的制定，并未考虑计算机系统的应用要求。但目前它已广泛用于计算机（更准确的说，是计算机接口）与终端或外部设备之间的近端连接，因此它的有些规定与计算机系统是不一致的，甚至是矛盾的。RS-232C 标准中所提到的"发送"和"接收"，都是站在 DTE 立场上，而不是站在 DCE 的立场来定义的。由于在计算机系统中，往往是 CPU 和 I/O 设备之间传送信息，两者都是 DTE，因此双方都能发送和接收。该协议适合于数据传输速率在 0～20kbit/s 范围内的通信，包括按位串行传输的电气和机械方面的规定，在微机通信接口中被广泛采用。

1. 电气特性

RS-232C 采取不平衡传输方式，是为点对点（即只用于一对收、发设备）通信而设计的，采用负逻辑，其驱动器负载为 3～7kΩ。由于 RS-232C 发送电平与接收电平的差仅为 2～3V，所以其共模抑制能力差，再加上双绞线上的分布电容，因此，RS-232C 适用于传送距离不大于 15m，速度不高于 20kbit/s 的本地设备之间通信的场合。RS-232C 接口标准的电气特性见表 6.11。

表 6.11　RS-232C 接口标准的电气特性

项　目	参　数	项　目	参　数
带 3～7kΩ 负载时，驱动器的输出电平	逻辑 0：+5～+15V	输入开路时，接收机的输出	逻辑 1
	逻辑 1：-15～-5V	输入经 300Ω 接地时，接收器输出	逻辑 1
不带负载时，驱动器的输出电平	-25V～+25V	+3V 输入时，接收器的输出	逻辑 0
驱动器通断时的输出阻抗	>300Ω	-3V 输入时，接收器的输出	逻辑 1
输出短路电流	<0.5A	最大负载电容	2500pF
接收机输入电压的允许范围	-25～+25V		

2. 连接器

由于 RS-232C 并未定义连接器的物理特性，因此，出现了 DB-25、DB-9 等类型的连接器，其引脚的定义也各不相同，下面分别介绍：

① DB-25 连接器。DB-25 连接器的外形及信号线分配如图 6.23a 所示。25 芯 RS-232C 接口具有 20mA 电流环接口功能，用 9、11、18、25 针来实现。

② DB-9 连接器。DB-9 连接器只提供异步通信的 9 个信号，如图 6.23b 所示。DB-25 与 DB-9 连接器的引脚分配信号完全不同，因此，要与配接 DB-9、DB-25 连接器的数据通信设备连接，必须使用各自专门的电缆线。

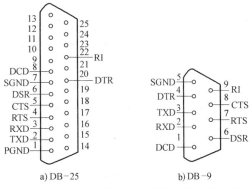

a) DB-25   b) DB-9

图 6.23 RS-232C 连接器的外形及信号线分配

3. RS-232C 的接口信号

RS-232C 标准接口有 25 条线，其中常用的有如下几条：

① 数据装置准备好 DSR（Data Set Ready）：有效时，表明数据通信设备已准备好，处于可使用状态。

② 数据终端准备好 DTR（Data Terminal Ready）：有效时，表明数据终端已准备好，处于可使用状态。

③ 请求发送 RTS（Request To Send）：表示 DTE 请求 DCE 发送数据。

④ 允许发送 CTS（Clear To Send）：表示 DCE 准备好接收 DTE 发来的数据。这是对请求发送信号 RTS 的响应信号。

RTS/CTS 请求应答联络信号用于半双工系统中发送和接收方式之间的切换。在全双工系统中，因为配置了双向通道，所以一般不需要 RTS/CTS 联络信号，可使其变为高电平。

⑤ 数据载波检出 DCD（Data Carrier Dectection）：表示 DCE 已接通通信链路，告知 DTE 准备接收数据。

⑥ 振铃指示 RI（Ringing）：当 DTE 收到 DCE 送来的振铃呼叫信号时，使该信号有效，通知终端，已被呼叫。

⑦ 发送数据线 TXD（Transmitted Data）：通过 TXD 线终端将串行数据发送给 DCE（DTE→DCE）。

⑧ 接收数据线 RXD（Received Data）：通过 RXD 线终端接收从 DCE 发送来的串行数据（DCE→DTE）。

⑨ 地线 SGND 和 PGND：有两根地线 SGND（信号地）和 PGND（保护地）。

上述各项中，①~⑥为联络控制信号线，⑦、⑧为数据发送与接收线。

控制信号线有效与无效的顺序表示了接口信号的传送过程。例如，只有当 DSR 和 DTR 都处于有效状态时，才能在 DTE 和 DCE 之间进行传送操作。若 DTE 要发送数据，则预先将 DTR 线置成有效状态，并且在 CTS 线上收到有效状态的回答后，才能在 TXD 线上发送串行数据。表 6.12 列出了 9 芯 RS-232C 接口的引脚功能。

表 6.12 9 芯 RS-232C 接口的引脚功能

引 脚 号	名称（缩写名）	功 能 说 明
1	载波检测（DCD）	当 DCE 从数据线上收到信号时，发出此信号
2	接收数据（RXD）	从 DCE 到 DTE 的数据线
3	发出数据（TXD）	从 DTE 到 DCE 的数据线
4	数据终端准备好（DTR）	由 DTE 发出，表示 DTE 可以和调制器传送数据
5	信号地（SGND）	用于接口的逻辑地

189

（续）

引 脚 号	名称（缩写名）	功 能 说 明
6	数据装置准备好（DSR）	由 DCE 发出，表示数据已被接收
7	请求发送（RTS）	由 DTE 发出，DCE 根据情况决定是否响应
8	清除发送（CTS）	由 DCE 发出，控制发送端发送数据
9	振铃指示（RI）	由 DCE 发出，表示正进行通信

4. 电平转换

RS-232C 用正、负电压来表示逻辑状态，与 TTL 以高、低电平表示逻辑状态的规定不同。因此，为了能够同计算机接口或终端的 TTL 器件连接，必须在 RS-232C 与 TTL 电路之间进行电平和逻辑关系的变换。实现这种变换可用分立元器件，也可用集成电路芯片。目前较为广泛使用的是集成电路转换器件，如 MC1488、SN75150 芯片可实现 TTL 电平到 EIA 电平的转换，MC1489、SN75154 可实现 EIA 电平到 TTL 电平的转换，而 MAX232 芯片可实现 TTL 到 EIA 的双向电平转换。

MAX232 芯片是 Maxim 公司生产的低功耗、单电源、双 RS-232 发送/接收器，可实现 TTL 到 EIA 的双向电平转换。MAX232 芯片内部有一个电源电压变换器，可以把输入的 +5V 电源变换成 RS-232C 输出电平所需的 ±10V 电压，所以采用此芯片接口的串行通信系统只要单一的 +5V 电源即可。MAX232 的引脚排列如图 6.24 所示。

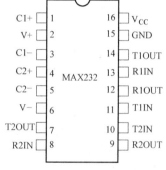

图 6.24　MAX232 的引脚排列

各引脚具体功能说明如下：

第一部分是电荷泵电路。它由 1、2、3、4、5、6 脚和 4 只电容构成，其功能是产生 +12V 和 -12V 两个电源，满足 RS-232 串口电平的需要。

第二部分是数据转换通道。由 7、8、9、10、11、12、13、14 脚构成两个数据通道。其中，13 脚（R1IN）、12 脚（R1OUT）、11 脚（T1IN）、14 脚（T1OUT）为第一数据通道。8 脚（R2IN）、9 脚（R2OUT）、10 脚（T2IN）、7 脚（T2OUT）为第二数据通道。

TTL/CMOS 数据从 T1IN、T2IN 输入转换成 RS-232 数据，从 T1OUT、T2OUT 送到电脑 DB9 插头；DB9 插头的 RS-232 数据从 R1IN、R2IN 输入转换成 TTL/CMOS 数据后，从 R1OUT、R2OUT 输出。

第三部分是供电。15 脚 GND、16 脚 V_{CC}（+5V）。

5. EIA RS-232C 与单片机系统的接口

MAX232 接口电路如图 6.25 所示。MAX232 外围需要四个电解电容 C_1、C_2、C_3 和 C_4，是内部电源转换所需电容，其取值均为 1μF/25V，宜选用钽电容，并且安装位置应尽量靠近芯片。C_5 为 0.1μF 的去耦电容。MAX232 的引脚 T1IN、T2IN、R1OUT、R2OUT 为接 TTL/CMOS 电平的引脚，引脚 T1OUT、T2OUT、R1IN、R2IN 为接 RS-232C 电平的引脚。因此，T1IN、T2IN 引脚应与 MCS-51 的串行发送引脚 TXD 相连接，R1OUT、R2OUT 应与 MCS-51 的串行接收引脚 RXD

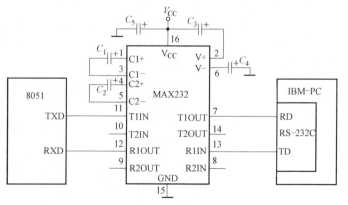

图 6.25　MAX232 接口电路

相连接，T1OUT、T2OUT 应与 PC 的接收端 RD 相连接，R1IN、R2IN 应与 PC 的发送端 TD 相连接。

6. 4. 2　RS-422/RS-485 总线标准与接口电路

在测量与控制系统中，通常采用微机作为上位机、单片机作为下位机的分布式结构，对地理上分散的测控系统完成数据采集、测量、控制和管理等任务。这些系统在设计时要充分考虑数据的传送方式，保证数据在较长线路上传输的正确性。如果采用前面介绍过的 RS-232C 标准进行通信，负载能力差，通信范围小，传送距离不超过 15m，难以满足远距离的数据传输和控制。在进行长距离数据传输时，目前广泛采用的是 RS-485 总线标准。

1. RS-422 串行总线标准

RS-422 由 RS-232 发展而来，它是为弥补 RS-232 之不足而提出的。为改进 RS-232 通信距离短、速率低的缺点，RS-422 定义了一种平衡通信接口，将数据传输速率提高到 10Mbit/s，传输距离延长到 1220m（速率低于 100kbit/s 时），并允许在一条平衡总线上最多连接 10 个接收器。RS-422 是一种单机发送、多机接收的单向、平衡的通信总线标准。

2. RS-485 串行总线标准

为扩展应用范围，EIA 在 RS-422 的基础上制定了 RS-485 标准，增加了多点、双向通信能力，在要求通信距离为几十米至上千米时，广泛采用 RS-485 总线标准。它采用平衡发送和差分接收方式：在发送端，驱动器将 TTL 电平信号转换成差分信号输出；在接收端，接收器将差分信号变成 TTL 电平信号。RS-485 接口具有较高的灵敏度，能检测出低至 200mV 的电压，具有抑制共模干扰的能力，数据传输可达千米以上。

3. 平衡传输

RS-422、RS-485 与 RS-232 不一样，数据信号采用差分传输方式，也称做平衡传输。它使用一对双绞线，将其中一条线定义为 A，另一条线定义为 B。

在通常情况下，发送驱动器 A、B 之间的逻辑 1 电平在 +1.5 ～ +6V 之间，逻辑 0 电平在 −6 ～ −1.5V 之间，另外还有信号地和使能端，使能端在 RS-422 中可用可不用。"使能"端用于控制发送驱动器与传输线的切断与连接。当"使能"端起作用时，发送驱动器处于高阻状态，称做"第三态"，即它是有别于逻辑"1"与"0"的第三态。

接收器与发送端的规定相同，收、发端通过平衡双绞线将 AA 与 BB 对应相连，当在接收端 AB 之间有大于 +200mV 的电平时，输出逻辑 1；小于 −200mV 时，输出逻辑 0。接收器接收平衡线上的电平范围通常为 200mV ～ 6V。

4. RS-422 与 RS-485 的异同

RS-485 的许多电气规定与 RS-422 的相仿。例如，它们都采用平衡传输方式，都需要在传输线上接终接电阻等。RS-485 可以采用二线制与四线制方式，二线制可实现真正的多点双向通信；而采用四线制连接时，与 RS-422 一样，只能实现点对多（只能有一个主设备，其余为从设备）的通信。

RS-485 与 RS-422 的共模输出电压是不同的。RS-485 共模输出电压范围为 −7 ～ +12V，RS-422 为 −7 ～ +7V；RS-485 的最小输入阻抗为 12kΩ，RS-422 为 4kΩ；RS-485 满足所有 RS-422 的规范，所以 RS-485 的驱动器可以在 RS-422 网络中应用，但 RS-422 的驱动器并不完全适用于 RS-485 网络。RS-485 与 RS-422 一样，最大传输速率为 10Mbit/s。当波特率为 1200bit/s 时，最大传输距离理论上可达 15km。平衡双绞线的长度与数据传输速率成反比，在 100kbit/s 速率以下，才可能使用规定的最长电缆长度。RS-485 需要两个终接电阻，接在传输总线的两端，其阻值要求等于传输电缆的特性阻抗。在短距离传输时，可不需终接电阻，即一般在300m以下不需终接电阻。

5. RS-485 串行总线的特点

① 机械特性：采用 RS-232/RS-485 转换器（如 ADAM4520）将 PC 串行口 RS-232 信号转换成 RS-485 信号，或接入 TTL/RS-485 转换器（如 MAX485），将 I/O 接口芯片 TTL 电平信号转换成 RS-485 信号，进行远距离高速双向串行通信。

② 电气特性：RS-485 标准采用正逻辑，+1.5 ~ +6V 表示"1"，−6 ~ −1.5V 表示"0"；二线双端半双工差分电平发送与接收，无公共地线，能有效克服共模干扰、抑制线路噪声；传输距离为 1.2km，最高数据传输速率可达 10Mbit/s。RS-485 有关电气参数见表 6.13。

表 6.13　RS-485 有关电气参数

项　目	参　数	项　目	参　数
工作模式	差动	最大输出短路电流	250mA
传输介质	双绞线	驱动器输出阻抗	54Ω
允许的收发器数	32 ~ 256 个节点	接收器输入灵敏度	±200mV
最高数据传输速率	10Mbit/s	接收器最小输入阻抗	12kΩ
最远通信距离	1200m	接收器输入电压范围	−7 ~ +12V
最小驱动输出电压	±1.5V	接收器输出逻辑 1	>200mV
最大驱动输出电压	±5V	接收器输出逻辑 0	< −200mV

③ 功能与规程特性：网络媒介采用双绞线、同轴电缆或光纤，安装简易，电缆、连接器、中继器、滤波器使用数量较少（每个中继器可延长线路 1.2km），网络成本低廉。

④ 数据帧格式：由于国内许多电子产品都含有通用异步串行传输接口（Universal Asynchronous Receive and Transfer，UART），另外，RS-232 接口也是 PC 的标准配置，因此，开发 RS-485 总线数据链路协议较好的方案是以字节式异步通信为基础，相应的帧格式如下：

帧起始	地址域	控制域	帧长度	数据	帧校验

⑤ 节点数：所谓节点数，是指每个 RS-485 接口芯片的驱动器能驱动多少个标准 RS-485 负载。表 6.14 中列出了一些常见 RS-485 接口芯片的节点数。

表 6.14　一些常见 RS-485 接口芯片的节点数

节点数	型　号	节点数	型　号
32	SN75176，SN75276，SN75179，SN75180，MAX485，MAX488，MAX490	128	MAX487，MAX1487
64	SN75LBC184	256	MAX1482，MAX1483，MAX3080 ~ MAX3089

⑥ 两种通信方式：RS-485 总线接口可连接成半双工（如 SN75176、MAX485 等芯片）和全双工（如 SN75179、MAX488 等芯片）两种通信方式。

6. 终端匹配

对 RS-422 与 RS-485 总线网络，一般要使用终接电阻进行匹配。但在短距离与低速率下可以不考虑终端匹配。一般，终端匹配采用终接电阻方法，RS-422 在总线电缆的远端并接电阻，RS-485 则应在总线电缆的开始和末端都并接终接电阻。终接电阻在 RS-422 网络中一般取 100Ω，在

RS-485 网络中取 120Ω。因为大多数双绞线电缆特性阻抗大约在 100 ~ 120Ω 之间，所以终接电阻相当于电缆特性阻抗的电阻。这种匹配方法简单有效，但有一个缺点，匹配电阻要消耗较大功率，对于功耗限制比较严格的系统不太适用。

7. RS-485 与单片机系统的接口

RS-485 是一种电气标准，与 TTL 标准完全不同，单片机与 RS-485 总线标准之间必须进行转换，可以采用分立元器件或集成电路专用芯片完成。集成电路芯片转换具有外围电路简单，使用方便的特点，常用的芯片有 MAX485、SN5176 等。下面以 MAX485 为例介绍单片机系统如何应用 RS-485 总线。

MAX485 芯片是 Maxim 公司生产的电平转换芯片，其引脚排列如图 6.26 所示，各引脚含义说明如下：

RO：接收器输出端。若 A 端高于 B 端 200mV 以上，则 RO 为高；否则，RO 为低。

$\overline{RE}$：接收器输出使能端。当 $\overline{RE}$ 为低时，RO 有效；否则 RO 为高阻态。

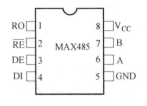

DE：驱动器输出使能端。若 DE 为高，则驱动输出端 A 和 B 有效，器件作为线驱动器使用（发送）；若 DE 为低，则 A 和 B 呈高阻态，这时 $\overline{RE}$ 为低，器件作为线接收器使用（接收）。

图 6.26　MAX485 引脚排列

DI：驱动器输入。若 DI 为低，将迫使输出为低；若 DI 为高，将迫使输出为高。

B：反相接收器输入和反相驱动器输出。

A：同相接收器输入和同相驱动器输出。

GND：接地。

V_{CC}：电源正极。

MAX485 与 MCS-51 单片机系统连接电路如图 6.27 所示。RO 与 DI 是标准的 TTL 电平，与 MCS-51 系统的 TXD 和 RXD 直接连接即可。由于 RS-485 总线半双工工作，P1.0 引脚可控制 MAX485 是工作于收数据状态，还是工作于发数据状态，其为低时工作于接收数据状态。A、B 端为 RS-485 总线的数据传输线路。

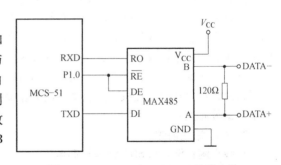

图 6.27　MCS-51 与 MAX485 连接电路

6.4.3　I²C 总线标准与接口电路

I²C 总线（Inter Integrated Circuit Bus）是 Philips 公司推出的串行总线标准（为二线制）。总线上扩展的外围器件及外部设备接口通过总线寻址，是具备总线仲裁和高低速设备同步等功能的高性能多主机总线。其组成系统结构简单，无需专门的母板和插座，直接用导线连接设备，通信时无需片选信号，另外，具有这种总线的器件的价格比较便宜，目前应用比较广泛。

1. I²C 总线工作原理

I²C 总线是由串行数据线 SDA 和串行时钟线 SCL 构成的，可发送和接收数据。它允许若干兼容器件共享总线。所有挂接在 I²C 总线上的器件和接口电路都应具有 I²C 总线接口，且所有的 SDA/SCL 同名端相连。I²C 总线理论上可以允许的最大设备数，以总线上所有器件的电容总和不超过 400pF 为限（其中包括连线本身的电容和与它连接的引出电容），总线上所有器件都要依靠 SDA 发送的地址信号寻址，不需要片选线。

193

I^2C 总线最主要的优点是其简单性和有效性。由于接口直接在组件上，因此，占用的空间非常小，减少了电路板的空间和芯片引脚的数量，降低了互连成本。总线的长度可高达 7.6m，并且能够以 10kbit/s 的最大数据传输速率支持 40 个组件及多主控器件，其中，任何能够进行发送和接收的设备都可以成为主控器件。主控器件能够控制信号的传输和时钟频率。当然，在某时刻只能有一个主控器件。

I^2C 总线数据传输的最大数据传输速率为 400kbit/s，标准数据传输速率为 100kbit/s。SDA 与 SCL 为双向 I/O 接口线，输出级是漏极开路电路。因此，I^2C 总线上所有设备的 SDA、SCL 引脚都要外接上拉电阻。

2. I^2C 总线系统结构

一个典型的 I^2C 总线结构如图 6.28 所示。其中，所有的器件均有 I^2C 总线接口，所有器件都通过 SDA（串行数据线）和 SCL（串行时钟线）两根线连接到 I^2C 总线上，并通过总线识别（即寻址）。

I^2C 总线中的器件既可以作为主控器，也可以作为被控器，既可以是发送器，也可以是接收器。主器件的功能是在总线上启动数据传送，并产生时钟脉冲。被寻址器件又称为从器件。系统中每个器件均具有唯一的地址，各器件之间通过寻址确定数据交换方。

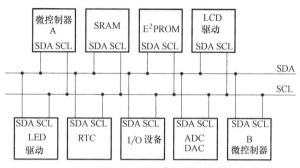

图 6.28　典型的 I^2C 总线结构

连接在 I^2C 总线的器件一般均能成为从器件，只有微处理器才能成为主器件。在 I^2C 总线上允许出现多个微处理器，任何时刻，总线只能有一个主控制器，各从控制器在总线空闲时启动数据传送。先控制总线的将成为主器件，如果存在几个微处理器同时企图控制总线成为主器件，则随之产生总线竞争协议。竞争成功的器件成为主器件，其他则退出。在竞争过程中，数据不会丢失、破坏。数据的传输只能在主、从器件间进行，在每次数据交换开始时，作为主控器的器件需要通过总线竞争获得主控权，并启动一次数据交换，结束后释放总线。各器件虽然挂在同一条总线上，却彼此独立，互不相关。

3. I^2C 总线协议

总线空闲：SCL 和 SDA 都保持高电平。

开始信号：在 SCL 保持高电平的状态下，SDA 出现下降沿。出现开始信号以后，总线被认为"忙"。

停止信号：在 SCL 保持高电平的状态下，SDA 出现上升沿。出现停止信号以后，总线被认为"空闲"。

总线忙：在数据传送开始后，当 SCL 为高电平时，SDA 的数据必须保持稳定；只有当 SCL 为低电平时，才允许 SDA 上的数据改变。否则，会被误认为开始/结束信号。

I^2C 总线在传送数据过程中共有三种类型信号：开始信号、停止信号和应答信号。

应答信号：接收数据的器件在接收到 8 位数据后，向发送数据的器件发出特定的低电平脉冲，表示已收到数据。CPU 向受控单元发回一个信号后，等待受控单元发回一个应答信号，CPU 接收到应答信号后，根据实际情况判断是否继续传递信号。若未收到应答信号，则判断为受控单元出现故障。

4. I^2C 总线的传送格式

I^2C 总线的传送格式为主从式，对系统中的某一器件来说，有四种可能的工作方式：主发送方式、从发送方式、主接收方式、从接收方式。

下面介绍两种发送与接收组合方式。

（1）主发送、从接收

主器件产生开始信号以后，发送的第一个字节为控制字节，其前 7 位为从器件的地址片选信号，最低位为数据传送方向位（高电平表示读从器件，低电平表示写从器件）。然后，发送一个选择从器件片内地址的字节，来决定开始读/写数据的起始地址。接着再发送数据字节，可以是单字节数据，也可以是一组数据，由主器件来决定。从器件每接收到一个字节以后，都要返回一个应答信号（ACK = 0）。主器件在应答时钟周期高电平期间释放 SDA 线，转由从器件控制，从器件在这个时钟周期的高电平期间必须拉低 SDA 线，并使之为稳定的低电平，作为有效的应答信号。

（2）从发送、主接收

在开始信号以后，主器件向从器件发送控制字节。如果从器件接收到主器件发送来的控制字节中的片地址与该器件的相对应，并且方向位为高电平（R/$\overline{\text{W}}$ = 1），就表示从器件将要发送数据。从器件先发送一个应答信号（ACK = 0）回应主器件，接着由从器件发送数据到主器件。如果在这个过程之前，主器件发给从器件一个片内地址选择信号，从器件发送的数据就从该地址开始发送；如果在从器件接收到请求发送的控制信号以前，没有收到这个地址选择信号，从器件就从最后一次发送数据的地址开始发送数据。在发送数据过程中，主器件每接收到一个字节都要返回一个应答信号 ACK。若 ACK = 0（有效应答信号），则从器件继续发送；若 ACK = 1（停止应答信号），则从器件停止发送。主器件可以控制从器件从什么地址开始发送，发送多少字节。

5. I²C 总线的基本操作

I²C 总线可以主/从双向通信。若器件发送数据到总线上，则定义为发送器；若器件接收数据，则定义为接收器。主器件和从器件都可以工作于接收和发送状态。总线必须由主器件控制，主器件产生串行时钟（SCL）控制总线的传输方向，并产生起始条件和停止条件。SDA 线上的数据状态仅在 SCL 为低电平的期间才能改变；在 SCL 为高电平的期间，SDA 状态的改变被用来表示起始条件和停止条件。串行总线上的数据传送顺序如图 6.29 所示。

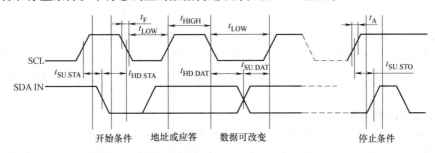

图 6.29　串行总线上的数据传送顺序

（1）控制字节

在起始条件之后，必须是器件的控制字节。其中，高 4 位为器件类型识别符（不同的芯片类型有不同的定义，如 E² PROM 为 1010），接着 3 位为器件片选地址，最低位为读/写控制位，为"1"时进行读操作，为"0"时进行写操作。控制字节配置如图 6.30 所示。

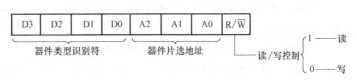

图 6.30　控制字节配置

（2）写操作

写操作分为字节写和页面写两种操作。对于页面写，根据芯片一次装载的字节数不同而有所不同。页面写操作的时序如图6.31所示。

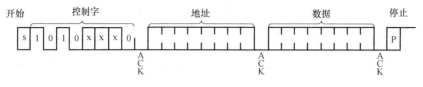

图6.31　页面写操作的时序

（3）读操作

读操作有三种基本操作：当前地址读、随机读和顺序读。图6.32给出的是顺序读操作的时序。应当注意的是，为了结束读操作，主机必须在第9个周期内发出停止条件，或者在第9个时钟周期内保持SDA为高电平，然后发出停止条件。

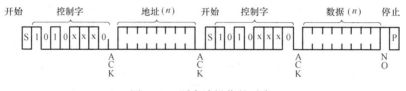

图6.32　顺序读操作的时序

6. 单片机的 I²C 总线接口

在单片机控制系统中，广泛使用 I²C 器件。如果单片机自带 I²C 总线接口，则所有 I²C 器件对应连接到该总线上即可；若无 I²C 总线接口，则可以使用 I/O 接口模拟 I²C 总线。

使用单片机 I/O 接口模拟 I²C 总线时，硬件连接非常简单，只需两条 I/O 接口线，在软件中分别定义成 SCL 和 SDA 即可。MCS-51 单片机实现 I²C 总线接口电路如图6.33所示。

电路中，单片机的 P1.0 引脚作为串行时钟线 SCL，P1.1 引脚作为串行数据线 SDA，通过程序模拟 I²C 串行总线的通信方式。I²C 总线适用于通信速度要求不高而体积要求较高的应用系统。

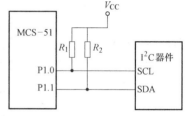

图6.33　MCS-51 单片机实现 I²C 总线接口电路

7. I²C 总线的典型应用

Microchip 公司生产的 24xx 系列串行 E²PROM 存储器，其容量范围从 128 位（16×8）至 256K 位（32K×8），采用 I²C 总线结构。24 系列产品包括 24Cxxx、24LCxxx、24AAxxx 子系列和其他一些特殊产品。其中，24AAxx 适用于低工作电压（1.8～5.5V）系统；24LCxxx 为通用系列；24Cxxx 的特点是工作温度范围宽，写入时间短；24FCxxx 的特点是高数据传输速率。

下面以 MCS-51 单片机扩展 X24C04 为例介绍 I²C 总线的应用。

X24C04 是 Xicor 公司生产的 CMOS 4096 位串行 E²PROM，内部组织为 512×8 位，支持 16 字节页面写。其与 MCS-51 单片机接口如图6.34所示。

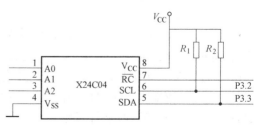

图6.34　X24C04 与 MCS-51 单片机接口

其中，SDA 是漏极开路输出，可以与任何数目的漏极开路或集电极开路输出"线或"连接。上拉电阻的选择可参考 X24C04 的手册。

8051 通过 I²C 总线接口对 X24C04 进行单字节写操作的程序流程图如图 6.35 所示。

参考子程序如下：

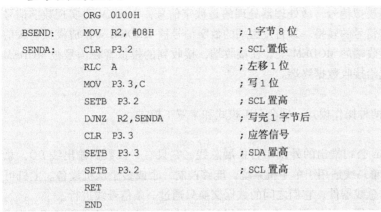

```
            ORG  0100H
BSEND:   MOV  R2,#08H          ;1 字节 8 位
SENDA:   CLR  P3.2             ;SCL 置低
         RLC  A                ;左移 1 位
         MOV  P3.3,C           ;写 1 位
         SETB P3.2             ;SCL 置高
         DJNZ R2,SENDA         ;写完 1 字节后
         CLR  P3.3             ;应答信号
         SETB P3.3             ;SDA 置高
         SETB P3.2             ;SCL 置高
         RET
         END
```

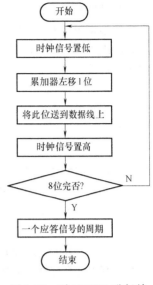

图 6.35　对 X24C04 进行单字节写操作的程序流程

6.4.4　其他常用总线标准

串行总线标准有很多种，各自的使用场合也不同，单片机系统可以根据实际的应用需求选择不同的器件和总线标准。除上述介绍的串行总线标准外，常用的总线还有 USB、MODEM、单总线、SPI 总线、IEEE 1394 等。

1. 通用串行总线 USB

通用串行总线 USB（Universal Serial Bus）是在 1994 年底由 ComPag、IBM 及 Microsoft 等多家公司联合制定的，但是直到 1999 年，USB 才真正被广泛应用。其特点如下：

① 数据传输速率高。USB 标准接口的数据传输速率为 12Mbit/s，最新的 USB 2.0 支持最高速率达 480Mbit/s。同串行端口比，USB 大约快 1000 倍；同并行端口比，USB 端口大约快 50%。

② 数据传输可靠。USB 总线控制协议要求在数据发送时含有三个描述数据类型、发送方向和终止标志、USB 设备地址的数据报，并支持数据检错和纠错功能。

③ 可通过菊花链的形式同时挂接多个 USB 设备，理论上可达 127 个。

④ 能为设备供电。USB 线缆中包含有两根电源线及两根数据线。耗电比较少的设备可以通过 USB 口直接取电。可通过 USB 口取电的设备又分低电量模式和高电量模式，前者最大可提供100mA 的电流，而后者则是 500mA。

⑤ 支持热插拔。在开机情况下，可以安全地连接或断开设备，达到真正的即插即用。

USB 接口还具有实时性（可以实现和一个设备之间有效的实时通信）、动态性（可以实现接口间的动态切换）、联合性（不同而又有相近特性的接口可以联合起来）、多能性（各个不同的接口可以使用不同的供电模式）等特性。

USB 接口数据传输距离不大于 5m。总线上的数据传输方式有控制传输、同步传输、中断传输、块数据传输几种。USB HOST 根据外部 USB 设备速度及使用特点采取不同的数据传输方式。例如，通过控制传输更改键盘、鼠标属性，通过中断传输要求键盘、鼠标输入数据，通过控制传输改变显示器属性，通过块数据传输将要显示的数据传送给显示器等。目前，USB 接口主要应用于计算机与外部设备的连接，包括电话、MODEM、键盘、U 盘、光驱、摇杆、磁带机、软驱、扫描仪、打印机、数码相机/摄像机等。

197

2. MODEM

从通信距离来讲，RS-485 在波特率为 1200bit/s 的条件下，最远传输距离可达 15km，更远的距离则需借助专门的调制解调器（Modulator Demodulator，MODEM）利用电话线或电力线进行远程数据传输。

（1）通信原理

电话线或电力线传输的是模拟信号，微处理器处理的是数字信号，MODEM 可实现数字信号到模拟信号及模拟信号到数字信号的转换。来自发送端的数字信号被 MODEM 转换成模拟音频信号，利用公共电话网传输到接收端的 MODEM 上。在接收端，接收到的模拟音频信号被 MODEM 转换为相应的数字信号，传送给接收数据终端。

（2）通信系统操作模式

MODEM 通信系统主要有两种操作模式，即全双工模式和半双工模式。

3. 单总线

单总线（1-Wire）是 Dallas 公司推出的外围串行扩展总线，它只有一根数据输出线 DQ，总线上所有器件都挂在 DQ 上。单总线适用于单主机系统，能够控制一个或多个从机设备。主机可以是微控制器，从机可以是单总线器件，它们之间的数据交换只通过一条信号线进行。

单总线只有一根数据线，系统中的数据交换、控制都由这根线完成。设备（主机或从机）通过一个漏极开路或三态端口连至该数据线，因此，允许设备在不发送数据时释放总线，从而让其他设备使用总线。单总线通常要求外接一个约为 4.7kΩ 的上拉电阻，这样，当总线闲置时，其状态为高电平。主机和从机之间的通信可通过三个步骤完成，分别为初始化单总线器件、识别单总线器件和交换数据。由于它们是主从结构，只有主机呼叫从机时，从机才能应答，因此，主机访问单总线器件都必须严格遵循单总线命令序列。Dallas 公司为单总线寻址及数据传送提供了严格的时序规范。

4. 串行外部设备总线 SPI

SPI（Serial Peripheral Interface）是 Motorola 公司推出的串行外部设备总线，由时钟线 SCK、数据线 MOSI（主发从收）和 MISO（主收从发）组成。单片机与外围扩展器件在时钟线 SCK 及数据线 MOSI、MSIO 上都是同名端相连。由于外围扩展多个器件时无法通过数据线译码选择，故带 SPI 接口的外围器件都有片选端 $\overline{\text{CS}}$。

SPI 是一种高速、全双工、同步的通信总线，并且在芯片的引脚上只占用 4 根线，节约了芯片的引脚，同时为 PCB 的布局节省空间，提供方便。主机的 SPI 数据传输速率最高可达 3Mbit/s。SPI 硬件扩展比较简单，软件实现方便，并可在软件的控制下构成单主单从、单主多从、互为主从等多种结构的系统。在多数应用场合，SPI 使用一个 MCU 作为主机来控制数据传送，主机可向一个或多个外围器件传送数据，或者控制多个外围器件向主机传送数据。

5. 高性能的串行总线标准 IEEE 1394

IEEE 1394 串行总线标准适合视频数据传输，支持外部设备热插拔、同步数据传输，同时可为外部设备提供电源。Apple 公司称之为火线（Fire Wire），Sony 公司称之为 i. Link，Texas Instruments 公司称之为 Lynx。目前主要用于计算机及外部设备。

IEEE 1394 是 Apple 公司开发的高速、实时串行总线标准。它无需集线器，每个总线最多可以支持 63 个设备，有 1023 个总线进行互连。它是一个对等标准，因此一台个人计算机，无需连接到 Fire Wire 设备，它只是 IEEE 1394 链接中的另一台"同位体"。理论上，配备 Fire Wire 端口的数码照相机可以直接连接到 IEEE 1394 硬盘上，并且可以直接将文件保存到硬盘中。IEEE 1394 标准定义了两种总线模式，即 Backplane 模式和 Cable 模式。其中，Backplane 模式最低的速率也比 USB 1.1 的最高速率高，可达 50Mbit/s，可以用于多数的高带宽应用。Cable 模式是速度非常快的模式，分为 100Mbit/s、200Mbit/s 和 400Mbit/s 几种，在 200Mbit/s 下可以传输不经压缩的高质量数字电影。IEEE 1394 目前最高数据传输速率可达到 400Mbit/s，将来会推出 1Gbit/s 的 IEEE 1394 技术。

6.5　实验与实训

6.5.1　数据存储器扩展

以图 6.36 所示扩展 8KB 数据存储器电路为例，程序先向片外 RAM 0000～000FH 单元依次填入 80～8FH，再将片外 RAM 0000～000FH 单元传送到片外 RAM 0020～002FH。

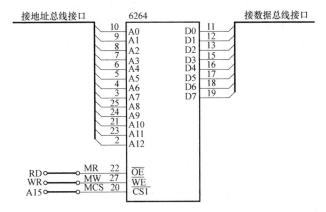

图 6.36　扩展 8KB 数据存储器电路

汇编语言程序如下：

```
                ORG   0000H
                LJMP  START
                ORG   0030H
START:          MOV   SP,#60H
                MOV   A,#80H
                MOV   DPTR,#0000H        ;0000H～000FH 写入数据
LOOP1:          MOVX  @DPTR,A
                INC   DPTR
                INC   A
                CJNE  A,#90H,LOOP1
                MOV   R2,#00H            ;源地址
                MOV   R3,#00H
                MOV   R4,#00H            ;目的地址
                MOV   R5,#20H
                MOV   R7,#10H
SE22:           MOV   DPL,R3
                MOV   DPH,R2             ;建立源程序首址
                MOVX  A,@DPTR            ;取数
                MOV   DPL,R5
                MOV   DPH,R4             ;目的地首址
```

```
        MOVX  @ DPTR,A              ;传送
        INC  R3
        INC  R5
        DJNZ  R7,SE22               ;未完继续
        SJMP  $                     ;原地踏步
        END
```

6.5.2　步进电动机控制

步进电动机驱动原理是通过对它每相线圈中的电流和顺序切换来使步进电动机作步进式旋转。驱动电路由脉冲信号来控制，所以只需调节脉冲信号的频率便可改变步进电动机的转速。单片机控制步进电动机最适合。

MCS-51 单片机通过 8255 控制步进电动机。步进电动机驱动电路由一片 ULN2003AN（7 位 OC 门驱动器）来驱动，同时驱动四只 LED 发光二极管显示各相状态。电路如图 6.37 所示。由于步进电动机某相长时间通电将引起电动机发热（如自锁时），因此用户在步进电动机空闲时应注意将各相电流断开。

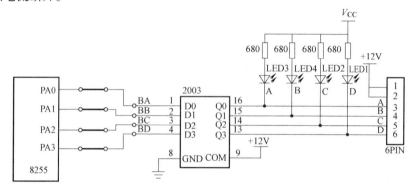

图 6.37　MCS-51 单片机控制步进电动机的电路

汇编语言程序如下：

```
CS8255   EQU  0FFD3H
PORTA    EQU  0FFD0H
         ORG  0000H
         LJMP  START
         ORG  0030H
START:   MOV  SP,#60H
         MOV  DPTR,#CS8255
         MOV  A,#80H
         MOVX  @ DPTR,A
         MOV  DPTR,#PORTA
         MOV  A,#11001100B
STA1:    MOVX  @ DPTR,A
         RR  A
         LCALL  DELAY
         SJMP  STA1
DELAY:   MOV  R6,#80H
DLP:     MOV  R7,#0
```

```
DJNZ   R7, $
DJNZ   R6,DLP
RET
END
```

习题 6

1. 三态缓冲寄存器输出端的"三态"是指（　　）态、（　　）态和（　　）态。

2. 扩展外围芯片时，片选信号的三种产生方法为（　　）、（　　）、（　　）。

3. 起始范围为 0000H ~ 3FFFH 的存储器的容量是（　　）KB。

4. 在 MCS-51 中，PC 和 DPTR 都用于提供地址，但 PC 是为访问（　　）存储器提供地址，而 DPTR 是为访问（　　）存储器。

5. 11 根地址线可选（　　）个存储单元，16KB 存储单元需要（　　）根地址线。

6. 当 8031 外扩程序存储器 8KB 时，需使用 EPROM 2716（　　）。
   A. 2 片　　　　　B. 3 片　　　　　C. 4 片　　　　　D. 5 片

7. 某种存储器芯片是 8KB×4 片，那么它的地址线根线是（　　）。
   A. 11 根　　　　　B. 12 根　　　　　C. 13 根　　　　　D. 14 根

8. 访问外部数据存储器时，不起作用的信号是（　　）。
   A. $\overline{RD}$　　　　B. $\overline{WR}$　　　　C. ALE　　　　D. $\overline{PSEN}$

9. 扩展外部存储器时要加锁存器 74LS373，其作用是（　　）。
   A. 锁存寻址单元的低 8 位地址　　　　　　　B. 锁存寻址单元的数据
   C. 锁存寻址单元的高 8 位地址　　　　　　　D. 锁存相关的控制和选择信号

10. 解释 MCS-51 系列单片机的三总线。

11. 什么是全地址译码？什么是部分地址译码？各有什么特点？

12. MCS-51 单片机系统中，片外程序存储器和片外数据存储器共用 16 位地址线和 8 位数据线，为何不会产生冲突？

13. 简述如何外部扩展 RAM 和 ROM。

14. 各种系列的单片机中，片内 ROM 的配置有几种形式？用户应根据什么原则来选用？

15. 试将 8031 单片机外接一片 2716 EPROM 和一片 6116 RAM 组成一个应用系统，请画出硬件连线图，并指出扩展存储器的地址范围。

16. 简述 RS-232 串行通信接口的工作原理。

17. 简述 RS-422A 及 RS-485 串行通信接口的特点。

18. 简述 I^2C 串行总线的工作原理。

19. 设单片机采用 8051，并扩展片外 RAM 一片 6116，编程将其片内 ROM 从 0100H 单元开始的 10B 内容依次外接到片外 RAM 从 100H 开始的单元中去。

20. 8031 扩展 8255，将 PA 口设置成输入方式，PB 口设置成输出方式，PC 口设置成输出方式，给出初始化程序。

21. 试编程对 8155 初始化，使 PA 口为选通方式输出，PB 口为基本输入，PC 口作为控制联络信号，启动/计数器，按方式 1 工作，输出方波，频率为 50Hz，输入时钟频率为 500kHz。

22. 使用 8255 或者 8155 的 PB 端口驱动红色和绿色发光二极管各四只，且红、绿发光二极管轮流发光各 1s，不断循环，试画出包括地址译码器、8255 或 8155 与发光二极管部分的接口电路原理图，并编写控制程序。

201

第7章　MCS-51 单片机的输入/输出通道接口

内容提示

在检测控制系统中，当被测物理量为模拟量时，需要将外部的模拟量转换成数字量送给单片机，当被控对象由模拟量控制时，单片机必须将输出的数字量转换成模拟量去控制被控对象。将模拟量转换成数字量的集成电路称为模/数转换器，即 A/D 转换器；将数字量转换成模拟量的集成电路称为数/模转换器，即 D/A 转换器。但是，805l 内部没有集成 A/D、D/A 转换电路，因此必须在外部扩展。本章在介绍输入/输出通道的组成与配置的基础上，介绍了 A/D 转换器、D/A 转换器及其接口技术。

学习目标

◇ 了解输入/输出通道设计的基本原理和方法；
◇ 掌握 DAC0832 芯片及其与 MCS-51 单片机的应用设计；
◇ 掌握 ADC0809 芯片及其与 MCS-51 单片机的应用设计。

知识结构

本章知识结构如图 7.1 所示。

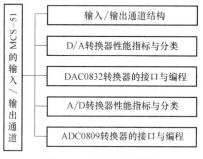

图 7.1　本章知识结构

引言

在单片机的实时控制和数据采集系统中，被控制或被检测对象的有关变量往往是一些连续变化的模拟量，如温度、压力、位移、电压、电流、流量和速度等物理量。单片机系统内部能处理的信号都是数字量，即 0 和 1。因此，模拟量必须转换成数字量以后才能由计算机进行处理，而单片机处理后的数字量也常常需要转换成模拟量，以驱动相应的设备，实现对被控对象的控制。若输入是非电量的模拟信号，还需要通过传感器转换成电信号。实现模拟量转换成数字量的设备称为模/数（A/D）转换器，数字量转换成模拟量的设备称为数/模（D/A）转换器。因此，掌握常用的外部设备接口的扩展技术非常重要。

> 延伸阅读：
> 传感器是信息采集系统的前端单元。传感器是将电量或非电量转换为可测量的电量的检测

装置，是由敏感元器件和转换元器件组成的。单片机应用系统只能处理电信号，也就需要把被测、被控非电量的信息通过传感器转换成电信号。传感器是实现自动检测和自动控制的首要环节，没有传感器对原始信息进行精确可靠的捕捉和转换，就没有现代自动检测和自动控制系统。

传感器的种类非常丰富，按传感器的用途不同可以将传感器分为压敏和力敏传感器、位置传感器、液面传感器、能耗传感器、速度传感器、热敏传感器、加速度传感器、射线辐射传感器、振动传感器、湿敏传感器、磁敏传感器、气敏传感器、真空度传感器和生物传感器等。按传感器输出信号标准不同可将传感器分为模拟传感器，将被测量的非电学量转换成模拟电信号；数字传感器，将被测量的非电学量转换成数字输出信号（包括直接和间接转换）；开关传感器，当一个被测量的信号达到某个特定的阈值时，传感器相应地输出一个设定的低电平或高电平信号。

7.1 输入/输出通道概述

单片机用于测量和控制系统时，总要有与被测对象联系的输入通道（前向通道）和与被控对象联系的输出通道（后向通道）。设计输入通道时，要考虑传感器或敏感元器件的选择、通道的结构、信号的调节、A/D 转换、电源的配置、抗干扰等问题。设计输出通道时，要考虑功率驱动、干扰的抑制、D/A 转换等问题。

单片机系统和被控对象之间信息的交互有输入和输出两种类型，前者在单片机系统数据采集时，将被控对象的信息经输入通道送入单片机系统；后者在单片机系统控制输出时，将单片机系统决策的控制信息经输出通道作用于被控对象。上述两类信息交互的通道称为过程 I/O 通道，过程 I/O 通道的一般结构如图 7.2 所示。

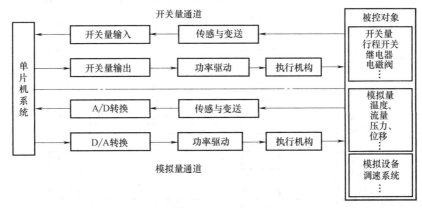

图 7.2 过程 I/O 通道的一般结构

1. 输入通道

（1）输入通道的含义

当单片机用做测量、控制系统时，系统中总要有被测信号输入通道，由计算机拾取必要的输入信息。对被测对象的测量一般离不开传感器或敏感元器件。将传感器的输出信号转换成统一的标准信号的器件称为变送器。在输入通道中，传感器、敏感元器件及变送器、信号处理电路等方面占有重要地位。

（2）输入通道的特点

输入通道有如下特点：

① 输入通道要靠近拾取对象采集信息，以减少传输损耗，防止干扰。

② 输入通道工作环境因素严重影响通道的方案设计，没有选择的余地。

203

③ 传感器的输出往往是模拟信号、微弱信号输出，转换成计算机要求的信号电平时，需要使用一些模拟电路技术，因此输入通道通常是模拟、数字等的混杂电路。

④ 传感器、变送器的选择和环境因素决定了输入通道电路设计的繁简，因为在输入通道中必须将传感器、变送器的输出信号转换成能满足计算机输入要求的 TTL 电平，输入通道中传感器、变送器输出信号与计算机逻辑电平的相近程度影响着输入通道的繁简程度。

⑤ 传感器输出信号一般比较微弱，为便于计算机拾取，常需要放大电路，这也是计算机系统中最容易引入干扰的渠道，所以输入通道中的抗干扰设计是非常重要的。

（3）输入通道的结构

输入通道的结构取决于被测对象的环境，以及输出信号的类型、数量、大小等。如果配置的传感器输出信号为大信号模拟电压，能够直接满足 A/D 转换的输入要求，则可以直接送入 A/D 转换器，经 A/D 转换后再送入单片机；也可以通过 V/F 转换（电压/频率转换）送入单片机，V/F 转换的优点是抗干扰能力强，适合远距离传输，缺点是频率测量速度慢。如果传感器输出的是小信号模拟电压信号，应该首先将信号电压放大到能够满足 A/D 转换或者 V/F 转换要求的输入电压。

对于以电流为输出的传感器、变送器，应该先将其电流信号通过 I/V 电路转换成电压信号，最简单的转换方法是采用精密电阻方式。例如，标准的 0～10mA，4～20mA 信号电流，选择合适阻值的精密电阻，就可以直接获得能满足 A/D 转换或 V/F 转换要求的输入电压。

对于频率信号，能够满足 TTL 电平要求时，可直接输入单片机的 I/O 接口、扩展 I/O 接口或中断口；如果是小信号频率信号，则需要放大、整形，变换成 TTL 方波信号后，再送入单片机。对于开关信号，当能满足 TTL 电平要求时，可直接送入单片机 I/O 接口；如果是非 TTL 电平，则需要经过防抖和整形后，送入单片机 I/O 接口。输入通道结构如图 7.3 所示。

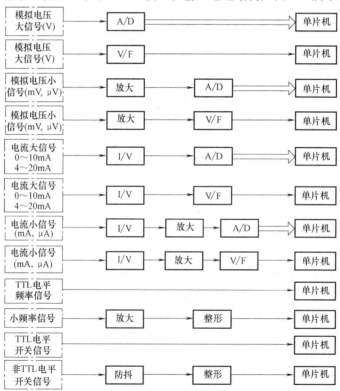

图 7.3　输入通道结构

2. 输出通道

在工业控制系统中，单片机总要对控制对象进行控制操作，因此，在这样的系统中必须具有输出通道。输出通道的作用是实现单片机对被控对象的控制操作，其结构和特点与控制任务密切相关。

（1）输出通道的特点

根据单片机的输出和被控对象对控制信号的要求，输出通道有如下特点：

① 小信号输出，大功率控制。

② 输出伺服驱动控制信号，在伺服驱动系统中的状态反馈信号，作为检测信号输入至输入通道。

③ 输出通道接近被控对象，环境复杂恶劣，电磁和机械干扰较为严重。

（2）输出通道的结构

在输出通道中，单片机完成控制处理后的输出，总是以数字信号的形式，通过I/O接口或者数据总线传送给被控对象。这些数字信号的形态主要有开关量、二进制数字量或频率量，可直接用于开关量、数字量系统及频率调制系统。但是对于一些模拟量控制系统，则应该通过D/A转换器变换成模拟量控制信号。输出通道的结构如图7.4所示。

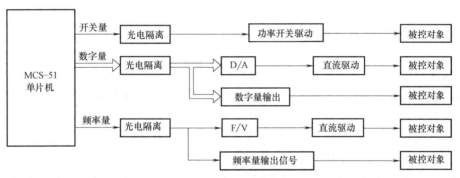

图7.4 输出通道的结构

3. 信号处理电路

在输入通道中，信号处理的任务是，将传感器、敏感元器件或变送器输出的电信号，转换成能够满足单片机或A/D转换器输入要求的标准电信号。该电路要求能够完成小信号放大、滤波、零点校正、线性化处理、温度补偿、误差修正和量程切换等任务。在单片机应用系统中，许多原来依靠硬件实现的信号处理任务也可以由软件实现，这样就大大简化了系统中输入通道的结构。例如，对于一些常规信号的修正和变换，如零点校正、线性化、误差修正和补偿，以及变换等信号处理，可以借助计算机的逻辑处理功能由软件完成。

（1）开关量输入

被控对象的一些开关状态可以经开关量输入通道输入到单片机系统中，如电器的起动和停止、电磁铁的吸合和断开、光路的通和断等。但是，控制现场的这些开关量一般都不能直接接入单片机。一方面，因为现场开关量一般不是TTL电平，需要将不同的电平转化成单片机所需的TTL电平，该过程称为电平匹配；另一方面，即使现场开关量符合TTL电平需要，由于来自现场的干扰严重，一般也需要将单片机与现场的电气设备隔离开，避免现场电气设备对单片机的干扰。经过电平匹配和电气隔离后的开关信号才能够通过单片机接口，接入单片机系统。

对于大信号，有时需要使用诸如互感器之类的器件，预先将大信号转换成相对较弱的开关信号，然后再通过上述方法接入单片机。

（2）小信号放大技术

在输入通道中，为满足小信号的各种状况下的放大调节，可选用各种形式的测量放大器、可编程增益放大器及带有放大器的小信号双线发送器。

对于小信号选择的测量放大器应具有高输入阻抗，低输出阻抗，低失调电压，低温度漂移系数和稳定的放大倍数等特性。目前有很多种型号的集成测量放大器芯片可供用户选择。如果传感器离计算机系统较远，可以选择变送器将现场微弱的小信号转换成标准的 4～20mA 电流输出，通过一对双绞线传送到应用系统。在多通道或多参数的输入通道中，为降低电路的复杂程度，往往采用多个通道或多个参数共用一个测量放大器的方法，各通道或各参数送入测量放大器的信号电平不同，但都要求放大至 A/D 转换器输入要求的标准电压值，因此需要各通道或各参数的放大增益不同，这时可以由计算机编程控制选择通道和增益的放大倍数。

（3）隔离放大技术

使用测量放大器有输入的偏流返回通路时，大的共模电压可能会损坏测量放大器的输入电路，所以在某些要求输入和输出电路彼此隔离的情况下，必须使用隔离放大器。隔离放大器的种类较多，常使用的有放大器的输入、输出和电源隔离呈三个独立部分的三端变压器耦合隔离放大器和光耦合隔离放大器两种。

7.2　D/A 转换器及接口技术

单片机系统的控制输出，一部分（与开关量有关）经开关量输出通道，作用于执行机构；另一部分（与模拟量有关）则经模拟量输出通道，通过隔离、D/A 转换、驱动，作用于执行机构。模拟量输出通道中主要涉及 D/A 转换器。

D/A 转换器（Digit to Analog Converter）是将数字量转换成模拟量的器件，通常用 DAC 表示，它将数字量转换成与之成正比的电量，广泛应用于过程控制中。

D/A 转换器接口设计中主要考虑的问题有 D/A 转换芯片的选择、数字量的码输入和精度、输出模拟量的类型与范围、转换时间、与 CPU 的接口方式等。

7.2.1　D/A 转换器的性能指标

D/A 转换器的主要性能指标分为在给定工作条件下的静态指标、动态指标和环境条件指标等。常用的性能指标有以下四项：

① 分辨率：单位数字量所对应模拟量的增量，即相邻两个二进制码对应的输出电压之差称为 D/A 转换器的分辨率。它确定了 D/A 转换器产生的最小模拟量变化，也可用最低位（LSB）表示。例如，n 位 D/A 转换器的分辨率为 $1/2^n$。

② 精度：精度是指 D/A 转换器的实际输出与理论值之间的误差，它以满量程 V_{FS} 的百分数或最低有效位（LSB）的分数形式表示。例如，若精度为 ±0.1%，则最大误差为 V_{FS} 的 ±0.1%，若 $V_{FS} = 10V$，则误差为 ±10mV。n 位 DAC 的精度为 ±1/2 LSB，则最大误差为

$$\pm 0.5 \times \frac{1}{2^n} V_{FS} = \frac{1}{2^{n+1}} V_{FS} \tag{7.1}$$

③ 线性误差：D/A 转换器的实际转换特性（各数字输入值所对应的各模拟输出值之间的连线）与理想的转换特性（始、终点连线）之间是有偏差的，这个偏差就是 D/A 转换器的线性误差。线性误差即两个相邻的数字码所对应的模拟输出值（之差）与一个 LSB 所对应的模拟值之差，常以 LSB 的分数形式表示。

④ 转换时间 T_s（建立时间）：从 D/A 转换器输入的数字量发生变化开始，到其输出模拟量达到相应的稳定值为止，所需要的时间称为转换时间。

7.2.2　D/A 转换器的分类

① 按输出形式分类。按输出形式不同，可将 D/A 转换器分为电压输出型和电流输出型两种。电压输出型 D/A 转换器可以直接从电阻阵列输出电压，直接输出电压的器件仅用于高阻抗负载。由于这类 D/A 转换器没有输出放大器部分的延迟，故常作为高速 D/A 转换器使用。电流输出型 D/A 转换器输出的电流很少被直接利用，一般经 I/V 转换电路将电流输出转换成电压输出。常用转换方法有两种：一种通过直接连接负载电阻实现；另一种通过运算放大器实现，后者比较常用。

② 按是否含有锁存器分类。D/A 转换器实现转换是需要一定的时间的，在转换时间内，D/A 转换器输入端的数字量应保持稳定，为此应当在 D/A 转换器数字量输入端的前面设置锁存器，以提供数据锁存功能。根据转换器芯片内是否带有锁存器，可将 D/A 转换器分为内部无锁存器和内部有锁存器两类。

③ 按能否作乘法运算分类。根据能否作乘法运算可将 D/A 转换器分为乘算型和非乘算型两类。D/A 转换器中使用恒定基准电压的称为非乘算型 D/A 转换器；在基准电压输入端上加交流信号，能够得到数字输入和基准电压输入相乘的结果，称为乘算型 D/A 转换器。乘算型 D/A 转换器不仅可以进行乘法运算，而且可以作为使输入信号数字化衰减的衰减器，或对输入信号进行调制的调制器使用。

④ 按输入数字量方式分类。根据与处理器相连的总线类型，可将 D/A 转换器分为并行总线 D/A 转换器和串行总线 D/A 转换器两类。串行 D/A 转换器可以通过 I^{2}C 总线、SPI 总线等串行总线接收来自于处理器的数据，并行 D/A 转换器则通过并行总线接收来自于处理器的数据。

⑤ 按转换时间分类。按转换时间 T_s 不同，可将 D/A 转换器分为超高速 D/A 转换器（$T_s <$ 100ns）、高速 D/A 转换器（T_s 为 100ns ~ 10μs）、中速 D/A 转换器（T_s 为 10 ~ 100μs）、低速 D/A 转换器（$T_s > 100μs$）等四种。

7.2.3　DAC0832 转换器的接口

由于使用的情况不同，DAC 的位数、精度及价格要求也不相同。美国 AD 公司、Motorola 公司、NS 公司、RCA 公司等均生产 D/A 转换器。D/A 转换器的位数有 8 位、10 位、12 位、16 位等。本小节以典型的 8 位 D/A 转换器 DAC0832 为例，介绍 D/A 转换器的接口。

1. DAC0832 的特点与结构引脚

这是美国国家半导体（National Semiconductor，NS）公司生产的 DAC0830 系列（DAC0830/32）产品中的一种，该系列芯片具有以下特点：

① 8 位并行 D/A 转换。

② 片内二级数据锁存，提供数据输入双缓冲、单缓冲和直通三种工作方式。

③ 电流输出型芯片，通过外接一个运算放大器，可以很方便地提供电压输出。

④ DIP20 封装、单电源（ +5 ~ +15V，典型值 +5V）。

DAC0832 的内部结构如图 7.5 所示。

DAC0830 系列均为 DIP20 封装，且引脚完全兼容，DAC0832 的引脚排列如图 7.6 所示。各引脚说明如下：

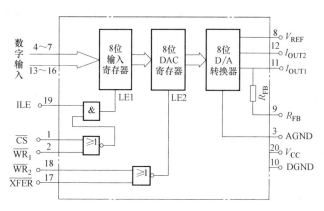

图 7.5 DAC0832 的内部结构

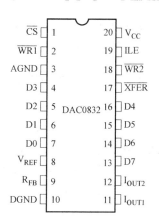

图 7.6 DAC0832 引脚排列

V_{CC}：数字电源输入（+5 ~ +15V），典型值为 +5V。

V_{REF}：基准电压输入（-10 ~ +10V），典型值为 -5V（当输出要求为 +5V 电压时）。

AGND：模拟地。

DGND：数字地。

$\overline{CS}$：片选输入线，低电平有效。

ILE：数据锁存允许输入，高电平有效。

$\overline{WR1}$：写 1 信号输入，低电平有效。当 $\overline{CS}$、ILE、$\overline{WR1}$ 是 0、1、0 时，数据写入 DAC0832 的第一级锁存。

$\overline{WR2}$：写 2 信号输入，低电平有效。

$\overline{XFER}$：数据传输信号输入，当 $\overline{WR2}$、$\overline{XFER}$ 为 0、0 时，数据由第一级锁存进入第二级锁存，并开始进行 D/A 转换。

I_{OUT1}：电流输出 1 端。DAC 锁存的数据位为 1 的位电流均流出此端。当 DAC 锁存器各位全 1 时，此输出电流最大；全为 0 时，输出为 0。

I_{OUT2}：电流输出 2 端。与 I_{OUT1} 是互补关系。

R_{FB}：反馈信号输入。当需要电压输出时，I_{OUT1} 接外接运算放大器的负（-）端，I_{OUT2} 接运算放大器正（+）端，R_{FB} 接运算放大器输出端。

D0 ~ D7：并行数据输入。其中，D7（MSB）为高位，D0（LSB）为低位。

2. 电压输出方法

DAC0832 需要电压输出时，可以简单地使用一个运算放大器连接成单极性输出形式。如图 7.7

所示，输出电压 $V_{OUT} = \dfrac{Din}{2^8} \times (-V_{REF})$；当 $V_{REF} = -5V$ 时，V_{OUT} 输出范围为 0 ~ 5V。采用二级运算放大器可以连接成双极性输出，其工作原理及电路本书不作介绍，感兴趣的读者可以查看相关资料。

3. 单缓冲方式

单缓冲方式是指 DAC0832 内部的两个数据缓冲器有一个处于直通方式，另一个处于受单片机控制的方式。在应用系统中，如果只有一路 D/A 转换，或者有多路 D/A 转换，但不要求同步输出时，可以采用单缓

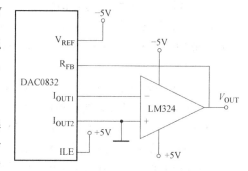

图 7.7 DAC0832 单极性输出

208

冲器方式接口，如图 7.8 所示。图中，ILE 接 +5V，片选信号 $\overline{CS}$ 及数据传输信号 $\overline{XFER}$ 都与地址选择线相连（图中为 P2.7，地址为 7FFFH），两级寄存器的写信号都由 CPU 的 $\overline{WR}$ 端控制。当地址选择线选择好 DAC0832 时，只要输出 $\overline{WR}$ 控制信号，DAC0832 就能一次完成数字量的输入锁存和 D/A 转换输出。由于 DAC0832 具有数字量的输入锁存功能，数字量可以直接从 MCS-51 的 P0 口送入 DAC0832。

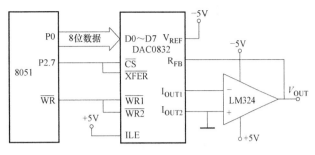

图 7.8　DAC0832 单缓冲方式下的接口电路

执行下列几条指令就可以完成一次 D/A 转换：

```
MOV   DPTR,#7FFFH    ; 地址指向 DAC0832
MOV   A,#DATA        ; 待转换的数字量 DATA 送累加器 A
MOVX  @DPTR,A        ; 数字量送 P2.7 指向的地址,WR有效时完成一次 D/A 输入
                     ; 和转换
```

【例 7.1】　利用如图 7.8 所示电路，使用 DAC0832 作为波形发生器产生三角波。

解：在图 7.8 中，放大器 LM324 的输出端 V_{OUT} 直接反馈到 R_{FB}，所以该电路只能产生单极性的模拟电压。产生三角波的汇编语言程序如下：

```
            ORG    0100H
START:  MOV    DPTR,#7FFFH       ; 地址指向 DAC0832
        MOV    A,#00H            ; 三角波起始电压为 0
UP:     MOVX   @DPTR,A           ; 数字量送 DAC0832 转换
        INC    A                 ; 三角波上升边
        JNZ    UP                ; 未到最高点 0FFH,返回 UP 继续
        DEC    A                 ; 去掉最高点 0FFH
DOWN:   DEC    A                 ; 到三角波最高值,开始下降边
        MOVX   @DPTR,A           ; 数字量送 DAC0832 转换
        JNZ    DOWN              ; 未到最低点 0,返回 DOWN 继续
        INC    A                 ; 去掉最低点 00H
        SJMP   UP                ; 返回上升边
        END
```

C51 程序如下：

```c
#include <reg52.h>
#include <absacc.h>
#define CS0832 XBYTE[0x7fff]            /* DAC0832 地址 0x7fff */
void DelayMS(unsigned int ms)           /* 延时 */
{
    unsigned char i,j;
    for(i=ms;i>0;i--)
        for(j=110;j>0;j--);
}
void main()
{
    unsigned char a,m,n;
    a=0;                                /* 三角波起始电压为 0 */
```

```
CS0832 = a;
while(1)
    {
        for(m = 0;m < 255;m + +)            /* 三角波上升边* /
        {
            a + +;
            CS0832 = a;
            DelayMS(1);
        }
        a = 0xff;
        for(n = 0;n < 255;n + +)            /* 三角波下降边* /
        {
            a--;
            CS0832 = a;
            DelayMS(1);
        }
    }
}
```

数字量从 0 开始逐次加 1，模拟量与之成正比，当(A) = 0FFH 时，则逐次减 1，减至(A) = 0
后，再从 0 开始加 1，如此重复上述过程，输出就是一个三角波。每个三角波的输出周期点数为
512，其中，上升边 256 点，下降边 256 点。如果需要延长三角波的周期，可以在每条 MOVX 指令之
后插入 NOP 指令来实现。读者可以在上述程序的基础上修改，实现锯齿波、方波等波形输出。

4. 双缓冲方式

对于多路 D/A 转换，若要求同步进行 D/A 转换输出，则必须采用双缓冲方式。在双缓冲工
作方式下，数字量的输入锁存和 D/A 转换输出是分两步完成的。

【例 7.2】 假设某一分时控制系统，由一台单片机控制两台并行设备，两台设备的模拟控
制信号分别由两片 DAC0832 输出，要求两片 DAC0832 同步输出。

解： 连接电路如图 7.9 所示，利用 DAC0832 双缓冲的原理，对不同端口地址的访问具有不
同的操作功能，见表 7.1。

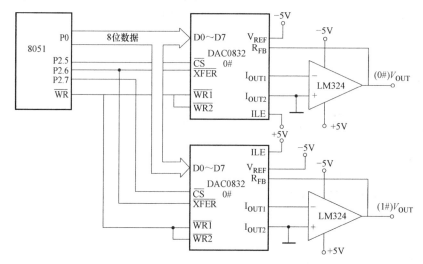

图 7.9   DAC0832 双缓冲连接电路

表 7.1　双缓冲 DAC0832 端口地址及功能

P2.7	P2.6	P2.5	功　能	端 口 地 址
0	1	1	1#数据由 DB⇒第一级锁存	7FFFH
1	1	0	0#数据由 DB⇒第一级锁存	0DFFFH
1	0	1	1#及 0#同时由第一级⇒第二级	0BFFFH

实现同步输出的操作步骤如下：

① 将 1#待转换数据由数据总线⇒1#DAC0832 的第一级锁存（写 7FFFH 口）。

② 将 0#待转换数据由数据总线⇒0#DAC0832 的第一级锁存（写 0DFFFH 口）。

③ 将 1#、0#DAC0832 的第一级锁存器中的数据⇒各自的第二级锁存，同时开始 D/A 转换（写 0BFFFH），周而复始。

上述步骤可以简单地理解为：前两步是在准备，并未开始转换，等到所有数据准备好之后，处理器才发出统一的指令，"同时"开始各自的 8 位 D/A 转换。汇编语言程序如下：

```
            ORG   0100H
START:      MOV   DPTR,#7FFFH      ; 数据指针指向 1#的第一级锁存器
            MOV   A,#DATA1         ; 取第一个待转换数据 DATA1
            MOVX  @ DPTR,A         ; 送入第一级缓冲器
            MOV   DPTR,#0DFFFH     ; 数据指针指向 0#的第一级锁存器
            MOV   A,#DATA0         ; 取第二个待转换数据 DATA0
            MOVX  @ DPTR, A        ; 送入第一级缓冲器
            MOV   DPTR,#0BFFFH     ; 数据指针指向两个转换器的第二级缓冲地址
            MOVX  @ DPTR, A        ; 1#和 0#数据同时由第一级向第二级锁存传送，开始转换
            RET
            END
```

C51 程序如下：

```c
#include < reg51. h >
#include < stdio. h >
#define DAC083200Addr 0x7fff          /* 0#0832 的数据寄存器地址*/
#define DAC083201Addr 0xdfff          /* 1#0832 的数据寄存器地址*/
#define DAC0832Addr 0xbfff            /* 两片 0832 同时转换的端口地址*/
#define uchar unsigned char           /* uchar 代表单个字节无符号数*/
#define uint unsigned int
void writechip1 (uchar c0832data);
void writechip2 (uchar c0832data);
void transdata (uchar c0832data);     /* 转换数据*/
void Delay ();                        /* 延时子程序*/
void main (void)
 {
     xdata uchar cdigitl1 = 0;        /* 1#0832 待转换的数字量*/
     xdata uchar cdigitl2 = 0;        /* 2#0832 待转换的数字量*/
     Delay ();                        /* 延时*/
     while (1)
     {   cdigitl1 = 0x80;
         cdigitl2 = 0xff;
         writechip1 (cdigitl1);       /* 向 1#0832 写入数据*/
         writechip2 (cdigitl2);       /* 向 2#0832 写入数据*/
```

```
                transdata (0x00);                    /* 同时进行转换* /
                Delay();
            }
    }
    void writechip1(uchar c0832data)                 /* 向1#0832 芯片写入数据函数* /
    {
        * ((uchar xdata * )DAC083200Addr) = c0832data;
    }
    void writechip2(uchar c0832data)                 /* 向2#0832 芯片写入数据函数* /
    {
        * ((uchar xdata * )DAC083201Addr) = c0832data;
    }
    void TransformData(uchar c0832data)              /* 两片 0832 芯片同时进行转换的函数* /
    {
        * ((uchar xdata * )DAC0832Addr) = c0832data;
    }
    void Delay()                                      /* 延时程序* /
    {   uint i;
        for(i = 0;i < 200;i + +);
    }
```

7.3　A/D 转换器及接口技术

A/D 转换器（Analog to Digit Converter）是一种将模拟量转换为与之成比例的数字量的器件，常用 ADC 表示。随着超大规模集成电路技术的飞速发展，A/D 转换器新的设计思想和制造技术层出不穷，为满足各种不同的检测及控制任务的需要，各种类型的 A/D 转换器芯片也应运而生。

7.3.1　A/D 转换器的性能指标

A/D 转换器的主要性能指标如下：

① 分辨率：分辨率是指输出数字量变化一个相邻数码所需的输入模拟电压的变化量。A/D 转换器的分辨率定义为满刻度电压与 2^n 之比值，其中 n 为 A/D 转换器的位数。

例如，具有 12 位分辨率的 A/D 转换器能分辨出满刻度的 $(1/2)^{12}$ 或满刻度的 0.0245%。一个 10V 满刻度的 12 位 A/D 转换器能够分辨的输入电压变化的最小值为 2.4mV。而 $3\frac{1}{2}$ 位的 A/D 转换器（满字为 1999），其分辨率为满刻度的 $1/1999 \times 100\% = 0.05\%$。

② 转换速率与转换时间：转换速率是指完成一次从模拟量到数字量转换所需的时间的倒数，即每秒转换的次数。完成一次 A/D 转换所需的时间（包括稳定时间）称为转换时间。转换时间是转换速率的倒数。

③ 量化误差：由 A/D 转换器的有限分辨率而引起的误差，即有限分辨率 A/D 转换器的阶梯状转移特性曲线与理想无限分辨率 A/D 转换器的转移特性曲线（直线）之间的最大偏差称为量化误差。通常是 1 个或半个最小数字量的模拟变化量，表示为 1LSB，1/2LSB。

④ 线性度：线性度是指实际 A/D 转换器的转移函数与理想直线的最大偏差，不包括量化误差、偏移误差（输入信号为零时，输出信号不为零的值）和满刻度误差（满刻度输出时，对应的输入信号与理想输入信号值之差）三种误差。

⑤ 量程：量程是指 A/D 能够转换的电压范围，如 0 ~ 5V，- 10 ~ + 10V 等。

⑥ 其他指标：除以上性能指标外，A/D 转换器还有内部/外部电压基准、失调（零点）温度系数、增益温度系数，以及电源电压变化抑制比等性能指标。

7.3.2 A/D 转换器的分类

根据 A/D 转换器的原理可将 A/D 转换器分成两大类：一类是直接型 A/D 转换器，另一类是间接型 A/D 转换器。直接型 A/D 转换器的输入模拟电压被直接转换成数字代码，不经任何中间变量；在间接型 A/D 转换器中，首先把输入的模拟电压转换成某种中间变量（时间、频率、脉冲宽度等），然后再把这个中间变量转换为数字代码输出。

A/D 转换器的分类如图 7.10 所示。

根据输出数字量的方式，A/D 转换器可以分为并行输出转换器和串行输出转换器两种。串行、并行 A/D 转换器各有优势。并行 A/D 转换器的特点是，占用较多的数据线，但转换速度快，在转换位数较少时，有较高的性价比。串行 A/D 转换器具有输出占用的数据线少，转换后的数据逐位输出，输出速度较慢的特点。

根据输出数字量表示形式不同，A/D 转换器可分为二进制数

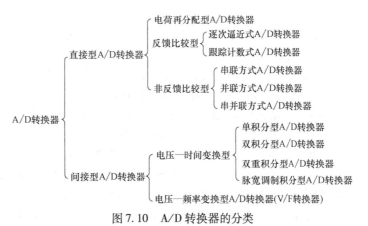

图 7.10 A/D 转换器的分类

输出格式和 BCD 码输出格式两类。BCD 码输出格式采用分时输出万、千、百、十、个位的方法，可以很方便地驱动 LCD 显示。二进制数输出格式一般要将转换数据送单片机处理后使用。

尽管 A/D 转换器的种类很多，但是目前应用较为广泛的主要有以下几种类型：逐次逼近式转换器、双积分型转换器、V/F 转换器和串行方式 A/D 转换器。逐次逼近式 A/D 转换器在精度、速度和价格上均比较适中，是最常用的 A/D 转换器件。双积分型转换器具有精度高、抗干扰性好、价格低廉等优点，但是转换速度慢，在单片机系统中对速度要求不高的场合应用较为广泛。V/F 转换器适用于转换速度要求不高，需要进行远距离传输的场合。串行方式 A/D 转换器便于信号隔离，性价比较高，芯片小，引脚少，便于印制电路板制作。

7.3.3 ADC0809 转换器的接口

逐次逼近式 A/D 转换器（Successive Approximation Register，SAR）由结果寄存器、比较器和控制逻辑等部件组成。它采用对分搜索逐位比较的方法逐步逼近，利用数字量试探地进行 D/A 转换、再比较判断，从而实现 A/D 转换。

N 位逐次逼近式 A/D 转换器最多只需 N 次 D/A 转换、比较判断，就可以完成 A/D 转换。因此，逐次逼近式 A/D 转换速度很快。本小节以典型的 8 位逐次逼近式 A/D 转换器 ADC0809 为例进行介绍。

1. ADC0809 的特点

ADC0809 是 NS 公司生产的逐次逼近式 A/D 转换器。ADC0809 具有以下特点：

① 分辨率为 8 位。

② 误差 ±1LSB，无漏码。

③ 转换时间为 100μs（当外部时钟输入频率 $f_c = 640$kHz 时）。

④ 很容易与微处理器连接。

⑤ 单一电源 +5V，采用单一电源 +5V 供电时，量程为 0 ~ 5V。

⑥ 无需零位或满量程调整。

⑦ 带有锁存控制逻辑的 8 通道多路转换开关，便于选择 8 路中的任一路进行转换。

⑧ DIP28 封装。

⑨ 使用 5V 或采用经调整模拟间距的电压基准工作。

⑩ 带锁存器的三态数据输出。

2. ADC0809 引脚功能

ADC0809 为 DIP28 封装，芯片引脚排列如图 7.11 所示。各引脚的功能说明如下：

V_{CC}：工作电源输入。典型值为 +5 V，极限值为 +6.5V。

$V_{REF}(+)$：参考电压(+)输入，一般与 V_{CC} 相连。

$V_{REF}(-)$：参考电压(-)输入，一般与 GND 相连。

GND：模拟地和数字地。

START：A/D 启动转换输入信号，正脉冲有效。脉冲上升沿清除逐次逼近寄存器，下降沿启动 A/D 转换。

ALE：地址锁存输入信号，上升沿锁存 C、B、A 引脚上的信号，并据此选通转换 IN7 ~ IN0 中的一路。

EOC：转换结束输出引脚。启动转换后自动变低电平，转换结束后跳变为高电平，可供 MCS-51 查询。如果采用中断法，该引脚一定要经反相后接 MCS-51 的$\overline{INT0}$或$\overline{INT1}$引脚。

OE：输出允许。高电平有效。高电平时，允许转换结果从 A/D 转换器的三态输出锁存器输出数据。

图 7.11 中右侧为 ADC0809 芯片引脚排列图，左列引脚自上而下为：IN3(1)、IN4(2)、IN5(3)、IN6(4)、IN7(5)、START(6)、EOC(7)、2^{-5}(8)、OE(9)、CLK(10)、V_{CC}(11)、$V_{REF(+)}$(12)、GND(13)、2^{-7}(14)；右列引脚自下而上为：2^{-6}(15)、$V_{REF(-)}$(16)、2^{-8}LSB(17)、2^{-4}(18)、2^{-3}(19)、2^{-2}(20)、2^{-1}MSB(21)、ALE(22)、C(23)、B(24)、A(25)、IN0(26)、IN1(27)、IN2(28)。

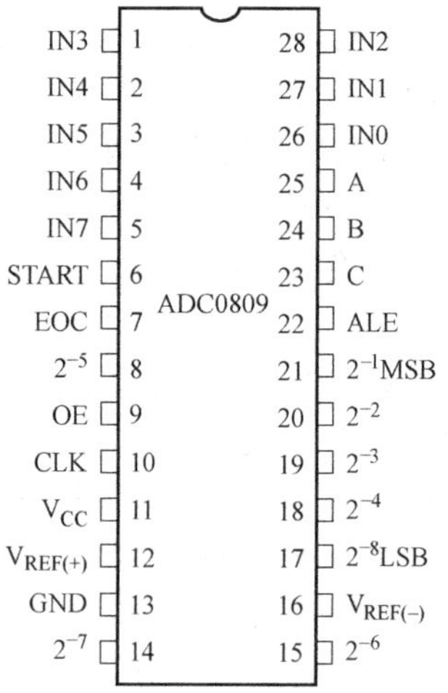

图 7.11   ADC0809 芯片引脚排列

CLK：时钟输入，时钟频率允许范围为 10 ~ 1280kHz，典型值为 640kHz。当时钟频率为典型值时，转换速度为 100μs（50 ~ 128μs）。

C、B、A：选通输入，选通 IN7 ~ IN0 中的一路模拟量。其中，C 为高位。

2^{-8} ~ 2^{-1}：8 位数据输出。其中，2^{-1} 为数据高位，2^{-8} 为数据低位。

IN7 ~ IN0：8 路模拟量输入。ADC0809 一次只能选通 IN7 ~ IN0 中的某一路进行转换，选通的通道由 ALE 上升沿时送入的 C、B、A 引脚信号决定。C、B、A 地址与选通的通道间的关系见表 7.2。

表 7.2   ADC0809 通道选择

C B A	被选通的通道	C B A	被选通的通道
0 0 0	IN0	1 0 0	IN4
0 0 1	IN1	1 0 1	IN5
0 1 0	IN2	1 1 0	IN6
0 1 1	IN3	1 1 1	IN7

3. 接口与编程

ADC0809 典型应用如图 7.12 所示。由于 ADC0809 输出含三态锁存，因此，其数据输出可以直接连接 MCS-51 的数据总线 P0 口（无三态锁存的芯片是不允许直接连数据总线的），通过外部中断或查询方式可读取 A/D 转换结果。

写 P2.7 口有两个作用：第一，写 P2.7 口脉冲的上升沿使 ALE 信号有效，把送入 C、B、A 的低 3 位地址 A2、A1、A0 锁存，并由此选通 IN0 ~ IN7 中的一路进行转换；第二，写 P2.7 口脉冲的下降沿，清除逐次逼近寄存器，启动 A/D 转换。

读 P2.7 口时（C、B、A 低 3 位地址已无任何意义），OE 信号有效，保存 A/D 转换结果的输出三态锁存器的"门"打开，将数据送数据总线。注意，只有在 EOC 信号有效后，读 P2.7 口才有意义。

CLK 时钟输入信号频率的典型值为 640kHz。鉴于 640kHz 频率的获取比较复杂，在工程实际中多采用在 8051 的 ALE 信号的基础上分频的方法。例如，当单片机的 $f_{osc}=6MHz$ 时，ALE 引脚上的频率大约为 1MHz，经 2 分频之后为 500kHz，使用该频率信号作为 ADC0809 的时钟，基本上可以满足要求。该处理方法与使用精确的 640kHz 时钟输入相比，仅仅是

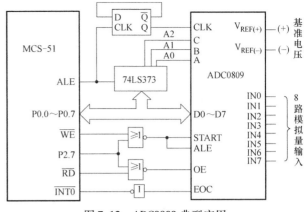

图 7.12 ADC0809 典型应用

转换时间比典型的 $100\mu s$ 略长一些（ADC0809 转换需要 64 个 CLK 时钟周期）。

【例 7.3】 假设 ADC0809 与 MCS-51 的硬件连接如图 7.12 所示，要求采用中断方法，进行 8 路 A/D 转换，将 IN0 ~ IN7 转换结果分别存入片内 RAM 的 30H ~ 37H 地址单元中。

解：汇编语言程序如下：

```
        ORG   0000H
        LJMP  MAIN              ;转主程序
        ORG   0003H             ;INT0中断服务入口地址
        LJMP  INTOF             ;INT0中断服务
        ORG   0100H
MAIN:   MOV   R0,#30H           ;内部数据指针指向30H单元
        MOV   DPTR,#7FF8H       ;指向P2.7口,且选通IN0(低3位地址为000)
        SETB  IT0               ;设置INT0下降沿触发
        SETB  EX0               ;允许INT0中断
        SETB  EA                ;开总中断允许
        MOVX  @DPTR,A           ;启动A/D转换
        LJMP  $                 ;等待转换结束中断
        (中断服务程序)
INTOF:  MOVX  A,@DPTR           ;取A/D转换结果
        MOV   @R0,A             ;存结果
        INC   R0                ;内部指针下移
        INC   DPTR              ;外部指针下移,指向下一路
        CJNE  R0,#38H,NEXT      ;未转换完8路,继续转换
        CLR   EX0               ;关INT0中断允许
        RETI                    ;中断返回
NEXT:   MOVX  @DPTR,A           ;启动下一路A/D转换
        RETI                    ;中断返回,继续等待下一次
        END
```

C51 程序如下：

```c
#include <reg51.h>
#include <absacc.h>
#define ACSD    XBYTE[0x7ff8]
#define ram30H  DBYTE[0x0030]
unsigned char xdata * p;
```

215

```
unsigned char data  * q;
unsigned char  a,k;
void main(void)
{
    p=0x7ff8;
    q=0x30;
    k=0;
    IT0=1;
    EX0=1;
    EA=1;
    * p=0x00;                    /* 启动 AD 转换* /
    while(1);
}
void AD_INT0( ) interrupt 0
{
    a=* p;
    * q=a;
    p++;
    q++;
    k++;
    if(k==8)
    {
        EX0=0;
    }
    else   * p=0x00;
}
```

216

7.4 实验与实训

7.4.1 直流电动机调速

在熟悉直流电动机的驱动原理和调速的方法的基础上，利用 D/A 转换器 DAC0832 电路输出的模拟量经放大后驱动直流电动机。编制程序改变 0832 输出方波信号的占空比，经放大后控制电动机转速及正、反向旋转。MCS-51 单片机控制直流电动机调速电路如图 7.13 所示。

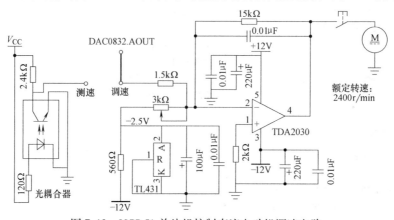

图 7.13 MCS-51 单片机控制直流电动机调速电路

汇编语言程序如下：

```
         CS0832  EQU 0FFE8H
         ORG  0000H
         LJMP  START
         ORG  0030H
START:   MOV  SP,#60H
         MOV  DPTR,#CS0832
         MOV  A,#70H
MLOOP1:  MOVX  @DPTR,A
         LCALL  DELAY        ;可设置断点到此行测 A_{OUT} 电压
         INC  A
         CJNE  A,#90H,MLOOP1
MLOOP2:  MOVX  @DPTR,A
         LCALL  DELAY
         DEC  A
         CJNE  A,#70H,MLOOP2
         SJMP  MLOOP1
DELAY:   MOV  R7,#00H
DL1:     MOV  R6,#00H
         DJNZ  R6,$
         DJNZ  R7,DL1
         RET
         END
```

7.4.2　数据采集系统

数据采集系统主要实现从现场采集数据，由单片机分析处理或显示打印，为现场操作者提供操作指导等功能。

数据采集系统需要解决的主要问题是模拟量输入通道的设计，即需要确定模拟量输入通道的结构。模拟量输入通道结构有两种：

① 每路模拟量均有各自独立的 A/D 转换器、采样保持器。

② 多路模拟量共用一套采样保持器、A/D 转换器。

在两种结构中，前者电路结构简单、程序设计方便，由于每路模拟量均需各自独立的 A/D 转换器，A/D 转换是并行的，因此，尽管只有一个处理器，却具有很快的转换速度，但由于使用的 A/D 转换器数量多，故总体成本昂贵，仅在高速数据采集系统中采用。后者（见图 7.15）多路模拟量共用一套采样保持器、A/D 转换器，具有经济实用等良好特点，在性能指标要求许可的情况下，一般采用该结构。随着高性能的 A/D 转换器件不断推出，选择一片 A/D 转换器，满足多路数据采集还是比较容易的。所以，这里主要介绍第二种结构。

目前多数 A/D 转换器（高速）都内含采样保持器，所以，此处不考虑采样保持器。多路模拟转换器（也称多路模拟转换开关）采用常用的 8 路模拟转换开关 CD4051。

1. CD4051 简介

图 7.14 给出了 CD4051 芯片引脚排列。它由地址译码器和多路双向模拟开关组成，输入为（X0～X7），输出为 X，可以通过

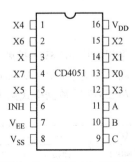

图 7.14　CD4051 芯片引脚排列

外部地址（C、B、A引脚）输入，经内部地址译码后，选择8路输入中的某1路与输出X接通，而其他各路输入无法接通输出；完成8线到1线的多路转换开关的功能；V_{DD}为工作电源引脚，V_{EE}为模拟信号地引脚，V_{SS}为数字信号地引脚，输入信号范围为0V～V_{DD}；INH（高电平禁止）为控制输入，输入高电平时，多路开关中各个开关均不通，输出呈高阻态。CD4051真值表见表7.3。

表7.3 CD4051真值表

输入端				与X端连接的通道
INH	C	B	A	
0	0	0	0	X0
			1	X1
		1	0	X2
			1	X3
	1	0	0	X4
			1	X5
		1	0	X6
			1	X7
1	X	X	X	高阻

2. 数据采集系统的实现

【例7.4】 设计使用一片A/D转换芯片巡回采集40路模拟量的数据采集系统。

解：采用5片CD4051，每片接8路模拟量输入，5片构成5×8＝40路模拟采集通道。同理，可以扩展到64路或更多路的数据采集系统。40路数据采集局部电路原理图如图7.15所示。

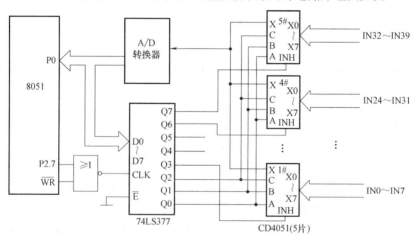

图7.15 40路数据采集局部电路原理图

采用一片74LS377扩展8位并行输出口，其中，低3位用于选通每片CD4051的8路中的1路，高5位用于5片CD4051的片选。

74LS377的数据格式见表7.4。

表7.4 74LS377的数据格式

Q7	Q6	Q5	Q4	Q3	Q2	Q1	Q0
5#4051	4#4051	3#4051	2#4051	1#4051	C	B	A

向 74LS377 写入数据 1111 0000 ~ 1111 0111，选通 1#4051 的 0 ~ 7 路；写入 1110 1000 ~ 1110 1111，选通 2#4051 的 0 ~ 7 路等。

其规律如下：数据的低 3 位从 000 到 111 变化；高 5 位初值为 11110，其中的 0 左移 5 次，完成对 40 路模拟量的数据采集。

汇编语言程序如下：

```
            ORG   0100H
            MOV   DPTR, #7FFFH           ;指向 P2.7 口
            MOV   A,#1111 0000B          ;选通第 1 片 CD4051 芯片的 X0 路
            MOV   R7,#5                  ;计数 5 次(5 片 CD4051)
LP1:        MOVX  @DPTR, A               ;选通一路
            LCALL ADCONV                 ;调用 A/D 子程序
            LCALL ADDSP                  ;调用转换结束后数字处理
            MOV   R2, A                  ;用 R2 暂存 A
            ANL   A,#07H                 ;屏蔽高 5 位
            CJNE  A, #07H,LP2            ;判断 A 是否到 7,未到 7,选择下一路
            AJMP  LP3                    ;处理下一片
LP2:        MOV   A, R2                  ;取回暂存值
            INC   A                      ;选择下一路
            AJMP  LP1                    ;继续处理本片下一路
LP3:        MOV   A,R2                   ;取回暂存值
            RL    A                      ;高 5 位 0 的位置左移
            ANL   A,#0F8H                ;指向下一片的第 0 路(低 3 位清 0)
            DJNE  R7, LP1
            RET
            END
```

习题 7

1. A/D 转换器的作用是将（　　）量转为（　　）量；D/A 转换器的作用是将（　　）量转为（　　）量。

2. A/D 转换器的四个最重要指标是（　　）、（　　）、（　　）和（　　）。

3. 对于电流输出的 D/A 转换器，为了得到电压的转换结果，应使用（　　）。

4. D/A 转换器使用（　　）可以实现多路模拟信号的同时输出。

5. 若 8 位 D/A 转换器的输出满刻度电压为 +5V，则 D/A 转换器的分辨率为（　　）V。

6. 当单片机启动 ADC0809 进行模/数转换时，应采用（　　）指令。

　　A. MOV　A, 20　　　　　　　　　　　　B. MOVX　@DPTR, A

　　C. MOVC　A, @A + DPTR　　　　　　　　D. MOVX　A, @DPTR

7. 读取 A/D 转换的结果，使用（　　）指令。

　　A. MOV　A, @Ri　　　　　　　　　　　B. MOVX　@DPTR, A

　　C. MOVX　A, @DPTR　　　　　　　　　　D. MOVC　A, @DPT

8. 当 DAC 0832 的 $\overline{CS}$ 接 8031 的 P2.0 时，程序中 0832 的地址指针 DPDR 寄存器应置为（　　）。

　　A. 0832H　　　　　B. FE00H　　　　　C. FEF8H　　　　　D. 以上三种都可以

9. 用单片机控制外部系统时，为什么要进行 A/D 和 D/A 转换？

10. 什么是 D/A 转换器？

11. 简述 D/A 转换器的主要技术指标。

219

12. DAC0832 与 80C51 单片机连接时有哪些控制信号？其作用是什么？

13. 如何确定 A/D 转换器的转换速率？

14. MCS-51 与 DAC0832 接口有哪三种连接方式？各有什么特点？各适合什么场合使用？

15. 在什么情况下要使用 D/A 转换器的双缓冲方式？试以 DAC0832 为例画出双缓冲方式的接口电路。

16. 在一个 8051 单片机与一片 DAC0832 组成的应用系统中，DAC0832 的地址为 7FFFH，输出电压为 0~5V。试画出电路原理图，并编写产生矩形波，其波形占空比为 1：4，高电平为 2.5V，低电平为 1.25V 的转换程序。

17. 设计 8051 和 ADC0809 的接口，采集 2 通道 10 个数据，存入内部 RAM 的 50H~59H 单元，画出电路原理图，编写程序。

18. 在一个 8051 与一片 ADC0809 组成的数据采集系统中，ADC0809 的地址为 7FF8H~7FFFH。试画出逻辑电路图，并编写程序，每隔 1min 轮流采集一次 8 个通道数据，8 个通道总共采集 100 次，其采样值存入以片外 RAM 3000H 开始的存储单元中。

第8章 MCS-51 单片机的交互通道配置与接口

>> **内容提示**

在实际的单片机系统中，操作人员主要通过键盘、显示器和打印机等设备与单片机进行信息交换。一个实际的单片机系统常常要与操作人员或外部的物理量进行信息交换，如可通过显示设备显示一些数据、通过键盘设置参数，也有时要检测外部的物理量或控制外部设备动作等。本章主要介绍 MCS-51 单片机人机交互接口及程序设计。

>> **学习目标**

◇ 掌握 MCS-51 单片机扩展键盘的原理及编程；

◇ 掌握 MCS-51 单片机显示方式的接口扩展及编程技术；

◇ 掌握 MCS-51 单片机与微型打印机的接口技术。

>> **知识结构**

本章知识结构如图 8.1 所示。

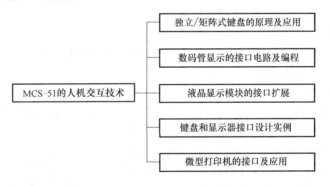

图 8.1 本章知识结构

引言

计算机的出现将人类推进了信息社会。人机界面是单片机应用系统不可缺少的组成部分，是人与计算机系统进行信息交互的接口。人机界面包括信息的输入和输出，控制信息和原始数据需要通过输入设备输入到计算机中，计算机的处理结果需要通过输出设备实现显示或打印，这里的输入设备与输出设备即构成了人机界面。在单片机应用系统中，人机界面的输入设备主要是键盘，输出设备包括发光二极管、七段数码管显示器、液晶显示器及微型打印机等。其中，LED 数码管显示是很重要的外部设备。LED 数码管成本低廉，配置灵活，与单片机连接方便，因此它被广泛用做数字仪器仪表、数控装置、计算机的数显器件。而键盘、LED 显示更是小型应用系统最常用的人机接口方式，例如日常生活中常见的按键、霓虹灯显示、比赛抢答器、报警器、电子时钟、点阵和液晶显示屏等。

8.1 MCS-51 单片机与键盘的接口技术

键盘接口用于实现单片机应用系统中的数据和控制命令输入，常用的键盘设备包括 BCD 拨码盘、独立式键盘、矩阵式键盘等。根据输入信息的特点，不同的键盘，其应用场合不同。

8.1.1 概述

键盘输入是单片机应用系统中使用最广泛的一种输入方式。键盘输入的主要对象是各种按键或开关。这些按键或开关可以独立使用，也可以组合成键阵使用。在单片机应用系统中，使用较多的按键或开关有带自锁的和非自锁的、常开的和常闭的，还有微动开关、DIP 开关、薄膜开关等。

1. 独立连接式键盘

独立连接式键盘是一种最简单的键盘，每个键独立地接入一根数据输入线。独立连接式键盘的连接如图 8.2 所示。当没有键被按下时，所有的数据输入线都为高电平；当有任意一个键被按下时，与之相连的数据输入线将变为低电平；通过相应的指令，可以判断是否有键按下。这种键盘的优点是，硬件、软件结构简单，使用方便，但随着键个数的增加，被占用的 I/O 接口线也将增加。因此，这种形式的键盘不适合在键数要求较多的系统中使用，但在键数要求不多的单片机系统中，独立连接式键盘使用得相当普遍。

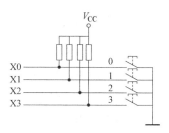

图 8.2 独立连接式
键盘的连接

2. 矩阵式键盘

当单片机系统需要安排较多的按键时，为节约微处理器的 I/O 接口资源，通常把键排列成矩阵形式，这样可以更合理地利用硬件资源。

矩阵式键盘是指由若干个按键组成的开关矩阵。4 行 4 列矩阵式键盘的连接如图 8.3 所示。这种键盘适合采取动态扫描的方式进行识别，也就是说，如果采用低电平扫描，回送线必须被上拉为高电平；如果采用高电平扫描，则回送线需被下拉为低电平。图 8.3 中给出了低电平扫描的电路。这种键盘的优点是，使用较少的 I/O 接口线可以实现对较多键的控制。例如，如果把 16 个键排列成 4×4 的矩阵形式，则使用一个 8 位 I/O 接口（行、列各用 4 位）即可完成控制；如果把 64 个键排列成 8×8 的矩阵形式，则使用两个 8 位 I/O 接口（行、列各用 1 个 8 位 I/O 接口）即可完成控制。

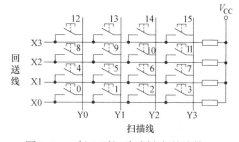

图 8.3 4 行 4 列矩阵式键盘的连接

8.1.2 使用键盘时必须解决的问题

对于图 8.3 所示的键盘来说，如果 Y1 为低电平，那么，在按下和释放 1 号键的过程中，X0 上的电压波形如图 8.4 所示。图中，t_1 和 t_3 分别为键的闭合和断开过程中的抖动期（分别称为前沿抖动和后沿抖动），其时间的长短与开关的机械特性有关，一般为 10 ~ 20ms；t_2 为稳定的闭合期，其时间的长短由按键的动作决定，一般为几百毫秒至几秒；t_0、t_4 为断开期。为了保证 CPU 对键闭合的正确判定，必须

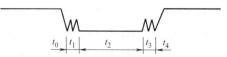

图 8.4 键按下和释放时的行线电压波形

去除抖动，在键的稳定闭合和断开期间读取键的状态。去除抖动可以采用硬件和软件两种方法。硬件方法就是在按键输入通道上添加去抖动电路，从根本上避免电压抖动的产生。软件方法则是延迟 10 ~ 20ms 的时间，待电压稳定之后，再进行状态输入。由于人的按键速度与单片机的运行速度相比要慢很多，所以，软件延时的方法在技术上完全可行，而且在经济上更加实惠，因而被越来越多地采用。

8.1.3 键盘接口

键盘接口的主要功能是对键盘上所按下的键进行识别。使用专用的硬件进行识别的键盘称为编码键盘，在 PC 中使用较多；使用软件进行识别的键盘称为非编码键盘，单片机由于系统应用的要求通常使用非编码键盘。本节主要研究非编码键盘的工作原理、接口技术，以及单片机系统常用的两种软件按键识别方法，即键盘扫描法和行反转法。

1. 键盘接口的工作原理

如图 8.3 所示，4 行 4 列的矩阵式键盘，行线 X0 ~ X3 通过电阻接 V_{CC}，当键盘上没有键闭合时，所有的扫描线 Y0 ~ Y3 和回送线 X0 ~ X3 都断开，无论扫描线处于何种状态，回送线都呈高电平。当键盘上某一键闭合时，则该键所对应的扫描线和回送线被短路。例如，仅 6 号键被按下时，程序顺序扫描 Y0 ~ Y3 四条扫描线，未扫到 Y2 线时，回送线的 4 位数据均为高电平；当扫描到 Y2 线时，由于 6 号键处于闭合状态，回送线 X1 也将变为低电平，因此可知扫描线 Y2 与回送线 X1 相交处的键闭合了。可见，如果 X0 ~ X3 均为高电平，则说明无键闭合。如果任一条回送线变为低电平，则说明该回送线上有键闭合，与此键相连的扫描线也一定处于低电平（正在扫描）。由此可以确定扫描线与回送线的编号，这样闭合按键的位置就确定了。

CPU 扫描键盘可以采取以下方式：

① 程序控制的随机方式，在 CPU 空闲时扫描键盘。

② 定时控制方式，每隔一段时间，CPU 对键盘扫描一次，CPU 可定时响应键输入请求。

③ 中断方式，当键盘上有键闭合时，向 CPU 请求中断，CPU 响应键盘输入中断，对键盘进行扫描，以识别哪一个键处于闭合状态，并对键输入的信息进行处理。

CPU 对键盘上闭合键的键号确定，可以根据扫描线和回送线的状态计算求得，也可以根据行线和列线的状态查表求得。

2. 键输入程序的设计方法

对于非编码键盘而言，仅有键盘的接口电路是不够的，还需要编制相应的键输入程序，实现对键盘输入内容的识别。键输入程序的功能一般包含以下五部分：

① 判断键盘上是否有键闭合。采取程序控制方式和定时控制方式对键盘进行扫描，或采取中断方式接收键盘的中断信号，判断是否有键闭合。

② 去除键的机械抖动。为保证键的正确识别，需要进行去抖动处理。其方法是，当得知键盘上有键闭合后延迟一段时间再判别键盘的状态，若仍有键闭合，则认为键盘上有一个键处于稳定的闭合期，否则认为是键的抖动或者是干扰。

③ 确定闭合键的物理位置。对于独立式按键来说，采取逐条 I/O 接口线查询的方式实现对按键物理位置的确定；对于键阵来说，需要采取扫描的方式来确定被按键的物理位置。

④ 得到闭合键的编号。在得到闭合键物理位置的基础上，根据给定的按键编号规律，计算出闭合键的编号。

⑤ 确保 CPU 对键的一次闭合只做一次处理。为防止操作人员的一次按键被高速运行的程序误判断为多次按下该键，在程序中必须保证操作人员一次按键为一次有效键闭合。为实现这一

功能，可以采用等待闭合键释放以后再处理的方法。

需要指出的是，以上各功能部分可以在一个程序中完成，也可以通过子程序或中断子程序的方式由多个程序完成。

3. 键盘接口方式

由于不同单片机应用系统对于输入的要求不同，因此各种单片机应用系统的键盘接口也不一样。常用的单片机键盘接口有以下几种：

（1）独立式键盘接口（静态方式）

这种键盘结构简单，每个按键接单片机的一条I/O接口线，通过对输入线的查询，可以识别每个按键的状态。

【**例8.1**】 在MCS-51单片机系统中，设计一个含8个按键的独立式键盘。

解：在MCS-51中，含8个按键的独立式键盘的连接如图8.5所示，8个按键经上拉电阻拉高后，分别接到MCS-51单片机P1口的8条I/O接口线上（P1.0～P1.7）。当无键按下时，P1.0～P1.7线上输入均为高电平；当有键按下时，与被按键相连的I/O接口线将得到低电平输入，其他位按键的输入线上仍维持高电平输入。

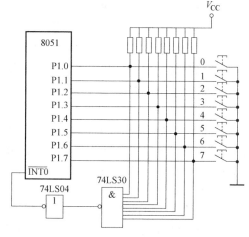

由图8.5可知，P1口8条I/O接口线经与非门74LS30实现逻辑与非后，再经过一个非门74LS04进行信号变换，然后接至MCS-51的$\overline{INT0}$引脚上。这样，每当有键按下时，$\overline{INT0}$引脚上将有一个下降沿产生，申请中断。在中断服务程序中，首先延时20ms左右，等待按键抖动过后再对各键进行查询，找到所按的键，并转到相应的处理程序中去。

图8.5 含8个按键的独立式键盘的连接

此电路图所对应的汇编语言主程序如下：

```
        ORG     0000H
        LJMP    MAIN
        ORG     0003H           ;外部中断0中断服务入口地址
        LJMP    INT             ;转中断服务
        ORG     0100H
MAIN:   SETB    EA              ;开总中断允许
        SETB    EX0             ;开INT0中断
        SETB    IT0             ;下降沿有效
        ...
```

汇编语言中断服务程序如下：

```
INT:    ACALL   D20             ;延时去抖动
        MOV     P1, #0FFH       ;P1口送全1值
        MOV     A, P1           ;读P1口各引脚
        CJNE    A, #0FFH,CLOSE  ;验证是否确实有键闭合
        AJMP    INT0            ;无键按下
CLOSE:  JNB     ACC.7, KEY7     ;查询7号键
        JNB     ACC.6, KEY6     ;查询6号键
        JNB     ACC.5, KEY5     ;查询5号键
        JNB     ACC.4, KEY4     ;查询4号键
        JNB     ACC.3, KEY3     ;查询3号键
```

```
           JNB       ACC. 2, KEY2              ; 查询 2 号键
           JNB       ACC. 1, KEY1              ; 查询 1 号键
           JNB       ACC. 0, KEY0             ; 查询 0 号键
   INT0:   RETI
   KEY 7:  ...                                 ; 7 号键处理程序
   KEY 71: MOV       A, P1                     ; 再读 P1 口各引脚
           JNB       ACC. 7, KEY71            ; 确认键是否释放
           RETI
   KEY 6:  ...                                 ; 其他键处理程序
           ...
   D20:    ...                                 ; 20ms 延时子程序
           ...
           END
```

C51 程序如下:

```c
#include < reg51. h >
#include < absacc. h >
#define uchar unsigned char
#define TRUE 1
#define FALSE 0
bit key_flag;
uchar key_value;
void delay_10ms(void);                    /* 延时 10ms 函数 */
void main(void)
{
    IE = 0x81;
    IP = 0x01;
    key_flag = 0;                         /* 设置中断标志为 0 */
    do{
        if(key_flag)                      /* 如果按键有效 */
        {
            switch(key_value)             /* 根据按键分支 */
            {   case 1:;                   /* 处理 . 0 号键 */
                break;
                case 2:;                   /* 处理 1 号键 */
                break;
                case 4:;                   /* 处理 2 号键 */
                break;
                case 8:;                   /* 处理 3 号键 */
                break;
                case 16:;                  /* 处理 4 号键 */
                break;
                case 32:;                  /* 处理 5 号键 */
                break;
                case 64:;                  /* 处理 6 号键 */
                break;
                case 128:;                 /* 处理 7 号键 */
                default:
```

```
                        break;                    /* 无效按键,如多个键同时按下* /
                    }
                key_flag = 0;
                }
            }
    while(TRUE);
}
void int0()   interrupt 0
{
    uchar reread_key;
    IE = 0x80;                                    /* 屏蔽中断* /
    key_flag = 0;                                 /* 设置中断标志* /
    P1 = 0xff;                                    /* P1 口锁存器置1* /
    key_value = P1;                               /* 读入 P1 口的状态* /
    delay_10ms();                                 /* 延时 10ms* /
    reread_key = P1;                              /* 再次读取 P1 口的状态* /
    if(key_value == reread_key)
    {
        key_flag = 1;                             /* 设置中断标志为1* /
    }
    IE = 0x81;                                    /* 中断允许* /
}
```

（2）矩阵式键盘接口动态扫描法

矩阵式（也称行列式）键盘用于按键数目较多的场合，它由行线和列线组成，一组为行线，另一组为列线，按键位于行、列的交叉点上。如图8.6所示，一个4×8的行、列结构可以构成一个32个按键的键盘。很明显，在按键数目较多的场合，矩阵式键盘与独立式键盘相比，要节省较多的I/O口线。动态扫描法是通过采用输出"移动"信号，轮流对各行按键进行检测来实现的。如图8.6所示，设置列线为输出，行线为输入，首先将列线输出全0，读入行线，当行线读入全为1时，无按键按下；否则，有键按下，进行延时去抖，然后，将某一列输出为0，读取行线值，若其中某一位为0，则表示行、列交叉点处的按键被按下；否则，无按键按下。继续扫描下一列（将下一列输出为0），直至全扫描完为止。

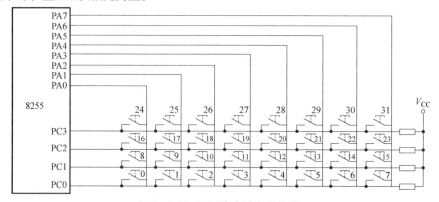

图8.6　4×8 矩阵式键盘的连接

【例8.2】　用8255实现4行8列的32键键盘接口。

解：用8255实现4×8矩阵式键盘的连接如图8.6所示。8255的PA设定为输出口，称为扫描线。PC3～PC0 设定为输入口，称为回送线。8255 与 MCS-51 单片机的接口采用 6.3.3 节中介绍的形式，即 PA 口的端口地址为 7FFCH，PC 口的端口地址为 7FFEH。

键值编码形式如下：

回送线 PC0、PC1、PC2、PC3 上的键值（每条回送线上有 8 个键，顺序为从左到右）分别为 00H～07H、08H～0FH、10H～17H、18H～1FH。

如果 PC0 上有键闭合，则其键值为 00H +（00H～07H）；如果 PC1 上有键闭合，则其键值为 08H +（00H～07H）；如果 PC2 上有键闭合，则其键值为 10H +（00H～07H）；如果 PC3 上有键闭合，则其键值为 18H +（00H～07H）。其中，（00H～07H）的具体内容由扫描线决定，在程序中用 R4 存放。

下面的 KEY1 子程序用于扫描是否有键按下，并将读取的回扫线的值送入 A 中。

汇编语言程序如下：

```
        ORG   0100H
KEY1:   MOV   DPTR, #7FFCH    ; 将 PA 口地址送 DPTR,PA 口作为扫描线
        MOV   A,#00H          ; 所有扫描线均为低电平
        MOVX  @DPTR, A        ; PA 口向列线输出 00H
        INC   DPTR
        INC   DPTR            ; 指向 PC 口
        MOVX  A, @DPTR        ; 取回送线状态
        CPL   A               ; 行线状态取反
        ANL   A, #0FH         ; 屏蔽 A 的高半字节
        RET                   ; 返回
```

下面的 KEY 子程序用于判断是否有键按下，如果有，则识别按键的键码。程序中的 DELAY1 子程序是一个延时子程序。

汇编语言程序如下：

```
KEY:    ACALL KEY1            ; 检查有键闭合否
        JNZ   LKEY1           ; A 非 0 说明有键按下
        ACALL DELAY1          ; 执行一次延时子程序(延时 6 ms)
        AJMP  KEY
LKEY1:  ACALL DELAY1
        ACALL DELAY1          ; 有键闭合,延时 2×6ms =12ms 以去抖动
        ACALL KEY1            ; 延时以后再检查是否有键闭合
        JNZ   LKEY2           ; 有键闭合,转 LKEY2
        ACALL DELAY1          ; 无键闭合,说明是干扰信号,不处理
        AJMP  KEY             ; 延时 6ms 后,转 KEY 等待继续键入
LKEY2:  MOV   R2,#0FEH        ; 扫描初值送 R2,设定 PA0 为当前扫描线
        MOV   R4,#00H         ; 回送初值送 R4
LKEY4:  MOV   DPTR,#7FFCH     ; 指向 PA 口
        MOV   A,R2
        MOVX  @DPTR, A        ; 扫描初值送 PA 口
        INC   DPTR
        INC   DPTR            ; 指向 PC 口
        MOVX  A,@DPTR         ; 取回送线状态
        JB    ACC.0, LONE     ; ACC.0 =1,第 0 行无键闭合,转 LONE
        MOV   A,#00H          ; 装第 0 行行值
        AJMP  LKEYP           ; 转计算键码
```

```
        LONE:   JB      ACC.1, LTWO         ; ACC.1 =1,第1行无键闭合,转 LTWO
                MOV     A, #08H             ; 装第1行行值
                AJMP    LKEYP               ; 转计算键码
        LTWO:   JB      ACC.2, LTHR         ; ACC.2 =1,第2行无键闭合,转 LTHR
                MOV     A, #10H             ; 装第2行行值
                AJMP    LKEYP
        LTHR:   JB      ACC.3, NEXT         ; ACC.3 =1,第3行无键闭合,转 NEXT
                MOV     A, #18H             ; 装第3行行值
        LKEYP:  ADD     A, R4               ; 计算键码
                PUSH    ACC                 ; 保存键码
        LKEY3:  ACALL   DELAY1              ; 延时 6ms
                ACALL   KEY1                ; 判断键是否继续闭合,若闭合再延时
                JNZ     LKEY3
                POP     ACC                 ; 若键释放,则键码送 A
                RET
        NEXT:   INC     R4                  ; 列号加1
                MOV     A, R2
                JNB     ACC.7, KND          ; 第7位为0,已扫描到最高列,转 KND
                RL      A                   ; 循环左移一位
                MOV     R2, A
                AJMP    LKEY4               ; 进行下一列扫描
        KND:    AJMP    KEY                 ; 扫描完毕,开始新的一轮
        DELAY1: …                           ; 延时子程序,略
                END
```

键盘扫描程序的运行结果是将按键的键码存入累加器 A 中，再根据键码进行相应处理。

C51 程序如下：

```c
#include < reg51. h >
#include < absacc. h >
#define uchar unsigned char
#define uint unsigned int
void delay(uint);
uchar scankey(void);
uchar keyscan (void);
void main(void)
{
  uchar key;
  while(1)
  {
    key = keyscan ();
    delay(2000);
  }
}
void delay(uint i)
{
  uint j;
  for(j =0; j < i; j + +){ }
}
```

```
  uchar checkkey()                          /* 检测有无键按下函数,有键按下返回 0xff ,无键按下返
                                                回 0* /
{
  uchar i;
  XBYTE[0x7ffc] = 0x00;                     /* 列线 PA 口输出全 0* /
  i = XBYTE[0x7ffe];                        /* 读入行线 PC 口的状态* /
  i = i&0x0f;                               /* 屏蔽 PC 口的高 4 位* /
  if(i = = 0x0f)return(0);                  /* 无键按下返回 0* /
  else   return(0xff);
}
  uchar keyscan ()                          /* 键盘扫描函数,如有键按下返回该键的编码 ,无键按下返
                                                回 0xff * /

{
  uchar  scancode;                          /* 定义列扫描码变量 * /
  uchar  codevalue;                         /* 定义返回的编码变量 * /
  uchar  m;                                 /* 定义行首编码变量 * /
  uchar  k;                                 /* 定义行检测码* /
  uchar  i,j;
  if(checkkey() = =0) return(0xff);         /* 检测是否有键按下,无键按下返回 0xff* /
  else
  {
    delay(200);
    if(checkkey() = =0) return(0xff);       /* 检测是否有键按下,无键按下返回 0xff* /
    else
    {
      scancode = 0xfe;m = 0x00;             /* 列扫描码,行首键码赋初值* /
      for(i = 0;i < 8;i + +)
      {
        k = 0x01;
        XBYTE[0x7ffc] = scancode;           /* 送列扫描码* /
        for(j = 0;j < 8;j + +)
        {
          if((XBYTE[0x7ffe]&k) = =0)        /* 检测当前行是否有键按下* /
          {
            codevalue = m + j;              /* 当前行有键按下,求编码* /
            {
              while((checkkey())! =0);
              return(codevalue);            /* 返回按下键的编码* /
            }
          }
          else k = k < <1;                  /* 行检测码左移 1 位* /
        }
        m = m + 8;                          /* 计算下一行的首键码* /
      scancode = scancode < <1;             /* 列扫描码左移 1 位,扫描下一列* /
      }
    }
  }
}
```

（3）通过串行口扩展键盘接口

MCS-51 系列单片机的串行口与串/并转换芯片配合，可用来扩展键盘接口，如使用串行输入、并行输出的 74LS164 芯片扩展键盘等。其串/并转换原理在 5.4 节中已介绍，这里不再详述。

【例 8.3】 使用串行口与串/并转换芯片配合，扩展 2 行 8 列的键盘接口，键号为 0 ~ 15。要求给出其硬件连接和键盘查询子程序。

解： 串行口与串/并转换芯片配合扩展键盘的连接如图 8.7 所示。

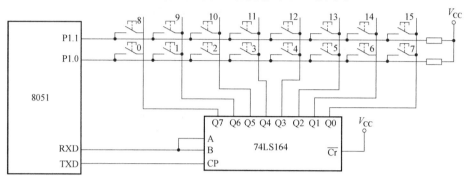

图 8.7　串行口与串/并转换芯片配合扩展键盘的连接

使用串行口连接串/并转换芯片 74LS164，构成键阵的列线，P1.0 和 P1.1 作为行线。程序采取查询方式读取键号，并且考虑了键的抖动问题。

键盘的编码方式与前例类似：

① P1.0 线上的 8 个键分别为 00H + （00H ~ 07H）；

② P1.1 线上的 8 个键分别为 08H + （00H ~ 07H）。

扫描线（00H ~ 07H）的具体值存放在 R4 中，程序中的 DLY1 子程序是一个延时子程序。

汇编语言程序如下：

```
        ORG     0100H
SERKEY: MOV     SCON, #00H        ;设置串行口
        MOV     A,#00H            ;键盘初始化,送00H到列线上
        LCALL   VARTO             ;发送数据
CHK:    JNB     P1.0, CHK0        ;检查是否有键按下
        JNB     P1.1,CHK0         ;检查是否有键按下
        AJMP    CHK               ;无键按下,继续查找
CHK0:   LCALL   DLY1              ;调用10ms延时子程序,去抖
        JNB     P1.0, CHEN        ;确实有键按下,转CHEN
        JNB     P1.1,CHEN         ;确实有键按下,转CHEN
        AJMP    CHK               ;无键按下,继续查找
CHEN:   MOV     R2, #0FEH         ;首列扫描字送R2,查键号,最低位为0
        MOV     R4, #00H          ;首列偏移值送R4
CHKN:   MOV     A, R2             ;发送列扫描字
        LCALL   VARTO
        JB      P1.0, CH1         ;检查P1.0有无键按下;若无,则转CH1
        MOV     A, #0             ;第一行首列值送A,00H+(R4)
        AJMP    CKEY              ;转求键号
CH1:    JB      P1.1,NEXT         ;检查P1.1有无键按下;若无,则转NEXT
        MOV     A, #8H            ;第二行首列值送A
```

```
        CKEY:    ADD     A, R4                  ; 求键号,并入栈保护
                 RET
        NEXT:    INC     R4                     ; 指向下一列
                 MOV     A, R2                  ; 取出原扫描字
                 JNB     ACC. 7,KEND            ; 是否已检查完 8 列
                 RL      A                      ; 8 列未完,指向下一列
                 MOV     R2, A                  ; 列扫描字送 R2
                 AJMP    CHKN                   ; 8 列未完,检查下一列
        KEND:    AJMP    SERKEY                 ; 8 列查完,未查到有键按下,等待
        VARTO:   MOV     SBUF, A                ; 发送 A 中数据
                 JNB     TI, $                  ; 发送等待
                 CLR     TI                     ; 清除
                 RET

        DLY1:    …                              ; 延时 10ms 子程序(略)
                 END                            ; 结束
```

C51 程序如下:

```c
#include < reg51. h >
#include < intrins. h >
sbit P10   = P1^0;
sbit P11   = P1^1;
unsigned char get_char(void);                   /* 函数说明 * /
void delay(void);
void main(void)
{
  unsigned char keybuf[16], count;              /* 键盘缓冲区和读键计数变量 * /
  SCON = 0;                                     /* 将串行口设置成工作方式 0 * /
  ES = 0;                                       /* 禁止串口中断 * /
  EA = 0;
  count = 0;
  while(count <16) keybuf[count + +] = get_char();  /* 读入 16 个按键的键值 * /
}
unsigned char get_char(void)
{
  unsigned char key_code, column = 0, mask = 0x00;  /* 定义列号、键序号和发送数据的变量 * /
  TI = 0;
  SBUF = mask;                                  /* 串行口向 74LS164 移位输出 8 个 0 * /
  while(TI = = 0);                              /* 等待发送完毕 * /
  while(1)
  {
      while((P10&P11)! =0);                     /* 检测 P1.0 和 P1.1 是否为 0 来判断是否有键按
                                                   下 * /
      delay();
      if((P10&P11)! =0) continue;
      else break;
  }
  mask = 0xfe;
```

```
    while(1)
    {
        TI =0;
        SBUF =mask;
        while(TI = =0);
        if((P10&P11)! =0)
        {
            mask = _crol_ (mask,1);                /* mask 的值循环左移 1 位 * /
            column + +;                            /* 确定被按下的键所在的列号 * /
            if(column > =8) column =0;
            continue;
        }
        else break;
    }
    if(P10 = =0)  key_code =column;                /* 确定被按下的键所在的行号并计算键序号 * /
    else  key_code =8 + column;
    return(key_code);
}
void delay(void)
{
    unsigned int i =10;                            /* 延时 10ms * /
    while(i - -);
}
```

8.2　MCS-51 单片机与显示器的接口技术

　　显示器用于实现单片机应用系统中的数据输出和状态的反馈，在单片机系统中占有非常重要的地位，是人机界面中为用户提供系统工作状态的主要手段。单片机系统中常用的显示器有发光二极管、七段 LED 数码显示器、液晶显示器等。

8.2.1　LED 显示器及其接口

　　发光二极管简称 LED（Light Emitting Diode）。由 LED 组成的显示器是单片机系统中常用的输出设备。将若干 LED 按不同的规则进行排列，可以构成不同的 LED 显示器。从 LED 器件的外观来划分，可分为"8"字形的七段数码管、米字形数码管、点阵块、矩形平面显示器、数字笔画显示器等。其中，数码管又可从结构上分为单、双、三、四位字；从尺寸上可分为 0.3in（1in = 2.54cm）、0.36in、0.4in、…、5.0in 等类型。

1. 七段 LED 数码显示器

　　七段 LED 数码管显示器能够显示十进制数字或十六进制数字及某些简单字符，这种显示器显示的字符较少，形状有些失真，但控制简单，使用方便，在单片机系统中应用较多。其外形和内部电路如图 8.8 所示。

　　数码管显示器根据公共端的连接方式，可以分为共阴极数码管和共阳极数码管两种。图 8.8 中的 a～g 这七个笔段（画）及小数点 dp 均为发光二极管。如果将所有发光二极管的阳极连在一起，则称为共阳极数码管；将阴极连在一起的称为共阴极数码管。对于共阳极数码管而言，所有发光二极管的阳极均接高电平，所以，哪一个发光二极管的阴极接地，相应笔段的发光二极管就发光；对于共阴极数码管而言，则相反。

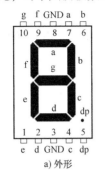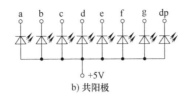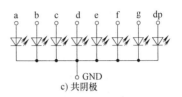

图 8.8　七段 LED 数码管显示器

LED 数码管显示器显示字符时，向其公共端及各段施加正确的电压即可实现该字符的显示。对公共端加电压的操作称为位选，对各段加电压的操作称为段选，所有段的段选组合在一起称为段选码，也称为字形码，字形码可以根据显示字符的形状和各段的顺序得出。例如，显示字符"0"时，a、b、c、d、e、f 点亮，g、dp 熄灭。如果在一个字节的字形码中，从高位到低位的顺序为 dp、g、f、e、d、c、b、a，则可以得到字符"0"的共阴极字形码为 3FH，共阳极字形码为 0C0H。其他字符的字形码可以通过相同的方法得出，见表 8.1。

特别提示：由于 LED 数码管为电流型器件，LED 工作电流一般在 5~15mA，因此在 LED 工作时电流不应超过手册中给出的最大电流，一般情况下要在各段中串入限流电阻。

表 8.1　七段 LED 字形码

显 示 字 符	共阳极字符	共阴极字符	显 示 字 符	共阳极字符	共阴极字符
0	C0H	3FH	A	88H	77H
1	F9H	06H	b	83H	7CH
2	A4H	5BH	C	C6H	39H
3	B0H	4FH	d	A1H	5EH
4	99H	66H	E	86H	79H
5	92H	6DH	F	8EH	71H
6	82H	7DH	P	8CH	73H
7	F8H	07H	H	89H	76H
8	80H	7FH	L	C7H	38H
9	90H	6FH	"灭"	FFH	00H

2. LED 点阵模块显示器

LED 点阵模块显示器是指由发光二极管排成一个 $m \times n$ 的点阵，每个 LED 构成点阵中的一个点。这种显示器显示的字形逼真，能显示的字符比较多，但控制比较复杂。

常用的点阵模块显示器有 7 行 5 列、8 行 5 列、8 行 8 列等类型。单个 LED 点阵显示器可以显示各种字母、数字和常用的符号。例如，图 8.9 所示为由 7 行 5 列共 35 个 LED 构成的显示器显示字母"A"的情况。用多个点阵式 LED 模块显示器可以组成更大的 LED 点阵显示器，用于显示汉字、图形和表格，广泛应用于公共场合的信息发布。

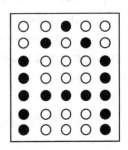

图 8.9　LED 点阵模块显示字母"A"

233

3. LED 的驱动接口

LED 工作时需要一定的工作电流，才能正常发光，流过 LED 的电流大小决定了它的发光强度。单个 LED 的压降为 1.2 ~ 1.5V。图 8.10 所示为单个 LED 的驱动接口电路。LED 工作电流计算公式为

$$I_F = [V_{CC} - (V_F + V_{CS})]/R \tag{8.1}$$

式中 V_F——LED 的正向压降；

     V_{CS}——LED 驱动器的压降；

     R——LED 的限流电阻；

     V_{CC}——电源电压；

     I_F——LED 的工作电流。

图 8.10 中的 7406 是一个集电极开路的反相器，用于驱动 LED。当单片机的 I/O 端口 PXX 为高电平时，反相器输出低电平，LED 发光；当单片机的 I/O 端口为低电平时，反相器输出高电平，没有电流流过 LED，LED 熄灭。

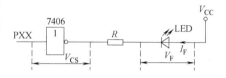

图 8.10   单个 LED 的驱动接口电路

当电源电压为 5V 时，LED 工作电流取 10mA。限流电阻计算如下：

$$R = [V_{CC} - (V_F + V_{CS})]/I_F \tag{8.2}$$

式（8.2）中，V_F 一般取 1.5 ~ 2.5V，V_{CS} 约为 0.4V，则

$$R = [5 - (1.5 + 0.4)]/0.01 = 310\Omega$$

取限流电阻为 300Ω。对于实际应用中的 LED，适当减小限流电阻可以增大 LED 的工作电流，使 LED 的显示效果更好。但工作电流不宜过大，一方面，工作电流继续增大不会增加显示亮度；另一方面，过大的工作电流会对驱动器件、LED 造成损害。

4. LED 数码管的显示与驱动

LED 数码管显示器常用的工作方式有静态显示方式和动态显示方式两种。设计人员可以根据系统总体资源的分配情况，来选择合适的方式。下面介绍具体接口方法。

（1）静态显示方式

静态显示方式是指当显示器显示某一字符时，发光二极管的位选始终被选中。在这种显示方式下，每一个 LED 数码管显示器都需要一个 8 位的输出口进行控制。由于单片机本身提供的 I/O 接口有限，因此在实际使用中，通常通过扩展 I/O 接口的形式解决输出口数量不足的问题。第 4 章中介绍的 I/O 扩展方法大多数可用于显示接口的扩展。

【例 8.4】   8051 通过 8255A 芯片扩展 3 位七段共阳极 LED 显示器。

解：图 8.11 给出了 3 位静态显示器的接口电路。在程序中将相应的字形码写入 8255A 的 PA、PB、PC 口，显示器就可以显示出 3 位字符。

8255A 的初始化应设定如下：PA、PB、PC 为基本 I/O 输出方式，待显示的数据存放在内部 RAM 的 40H ~ 42H 单元中，数据格式为非压缩 BCD 码。

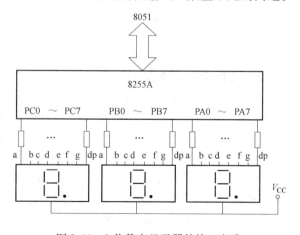

图 8.11   3 位静态显示器的接口电路

初始化及显示的汇编语言程序如下：

```
              ORG    0100H
DSP8255:  MOV    DPTR,#7FFFH
              MOV    A,#80H              ; 8255A 工作方式设置
              MOVX   @ DPTR,A            ; 工作方式字送 8255A 控制口
              MOV    R0,#40H             ; 显示数据起始地址
              MOV    R1,#3H              ; 待显示数据个数
              MOV    DPTR,#7FFCH         ; 第一个数据在 PA 口显示
LOOP :    MOV    A,@ R0              ; 取出第一个待显示数据
              ADD    A,#06H              ; 加偏移量,从查表指令到 TAB 间 6 字节指令
              MOVC   A,@ A + PC          ; 查表取出字形码
              MOVX   @ DPTR,A            ; 字形码送 8255A 端口显示
              INC    R0                 ; 指向下一个数据存储位置
              INC    DPTR               ; 指向下一个七段数码显示器
              DJNZ   R1,LOOP            ; 未显示结束,返回继续
              RET
TAB:      DB     0C0H,0F9H,0A4H,0B0H   ; 0,1,2,3 字形码表
              DB     99H,92H,82H,0F8H      ; 4,5,6,7
              DB     80H,90H,88H,83H       ; 8,9,A,b
              DB     0C6H,0A1H,86H,8EH     ; C,d,E,F
              END
```

C51 程序如下：

```c
#include < reg51. h >
#include < absacc. h >
#define uchar unsigned char
#define cmd8255 XBYTE[0x7fff]              /* 82C55 的控制字寄存器端口地址 0x7fff * /
#define PA8255 XBYTE[0x7ffc]              /* 82C55 的 PA 端口地址 0x7cff * /
#define PB8255 XBYTE[0x7ffd]              /* 82C55 的 PB 端口地址 0x7dff* /
#define PC8255 XBYTE[0x7ffe]              /* 82C55 的 PC 端口地址 0x7eff * /
uchar idata dis_buf[3];                   /* 显示缓冲区* /
uchar code table[16] = {0xc0,0xf9,0xa4,0xb0 0x99,0x92,0x82,0xf8,0x80,0x90,0x88,0x83,0xc6,
0xa1,0x86,0x8e };                         /* 共阳极数码管段码表* /
void display(void)
{
    uchar segcode;
    segcode =dis_buf[0];
    segcode =table[segcode];              /* 段码* /
    PA8255 = segcode;                     /* 段码送 PA 口的数码管显示* /
    segcode =dis_buf[1];
    segcode =table[segcode];              /* 段码* /
    PB8255 = segcode;                     /* 段码送 PB 口的数码管显示* /
    segcode =dis_buf[2];
    segcode =table[segcode];              /* 段码* /
    PC8255 = segcode;                     /* 段码送 PC 口的数码管显示* /
}
void main(void)
{
```

```
            cmd8255 = 0x80;                    /* 向 82C55 控制寄存器写入控制字* /
            dis_buf[3] = {1,2,3};
            while(1)
            {
                    display();
            }
    }
```

【例8.5】　利用在8051串行口上扩展多片串行输入、并行输出的移位寄存器74LS164作为静态显示器接口的方法，设计3位静态显示器接口，并写出显示更新子程序，实现将7FH～7DH三个单元的数值分别在3位LED2～LED0上显示出来。

解： 接口电路如图8.12所示。三个共阳极数码管的公共端均接 V_{CC}，段码通过串行口且采用串/并转换原理，分别送出三个数码管的段码，先送出的段码字节在LED2数码管上显示。

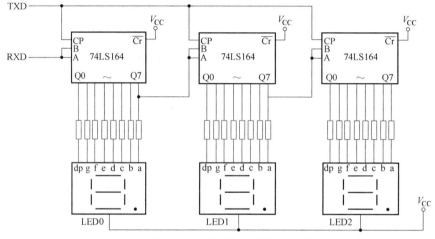

图 8.12　使用串行口扩展的静态 LED 显示接口电路

由于74LS164输出低电平时最大电流为8mA，所以，数码管每段工作电流不能超过8mA。取 $I_F = 4mA$，74LS164输出低电平为 $V_{OL} = 0.4V$，所以，图8.12中的电阻值为

$$R = [5 - (1.5 + 0.4)] \div 0.004\Omega = 775\Omega$$

这里取750Ω即可。下面的子程序用于实现显示数据的更新（使用共阳极字形码）。

汇编语言程序如下：

	ORG	0100H	
DISPSER:	MOV	R5,#03H	;显示三个字符
	MOV	R1,#7FH	;7FH～7DH中存放要显示的数据
DL0:	MOV	A,@R1	;取出要显示的数据
	MOV	DPTR,#STAB	;指向段数据表
	MOVC	A,@A+DPTR	;查表取字形数据
	MOV	SBUF,A	;送出数据,进行显示
	JNB	TI,$	;输出完否
	CLR	TI	;输出完,清中断标志
	DEC	R1	;再取下一个数据
	DJNZ	R5,DL0	;循环3次
	RET		;返回
STAB:	DB	0C0H,0F9H,0A4H,0B0H	;段数据表

```
        DB    …
              …
        END
```

C51 程序如下：

```
#include < reg51. h >
#include < absacc. h >
#define uchar unsigned char
#define DSP_ram DBYTE[0x007F]                  /* 绝对地址访问片内 RAM 7FH* /
char code tab[10] = { 0xc0,0xf9,0xa4,0xb0,0x99,0x92,0x82,0xf8,0x80,0x90};/* 显示 0 ~ 9 的段码* /
void display(void)
{
    uchar i,k;
    uchar * address1;
    TI = 0;
    SCON = 0;                                  /* 串口方式 0* /
    address1 = &DSP_ram;                       /* 取数据首地址* /
    for(i = 0;i < 3;i + +)
    {
        k = * address1;                        /* 取出显示数据* /
        SBUF = tab[k];                         /* 串行输出显示代码到数码管* /
        while(TI = = 0);                       /* 等待发送完* /
        TI = 0;
        address1 - - ;
    }
}
void main()
{
display();
}
```

　　静态显示主要的优点是，显示稳定；在发光二极管导通电流一定的情况下，显示器的亮度大；系统运行过程中，在需要更新显示内容时，CPU 才去执行显示更新子程序，这样既节约了CPU 的时间，又提高了 CPU 的工作效率。其不足之处是，占用硬件资源较多，每个 LED 数码管需要独占 8 条输出线，随着显示器位数的增加，需要的 I/O 接口线还将增加。

　　为了节约 I/O 接口线，应用时常采用另一种显示方式——动态显示方式。

　　（2）动态显示方式

　　动态显示方式是指一位一位地轮流点亮每位显示器（称为扫描），即每个数码管的位选被轮流选中，多个数码管共用一组段选，段选数据仅对位选选中的数码管有效。对于每一位显示器来说，每隔一段时间点亮一次。显示器的亮度既与导通电流有关，也与点亮时间和间隔时间的比例有关。通过调整电流和时间参数，可以既保证亮度，又保证显示。若显示器的位数不大于 8 位，则显示器的公共端只需要一个 8 位 I/O 接口进行动态扫描（称为扫描口）。控制每位显示器所显示的字形也只需要一个 8 位口（称为段码输出）。

　　【例 8.6】　设计 8 位共阴极显示器与 8255 的接口电路，并写出与之对应的动态扫描显示子程序。显示数据缓存区在片内 RAM 的 70H ~ 77H 单元中。

　　解：8255 与 MCS-51 单片机的接口及 8 位动态显示器接口电路如图 8.13 所示。PA 口的端口地址为 7FFCH，PB 口的端口地址为 7FFDH。

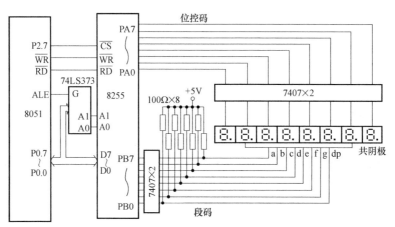

图 8.13　8255 扩展 8 位动态显示器接口电路

在该系统中，使用了 8255 的 PA 和 PB，其中，PA 作为扫描口，PB 作为段码输出口。8255 的 PA 和 PB 都工作在基本输出方式下，进行扫描时，PA 的低 8 位依次置 1，依次选中从左至右的显示器。

动态扫描子程序如下：

```
            ORG    0100H
DSP8255:    MOV    DPTR,#7FFFH      ;指向 8255 命令寄存器
            MOV    A,#80H           ;设定 PA 口、PB 口为基本输出方式
            MOVX   @DPTR,A          ;输出命令字
DISP1:      MOV    R0,#70H          ;指向缓冲区末地址
            MOV    A,#0FEH          ;扫描字,PA7 为 0,从左至右扫描
LOOP:       MOV    R2,A             ;暂存扫描字
            MOV    DPTR,#7FFCH      ;指向 8255 的 PA
            MOVX   @DPTR,A          ;输出位选码
            MOV    A,@R0            ;读显示缓冲区 1 字符
            MOV    DPTR,#PTRN       ;指向段数据表首地址
            MOVC   A,@A+DPTR        ;查表,得段数据
            MOV    DPTR,#7FFDH      ;指向 8255 的 PB
            MOVX   @DPTR,A          ;输出段数据
            LCALL  D1MS             ;延时 1ms
            INC    R0               ;调整指针
            MOV    A,R2             ;读回扫描
            CLR    C                ;清进位标志
            RRC    A                ;扫描字右移
            JC     PASS             ;结束
            AJMP   LOOP             ;继续显示
PASS:       SJMP   $                ;结束,暂停
D1MS:       MOV    R7,#02H          ;延时 1ms 子程序
DMS:        MOV    R6,#0FFH
            DJNZ   R6,$
            DJNZ   R7,DMS
            RET
PTRN:       DB     03FH,06H,5BH,4FH,66H   ;段数据表
            DB     …
```

```
        DB      …
        …
        END
```

在上面的程序中，虽然每次点亮时间仅为 1ms，但因为往复循环点亮，而人眼的暂留时间为 1/12s，所以从视觉角度来看，8 只显示器处于同时点亮状态。

C51 程序如下：

```
#include < reg51.h >
#include < absacc.h >
#define uchar unsigned char
#define cmd8255 XBYTE[0x7fff]           /* 82C55 的控制字寄存器端口地址 0x7fff* /
#define PA8255 XBYTE[0x7ffc]            /* 82C55 的 PA 口地址 0x7ffc * /
#define PB8255 XBYTE[0x7ffd]            /* 82C55 的 PB 口地址 0x7ffd * /
#define PC8255 XBYTE[0x7ffe]            /* 82C55 的 PC 口地址 0x7ffe* /
uchar idata dis_buf[8];                 /* 显示缓冲区* /
uchar code table[16] = {0x3f,0x06,0x5b,0x4f,0x66,0x6d,0x07,0x7f,0x6f,0x77,0x7c,0x39,0x5e,
0x79,0x71};                             /* 共阴极数码管段码表* /
void delay(uchar d);                    /* 延时函数,用户根据实际需要自行编写* /
void display(void)
{
        uchar segcode,bitcode,i;
        bitcode = 0xfe;                 /* 点亮最左边的显示器的位控码* /
        for(i = 0;i < 7;i + +)
        {
                segcode = dis_buf[i];
                PB8255 = table[segcode];    /* 段码从 PB 口输出* /
                PA8255 = bitcode;           /* 位控码从 PA 口输出,点亮某一位* /
                delay(1);                   /* 延时* /
                bitcode = bitcode < <1;     /* 位控码左移 1 位* /
                bitcode = bitcode |0x01;
        }
}
void main(void)
{
        cmd8255 = 0x80;
        dis_buf[8] = {1,2,3,4,5,6,7,8};
        while(1)
        {
                display();
        }
}
```

8.2.2　LCD 显示器及其接口

液晶显示器（Liquid Crystal Display，LCD）是一种被动式的显示器，即液晶本身并不发光，而是利用液晶经过处理后能够改变光线传输方向的特性，达到显示字符或者图形的目的。这类显示器具有体积小、重量轻、功耗极低、显示内容丰富等特点，在单片机应用系统中有着日益广泛的应用。

1. LCD 显示器的分类及特点

LCD 显示器有笔段式和点阵式两种，点阵式又可分为字符型和图像型两种。

笔段式 LCD 显示器类似于 LED 数码管显示器，每个段电极包括 a、b、c、d、e、f、g 共七个笔画（段）和一个背电极 BP（或 COM），可以显示数字和简单的字符，每个数字和字符与其字形码（段码）相对应。

点阵式 LCD 显示器的段电极与背电极呈正交带状分布，液晶位于正交的带状电极之间。点阵式 LCD 显示器的控制一般采用行扫描方式。例如，图 8.14 所示为显示字母"A"的情况，通过两个移位寄存器控制所扫描的点，移位寄存器 1 控制扫描的行位置，同一时刻只有一个数据位为 1，相对应的行处于被扫描状态，这时移位寄存器 2 可以将相应的列数据送入点阵中，这样，逐行循环扫描，可以得到显示的结果为字母"A"。

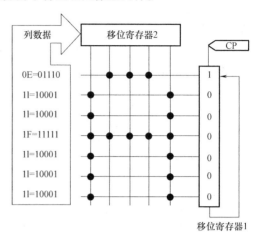

图 8.14　点阵式 LCD 显示字母"A"的情况

2. 笔段式 LCD 显示器的驱动

LCD 的驱动与 LED 的驱动有很大的不同，对于 LED，在其两端加上恒定的导通或截止电压，便可控制其亮或灭。而 LCD 由于两极不能加恒定的直流电压，否则 LCD 中将发生化学变化，并导致液晶的损坏，故给驱动带来复杂性。一般应在 LCD 的公共极（一路为背电极）加上恒定的交变方波信号，通过控制段极的电压变化，在 LCD 两极间产生所需的零电压或二倍幅值的交变电压，以达到 LCD 亮、灭的控制。

在笔段式 LCD 的段电极与背电极间施加周期性的改变极性的电压（通常为 4V 或 5V），可使该段呈黑色，这样便实现了字符的显示。

3. LCD 显示模块

在实际应用中，用户很少直接设计 LCD 显示器驱动接口，一般是使用专用的 LCD 显示驱动器和 LCD 显示模块。其中，LCD 显示模块（Liquid Crystal Display Module，LCM）把 LCD 显示屏、背景光源、电路板和驱动集成电路等部件构造成一个整体，作为一个独立部件使用，具有功能较强、易于控制、接口简单等优点，在单片机系统中应用较多。其内部结构如图 8.15 所示。LCD 显示模块只留一个接口与外部通信，通过这个接口接收显示命令和数据，并按指令和数据的要求进行显示，同时，外部电路通过这个接口读出显示模块的工作状态和显示数据。LCD 显示模块一般带有内部显示

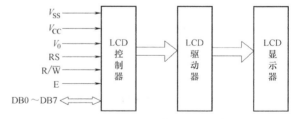

图 8.15　LCD 显示模块的内部结构

RAM 和字符发生器，只要输入 ASCII 码就可以进行显示。

LCD 显示模块按显示功能可分为 LCD 段式显示模块、LCD 字符型显示模块、LCD 图形显示模块三类，每一类显示模块中均有多种不同的产品可供选用。其中，HD44780 字符显示模块是较常用的 LCD 显示模块，下面以该模块为例介绍 LCD 显示模块与单片机系统的接口。

HD44780 共有 14 个引脚，包括 8 个数据引脚、3 个控制引脚、3 个电源引脚。各引脚定义及功能简介见表 8.2。

表 8.2　HD44780 各引脚功能定义及功能简介

引　脚　号	定　　义	功　能　简　介
PIN1	V_{SS}	接地线
PIN2	V_{CC}	接 +5V 电源
PIN3	V_0	液晶灰度调整，使用可变电阻调整，通常接地
PIN4	RS	寄存器选择：输入低电平选择指令寄存器，输入高电平选择数据寄存器
PIN5	$R/\overline{W}$	读/写选择：输入低电平为写操作，输入高电平为读操作
PIN6	E	使能信号输入，下降沿触发
PIN7 ~ PIN14	DB0 ~ DB7	数据总线，双向，三态

每个 HD44780 可控制的字符每行可达 80 个，并且具有驱动 16×40 点阵的能力。HD44780 型 LCD 显示模块有其自身的 11 条指令构成的指令系统，用户对模块写入适当的控制命令，即可完成清屏、显示、地址设置等操作。例如，向 HD44780 的口地址中写入#01H，即可实现清显示器的功能。

【例 8.7】　设计 8051 单片机驱动 HD44780 显示模块的接口电路。

解：8051 单片机与 HD44780 显示模块的连接如图 8.16 所示。图中，8051 的 P1 口与 HD44780 的数据线相连，HD44780 的 $R/\overline{W}$ 端信号由 8051 的 P3.5 提供，HD44780 的通信允许信号 E 由 8051 的 P3.3 提供，HD44780 的寄存器选择信号 RS 由 8051 的 P3.4 提供。

用户所编写的显示程序开始时必须进行初始化，否则无法进行正常显示。HD44780 初始化的方法主要有以下两种：

（1）利用模块内部的复位电路进行初始化

LCD 模块内部具有复位电路，复位期间电源电压在 4.5V 以上维持 10ms 后，执行下列命令：

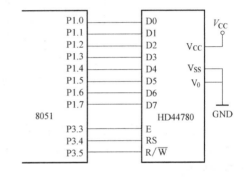

图 8.16　8051 单片机与 HD44780 显示模块的连接

① 清除显示。

② 功能设置，包括数据接口长度 4 位/8 位、显示行数、点阵选择等。

③ 开/关显示，并设置光标状态，闪烁功能。

④ 方式设置。

（2）利用软件编程实现初始化

电源接通后，在电压上升到 4.5V 并维持 15ms 后，写入功能设置控制字，选择数据接口位数等；等待 5ms 后，检查忙标志，在不忙的情况下，再进行其他的功能设置；检查忙标志，在不忙的情况下，关显示；检查忙标志，在不忙的情况下，清屏；检查忙标志，在不忙的情况下，设定输入方式，初始化结束。

8.3　MCS-51 单片机键盘和显示器接口设计实例

在单片机应用系统设计中，一般将键盘和显示器放在一起考虑，这样可以节省 I/O 接口线。下面介绍几种实用的键盘和显示器接口设计方案。

8.3.1　利用 8255 芯片实现键盘和显示器接口

1. 接口电路

图 8.17 所示为一个典型实用的 8255 并行扩展接口构成的键盘和显示器接口电路。图中，只

设置了 32 个键，如果增加 PC 口线，可以增加按键，最多可达 64 个键。LED 显示器采用共阴极，段选码由 8255 PB 口提供，位选码由 PA 口提供，键盘的列输入由 PA 口提供，行输出由 PC0 ~ PC3 提供，8255 的地址为 7FFCH ~ 7FFFH。电路中，8255 也可以用 8155 替代。

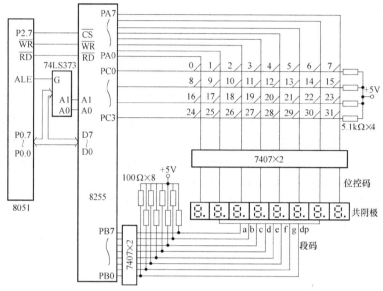

图 8.17 8255 扩展键盘和显示器接口电路

2. 软件设计

由于键盘与显示器设计成一个接口电路，因此在软件中合并考虑键盘的查询与显示器的动态显示，并把键盘消抖的延时子程序用显示程序替代。8255 动态显示子程序 DSP8255 参照例 8.7。汇编语言程序如下：

```
            ORG    0100H
KD1:   MOV    A,#89H              ; 8255 初始化,PA、PB 基本输出方式,PC 输入方式
       MOV    DPTR,#7FFFH
       MOVX   @ DPTR,A
KEY1:  ACALL  KS1                 ; 调用判断是否有键闭合子程序
       JNZ    LK1                 ; 有键闭合转 LK1
       ACALL  DSP8255             ; 调用 8255 动态显示子程序,延时 6ms
       AJMP   KEY1
LK1:   ACALL  DSP8255
       ACALL  DSP8255             ; 调用两次显示,延时 12ms
       ACALL  KS1
       JNZ    LK2
       ACALL  DSP8255             ; 调用 8255 动态显示子程序,延时 6ms
       AJMP   KEY1
LK2:   MOV    R2,#0FEH
       MOV    R4,#00H
LK3:   MOV    DPTR,#7FFCH
       MOV    A,R2
       MOVX   @ DPTR,A
       INC    DPTR
       INC    DPTR
```

242

```
        MOVX    A,@ DPTR
        JB      ACC. 0,LONE
        MOV     A,#00H
        AJMP    LKP
LONE:   JB      ACC. 1,LTWO
        MOV     A,#08H
        AJMP    LKP
LTWO:   JB      ACC. 2,LTHR
        MOV     A,#10H
        AJMP    LKP
LTHR:   JB      ACC. 3,NEXT
        MOV     A,#18H
LKP:    ADD     A,R4
        PUSH    ACC
LK4:    ACALL   DSP8255
        ACALL   KS1
        JNZ     LK4
        POP     ACC
        RET
NEXT:   INC     R4
        MOV     A,R2
        JNB     ACC. 7,KND
        RL      A
        MOV     R2,A
        AJMP    LK3
KND:    AJMP    KEY1
KS1:    MOV     DPTR,#7FFCH
        MOV     A,#00H
        MOVX    @ DPTR,A
        INC     DPTR
        INC     DPTR
        MOVX    A,@ DPTR
        CPL     A
        ANL     A,#0FH
        RET
        END
```

8.3.2　利用 MCS-51 的串行口实现键盘和显示器接口

MCS-51 单片机应用系统中，当串行口未使用时，可以使用该口来扩展键盘和显示器，这是非常可行的键盘和显示器接口设计方案。

1. 接口电路

应用 MCS-51 单片机的串行口方式 0 的输出方式，在串行口外接移位寄存器 74LS164，构成键盘和显示器接口，其硬件接口如图 8.18 所示。

为避免电路重复，图 8.18 中只画出 3 位 LED 静态显示和 16 个按键，用户根据需要可以任意扩展。在键盘中，每增加一根行线，可增加 8 个按键；在显示器中，每扩展一个 74LS164，可增加一位 LED 显示器。使用该种方式扩展的静态显示器亮度大，容易做到不闪烁，并且 CPU 不必频繁地为显示服务，因而主程序不必扫描显示器，软件设计比较简单，单片机有更多的时间处理其他事务，节约 CPU 的资源。

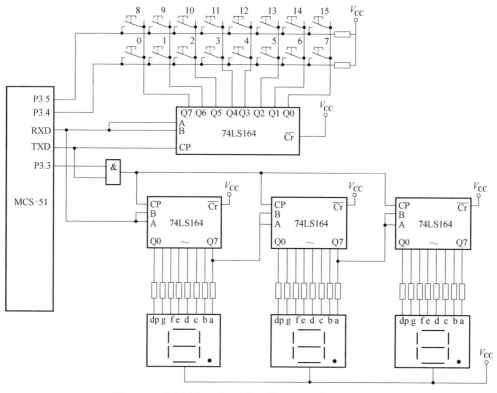

图 8.18　使用串行口扩展的键盘和显示器的硬件接口

2. 软件设计

下面分别列出汇编语言的显示子程序和键盘扫描子程序。

显示子程序如下：

```
        ORG   0100H
DSPSER: SETB  P3.3                ;开放显示输出
        MOV   R7,#03H             ;送出的显示段码个数
        MOV   R0,#7FH             ;7FH~7DH 为显示缓冲区
DSPS1:  MOV   A,@R0               ;取出要显示的数据
        ADD   A,#0DH              ;加上偏移量
        MOVC  A,@A+PC             ;查段码表 TAB1
        MOV   SBUF,A              ;经过串行口将段码送出
DSPS2:  JNB   TI,DSPS2            ;数据发送完
        CLR   TI
        DEC   R0                  ;指向下一个数据单元
        DJNZ  R7,DSPS1            ;三个显示器是否全部显示
        CLR   P3.3                ;三个数据显示完，关闭送显示数据通道
        RET
TAB1:   DB    …                  ;段码表
```

键盘扫描子程序如下：

```
KEYS1:  MOV   A,#00H
        MOV   SBUF,A              ;扫描键盘全部输出 0
KSY0:   JNB   TI,KSY0             ;数据发送完
```

```
              CLR    TI
KSY1:         JNB    P3.4,PKS1              ; 有键闭合吗？有,则转 PKS1 处理
              JB     P3.5,KSY1              ; 第二行有键闭合吗
PKS1:         ACALL  DELAY10               ; 调用延时 10ms 子程序,键盘去抖
              JNB    P3.4,PKS2              ; 有键闭合吗
              JB     P3.5,KSY1              ; 无键闭合,是抖动引起的
PKS2:         MOV    R7,#08H               ; 不是抖动引起的
              MOV    R6,#0FEH              ; 判断哪个键按下
              MOV    R3,#00H
              MOV    A,R6
KSY2:         MOV    SBUF,A
KSY3:         JNB    TI,KSY3               ; 等待串行口发送完
              CLR    TI
              JNB    P3.4,PKONE            ; 是第一行的某键按下
              JB     P3.5,NEXT             ; 是第二行的某键按下
              MOV    R4,#08H               ; 第二行有键按下
              AJMP   PKS3
PKONE:        MOV    R4,#00H               ; 第一行有键按下
PKS3:         MOV    SBUF,#00H             ; 等待键的释放
KSY4:         JNB    TI,KSY4
              CLR    TI
KSY5:         JNB    P3.4,KSY5             ; 键释放处理
              JNB    P3.5,KSY5
              MOV    A,R4
              ADD    A,R3
              RET
NEXT:         MOV    A,R6                  ; 判断下一列是否有键按下
              RL     A
              MOV    R6,A
              INC    R3
              DJNZ   R7,KSY2               ; 8 列是否全部扫描完
              AJMP   KEYS1                 ; 扫描完成
DELAY10:                                   ; 延时 10ms 子程序
              ...
              RET
              END
```

8.3.3　利用专用芯片实现键盘和显示器接口

上述两种键盘和显示器接口方法中，处理器必须干预键盘的扫描工作，虽然静态显示不需要处理器干预，但动态显示仍需要干预，处理器的效率还会受到影响。这时，构成键盘和显示器可以使用专用的芯片，将键盘的处理和显示的处理全部交由专用芯片管理，处理器只需在规定的时间去读取键盘和送待显示的数据即可。

键盘/显示器管理专用接口芯片种类较多，早期流行的是 Intel 公司的 8279 芯片，现在流行的键盘/显示器接口芯片均采用串行连接方式，占用 I/O 接口线少。目前，常用的专用键盘/显示器接口芯片有 HD7279、ZLG7289A、CH451 等，这些芯片对所连接的 LED 显示器均采用动态扫描方式，并可对键盘自动扫描，直接得到闭合键的键码，且能自动消抖。

245

8.4 MCS-51 单片机与微型打印机的接口技术

在单片机应用系统中，为了打印数据、表格、曲线，常常要使用微型打印机。目前，常用的微型打印机有 TPμP-16A/40A 和 LASER PP40 描绘器等。

8.4.1 微型打印机的特点

微型打印机是智能外部设备，与微机接口比较方便，拥有相关的指令系统和字形库，具有多种打印模式，可以永久性保存数据，应用广泛。

1. LASER PP40 的特点

LASER PP40 是四色描绘式打印机（简称描绘器），具有文本模式和图案模式两种工作模式。常用的接口信号有 STROBE（选通输入信号线）、DATA1 ~ DATA8（8 位并行数据总线）、ACK（应答信号，表示描绘器准备接收下一批数据）、BUSY（描绘器"忙"状态信号，高电平表示描绘器不能接收新数据送入）、GND（地）。LASER PP40 可用来描绘字符及其图形，具有较强的绘图功能，可在多种智能仪表及实时控制系统中作为微型绘图机使用。

2. TPμP-16A/40A 的特点

TPμP-16A/40A 是一种超小型的智能点阵式打印机。TPμP-40A 与 TPμP-16A 的接口与时序要求完全相同，操作方式相近，硬件电路及插脚完全兼容，只是指令代码不完全相同。TPμP-16A 每行可打印 16 个字符。TPμP-40A 每行可打印 40 个字符，每个字符点阵码为 5 × 7 点，其内部有一个 240 种字符的字库，并有绘图功能。

3. TPμP-40A 的主要技术性能

TPμP-40A 的主要技术性能如下：

① 具有 2KB 控制程序及标准的 Centronics 并行接口，便于和各种计算机应用系统或智能仪器仪表联机使用。

② 具有较丰富的打印命令，命令代码均为单字节，格式简单。

③ 可产生全部标准的 ASCII 代码字符，以及 128 个非标准字符和图符。有 16 个代码字符（6 × 7 点阵）可由用户通过程序自行定义，并可通过命令用这 16 个代码字符更换任何驻留代码字符，以便用于多种文字的打印。

④ 可打印出 8 × 240 点阵的图样，代码字符和点阵图样可在一行中混合打印。

⑤ 字符、图符和点阵图可以在宽和高的方向放大 2、3 或 4 倍。

⑥ 每行字符的点行数（包括字符的行间距）可用命令更换，即字符行间距及每行字符的空点行在 0 ~ 255 间任选。

⑦ 带有水平和垂直制表命令，便于打印表格。

⑧ 具有重复打印同一字符的命令，以减少输送代码的数量。

⑨ 带有命令格式的检错功能，当输入错误命令时，打印机立即打印出错误信息代码。

8.4.2 接口技术

本节以 TPμP-16A/40A 为例进行介绍。

1. 与单片机的连接

TPμP-16A/40A 微型打印机通过机匣后部的接插件及 20 芯扁平电缆与计算机相连，打印机接插件引脚信号如图 8.19 所示。

各引脚说明如下：

DB$_0$ ~ DB$_7$：单向数据线，由计算机输入打印机。

$\overline{\text{STB}}$（STROBE）：数据选通信号。在该信号的上升沿，数据线上的 8 位并行数据被打印机读入机内锁存器。

BUSY：打印机"忙"状态信号。高电平时，表示打印机正在打印数据。它可作为中断请求信号，也可供 CPU 查询。

$\overline{\text{ACK}}$（ACKNOWLEDGE）：打印机的应答信号。低电平时，表示打印机已取走数据线上的数据。

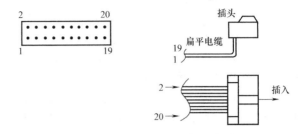

图 8.19　TPμP-16A/40A 接插件引脚信号（从打印机背视）

$\overline{\text{ERR}}$（ERROR）：出错信号。当输入打印机的命令格式有错误时，打印机立即打印出一行出错信息，以提示操作者注意。

2. 接口信号时序

TPμP-40A 微型打印机的接口时序如图 8.20 所示。

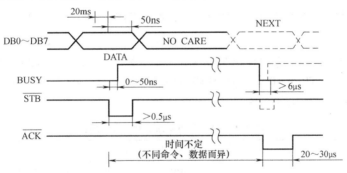

图 8.20　TPμP-40A 微型打印机的接口时序

选通信号 $\overline{\text{STB}}$ 宽度应大于 0.5μs。$\overline{\text{ACK}}$ 应答信号可以不使用，采用 BUSY 信号进行操作。

3. TPμP-16A/40A 与 MCS-51 单片机接口

TPμP-16A/40A 是智能打印机，输入电路有锁存器，输出电路有三态门控制，因此，可以不通过 I/O 接口直接与单片机应用系统的总线相连接，也就是说，可以直接与 MCS-51 单片机的 P0 口相连接，如图 8.21 所示。但在实际应用中，通常通过扩展 I/O 接口与打印机相连。图 8.22 所示为采用 8255 并行 I/O 接口作为打印机的接口。

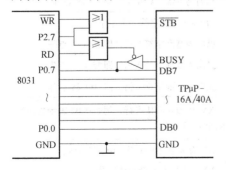

图 8.21　MCS-51 扩展微型打印机接口电路

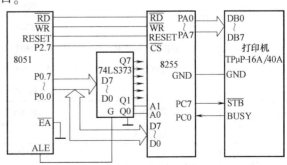

图 8.22　MCS-51 通过 8255 并行接口扩展微型打印机接口电路

247

8.4.3 字符代码及打印命令

1. 打印机代码

TPμP-16A/40A 全部代码共 256 个，其中，00H 无效；01H~0FH 为打印命令；10H~1FH 为用户自定义命令；20H~7FH 为标准 ASCII 码；80H~FFH 为非标准 ASCII 代码，包括少量汉字、希腊字母、块图图符和一些特殊的字符。

TPμP-16A 的有效代码与 TPμP-40A 的不同之处仅在于 01H~0FH 中的指令代码，前者为 16 个，后者为 12 个，功能也不尽相同。

TPμP-16A/40A 中全部字符代码为 10H~FFH，字符串的结束代码（或称回车换行代码）为 0DH。但是，当输入代码满 16/40 个时，打印机自动回车。字符代码中的 10~1F 为用户自定义代码，其格式如下：

$$05 \ XX \ YY_1 \ YY_2 \ YY_3 \ YY_4 \ YY_5 \ YY_6$$

其中，05 为命令字节，XX 为被定义代码，10~1FH 有效，YY_1~YY_6 为 6 个点阵字节。

例如，打印字符串" $ 3265.37"的代码为 24，33，32，36，35，2E，33，37，0D；打印"32.8cm"的代码为 33，32，2E，38，63，6D，0D。

2. 打印机命令

TPμP-40A 控制打印的命令由一个命令字节和若干参数字节组成，其格式为

$$CC \ XX_0 \cdots XX_n$$

其中，CC 为命令字节，取值为 01H~0FH；XX_n 为 n 个参数字节，n = 0~250，随不同命令而异。命令结束代码为 0DH。TPμP-40A 的命令代码及功能见表 8.3。表 8.3 中，除代码为 06H 的命令必须用 0DH 结束外，其他均可省略。

表 8.3 TPμP-40A 命令代码及功能

命令代码	功 能	格 式	说 明
01	打印字符 图符增宽	0101	为 5×7 点阵字符（基准字符）
		0102	横向为基准字符 2 倍，即 10×7 点阵
		0103	横向为基准字符 3 倍，即 15×7 点阵
		0104	横向为基准字符 4 倍，即 20×7 点阵
02	打印字符 图符增高	0201	为 5×7 点阵字符（基准字符）
		0202	纵向为基准字符 2 倍，即 5×14 点阵
		0203	纵向为基准字符 3 倍，即 5×21 点阵
		0204	纵向为基准字符 4 倍，即 5×28 点阵
03	打印字符图符宽 和高同时增加	0301	为 5×7 点阵字符（基准字符）
		0302	纵向为基准字符 2 倍，即 10×14 点阵
		0303	纵向为基准字符 3 倍，即 15×21 点阵
		0304	纵向为基准字符 4 倍，即 20×28 点阵
04	字符行间距更 换/定义	04 XX	XX 为 00~FFH 点行，例如 0402 表示更换行间距为 02 点行
05	用户自定义字符点阵	05 XXYY₁ YY₂…YY₆	XX 为被定义的代码，10~1F 有效 YY_1~YY_6 为 6 个点阵字节

(续)

命 令 代 码	功　　能	格　　式	说　　明
06	驻留代码字符点阵式样更换	06 $X_1X_1\cdots Y_nY_n$	X_1X_1 代换码，10H ~ 1FH 之一 Y_nY_n 被代换码
07	水平（制表）跳区	07	
08	垂直（制表）跳区	08 XX	XX 为空行数 01 ~ FFH 之一
09	恢复 ASCII 代码和清输入缓冲区	09	
0A	空格后回车换行	0A	送空格符 20H 后回车换行
0B ~ 0C	无效		
0D	回车换行命令结束	0D	回车换行的命令结束码
0E	重复打印同一字符命令	0E XX YY	重复打印 YY 个 XX（00 ~ FFH） XX 为被重复的代码
0F	打印点阵图命令	0F XX YY_1 ~ YY_n	XX 点阵图宽度（1 ~ 240 字节），YY_1 ~ YY_n 点阵图字节（1 ~ 240）数目与 XX 相等

8.4.4　打印程序实例

【例 8.8】 把 8051 单片机内部 RAM 40H-4FH 单元中的 ASCII 码数据送到打印机。8255 设置为方式 0，即 PA 口、PC 口的高 4 位均为输出方式，PC 口的低 4 位为输入方式。

解： 汇编语言子程序如下：

```
PRINT:   MOV   DPTR,#7FFFH           ; 控制口地址→DPTR
         MOV   A ,#81H               ; 8255 控制字→A
         MOVX  @ DPTR,A              ; 控制字→控制口
         MOV   R1,#40H               ; 数据区首地址→R1
         MOV   R2,#10H               ; 打印数据个数的计数
LOOP:    MOV   A,@ R1                ; 打印数据单元内容→A
         INC   R1                    ; 指向下一个数据单元
         MOV   DPTR,#7FFCH           ; 8255 的 PA 口地址→DPTR
         MOVX  @ DPTR,A              ; 打印数据送 8255 的 PA 口
         MOV   DPTR,#7FFFH           ; 8255 的控制口地址→DPTR
         MOV   A,#0EH                ; PC7 的复位控制字→A
         MOVX  @ DPTR,A              ; PC7 = 0
         MOV   A,#0FH                ; PC7 的置位控制字→A
         MOVX  @ DPTR,A              ; PC7 由 0 变 1
LOOP1:   MOV   DPTR,#7FFEH           ; 8255 的 PC 口地址→DPTR
         MOVX  A,@ DPTR             ; 读入 PC 口的值
         ANL   A,#01H                ; 屏蔽 PC 口的高 7 位，只留 PC0 位
         JNZ   LOOP1                 ; 查询 BUSY 的状态，如为 1(忙)跳 LOOP1 等待
         DJNZ  R2,LOOP               ; 未打完,循环
         RET
         END
```

C51 程序如下：

```
#include <reg51.h>
#include <absacc.h>
```

249

```
#define    uchar unsigned char
#define    COMD82C55 XBYTE[0x007fff]          /* 命令端口地址* /
#define    PA82C55 XBYTE[0x007ffC]            /* PA 口地址* /
#define    PC82C55 XBYTE[0x007ffE]            /* PC 口地址* /
uchar data chara[16] _at_ 0x40;
void printchar(uchar k)                       /* 打印字符串函数* /
{
        while((0x01&PC82C55)! =0);
        PA82C55 =k;                           /* 向 PA 口输出打印的字符* /
        COMD82C55 =0x0e;                      /* 把 PC7 清 0 再置 1,模拟脉冲* /
        COMD82C55 =0x0f;
        k + +;
}
void main(void)                               /* 主函数* /
{
        int i;
        COMD82C55 =0x81;                      /* 向命令端口写入命令字* /
        for(i =0;i <16;i + +)
        {
                printchar(chara[i]);          /* 执行打印字符串函数* /
        }
}
```

8.5 实验与实训

8.5.1 可调数字电子钟

数字电子钟是采用数字电路实现对时、分、秒显示的计时装置,广泛用于家庭、学校、办公室等公共场所。基于单片机设计一个具有 LED 显示、键盘输入的时钟系统,使其具有时、分、秒的实时显示和调整功能。电子钟电路如图 8.23 所示。

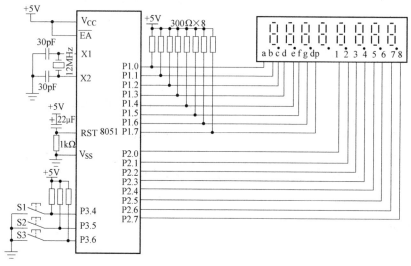

图 8.23 电子钟电路

① 自动计时，显示 24 小时制时间，由 8 位 LED 显示器显示时、分、秒及分隔符。电子钟工作时，秒信号产生器是整个系统的时基信号，它直接决定计时系统的精度。可通过单片机的定时器/计数器实现秒信号：先用定时器/计数器实现一个 50ms 的定时器，定时到 50ms 将软件计数器中的值加 1，如果软件计数器累计到 20，则实现 1s 的计时；秒计数器到 60，实现分计时，将分计数器加 1，同时将秒计数器清零；分计数器到 60 将时计数器加 1，同时分计数器清零；时计数器采用二十四进制计数器，时计数器到 24 时清零，实现对一天 24 小时的累计。

② 具备调整功能，可以直接由按键设置当前时间。按下第一个按键后，系统停止计时，循环进入秒、分钟、小时设定状态，分别按下第二、第三个按键，上下设置时间，系统将自动由设定后的时间开始计时显示。

设置初始时钟用三个键：

K1 用于改变显示状态，有四个状态：1—修改秒；2—修改分；3—修改时；4—显示状态。

K2 用于当修改"时"、"分"、"秒"时，分别在这三个状态下对时、分、秒内容加 1。

K3 用于当修改"时"、"分"、"秒"时，分别在这三个状态下对时、分、秒内容减 1。

软件可有以下功能模块：

① 主程序：初始化与键盘监控。

② 计时：为定时器中断服务子程序，完成刷新计时缓冲区的功能。

③ 时间设置：由按键设置当前时间。

④ 键盘扫描：判断是否有键按下，并确定键号。

⑤ 显示：完成 8 位动态显示。

主程序部分对各单元先初始化，启动定时器，循环调用按键子程序，判断有无按键按下，若有，进行按键处理；若无，就调用显示子程序。主程序流程图如图 8.24 所示。

按键中断处理部分判断有无键按下，确定键值用以调整时间，即首先开中断对按键进行消抖动的处理，确定有键按下之后将被按下的键号存起来，若无按键按下返回继续判断。键盘中断处理程序流程图如图 8.25 所示。

251

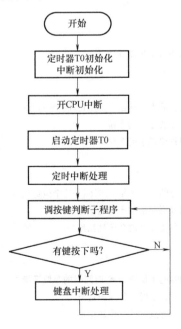

图 8.24　主程序流程图

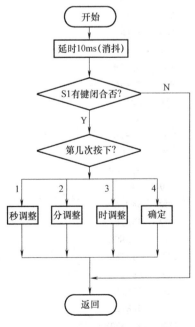

图 8.25　键盘中断处理程序流程图

汇编语言程序如下：

```
            ORG    0000H
            LJMP   START
            ORG    000BH
            LJMP   INIT0
START:      MOV    SP,#60H
            MOV    R0,#50H                  ; 主程序开始
            MOV    R7,#0CH
INIT:       MOV    @R0,#00H
            INC    R0
            DJNZ   R7,INIT
            MOV    52H,#10                  ; 对字符"-"进行装值
            MOV    55H,#10
            MOV    TMOD,#01H                ; 选择定时器/计数器 T0 的方式 1
            MOV    TL0,#0B0H                ; 对低位赋初值
            MOV    TH0,#03CH                ; 对高位赋初值
            SETB   EA
            SETB   ET0
            SETB   TR0
START1:     LCALL  SCAN
            LCALL  KEYSCAN
            SJMP   START1
DL1MS:      MOV    R6,#14H                  ; 延时 1ms 子程序
DL1:        MOV    R7,#19H
DL2:        DJNZ   R7,DL2
            DJNZ   R6,DL1
            RET
DL20MS:     ACALL  SCAN                     ; 延时 20ms 子程序
            ACALL  SCAN
            ACALL  SCAN
            RET                             ; 数码管显示程序开始
SCAN:       MOV    A,58H
            MOV    B,#0AH
            DIV    AB                       ; 时间秒的十位送给 A,时间秒的个位送 B
            MOV    51H,A                    ; 时间秒要显示的十位
            MOV    50H,B                    ; 时间秒要显示的个位
            MOV    A,59H
            MOV    B,#0AH
            DIV    AB                       ; 时间分的十位送给 A,时间分的个位送给 B
            MOV    54H,A                    ; 时间分要显示的十位送给地址
            MOV    53H,B                    ; 时间分要显示的个位送给地址
            MOV    A,5AH
            MOV    B,#0AH
            DIV    AB                       ; 时间时的十位送给 A,时间时的个位送给 B
            MOV    57H,A                    ; 时间时显示的十位送给地址
            MOV    56H,B                    ; 时间时要显示的个位送给地址
            MOV    R1,#50H
```

```
              MOV    R5,#0FEH
              MOV    R3,#08H
SCAN1:        MOV    A,R5                              ; 数码管的显示程序
              MOV    P2,A
              MOV    A,@R1
              MOV    DPTR,#TAB
              MOVC   A,@A+DPTR                         ; 对字段表取值显示
              MOV    P1,A
              MOV    A,R5
              LCALL  DL1MS
              INC    R1
              MOV    A,R5
              RL     A
              MOV    R5,A
              DJNZ   R3,SCAN1
              MOV    P2,#0FFH
              MOV    P0,#0FFH
              RET                                      ; "0～9"和" - "的字段表
TAB:          DB     3FH,06H,5BH,4FH,66H,6DH,7DH,07H,7FH,6FH,40H
                                                       ; 定时器/计数器 T0 中断程序
INIT0:        PUSH   ACC
              PUSH   PSW
              CLR    ET0
              CLR    TR0
              MOV    TL0,#0B0H
              MOV    TH0,#03CH
              SETB   TR0
              INC    5BH
              MOV    A,5BH
              CJNE   A,#14H,OUTT0                      ; 50ms 是否到 20 次,没有到就继续执行 50ms 的延时
              MOV    5BH,#00
              INC    58H
              MOV    A,58H
CJNE          A,#3CH,OUTT0                             ; 1s 的延时是否计到 60 次,没有就继续执行
              MOV    58H,#00
              INC    59H
              MOV    A,59H
              CJNE   A,#3CH,OUTT0
              MOV    59H,#00
              INC    5AH
              MOV    A,5AH
              CJNE   A,#18H,OUTT0                      ; 60min 的延时是否计到 24 次,没有就继续执行程序
              MOV    5AH,#00
OUTT0:        SETBET0                                  ;启动定时器 T0
              POP    PSW
              POP    ACC
              RETI                                     ; 按键处理程序
KEYSCAN:  CLR    EA
```

```
                JNB     P3.4,KEYSCAN0           ;P3.4有按键按下则跳转到子程序
                JNB     P3.5,KEYSCAN1           ;P3.5有按键按下则跳转到子程序
                JNB     P3.6,KEYSCAN2           ;P3.6有按键按下则跳转到子程序
KEYOUT:         SETB    EA
                RET
KEYSCAN0:       LCALL   DL20MS                  ;20ms的延时消抖
                JB      P3.4,KEYOUT
WAIT0:          JB      P3.4,KEY1
                LCALL   SCAN
                LJMP    WAIT0                   ;判断按键是否释放,释放就向下执行程序
KEY1:           INC     5CH
                MOV     A,5CH
                CLR     ET0
                CLR     TR0
                CJNE    A,#04H,KEYOUT           ;按下第一次和第二次对时、分选定
                MOV     5CH,#00                 ;按下第三次时就启动计时
                SETB    ET0
                SETB    TR0
                LJMP    KEYOUT
KEYSCAN1:       LCALL   DL20MS                  ;按键加1的程序
                JB      P3.5,KEYOUT1
WAIT1:          JB      P3.5,KEY2
                LCALL   SCAN
                LJMP    WAIT1
KEY2:           MOV     A,5CH
                CJNE    A,#01H,KSCAN11          ;如果功能键按下则对秒加1调整
                INC     58H
                MOV     A,58H
                CJNE    A,#3CH,KEYOUT1          ;如果加到60则清零
                MOV     58H,#00
                LJMP    KEYOUT1
KSCAN11:        CJNE    A,#02H,KSCAN12
                INC     59H                     ;如果功能键是按下第二次则对分进行加1调整
                MOV     A,59H
                CJNE    A,#3CH,KEYOUT1
                MOV     59H,#00
                LJMP    KEYOUT1
KSCAN12:CJNE    A,#03H,KEYOUT1
                INC     5AH                     ;如果功能键是按下第三次则对分进行加1调整
                MOV     A,5AH
                CJNE    A,#18H,KEYOUT1
                MOV     5AH,#00
                LJMP    KEYOUT1
KEYSCAN2:       LCALL   DL20MS                  ;延时消抖程序
                JB      P3.6,KEYOUT
WAIT2:          JB      P3.6,KEY3
                LCALL   SCAN
                LJMP    WAIT2                   ;判断是否放开按键
```

```
KEY3:       MOV    A,5CH
            CJNE   A,#01H,KSCAN21            ; 如果功能键是按下第一次对秒进行减1
            DEC    58H
            MOV    A,58H
            CJNE   A,#0FFH,KEYOUT1
            MOV    58H,#3BH
            LJMP   KEYOUT1
KSCAN21:    CJNE   A,#02H,KSCAN22
            DEC    59H                       ; 如果功能键是按下第二次则对分进行减1
            MOV    A,59H
            CJNE   A,#0FFH,KEYOUT1
            MOV    59H,#3BH
            LJMP   KEYOUT1
KSCAN22:    CJNE   A,#03H,KEYOUT1
            DEC    5AH                       ; 如果功能键是按下第三次则对时进行减1
            MOV    A,5AH
            CJNE   A,#0FFH,KEYOUT1
            MOV    5AH,#17H
            LJMP   KEYOUT1
KEYOUT1:    SETB   EA
            RET
            END
```

8.5.2　汉字打印实例

【例 8.9】　编制程序，使用 TPµP-16A 打印机打印 16×16 点阵汉字"作业"的程序。

解： 汇编语言程序如下：

```
            ORG    0100H
HZDY:       MOV    DPTR,#TAB2               ; 置字形表首址
            MOV    R6,#02H
DY1:        MOV    B,#20H
            LCALL  SUB2
            DJNZ   R6,DY1
            RET
SUB1:       PUSH   DPH                      ; DPTR 入栈
            MOV    DPTR,#TAB1               ; 置打印机控制字表首址
            MOV    R5,#05H                  ; 送打印控制字串到打印机
SB11:       LCALL  DAY2
            LCALL  DAY1
            DJNZ   R5,SB11
            MOV    A,B
            LCALL  DAY1
            MOV    A,#00H
            LCALL  DAY1
            POP    DPL                      ; DPTR 出栈
            POP    DPH
            RET
SUB2:       MOV    R5,B                     ; 送由 B 设置个数的汉字字形码到打印机
```

```
SB21:      LCALL DAY2
           LCALL DAY1
           DJNZ  R5,SB21
           MOV   A,#0DH                          ;回车换行
           LCALL DAY1
           RET
DAY1:      PUSH  DPH
           PUSH  DPL
           MOV   DPTR,#7FFCH                      ;将字形码送 8255 PA 口
           MOVX  @DPTR,A
           MOV   DPTR,#7FFEH                      ;用 8255 PC 口模拟打印机信号
           MOV   A,#00H
           MOVX  @DPTR,A
           MOV   A,#80H
           MOVX  @DPTR,A
LOOP1:     MOVX  A,@DPTR                          ;读入 C 口的值
           ANL   A,#80H                           ;屏蔽 C 口的高 7 位,只留 PC0 位
           JNZ   LOOP1                            ;查询 BUSY 的状态,如为 1 跳 LOOP1
           POP   DPL
           POP   DPH
           RET
DAY2:      CLR   A                                ;取字形码子程序
           MOVX  A,@A+DPTR
           INC   DPTR
           RET
TAB1:      DB    1BH,31H,00H,1BH,4BH             ;打印机控制字符串
TAB2:      DB    00H,00H,00H,0FFH,0FEH,00H,00H   ;汉字"作"的上半部字形码
           DB    00H,0FFH,0FFH,20H,20H,20H,60H,20H
           DB    00H,02H,02H,0E2H,0C2H,0FEH,0FEH,02H  ;汉字"业"的上半部字形码
           DB    02H,0FEH,0FEH,62H,0C2H,02H,06H,02H
           DB    00H,01H,06H,1FH,0F7H,60H,02H,0CH    ;汉字"作"的下半部字形码
           DB    38H,0FFH,5FH,12H,12H,16H,32H,10H
           DB    00H,08H,07H,03H,00H,0FFH,7FH,00H    ;汉字"业"的下半部字形码
           DB    00H,0FFH,7FH,00H,03H,1FH,0CH,00H
           END
```

习题 8

1. 常用的键盘有（   ）和（   ）两种。

2. 独立式按键键盘就是采用单独的按键直接连接到一个单片机的输入引脚上，每个按键占用（   ）。

3. （   ）是将各个按键排列成行和列的阵列结构，其中，单片机的 I/O 接口一部分作为行，一部分作为列，按键布置在行线和列线的（   ）位置。

4. 共阴极七段 LED 数码管有 LED 的（   ）为公共端，接（   ）。如果 LED 的阳极为（   ）电平的时候，LED 导通，该字段发光；反之，如果 LED 的阳极为（   ）电平的时候，LED 截止，该字段不发光。

5. 如下哪些方法不能实现按键去抖（   ）。

    A. 软件延时   B. 电容式硬件消抖   C. 电阻式硬件消抖   D. 双稳态电路消抖

6. 哪个方法可以获取阵列式键盘的键值（　　　）。

    A. 动态扫描法　　B. 行反转法　　　　　　　C. 中断法　　　　　　　　D. 以上都可以

7. 键盘程序设计需要注意的问题为（多选）（　　　）。

    A. 按键消抖　　　B. 读取键值　　　　　　　C. 多按键处理　　　　　D. 避免重复响应

8. 七段共阳极 LED 数码管显示字符"A"的段码为（　　　）。

    A. 88H　　　　　　B. 77H　　　　　　　　C. 66H　　　　　　　　D. 99H

9. 七段共阴极 LED 数码管显示字符"0"的段码为（　　　）。

    A. C0H　　　　　　B. 3FH　　　　　　　　C. 00H　　　　　　　　D. AAH

10. 为什么要消除按键的机械抖动？消除按键机械抖动的方法有哪几种？原理是什么？

11. 简述共阴极 LED 数码管和共阳极 LED 数码管的区别。

12. LED 的静态显示方式与动态显示方式有何区别？各有什么优缺点？

13. 用 8051 的 P1 口，监测某一按键的状态，使按键每接通一次，输出一个正脉冲（脉宽随意）。编出汇编语言程序。

14. 设计一个 4 位数码显示电路，并用汇编语言编程使"8"从右到左显示一遍。

15. 要求将存放在 8031 单片机内部 RAM 中 30H～33H 单元的 4 字节数据，按十六进制（8位）从左到右显示，试编制程序。

16. 设计一个 8051 外扩键盘和显示器电路，要求扩展 8 个键，4 位 LED 显示器。

17. 使用 8255 的 PC 口设计一个 4 行 4 列键盘矩阵的接口电路，并编写出与之对应的键盘识别程序。

18. 利用单片机串行口和一片 74LS164 扩展 3×8 键盘矩阵，P1.0～P1.2 作为键盘输入口，试画出该部分接口逻辑电路图，并编写与之对应的按键识别程序。

19. 设计一个含 8 位动态显示和 2×8 键阵的硬件电路，并编写程序，实现将按键内容显示在 LED 数码管上的功能。

20. 设计一个 TPμP-40A 的打印机接口，将打印缓冲区中从 30H 开始的 10 字节数据传输到打印机，编写程序。

第9章　MCS-51单片机应用系统设计与实例

>>> **内容提示**

　　MCS-51 单片机以其独特的优越性，在智能仪表、工业测控、数据采集、计算机通信等各个领域得到了广泛的应用。用户根据所要完成的不同任务、需要进行单片机应用系统的设计。本章将对应用系统的软、硬件设计和调试等各个方面做进一步的分析和讨论，并给出具体应用实例，以便设计者能更迅速地完成单片机应用系统的开发与研制。通过本章的学习，要求学生了解单片机应用系统的设计与开发全过程，能综合运用单片机的软、硬件技术分析实际问题，初步具备应用单片机进行系统设计与开发的能力。

>>> **学习目标**

　　◇ 熟悉单片机应用系统的设计步骤、系统方案的确定及软硬件设计原则；
　　◇ 了解单片机应用系统的抗干扰设计方法；
　　◇ 学习 MCS-51 系列单片应用系统的设计实例。

>>> **知识结构**

本章知识结构如图9.1所示。

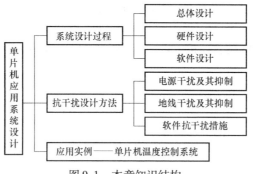

图9.1　本章知识结构

引言

　　单片机具有体积小、功耗低、功能强、可靠性高、实时性强、简单易学、使用方便灵巧、易于维护和操作、性能价格比高、易于推广应用、可实现网络通信等技术特点，因此，单片机在自动化装置、智能仪表、家用电器，乃至数据采集、工业控制、计算机通信、汽车电子、机器人等领域都得到了日益广泛的应用。单片机应用系统是指以单片机为核心，配以一定的外围电路和软件，能实现某些功能的应用系统。单片机应用系统一般是由单片机、接口电路、信号采集部件、输出设备、人机交互设备以及控制对象组成。单片机是系统的核心，它通过接口及软件向系统的各个部件发出指令，完成操作，如数据处理、参数检测、报警处理及控制操作等。

　　由于各个具体的单片机应用系统实现的任务和要求不同，设计方案也就会不同，因此，在设计方法上没有固定的模式可循，但其设计过程的步骤却大体相同。图 9.2 描述了单片机应用系统设计的一般过程。

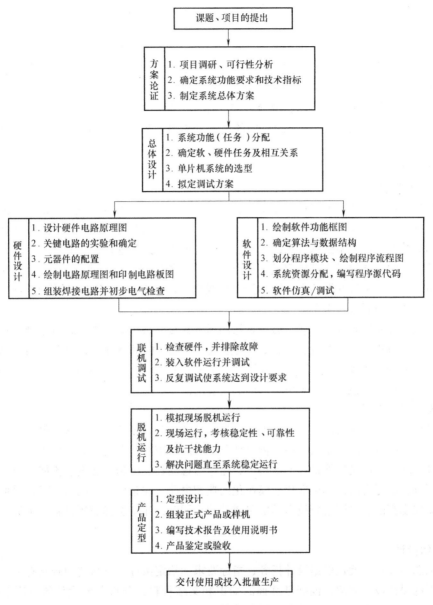

图 9.2　单片机应用系统设计的一般过程

9.1　单片机应用系统设计过程

9.1.1　总体设计

1. 明确设计任务

单片机应用系统的设计是从确定目标任务开始的。首先必须认真进行目标分析，根据应用场合、工作环境、具体用途等提出合理的、详尽的功能技术指标，这是系统设计的依据和出发点，也是决定产品应用前景的关键。与此同时，还应对其可靠性、通用性、可维护性、先进性，以及成本等进行综合考虑，同时参考国内外同类产品的有关资料，使确定的技术指标更合理，并且符合国际标准。

明确设计任务的性质，是属于检测还是控制，需要检测的参数有哪些，需要控制的回路有几个，是否具有数学模型、经验公式或经验参数等条件；弄清楚输入/输出信号的个数、种类、变化范围及相关关系；输入信号采用何种传感器进行检测，信号处理、输出信号采用何种执行机构、功率范围及如何与单片机接口；明确系统的性能指标、功能、人机对话方式（键盘、显示、语言等）、报警及打印等；了解系统的应用环境（如湿度、温度、供电、干扰等），采用何种措施实现抗干扰和现场保护。

2. 器件选择

（1）单片机的选择

单片机的选择主要从性能指标，如字长、主频、寻址能力、指令系统、内部寄存器状况、存储器容量、有无 A/D、D/A 通道、功耗、价能比等方面进行选择。其中，字长是重要指标，它不仅影响运算精度，还关系到指令系统的功能、寻址能力及运算速度；主频影响速度、功耗等指标；寻址能力决定可能的最大存储容量；指令系统的性能影响数据处理、输入/输出等操作功能及编程的方便性；内部寄存器的数量和功能也与操作方便性有关；存储容量的大小和有无 A/D、D/A 通道取决于系统设计任务的要求。

对于工业测控系统来说，一般对微处理器的运算速度、数据处理能力、寻址能力和速度没有过高的要求。它偏重于中断系统、I/O 接口的数量、功能、内部寄存器，以及是否有 A/D、D/A 通道、运算放大器、比较器等。因此，除了某些高精度快速系统需要采用 16 位机或 32 位机外，对于一般的测控系统来说，选择 8 位机均能满足要求。

（2）外围器件的选择

外围器件选择是根据实际需要进行的，所选择的器件和设备应符合系统的精度、速度、可靠性、功耗和抗干扰等方面的要求。在总体设计阶段，应对市场情况有个大体的了解，对器件的选择提出具体要求。在满足性能指标的前提下，还应考虑功耗、电压、温度、价格、封装形式等其他方面的要求，应尽可能选择标准化、模块化的典型电路。在条件允许的情况下，尽可能选用功能强的、集成度高的、采用最新技术的电路或芯片。同时，注意选择通用性强、市场货源充足的器件。

3. 总体设计

所谓的总体设计，就是根据设计任务、指标要求和给定条件，有目的地查阅有关资料，参考同类或相近的课题设计方案，根据已掌握的知识和文献资料，分析所要设计的应用系统应完成的功能，根据用户要求，设计出符合现场条件的软、硬件方案。着重从方案是否满足要求、结构是否简单、技术是否先进、实现是否经济可行等方面，对方案进行论证。要敢于创新，敢于采用新技术，不断完善所提出的方案，最后确定一个最优的方案。

在确定了总体可行性设计方案的基础上，应划分硬件、软件任务，画出系统结构框图。要合理分配系统内部的硬件、软件资源。硬件结构与软件方案会产生相互影响，所遵循的原则是，软件能实现的功能应尽可能由软件实现。用硬件实现能提高工作速度，减少软件工作量，但会使电路复杂、成本增加。而用软件替代硬件则可简化电路、降低成本，但增大了软件的复杂程度，响应时间比硬件实现长，且占用 CPU 时间。因此，在总体设计时，必须在两者之间反复权衡，合理分工，以达到在满足性能指标的前提下既易于实现，又经济实用。

💡 **特别提示**：一般说来，用硬件完成某项功能，速度快，节省 CPU 时间，但硬件设计更复杂，增加了硬件成本；用软件实现则更经济，但占用 CPU 较多时间，且增加了软件复杂性。不过，由于软件是一次性投入，因此，若研制的应用系统需批量生产，则应该尽可能用软件实现各功能，以简化硬件结构，降低生产成本。在总体设计时，要权衡利弊，认真仔细地划分软、硬件功能。

9.1.2　硬件设计

由总体设计给出的硬件框图所规定的硬件功能，在确定单片机类型的基础上，进行硬件设计、实验。进行必要的工艺结构设计，制作出印制电路板，组装后即完成了硬件设计。

一个单片机应用系统的硬件设计通常包含两部分内容：一是系统扩展，即当单片机内部的功能单元不能满足应用系统的要求时，必须进行片外扩展，选择适当的芯片，设计相应的电路；二是系统配置，即按照系统功能要求配置外部设备，如通信接口、键盘、显示器、打印机、A/D 转换器、D/A 转换器等，要设计合理的接口电路。

1. 硬件电路设计的一般原则

在硬件设计时，要尽量应用最新单片机，采用新技术。还要注意通用性的问题，尽可能选择典型电路，并符合单片机常规用法，为硬件系统的标准化、模块化打下良好的基础。系统扩展与外部设备的配置水平应充分满足应用系统的功能要求，并留有适当余地，以便进行二次开发。硬件系统设计应尽量朝"单片"（片上系统 SOC）方向发展，以提高系统的稳定性。工艺设计时，要考虑安装、调试、维修的方便。扩展接口的开发应尽可能采用 PSD 等器件开发。

2. 硬件电路各模块设计的原则

图 9.3 给出了单片机应用系统的常规结构，在具体设计各模块电路时还应考虑以下几个方面：

① 存储器扩展。对存储器容量的需求，不同系统之间差别较大。在选择单片机时应首先考虑单片机的内部存储器资源，如能满足要求，就不需要进行扩展，在必须扩展时，才考虑扩展的类型、容量和接口。存储器扩展一

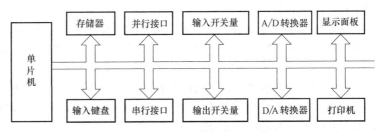

图 9.3　单片机应用系统的常规结构

般应尽量留有余地，并且尽可能减少芯片的数量，同时，应选择合适的方法、ROM 和 RAM 的形式，并考虑 RAM 是否要进行掉电保护等。

② I/O 接口的扩展。单片机应用系统在扩展 I/O 接口时应从体积、价格、负载能力、功能等几个方面考虑，一般应选用标准的、可编程的 I/O 接口电路（如 8255，8155 等）。这样的接口简单、使用方便、对总线负载小，但有时会有 I/O 接口的功能没有被充分利用的情况，造成浪费。若选用 TTL（或 CMOS）三态门电路或锁存器作为 I/O 接口，则比较灵活、负载能力强、可靠性高，但接口电路的口线少、复杂。扩展 I/O 接口时，还应根据外部需要扩展电路的数量和所选单片机的内部资源（空闲地址线的数量）选择合适的地址译码方法。

③ 输入通道的设计。输入通道设计包括开关量和模拟输入通道的设计。开关量的设计要考虑接口形式、电压等级、隔离方式、扩展接口等。模拟量通道的设计要与信号检测环节（传感器、信号处理电路等）结合起来，要考虑系统对速度、精度和价格等要求进行选择，要和传感器等设备的性能相匹配，考虑传感器类型、传输信号的形式（电流还是电压）、线性化、补偿、

光电隔离、信号处理方式等，还要考虑 A/D 转换器的选择（转换精度、转换速度、结构、功耗等）及相关电路、扩展接口的选择。高精度的 A/D 转换器价格十分昂贵，因而应尽量降低对 A/D 转换器的要求，能用软件实现的功能尽量用软件来实现。

④ 输出通道的设计。输出通道设计包括开关量和模拟量输出通道的设计。开关量的设计要考虑功率、控制方式（继电器、晶闸管、晶体管等）。模拟量输出通道的设计要考虑 D/A 转换器的选择（转换精度、转换速度、结构、功耗等）、输出信号的形式（电流还是电压）、隔离方式、扩展接口等。

⑤ 人机界面的设计。人机界面的设计包括输入键盘、开关、拨码盘、启/停、复位、显示器、打印、指示、报警等。输入键盘、开关、拨码盘要考虑类型、个数、参数及相关处理（如按键的去抖处理），启/停、复位操作要考虑方式（自动、手动）及其切换，显示器要考虑类型（LED，LCD）、显示信息的种类、倍数等。此外，还要考虑各种人机界面的扩展接口。

⑥ 通信电路的设计。单片机应用系统往往作为现场测控设备，常与上位机或同位机构成测控网络，需要其具有数据通信的能力，通常采用 RS-232C、RS-485、I^2C、CAN、红外收发等通信标准。

⑦ 印制电路板的设计与制作。电路原理图和印制电路板常采用专业设计软件进行设计，如 Protel，Proteus，OrCAD 等，在设计印制电路板时，往往需要很多的技巧和经验。设计好印制电路板图后，应送到专业厂家制作生产，在生产出来的印制电路板上安装好元器件，则完成了硬件设计和制作。

⑧ 负载容限的考虑。单片机总线的负载能力是有限的。例如，MCS-51 的 P0 口的负载能力为 4mA，最多驱动八个 TTL 电路，P1～P3 口的负载能力为 2mA，最多驱动四个 TTL 电路，若外接负载较多，则应采取总线驱动的方法提高系统的负载容限。常用驱动器有单向驱动器 74LS244 和双向驱动器 74LS245 等。

⑨ 信号逻辑电平兼容性的考虑。在所设计的电路中，可能兼有 TTL 和 CMOS 器件，也有非标准的信号电平，要设计相应的电平兼容和转换电路。当有 RS-232、RS-485 接口时，还要实现电平兼容和转换。常用的集成电路有 MAX232 和 MAX485 等。

⑩ 电源系统的配置。单片机应用系统一定需要电源，要考虑电源的组数、输出功率、抗干扰性能等。要熟悉常用三端稳压器（78xx 系列、79xx 系列）和精密电源（AD580、MC1403、CJ313/336/385、W431）的应用。

⑪抗干扰的实施。采取必要的抗干扰措施是保证单片机系统正常工作的重要环节，措施包括芯片和器件的选择、去耦滤波、印制电路板布线、通道隔离等。

9.1.3 软件设计

软件设计随单片机应用系统的不同而不同。图 9.4 给出了单片机软件设计的流程图。一般可分为以下几个方面。

1. 总体规划

软件所要完成的任务在总体设计时已确定，在具体软件设计时，要结合硬件结构，进一步明确软件所承担的一个个任务细节，确定具体实施的方法，合理分配资源。

要对输入/输出的方式和参数等进行定义，如确定信息交换的方式、输入/输出的数据速率、数据格式、校验方法及所用的状态信号等。它们必须和硬件逻辑协调一致，同时，必须明确对输入数据应进行哪些处理。

将输入数据变为输出结果的基本过程，主要取决于对算法的确定。对实时系统、测试和控制要有明确的时间要求，如模拟信号的采样频率、何时发送数据、何时接收数据、有多少延迟等。同时，必须考虑可能产生错误的类型和检测方法，以及在软件上进行何种处理，以减小错误对系统的影响。

2. 程序设计技术

合理的软件结构是设计一个性能优良的单片机应用系统软件的基础。在程序设计中，应培养结构化程序设计风格，各功能程序实行模块化、子程序化。一般有以下两种设计方法：

① 模块程序设计。模块程序设计是单片机应用中常用的一种程序设计技术。它把一个较大的程序分解为若干个功能相对独立的较小的程序模块，对各个程序模块分别进行设计、编程和调试，最后由各个调试好的模块组成一个大的程序。其优点是，单个功能明确的程序模块的设计和调试比较方便，容易完成，一个模块可以为多个程序所共享。其缺点是，各个模块的连接可能有一定难度。

② 自顶向下的程序设计。自顶向下的程序设计时，先从主程序开始设计，从属程序或子程序用符号来代替。主程序编好后再编制各从属程序和子程序，最后完成整个系统软件的设计。其优点是，比较符合人们的日常思维，设计、调试和连接，同时按一个线索进行，程序错误可以较早发现。其缺点是，上一级的程序错误将对整个程序

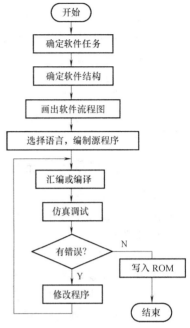

图 9.4　单片机软件设计的流程图

产生影响，一处修改可能引起对整个程序的全面修改。

3. 程序设计

在选择好软件结构和所采用的程序设计技术后，便可着手进行程序设计，将设计任务转化为具体的程序：

① 建立数学模型。根据设计任务，描述出各输入变量和各输出变量之间的数学关系，此过程即为建立数学模型。数学模型随系统任务的不同而不同，其正确度是系统性能好坏的决定性因素之一。

② 绘制程序流程图。通常在编写程序之前先绘制程序流程图，以提高软件设计的总体效率。程序流程图以简明直观的方式对任务进行描述，并很容易由此编写出程序，故对初学者来说尤为适用。

在设计过程中，先画出简单的功能性流程图（粗框图），然后对功能流程图进行细化和具体化，对存储器、寄存器、标志位等工作单元进行具体的分配和说明，将功能流程图中每一个粗框的操作转变为具体的存储器单元、工作寄存器或 I/O 接口的操作，从而给出详细的程序流程图（细框图）。

③ 程序的编制。在完成程序流程图设计以后，便可以开始编写程序。程序设计语言对程序设计的影响较大。汇编语言是最为常用的单片机程序语言，用汇编语言编写的程序代码非常精简，直接面向硬件电路进行设计，速度快，但进行大量数据运算时，编写难度将大大增加，不易阅读和调试。在需要大量数据运算时，可采用 C 语言（如 MCS-51 的 C51）或 PL/M 语言。

编写程序时，应注意系统硬件资源的合理分配与使用，以及子程序的入口/出口参数的设置与传递。采用合理的数据结构、控制算法，以满足系统要求的精度。在存储空间分配时，应将使用频率最高的数据缓冲器设在内部 RAM 中；标志应设置在片内 RAM 位操作区（20H～2FH）

263

中；指定用户堆栈区，栈区的大小应留有裕量；余下部分作为数据缓冲区。

在编写程序过程中，根据流程图逐条用符号指令来进行描述，即得到汇编语言源程序。应按 MCS-51 汇编语言的标准符号和格式书写程序，在完成系统功能的同时应注意保证设计的可靠性，如数字滤波、软件陷阱、保护等。必要时，可加上若干功能性注释，以提高程序的可读性。

4. 软件装配

各程序模块编辑之后，需进行汇编或编译、调试。当满足设计要求后，将各程序模块按照软件结构设计的要求连接起来，即软件装配，从而完成软件设计。在软件装配时，应注意软件接口。

9.1.4 单片机应用系统的调试与测试

单片机应用系统的软、硬件制作完成后，必须反复进行调试、修改，直至其完全正常工作。经过测试，功能完全符合系统性能指标要求，应用系统设计才算完成。

1. 硬件调试

① 静态检查。根据硬件电路原理图核对元器件的型号、规格、极性、集成芯片的插接方向是否正确等。用逻辑笔、万用表等工具检查硬件电路连线是否与电路原理图一致，有无短路、虚焊等现象。严防电源短路和极性接反。检查数据总线、地址线和控制总线是否存在短路的故障。

② 通电检查。通电检查时，可以模拟各种输入信号分别送入电路的各有关部分，观察 I/O 接口的动作情况，查看电路板上有无元器件过热、冒烟、异味等现象，各相关设备的动作是否符合要求，整个系统的功能是否符合要求。

2. 软件调试

所谓软件调试，就是为开发者提供一个调试目标系统的环境，如单步运行、断点运行、连续运行、跟踪功能、数据读出和修改等。

程序模块编写完成后，首先通过汇编或编译，然后在开发系统上进行调试。调试时，应先分别调试各模块子程序，调试通过后，再调试中断服务子程序，最后调试主程序，并将各部分进行联调。调试的范围可以由小到大、逐步增加，必要的中间信号可以先假定。

3. 系统调试

硬件和软件调试完成后就可以进行系统调试。在系统调试时，应将全部硬件电路都接上，应用程序模块、子程序也都组合好，进行全系统软、硬件调试。系统调试的任务是排除软、硬件中的残留错误，使整个系统能够完成预定的工作任务，达到要求的性能指标。

在进行系统调试时，对于有电气控制负载的系统，应先试验空载情况，空载正常后再试验负载情况。要全面试验系统的各项功能，避免遗漏。

💡 **特别提示**：硬件、软件联合调试是一个综合性的系统工程，必须反复进行才能完成。尤其是软、硬件之间可能出现不匹配的问题，需要对软件或硬件设计方案进行多次修改，才能达到要求。最后，还应该将整个系统移到现场进行运行和进一步调试，若有问题还需修改。

4. 程序固化

系统调试成功后就可以将程序固化到 ROM 中。程序固化可以在有些仿真系统中进行，但最好用专用程序固化器进行固化操作，因为它的功能完善，使用方便、可靠。

5. 脱机运行调试

将固化好程序的 ROM 插回到应用系统电路板的相应位置，即可脱机运行。系统试运行要连续运行相当长的时间（也称为考机），以考验其稳定性，同时还可以进一步进行修改和完善处理。

一般，经开发装置调试合格的软、硬件，脱机后应能够正常运行。但由于开发调试环境与应用系统的实际运行环境不尽相同，因此也会出现脱机后不能正常运行的情况。当出现脱机运行故障时，应考虑以下几方面：程序固化有无错误；仿真系统与实际系统在运行时，有无某些方面的区别（如驱动能力）；在联机仿真调试时，未涉及的电路部分有无错误等。

6. 测试单片机系统的可靠性

当一个单片机系统设计完成时，其可靠性测试是必须进行的。对于不同的单片机产品，会有不同的测试项目和方法。一般需要进行单片机软件功能的测试，如上电、掉电测试，老化测试，静电放电（ElectroStatic Discharge，ESD）抗扰度和电快进瞬变脉冲群（Electrical Fast Transient，EFT）抗扰度测试等。可以使用各种干扰模拟器来测试单片机系统的可靠性，还可以模拟人为使用中可能发生的破坏情况。

经过调试和测试后，若系统完全正常工作、功能完全符合系统性能指标要求，则一个单片机应用系统的研制过程全部结束。

9.2　提高系统可靠性的一般方法

9.2.1　电源干扰及其抑制

在影响单片机系统可靠性的诸多因素中，电源干扰可谓首屈一指。据统计，计算机应用系统的运行故障90%以上是由电源噪声引起的。

1. 交流电源干扰及其抑制

多数情况下，单片机应用系统都使用交流220V、50Hz的电源供电。在工业现场中，生产负荷的经常变化、大型用电设备的起动与停止，往往要造成电源电压的波动，有时还会产生尖峰脉冲，如图9.5所示。这种高能尖峰脉冲的幅度约在50～4000V之间，持续时间为几纳秒。它对计算机应用系统的影响最大，能使系统的程序"跑飞"或使系统造成"死机"。因此，一方面要使系统尽量远离这些干扰源，另一方面可以采用交流电源滤波器减小它的影响。这种滤波器是一种无源四端网络，如图9.6所示。

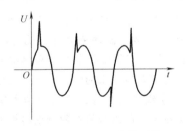

图9.5　电网上的尖峰干扰

图9.6　交流电源滤波器

为了提高系统供电的可靠性，还应采用交流稳压器，防止电源的过电压和欠电压，还要采用1:1隔离变压器，防止干扰通过电容效应进入单片机供电系统。交流电源综合配置如图9.7所示。

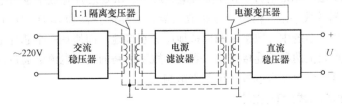

图9.7　交流电源综合配置

2. 直流电源抗干扰措施

① 采用高质量集成稳压电路单独供电。单片机的应用系统中往往需要几种不同电压等级的直流电源。这时，可以采用相应的低纹波高质量集成稳压电路。每个稳压电路单独对电压过载进行保护，因此不会因某个电路出现故障而使整个系统遭到破坏，而且也减少了公共阻抗的互相耦合，从而使供电系统的可靠性大大提高。

② 采用直流开关电源。直流开关电源是一种脉宽调制型电源。它摒弃了传统的工频变压器，具有体积小、重量轻、效率高、电网电压范围宽、变化时不易输出过电压和欠电压等特点，在计算机应用系统中应用非常广泛。这种电源一般都有几个独立的电压输出，如 ±5V、±12V、±24V 等，电网电压波动范围可达 220V 的 −20% ~ +10%。同时，直流开关电源还具有较好的一、二次侧的隔离作用。

③ 采用 DC-DC 变换器。如果系统供电电网波动较大，或者精度要求高，可以采用 DC-DC 变换器。DC-DC 变换器具有输入电压范围大、输出电压稳定，且可调整、效率高、体积小、有多种封装形式等特点，近年来在单片机应用系统中获得了广泛的应用。

9.2.2 地线干扰及其抑制

在计算机应用系统中，接地是一个非常重要的问题。接地问题处理的正确与否，将直接影响系统的正常工作。

1. 一点接地和多点接地的应用

在低频电路中，布线和元器件之间的寄生电感影响不大，因而常采用一点接地，以减少地线造成的地环路；在高频电路中，布线和元器件之间的寄生电感及分布电容将造成各接地线间的耦合，影响比较突出，此时应采用多点接地。

在实际应用中，频率小于 1MHz 时，采用一点接地；频率高于 10MHz 时，采用多点接地；频率处于 1 ~ 10MHz 时，若采用一点接地，其地线长度不应超过波长的 1/20，否则，应采用多点接地。

延伸阅读：使用双面印制电路板时，则更要注意地线的布置。为了减少电磁干扰，通常采用单点接电源与单点接地法。在印制电路板上布线时，有多个返回地线，这些线都汇集到源端的"接地点"，这就是单点接地。所谓模拟地、数字地、大功率器件地分开，就是指布线时分开，而最后也汇集到这个"接地点"。目前，许多单片机电路都是由数字电路和模拟电路混合构成的，因此在布线时就要仔细考虑其互相干扰的问题，特别是地线上的噪声干扰。数字电路工作频率高，模拟电路敏感性强，对信号线来说，高频的信号线应该尽可能远离模拟电路器件。另外，对于地线来说，由于整个电路板对外界只有一个接地点，所以必须在印制电路板内部处理好数字电路与模拟电路的共地问题。也就是说，数字地与模拟地在印制电路板内部应该互不相连，只在印制电路板与外界连接的接口处，共地连接。

2. 数字地与模拟地的连接原则

数字地是指 TTL 或 CMOS 芯片、I/O 接口电路芯片、CPU 芯片等数字逻辑电路的接地端，以及 A/D、D/A 转换器的数字地。模拟地是指放大器、采样保持器和 A/D、D/A 转换器中模拟信号的接地端。在单片机系统中，数字地和模拟地应分别接地。即使是一个芯片上有两种地也要分别接地，然后在一点处把两种地连接起来。否则，数字回路的地线电流会通过模拟电路的地线再返回到数字电源，这将会对模拟信号产生严重影响。

3. 印制电路板的地线分布原则

① TTL、CMOS 器件的接地线要呈辐射网状，避免环形。

② 地线宽度根据电流大小而定，最好不小于 3mm。在可能的情况下，地线尽量加宽。

③ 旁路电容的地线不要太长。

④ 功率地线应较宽，必须与小信号地分开。

4. 印制电路板其他布线原则

（1）电源线的布置

电源线除了要根据电流的大小，尽量加粗导体宽度外，采取使电源线、地线的走向与数据传递的方向一致，将有助于增强抗噪声能力。

（2）去耦电容的配置

电容去耦。印制电路板上装有多片集成电路，而当其中有些器件耗电很多时，地线上会出现很大的电位差。抑制电位差的方法是在各个集成器件的电源线和地线间分别接入去耦电容，以缩短开关电流的流通途径，降低电阻降压。

电源去耦。电源去耦就是在印制电路板的电源输入端跨接退耦电容。跨接的电容应为一个 10 ~ 100μF 的大容量电解电容（如体积允许，电容量大一些更好）和一个 0.01 ~ 0.1μF 的非电解电容。实际上干扰可分解成高频干扰和低频干扰两部分，并联大电容为了去掉低频干扰成分，并联小电容为了去掉高频干扰部分。低频去耦电容用铝或钽电解电容，高频去耦电容采用自身电感小的云母或瓷片电容。

集成芯片去耦。每个集成芯片都应设置一个 0.01μF 的瓷片去耦电容，去耦电容必须安装在本集成芯片的电源引脚 V_{CC} 和接地引脚 GND 线之间，否则便失去了抗干扰作用。

如遇到印制电路板空隙小装不下时，可每 4 ~ 10 个芯片安置一个 1 ~ 10μF 高频阻抗特别小的钽电容。

对于抗噪声能力弱、关断电流大的器件和 ROM、RAM 存储器，应在芯片的电源引脚 V_{CC} 和接地引脚 GND 之间接入去耦的瓷片电容。

（3）其他布线原则

① 导线应当尽量做宽。数据线的宽度应尽可能的宽，以减小阻抗，数据线的宽度应不小于 0.3mm，如果采用 0.46 ~ 0.5mm 则更为理想。

若印制电路板上逻辑电路的工作速度低于 TTL 的速度，导线条的形状无特别要求；若工作速度较高，则使用高速逻辑器件，用作导线的铜箔在 90° 转弯处的导线阻抗不连续，可能导致反射干扰的发生，所以采用把弯成 90° 的导线改成 45°，这将有助于减少反射干扰的发生。

② 不要在印制电路板中留下无用的空白铜箔层，因为它们可以充当发射天线或接收天线，可把它们就近接地。

③ 双面布线的印制电路板，应使双面的线条垂直交叉，以减少磁场耦合，有利于抑制干扰。

④ 导线间距离要尽量加大。对于信号回路，印制铜箔条的相互距离要有足够的尺寸，而且这个距离要随信号频率的升高而加大，尤其是频率极高或脉冲前沿十分陡峭的情况更要注意，只有这样才能降低导线之间分布电容的影响。

⑤ 高电压或大电流线路对其他线路更容易形成干扰，低电平或小电流信号线路容易受到感应干扰，布线时应使两者尽量相互远离，应避免平行铺设，或采用屏蔽等措施。

⑥ 所有线路应尽量沿直流地铺设，尽量避免沿交流地铺设。

⑦ 走线不要有分支，这可避免在传输高频信号时导致反射干扰或发生谐波干扰。

上述原则只是布线的一般原则，设计者需要在实际设计和布线中体验和掌握这些原则。

💡 **特别提示**：噪声是无法消除的，但是可以通过合理的元器件选择和电路设计，尤其是通过印制电路板设计和制造工艺的改进等措施，来降低噪声的影响，以满足电磁兼容性要求，使其不构成对系统正常工作的影响。

5. 信号电缆屏蔽层的接地

信号电缆可以采用双绞线和多芯线，其又有屏蔽和无屏蔽两种情况。双绞线具有抑制电磁干扰的作用，屏蔽线具有抑制静电干扰的作用。

对于屏蔽线，屏蔽层的最佳接地点是在信号源侧（一点接地）。

9.2.3 其他提高系统可靠性的方法

1. 微处理器监控电路

为了提高系统的可靠性，许多芯片生产厂商推出了微处理器监控芯片，这些芯片具有如下功能：上电复位；监控电压变化；Watchdog 功能；片使能；备份电池切换开关等。典型产品如美国 Maxim 公司推出的 MAX690A/MAX692A、MAX703 ~ MAX709/813L 和 MAX791 等，美国 IMP 公司生产的 IMP706 等。这些产品的功能及原理相似，其使用方法可查阅有关资料。

2. 软件抗干扰措施

软件抗干扰的方法有很多，下面介绍几种常用的方法。

（1）输入/输出抗干扰

对于开关量的输入，在软件上可以采取多次（至少两次）读入的方法，几次读入经比较无误后，再行确认。开关量输出时，可以对输出量进行回读，经比较确认无误后再输出。对于按钮及开关，要用软件延时的办法避免机械抖动造成的误读。

在条件控制中，对于条件控制的一次采样、处理、控制输出，应改为循环地采样、处理、控制输出，避免偶然性的干扰造成的误输出。

对于可能酿成重大事故的输出，要注意设置人工干预措施。

（2）指令冗余、软件陷阱和看门狗（Watchdog）技术

由于 CPU 受到干扰而使运行程序发生混乱，最典型的故障是程序计数器 PC 的状态被破坏，导致程序脱离正常的运行轨道，出现"跑飞"或者陷入"死循环"。此时必须采取使程序纳入正轨的措施，如指令冗余、软件陷阱和 Watchdog 技术等。

① 指令冗余：就是指在程序的关键地方人为地插入一些单字节指令（NOP），或将有效单字节指令重写，当程序"跑飞"到某条单字节指令上，就不会发生将操作数当成指令来执行的错误，使程序迅速纳入正轨。指令冗余不能过多，否则会降低程序的执行效率。

采用指令冗余技术使"跑飞"的程序纳入正轨的条件是："跑飞"的 PC 必须指向程序区，并且必须执行到冗余指令。

② 软件陷阱：就是当 PC 因干扰而出现错误，造成"跑飞"的程序进入非程序区（如 EPROM 未使用的空间、程序中的数据表格区）时，在非程序区设置一些拦截程序，将"跑飞"的程序引至复位入口地址 0000H 或处理错误程序的入口地址 ERR，使 CPU 转向专门对程序出错进行处理，使程序纳入正轨。软件陷阱一般由三条指令构成，如下所列：

```
NOP
NOP
LJMP 0000H(或 ERR)
```

③ Watchdog 技术：PC 受到干扰而失控，引起程序"跑飞"，也可能使程序陷入"死循环"。指令冗余技术、软件陷阱技术都只能捕获"跑飞"的程序，使之很快纳入正轨，但都不能使失控的程序摆脱"死循环"的困境。为此通常采用程序监视技术，又称为 Watchdog 技术，使程序脱离"死循环"。

单片机系统的应用程序往往采用循环运行方式，每一次循环的时间基本固定。Watchdog 技

术就是不断监视程序循环运行时间，若发现时间超过已知的循环设定时间，则认为系统陷入了"死循环"，然后强迫程序返回到 0000H 入口，使系统运行纳入正轨。

Watchdog 技术可由硬件实现，或由软件实现，也可由两者结合来实现。具体实现方法可查阅有关资料。

（3）数字滤波

数字滤波的作用是通过一定的计算或判断程序减少干扰在有用信号中的比重，以提高信号的真实性。所以，数字滤波是一种程序滤波或软件滤波，它不需要增加硬件设备，只需根据预定的滤波算法编制相应的程序即可达到信号滤波的目的。

数字滤波在单片机应用系统中得到了广泛的应用，常用的数字滤波方法有程序判断滤波、算术平均值滤波、加权平均值滤波、滑动平均值滤波、中值滤波、一阶滞后滤波和复合数字滤波等。在许多数字信号处理专著中都有专门论述，可以参考。

9.3　应用实例——单片机温度控制系统

温度控制系统广泛应用于人们生产、生活的各个领域，与人们的日常生活紧密相关，用途广泛，市场需求大。

9.3.1　方案论证

1. 功能要求和性能指标

设计一个温度监控系统，用于室内温度控制，如办公室、农业温室大棚、机房等温度控制。要求系统能实时检测环境温度，温度控制范围为 $-50 \sim 100℃$。系统应能根据温度值，控制电动机的转速，以调节温度，温度低、转速慢，温度高、转速快；温度在 $0 \sim 25℃$ 时电动机不转，温度低于 $0℃$ 时电动机反转，温度高于 $25℃$ 时电动机正转，超过 $50℃$ 时电动机全速运转；通过显示器实时显示环境温度，测温精度为 $0.5℃$；重量要小于 $0.5kg$，体积要小于 $15cm \times 10cm \times 2cm$；工作电压为 5V。

2. 可行性分析

温度不能直接测量，而是要借助于某些物质的某些物理特性随温度的变化而变化的特点，间接地获得。根据温度测量仪表的使用方式，温度测量通常可分为接触式与非接触式测量方法。接触式测量方法是使温度敏感元件和被测温度对象相接触，当被测温度与感温元件达到热平衡时，温度敏感元件与被测温度对象的温度相等。如果其中之一为温度计，就可以用它对另一个物体实现温度测量。这种方法的优点是简单、可靠、测量精度高；缺点是需要良好的热接触，有滞后，可能破坏测量对象温度场，不适宜高温测量。非接触式测量方法测温元件不与被测物体直接接触，而是利用物体的热辐射能（或亮度）随温度变化的原理测定物体温度。这种方法的优点是不改变测量对象的温度场，测温范围广，没有上限，反应快；缺点是误差大，易受发射率、距离、烟尘和水蒸气等外界因素影响。

在日常生活及工农业生产中，常用的接触式测温元件有热电偶和热电阻。热电偶和热电阻测量电路测出的一般都是电压变化，再转换成对应的温度，需要比较多的外部硬件支持。相对而言，硬件电路和软件调试复杂，制作成本较高。

本例的温度监控系统微控制器采用 AT89C51 单片机，其技术成熟，所需元器件价格便宜。系统采用数字温度传感器 DS18B20 检测环境温度。因其内部集成了 A/D 转换器，电路结构更加简单，而且减少了温度测量转换时的精度损失，使得测量温度更加精确。数字温度传感器

DS18B20 只用一个引脚即可与单片机进行通信，大大减少了接线的麻烦，而且使得单片机更加具有扩展性。由于 DS18B20 芯片的小型化和单数据总线结构，故可以把数字温度传感器 DS18B20 做成探头，探入到狭小的地方，增加了实用性。另外，还可以将多个数字温度传感器 DS18B20 串接构成网络，进行大范围的温度检测。

9.3.2　总体设计

温度监控系统主要由 AT89C51 单片机、温度传感器、显示电路、驱动电路等组成，如图 9.8 所示。首先通过温度传感器 DS18B20 采集环境温度，经过单片机处理后在 LCD 显示器显示。然后单片机根据不同的温度值控制驱动电路驱动电动机，调节转速实现升温或降温。

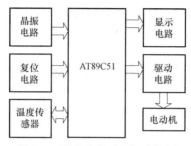

图 9.8　温度监控系统组成框图

9.3.3　硬件设计

1. 系统组成

系统采用 AT89C51 单片机，其资料丰富，价格便宜。温度监控系统组成框图如图 9.8 所示。其工作原理请读者参阅本书前面相关章节内容。

2. 温度传感器

系统采用 DS18B20 数字温度传感器，其引脚封装如图 9.9 所示。DS18B20 是美国 DALLAS 公司生产的数字温度传感器，具有结构简单、体积小、功耗小、抗干扰能力强、使用方便等优点。由于 DS18B20 芯片输出的温度信号是数字信号，因此简化了系统设计，提高了测量效率和精度。

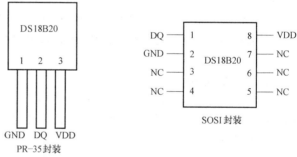

图 9.9　DS18B20 引脚封装

每个 DS18B20 芯片的 ROM 中都存有唯一的标识码，特别适合与单片机构成多点温度测控系统。

DS18B20 引脚定义如下：

① DQ：数字信号输入/输出端。

② GND：电源地。

③ VDD：外接供电电源输入端（在寄生电源接线方式时接地）。

DS18B20 的主要性能特点如下：

① 工作电压范围：3.0～5.5V。

② 测温范围：–55～+125℃，精度为 ±0.5℃。

③ 独特的单线接口，仅需要一个引脚进行通信。

④ 多个 DS18B20 可以组网，实现多点温度检测。

⑤ 零待机功耗。

⑥ 用户可设定报警温度。

⑦ 通过编程可设置分辨率为 9～12 位，对应的可分辨温度分别为 0.5℃、0.25℃、0.125℃ 和 0.0625℃。

⑧ 负压特性。电源极性接反时，温度传感器不会因发热而烧毁，但不能正常工作。

DS18B20 内部结构主要由四部分组成，即 64 位 ROM，温度敏感器件，高温和低温触发器 TH 和 TL，高速暂存存储器，如图 9.10 所示。64 位 ROM 是出厂前被光刻好的，它可以看做是该 DS18B20 的地址序列号。不同的器件地址序列号不同。低温触发器存放低温报警温度值，高温触发器存放高温报警温度值。

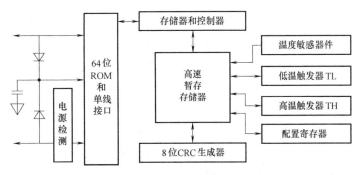

图 9.10　DS18B20 内部结构

温度传感器对环境温度进行实时测量，并将温度值以两字节补码形式存放在高速暂存存储器的第 0 个和第 1 个字节。单片机可通过单线接口读到该数据，读取时低位在前，高位在后。数据对应关系见表 9.1。

表 9.1　DS18B20 测量温度与输出数据对应关系

温度/℃	数字输出（二进制）	数字输出（十六进制）
+125	0000 0111 1101 0000	07D0H
+85	0000 0101 0101 0000	0550H
+25.0625	0000 0001 1001 0001	0191H
+10.125	0000 0000 1010 0010	00A2H
+0.5	0000 0000 0000 1000	0008H
0	0000 0000 0000 0000	0000H
−0.5	1111 1111 1111 1000	FFF8H
−10.125	1111 1111 0101 1110	FF5EH
−25.0625	1111 1110 0110 1111	FE6FH
−55	1111 1100 1001 0000	FC90H

DS18B20 内部存储器包括一个高速暂存 RAM 和一个非易失性的可电擦除的 E²PROM，后者存放高温度和低温度触发器 TH、TL 和结构寄存器。暂存存储器包含了 9 个连续字节，前两个字节是测得的温度信息，第一个字节的内容是温度的低 8 位，第二个字节是温度的高 8 位。第三个和第四个字节是 TH、TL 的副本，第五个字节是结构寄存器的副本，这三个字节的内容在每一次上电复位时被刷新。第六、七、八个字节用于内部计算。第九个字节是冗余检验字节。DS18B20 暂存存储器结构见表 9.2。

表 9.2　DS18B20 暂存存储器结构

寄存器内容	字节地址	寄存器内容	字节地址
温度最低数字位	0	高温限值	2
温度最高数字位	1	低温限值	3

(续)

寄存器内容	字节地址	寄存器内容	字节地址
保留	4	每度计算值	7
保留	5	CRC 校验	8
计数剩余值	6		

寄存器配置及寄存器各位的意义如图 9.11 所示。

D7	D6	D5	D4	D3	D2	D1	D0
TM	R1	R0	1	1	1	1	1

图 9.11　寄存器配置及寄存器各位的意义

由图 9.11 可知，低 5 位都是 1，TM 是测试模式位，用于设置 DS18B20 在工作模式还是在测试模式。在 DS18B20 出厂时该位被设置为 0，用户不要去改动。R1 和 R0 用来设置分辨率，见表 9.3。DS18B20 出厂时被设置为 12 位。

表 9.3　DS18B20 分辨率设置

R1	R0	分　辨　率	温度最大转换时间/ms	R1	R0	分　辨　率	温度最大转换时间/ms
0	0	9 位	93.75	1	0	11 位	375
0	1	10 位	187.5	1	1	12 位	750

根据 DS18B20 的通信协议，单片机控制 DS18B20 完成温度测量有严格的时序要求，也设置了规定的操作命令。一般来说，操作需要经过三个步骤：每一次读写之前都要对 DS18B20 进行复位，复位成功后发送一条 ROM 指令，最后发送 RAM 指令，这样才能对 DS18B20 进行预定的操作。

DS18B20 采用单总线结构，如图 9.12 所示，单片机通过 P1.7 与 DS18B20 进行信息交换。限于篇幅，此处不再介绍 DS18B20 的详细资料，读者可自行查阅有关资料。

3. LCD 显示模块

系统采用液晶显示模块 LCD1602 显示温度值，如图 9.12 所示，环境温度实时显示在 LCD 上。与数码管相比较，液晶显示具有功耗低、体积小、与单片机连接方便，显示信息多等优点。LCD1602 模块引脚功能见表 9.4 所示。有关 LCD1602 工作方面的内容，请参阅相关资料。

表 9.4　LCD1602 引脚功能

引　脚　号	引脚名称	状　　态	功能简介
1	V_{SS}		电源地
2	V_{DD}		+5V 电源正极
3	V0		液晶显示偏压（调节显示对比度）
4	RS	输入	寄存器选择（1—数据寄存器，0—命令/状态寄存器）
5	R/W	输入	读/写操作（1—读，0—写）
6	E	输入	使能信号
7 ~ 14	D7 ~ D0	三态	数据总线（与单片机数据总线相连）
15（图中未示出）	LEDA	输入	背光 +5V 电源（串联 1 个电位器，调节背光亮度，接地时无背光且不易发热）
16（图中未示出）	LEDK	输入	背光板电源地

4. 电动机驱动电路

本设计只驱动一个直流电动机，并且电动机的驱动电流不大，选择用晶体管组成的驱动电路，如图 9.12 所示。它具有结构简单、功耗小、抗干扰能力强、使用方便等优点。

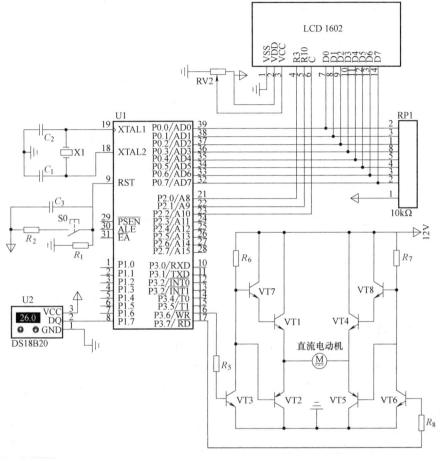

图 9.12 温度控制系统电路原理图

9.3.4 软件设计

1. 主程序

系统程序采用模块化设计，主程序流程图如图 9.13 所示。系统上电后，首先进行变量定义、程序初始化、液晶显示初始化操作，然后启动 DS18B20 及 LCD 初始化界面。启动 DS18B20 成功后，读取温度值，经过转化后，通过 LCD 显示出来。判断温度值，根据不同的温度值，驱动电动机转动。

2. 读取温度

DS18B20 是可编程器件，在使用时必须经过以下三个步骤：初始化、写命令操作、读数据操作。每一次读写操作之前都要先将 DS18B20 初始化复位，复位成功后才能对 DS18B20 进行预定的操作，三个步骤缺一不可。在编写相应的应用程序时，必须先掌握 DS18B20 的通信协议和时序控制要求。由于 DS18B20 是在一根 I/O 线上读写数据，因此，对读写的数据位有着严格的时序要求。DS18B20 有严格的通信协议来保证各位数据传输的正确性和完整性。该协议由几种单线上的信号类型组成：复位脉冲、存在脉冲、写 0、写 1、读 0 和读 1。读取温度值流程图如图 9.14 所示。

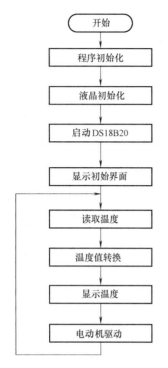

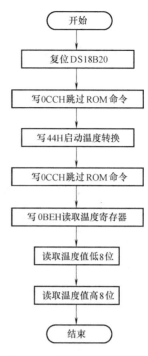

图 9.13　主程序流程图

图 9.14　读取温度值流程图

（1）DS18B20 初始化

单片机在总线 t_0 时刻应先向 DS18B20 发送一个复位脉冲，该脉冲是最短为 480μs 的低电平信号，即由单片机将数据线拉低并保持 480 ~ 960μs。接着在 t_1 时刻释放总线并进入接收状态，DS18B20 在检测到总线的上升沿之后等待 15 ~ 60μs。接着 DS18B20 在 t_2 时刻发出存在脉冲，低电平，持续 60 ~ 240μs。DS18B20 初始化时序如图 9.15 所示，初始化流程图如图 9.16 所示。

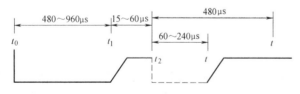

图 9.15　DS18B20 初始化时序

（2）DS18B20 写操作

DS18B20 的写时序分为写 0 时序和写 1 时序两个过程。当单片机总线 t_0 时刻从高拉至低电平时，就产生写时间隙。DS18B20 在 t_0 后 15 ~ 60μs 期间对总线采样。若是低电平，写入的位是 0；若是高电平，写入的位是 1。连续写 2 位数据的间隙应大于 1μs。DS18B20 写操作时序如图 9.17 所示，写操作流程图如图 9.19 所示。

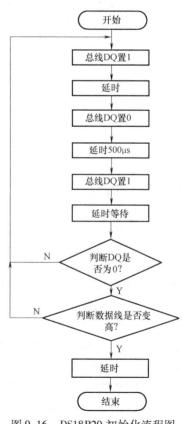

图 9.16　DS18B20 初始化流程图

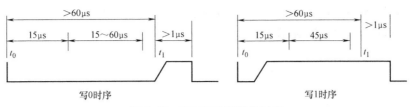

图 9.17　DS18B20 写操作时序

（3）DS18B20 读操作

单片机总线 t_0 时刻从高拉至低电平时，总线只需保持低电平 $1\mu s$，之后在 t_1 时刻将总线拉高，产生读时间隙。读时间隙在 t_1 时刻后 t_2 时刻前有效。t_2 距 t_0 为 $15\mu s$，也就是说，t_2 时刻前单片机必须完成读操作。DS18B20 读操作时序如图 9.18 所示，读操作流程图如图 9.20 所示。

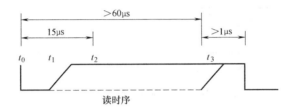

图 9.18　DS18B20 读操作时序

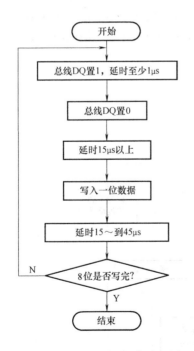

图 9.19　DS18B20 写操作流程图

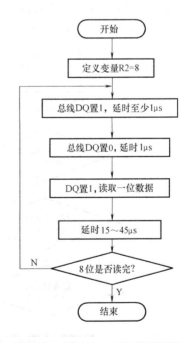

图 9.20　DS18B20 读操作流程图

3. 温度转换

温度值从 DS18B20 读出后，以 2 字节补码形式存放在指定位置。单片机需要将其转换成十进制数，然后显示。对应的温度计算如下：当符号位 C = 0 时，表示测得的温度值为正值，可直接将二进制数转换为十进制数；当 C = 1 时，表示测得的温度值为负值，要先将补码变为原码，再转换成十进制数。温度转换流程图如图 9.21 所示。

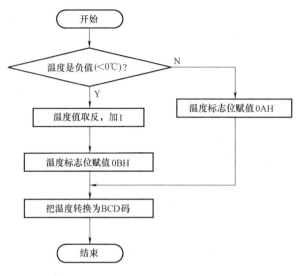

图 9.21　温度转换流程图

4. 电动机驱动

根据不同的温度值，电动机以不同的速度转动。当温度为 0 ~ 25℃时，电动机不转动；当温度大于 50℃，电动机全速转动；当温度为 25 ~ 50℃，电动机的速度与温度成正比的关系；当温度低于 0℃时，电动机的速度与温度成反比的关系。电动机控制程序流程图如图 9.22 所示。

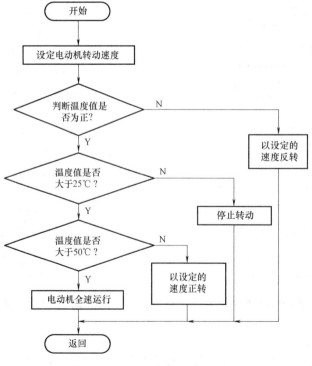

图 9.22　电动机控制程序流程图

5. 液晶显示

液晶显示有两部分，一部分是显示系统初始界面，另一部分是显示温度值。初始界面在第一行显示 "T Monitor"，其对应的 ASCII 码存入 M_1 表中，程序流程图如图9.23 所示。在 LCD1602液晶第二行显示温度值，程序流程图如图9.24 所示。

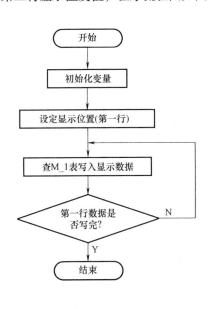

图 9.23 显示初始化程序流程图

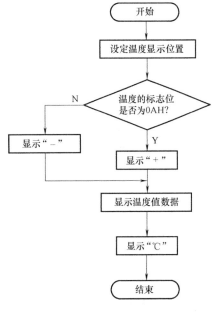

图 9.24 显示温度值程序流程图

温度监控系统的 C51 参考程序如下：

```
#include <reg51.h>                        //预处理命令,定义 SFR 的头文件
#include <math.h>
#define uchar unsigned char               //定义缩写字符 uchar
#define uint  unsigned int                //定义缩写字符 uint
#define lcd_data P0                       //定义 LCD1602 接口 P0
sbit DQ = P1^7;                           //将 DQ 位定义为 P1.7 引脚
sbit lcd_RS = P2^0;                       //将 RS 位定义为 P2.0 引脚
sbit lcd_RW = P2^1;                       //将 RW 位定义为 P2.1 引脚
sbit lcd_EN = P2^2;                       //将 EN 位定义为 P2.2 引脚
sbit PWM = P3^7;                          //将 PWM 定义为 P3.7 引脚
sbit  D = P3^6;                           //将 d 定义为 P3.6 引脚,转向选择位
uchar t[2],speed,temperature;            //用来存放温度值,测温程序就是通过这个数组与主函数
                                          通信的
uchar DS18B20_is_ok;
uchar TempBuffer1[12] = {0x20,0x20,0x20,0x20,0xdf,0x43,'\0'};
uchar tab[16] = {0x20,0x20,0x20,0x54,0x20,0x4d,0x6f,0x6e,0x69,0x74,0x6f,0x72,'\0'};
                                          //显示"T Monitor"
/* * * * * * * * * * lcd 显示子程序 * * * * * * * * * * * * * /
void delay_20ms(void)                     /* 延时20ms 函数*/
{
    uchar i,temp;                         //声明变量 i,temp
    for(i=20;i > 0;i - -)                 //循环
```

277

```
        {
            temp =248;                          //给 temp 赋值 248
            while(- -temp);                     //temp 减 1 是否等于 0,否则继续执行该行
            temp =248;                          //给 temp 赋值 248
            while(- -temp);                     //temp 减 1 是否等于 0,否则继续执行该行
        }
}
void delay_38us (void)                          /* 延时 38μs 函数* /
{
        uchar temp;                             //声明变量 temp
        temp =18;                               //给 temp 赋值
        while(- -temp);                         //temp 减 1 是否等于 0,否则继续执行该行
}
void delay_1520us (void)                        /* 延时 1520μs 函数* /
{
        uchar i,temp;                           //声明变量 i,temp
        for(i =3;i > 0;i - -)                    //循环
        {
            temp =252;                          //给 temp 赋值
            while(- -temp);                     //temp 减 1 是否等于 0,否则继续执行该行
        }
}
uchar lcd_rd_status()                           /* 读取 LCD1602 的状态,主要用于判断忙* /
{
        uchar tmp_sts;                          //声明变量 tmp_sts
        lcd_data =0xff;                         //初始化 P3 口
        lcd_RW =1;                              //RW =1  读
        lcd_RS =0;                              //RS =0  命令,合起来表示读命令(状态)
        lcd_EN =1;                              //EN =1,打开 EN,LCD1602 开始输出命令数据,100ns 之
                                                //  后命令数据
                                                //100ns 之后命令数据有效
        tmp_sts =lcd_data;                      //读取命令到 tmp_sts
        lcd_EN =0;                              //关掉 LCD1602
        lcd_RW =0;                              //把 LCD1602 设置成写
        return tmp_sts;                         //函数返回值 tmp_sts
}
void lcd_wr_com(uchar command )                 /* 写一个命令到 LCD1602* /
{
        while(0x80&lcd_rd_status());            //先判断 LCD1602 是否忙,看读出的命令的最高位是否为1,
                                                //为 1 表示忙,继续读,直到不忙
        lcd_RW =0;
        lcd_RS =0;                              //W =0,RS =0 写命令
        lcd_data =command;                      //需要写的命令写到数据线上
        lcd_EN =1;
        lcd_EN =0;                              //EN 输出高电平脉冲,命令写入
}
void lcd_wr_data(uchar sjdata )                 /* 写一个显示数据到 LCD1602* /
{       while(0x80&lcd_rd_status());            //判断 1602 是否忙,最高位为 1 表示忙,继续读,直到不忙
```

```
        lcd_RW=0;
        lcd_RS=1;                           //RW=0,RS=1 写显示数据
        lcd_data=sjdata;                    //把需要写的显示数据写到数据线上
        lcd_EN=1;
        lcd_EN=0;                           //EN 输出高电平脉冲,命令写入
        lcd_RS=0;
}
void Init_lcd(void)                         /* 初始化 LCD1602* /
{
        delay_20ms();                       //调用延时
        lcd_wr_com(0x38);                   //设置 16×2 格式,5×8 点阵,8 位数据接口
        delay_38us();                       //调用延时
        lcd_wr_com(0x0c);                   //开显示,不显示光标
        delay_38us();                       //调用延时
        lcd_wr_com(0x01);                   //清屏
        delay_1520us();                     //调用延时
        lcd_wr_com(0x06);                   //显示一个数据后光标自动+1
}
void GotoXY(uchar x,uchar y)                //设定位置,x 为行,y 为列
{
        if(y==0)                            //如果 y=0,则显示位置为第一行
lcd_wr_com(0x80|x);
        if(y==1)
        lcd_wr_com(0xc0|x);                 //如果 y=1,则显示位置为第二行
}
void Print(uchar * str)                     //显示字符串函数
{
        while(* str! ='\0')                 //判断字符串是否显示完
        {
            lcd_wr_data(* str);             //写数据
            str++;
        }
}
void LCD_Print(uchar x,uchar y,uchar * str) //x 为行值,y 为列值,str 是要显示的字符串
{
        GotoXY(x,y);                        //设定显示位置
        Print(str);                         //显示字符串
}
/* * * * * * * * * * * * * * * * * 系统显示子函数* * * * * * * * * * * * * * * * * /
void covert1()                              //温度转化程序
{
        uchar x=0x00;                       //变量初始化
        if(t[1]>0x07)                       //判断正负温度
        {
            TempBuffer1[0]=0x2d;            //0x2d 为" - "的 ASCII 码
            t[1]=~t[1];                     //负数的补码
            t[0]=~t[0];                     //换算成绝对值
            x=t[0]+1;                       //加 1
```

```
        t[0] = x;                          //把 x 的值送入 t[0]
        if(x > 255)                        //如果 x 大于 255
        t[1] + +;                          //t[1]加 1
    }
    else
        TempBuffer1[0] = 0x2b;             //0xfe 为变" + "的 ASCII 码
    t[1] < < = 4;                          //将高字节左移 4 位
    t[1] = t[1]&0x70;                      //取出高字节的三个有效数字位
    x = t[0];                              //将 t[0]暂存到 x,因为取小数部分还要用到它
    x > > = 4;                             //右移 4 位
    x = x&0x0f;                            //和前面两句就是取出 t[0]的高 4 位
    t[1] = t[1] |x;                        //将高低字节有效值的整数部分拼成一个字节
    temperature = t[1];
    TempBuffer1[1] = t[1]/100 + 0x30;      //加 0x30 为变 0 ~ 9 ASCII 码
    if(TempBuffer1[1] = = 0x30)            //如果百位为 0
    TempBuffer1[1] = 0xfe;                 //百位数消隐
    TempBuffer1[2] = (t[1]% 100)/10 + 0x30; //分离出十位
    TempBuffer1[3] = (t[1]% 100)% 10 + 0x30; //分离出个位
}
/* * * * * * * * * * * * * * * * DS18B20 函数* * * * * * * * * * * * * * * * * * * * */
void delay_18B20(uint i)                   //延时程序
{
    while(i - -);
}
void Init_DS18B20(void)                    //DS18B20 初始化函数
{
    uchar x = 0;
    DQ = 1;                                //DQ 复位
    delay_18B20(8);                        //稍做延时
    DQ = 0;                                //单片机将 DQ 拉低
    delay_18B20(80);                       //精确延时大于 480μs
    DQ = 1;                                //拉高总线
    delay_18B20(14);
    x = DQ;                                //延时后 如果 x = 0 则初始化成功 x = 1 则失败
    delay_18B20(20);
}
uchar ReadOneChar(void)                    //DS18B20 读一个字节函数
{
    unsigned char i = 0;
    unsigned char dat0 = 0;
    for (i = 8;i > 0;i - -)
    {
        DQ = 0;                            //读前总线保持为低
        dat0 > > = 1;
        DQ = 1;                            //开始读总线释放
        if(DQ)                             //从 DS18B20 总线读得一位
        dat0 |= 0x80;
        delay_18B20(4);                    //延时一段时间
```

```
      }
          return(dat0);                         //返回数据
  }
  void WriteOneChar(uchar dat1)                 //DS18B20 写一个字节函数
  {
          uchar i = 0;
          for (i = 8;i > 0;i - -)
          {
              DQ = 0;                           //开始写 DS18B20 总线要处于复位(低)状态
              DQ = dat1&0x01;                   //写入下一位
              delay_18B20(5);
              DQ = 1;                           //重新释放总线
              dat1 > > = 1;                     //把一个字节分成 8 个 BIT 环移给 DQ
          }
  }
  void ReadTemperature()                        //读取 DS18B20 当前温度
  {
          delay_18B20(80);                      //延时一段时间
          Init_DS18B20();
          WriteOneChar(0xCC);                   //跳过读序号列号的操作
          WriteOneChar(0x44);                   //启动温度转换
          delay_18B20(80);                      //延时一段时间
          Init_DS18B20();                       //DS18B20 初始化
          WriteOneChar(0xCC);                   //跳过读序号列号的操作
          WriteOneChar(0xBE);                   //读取温度寄存器等(共可读 9 个寄存器)
          delay_18B20(80);                      //延时一段时间
          t[0] = ReadOneChar();                 //读取温度值低位
          t[1] = ReadOneChar();                 //读取温度值高位
  }
  void delay_motor(uchar i)                     //延时函数
  {
          uchar j,k;                            //变量 j、k 为无符号字符数据类型
          for(j = i;j > 0;j - -)                //循环延时
              for(k = 200;k > 0;k - -);         //循环延时
  }
  /* * * * * * * * * * * * * * * * 电动机转动程序* * * * * * * * * * * * * * * * * /
  void motor(uchar tmp)
  {   uchar x;
      if(TempBuffer1[0] = = 0x2b)               //温度为正数
      {
          if(tmp < 25)                          //温度小于 25℃
          {
              D = 0;                            //电动机停止转动
              PWM = 0;
  }
          else   if(tmp > 50)                   //温度大于 50℃,全速转动
              {
                  D = 0;                        //D 置 0
```

281

```
                PWM = 1;                  //正转,PWM = 1
            x = 250;                      //时间常数为 x
            delay_motor(x);               //调延时函数
                PWM = 0;                  //PWM = 0
            x = 5;                        //时间常数为 x
                delay_motor(x);           //调延时函数
            }
            else
            {
                D = 0;                    //D 置 0
                PWM = 1;                  //正转,PWM = 1
            x = 5* tmp;                   //时间常数为 x
            delay_motor(x);               //调延时函数
                PWM = 0;                  // PWM = 0
            x = 255 - 5* tmp;             //时间常数为 255 - x
                delay_motor(x);           //调延时函数
            }
        }
    else if (TempBuffer1[0] = = 0x2d)     //温度小于 0℃,反转
        {
            D = 1;
                PWM = 0;                  // PWM = 0
            x = 5* tmp;                   //时间常数为 tmp
                delay_motor(x);           //调延时函数
                PWM = 1;                  // PWM = 1
            x = 255 - 5* tmp;             //时间常数为 255 - tmp
                delay_motor(x);           //调延时函数
            }
    }
void delay(unsigned int x)                //延时函数名
{
        unsigned char i;                  //定义变量 i 的类型
        while(x - -)                      //x 自减 1
        {
            for(i = 0;i < 123;i + +){;}   //控制延时的循环
        }
}
/* * * * * * * * * * * * * * * * * * * * * main 主程序* * * * * * * * * * * * * * * * * * * * */
void main(void)
{
        delay_20ms();                     //系统延时 20ms 启动
        ReadTemperature();                //启动 DS18B20
        Init_lcd();                       //调用 LCD 初始化函数
        LCD_Print(0,0,tab);               //液晶初始显示
        delay(1000);                      //延时一段时间
        while(1)
        {
            ReadTemperature();            //读取温度并存放在一个两个字节的数组中
```

```
        delay_18B20(100);
        covert1();                      //数据转化
        LCD_Print(4,1,TempBuffer1);     //显示温度
        motor(temperature);             //电动机转动
    }
}
```

9.3.5　综合调试

1. 元器件测试

先将单片机最小系统焊接完成，测试最小系统是否正常工作。完成后，添加一个模块测试，每一次只添加一个模块，逐个模块调试。用万用表测试所有芯片的电源和地是否确实接电源和接地了，测试各个芯片是否处于正常的工作电压，并测试电路是否有短路、断路、虚焊，有无接错线，同时要特别注意过孔是否连接正确。

2. 加电测试

元器件测试完成后，加电测试。观察电路是否有异常，用手背触摸一下芯片看是否发烫，防止芯片被烧坏。

3. 加载程序

按照功能模块，一次加载一个程序模块，看各项功能是否正常实现，分析未实现的原因。

4. 功能测试

给温度采集电路一个高温或低温值，观察电动机转动情况。将系统放在不同温度的环境下，分别为空调房（温度为 26℃）、太阳下和冰箱内。测得所在环境的温度，并记录下来。同时，观察电动机是否会根据温度的不同而变化。

5. 工艺设计

设计机壳，进行安装。

习题 9

1. 简述单片机应用系统设计的一般方法及步骤。
2. 简述单片机应用系统设计中软、硬件设计的原则。
3. 单片机应用系统软、硬件设计应注意哪些问题？
4. 简述单片机应用系统的调试步骤和方法。
5. 简述单片机系统常用的接地方法。
6. 简述单片机系统一点接地和多点接地原则。
7. 简述软件抗干扰的一般方法。
8. 按照单片机系统设计的一般方法和步骤，设计函数发生器，并写出完整的设计报告。

附　　录

附录 A　ASCII 码字符表

表 A.1　ASCII 码字符表

低　位	高　位	0 000	1 001	2 010	3 011	4 100	5 101	6 110	7 111
0	0000	NUL	DLE	SP	0	@	P	、	p
1	0001	SOH	DC1	!	1	A	Q	a	q
2	0010	STX	DC2	"	2	B	R	b	r
3	0011	ETX	DC3	#	3	C	S	c	s
4	0100	EOT	DC4	$	4	D	T	d	t
5	0101	ENQ	NAK	%	5	E	U	e	u
6	0110	ACK	SYN	&	6	F	V	f	v
7	0111	BEL	ETB	´	7	G	W	g	w
8	1000	BS	CAN	(	8	H	X	h	x
9	1001	HT	EM	)	9	I	Y	i	y
A	1010	LF	SUB	*	:	J	Z	j	z
B	1011	VT	ESC	+	;	K	[	k	{
C	1100	FF	FS	,	<	L	\	l	|
D	1101	CR	GS	−	=	M	]	m	}
E	1110	SO	RS	.	>	N	↑	n	~
F	1111	SI	US	/	?	O	←	o	DEL

表 A.2　控制符号的定义

控　制　符	定　　义	控　制　符	定　　义
NUL	Null 空白	DLE	Data link escape 转义
SOH	Start of heading 序始	DC1	Devicecontrol 1 机控 1
STX	Start of text 文始	DC2	Devicecontrol 2 机控 2
ETX	End of text 文终	DC3	Devicecontrol 3 机控 3
EOT	End of tape 送毕	DC4	Devicecontrol 4 机控 4
ENQ	Enquiry 询问	NAK	Negative acknowledge 未应答
ACK	Acknowledge 应答	SYN	Synchronize 同步
BEL	Bell 响铃	ETB	End of transmitted block 组终
BS	Backspace 退格	CAN	Cancel 作废
HT	Horizontal tab 横表	EM	End of medium 载终
LF	Line feed 换行	SUB	Substitute 取代
VT	Vertical tab 纵表	ESC	Escape 换码
FF	Form feed 换页	FS	File separator 文件隔离符
CR	Carriage return 回车	GS	Group separator 组隔离符
SO	Shift out 移出	RS	Record separator 记录隔离符
SI	Shift in 移入	US	Unit separator 单元隔离符
SP	Space 空格	DEL	Delete 删除

附录 B　MCS-51 单片机指令表

表 B.1　8 位数据传送类指令

助　记　符		功　能　说　明	寻　址　范　围	机　器　码	字节数	机器周期
MOV A,	Rn	寄存器内容送入累加器	R0 ~ R7	E8H ~ EFH	1	1
	direct	直接地址单元中的数据送入累加器	00H ~ FFH	E5H direct	2	1
	@Ri	间接 RAM 中的数据送入累加器	(R0 ~ R1), 00H ~ FFH	E6H ~ E7H	1	1
	#data8	8 位立即数送入累加器	#00H ~ #FFH	74H data8	2	1
MOV Rn,	A	累加器内容送入寄存器	R0 ~ R7	F8H ~ FFH	1	1
	direct	直接地址单元中的数据送入寄存器	00H ~ FFH	A8H ~ AFH direct	2	2
	#data8	8 位立即数送入寄存器	#00H ~ #FFH	78H ~ 7FH data8	2	1
MOV direct,	A	累加器内容送入直接地址单元	00H ~ FFH	F5H direct	2	1
	Rn	寄存器内容送入直接地址单元	R0 ~ R7	88H ~ 8FH direct	2	2
	direct	直接地址单元中的数据送入直接地址单元	00H ~ FFH	85H direct2 direct1	3	2
	@Ri	间接 RAM 中的数据送入直接地址单元	(R0 ~ R1), 00H ~ FFH	86H ~ 87H direct	2	2
	#data8	8 位立即数送入直接地址单元	#00H ~ #FFH	75H direct data8	3	2
MOV @Ri,	A	累加器内容送入间接 RAM 单元	(R0 ~ R1), 00H ~ FFH	F6H ~ F7H	1	1
	direct	直接地址单元中的数据送入间接 RAM 单元	(R0 ~ R1), 00H ~ FFH	A6H ~ A7H direct	2	2
	#data8	8 位立即数送入间接 RAM 单元	#00H ~ #FFH	76H ~ 77H data8	2	1

表 B.2　16 位数据传送类指令

助　记　符	功　能　说　明	寻　址　范　围	机　器　码	字节数	机器周期
MOV DPTR, #data16	16 位立即数地址送入数据指针寄存器	0000H ~ FFFFH	90H data16	3	2

表 B.3　外部数据传送类指令

助　记　符		功　能　说　明	寻　址　范　围	机　器　码	字节数	机器周期
MOVX A,	@Ri	外部 RAM（8 位地址）送入累加器	00H ~ FFH	E2H ~ E3H	1	2
	@DPTR	外部 RAM（16 位地址）送入累加器	0000H ~ FFFFH	E0H	1	2
MOVX @Ri,	A	累加器送入外部 RAM（8 位地址）	00H ~ FFH	F2H ~ F3H	1	2
MOVX @DPTR,	A	累加器送入外部 RAM（16 位地址）	0000H ~ FFFFH	F0H	1	2

表 B.4　交换与查表类指令

助　记　符	功　能　说　明	寻　址　范　围	机　器　码	字节数	机器周期
SWAP A	累加器高 4 位与低 4 位数据互换	A	C4H	1	1
XCHD A, @Ri	间接 RAM 与累加器进行低半字节交换	(R0 ~ R1), 00H ~ FFH	D6H ~ D7H	1	1

（续）

助 记 符		功能说明	寻址范围	机器码	字节数	机器周期
XCH A,	Rn	寄存器与累加器交换	（R0～R1），00H～FFH	C8H～CFH	1	1
	direct	直接地址单元与累加器交换	00H～FFH	C5H direct	2	1
	@Ri	间接 RAM 与累加器交换	（R0～R1），00H～FFH	C6H～C7H	1	1
MOVC A, @A+DPTR		以 DPTR 为基址变址寻址单元中的数据送入累加器	0000H～FFFFH	93H	1	2
MOVC A, @A+PC		以 PC 为基址变址寻址单元中的数据送入累加器	PC 向下 00H～FFH	83H	1	2

表 B.5　算术操作类指令

助 记 符		功能说明	对标志位影响				机 器 码	字节数	机器周期
			C	AC	OV	P			
ADD A,	Rn	寄存器内容加到累加器	Y	Y	Y	Y	28H～2FH	1	1
	direct	直接地址单元加到累加器	Y	Y	Y	Y	25H direct	2	1
	@Ri	间接 RAM 内容加到累加器	Y	Y	Y	Y	26H～27H	1	1
	#data8	8 位立即数加到累加器	Y	Y	Y	Y	24H data8	2	1
ADDC A,	Rn	寄存器内容带进位加到累加器	Y	Y	Y	Y	38H～3FH	1	1
	direct	直接地址单元带进位加到累加器	Y	Y	Y	Y	35H direct	2	1
	@Ri	间接 RAM 内容带进位加到累加器	Y	Y	Y	Y	36H～37H	1	1
	#data8	8 位立即数带进位加到累加器	Y	Y	Y	Y	34H data8	2	1
INC	A	累加器内容加 1				Y	04H	1	1
	Rn	寄存器内容加 1					08H～0FH	1	1
	direct	直接地址单元内容加 1					05H direct	2	1
	@Ri	间接 RAM 内容加 1					06H～07H	1	1
	DPTR	DPTR 加 1					A3H	1	2
DA A		累加器内容进行十进制数转换	Y	Y	Y	Y	D4H	1	1
SUBB A,	Rn	累加器内容带借位减寄存器内容	Y	Y	Y	Y	98H～9FH	1	1
	direct	累加器内容带借位减直接地址单元	Y	Y	Y	Y	95H direct	2	1
	@Ri	累加器内容带借位减间接 RAM 内容	Y	Y	Y	Y	96H～97H	1	1
	#data8	累加器内容带借位减 8 位立即数	Y	Y	Y	Y	94H data8	2	1
DEC	A	累加器内容减 1				Y	14H	1	1
	Rn	寄存器内容减 1					18H～1FH	1	1
	direct	直接地址单元内容减 1					15H direct	2	1
	@Ri	间接 RAM 内容减 1					16H～17H	1	1
MUL A	B	A 乘以 B	0		Y	Y	A4H	1	4
DIV A	B	A 除以 B	0		Y	Y	84H	1	4

表 B.6 逻辑运算类指令

助 记 符		功 能 说 明	寻 址 范 围	机 器 码	字节数	机器周期
CLR A		累加器清0	A	E4H	1	1
CPL A		累加器内容求反	A	F4H	1	1
ANL A,	Rn	累加器内容与寄存器内容相与	(R0~R7), 00H~FFH	58H~5FH	1	1
	direct	累加器内容与直接地址单元内容相与	00H~FFH	55H direct	1	1
	@Ri	累加器内容与间接RAM内容相与	(R0~R1), 00H~FFH	56H~57H	1	1
	#data8	累加器内容与8位立即数相与	#00H~#FFH	54H data8	1	1
ANL direct,	A	直接地址单元内容与累加器内容相与	00H~FFH	52H direct	1	1
	#data8	直接地址单元内容与8位立即数相与	#00H~#FFH	53H direct data8	2	2
ORL A,	Rn	累加器内容与寄存器内容相或	(R0~R7), 00H~FFH	48H~4FH	1	1
	direct	累加器内容与直接地址单元内容相或	00H~FFH	45H direct	1	1
	@Ri	累加器内容与间接RAM内容相或	(R0~R1), 00H~FFH	46H~47H	1	1
	#data8	累加器内容与8位立即数相或	#00H~#FFH	44H data8	1	1
ORL direct,	A	直接地址单元内容与累加器内容相或	00H~FFH	42H direct	1	1
	#data8	直接地址单元内容与8位立即数相或	#00H~#FFH	43H direct data8	2	2
XRL A,	Rn	累加器内容与寄存器内容相异或	(R0~R7), 00H~FFH	68H~6FH	1	1
	direct	累加器内容与直接地址单元内容相异或	00H~FFH	65H direct	2	1
	@Ri	累加器内容与间接RAM内容相异或	(R0~R1), 00H~FFH	66H~67H	1	1
	#data8	累加器内容与8位立即数相异或	#00H~#FFH	64H data8	2	1
XRL direct,	A	直接地址单元内容与累加器内容相异或	00H~FFH	62H direct	2	1
	#data8	直接地址单元内容与8位立即数相异或	#00H~#FFH	63H direct data8	3	2

表 B.7 循环/移位类指令

助 记 符	功 能 说 明	对标志位影响				机 器 码	字 节 数	机 器 周 期
		C	AC	OV	P			
RL A	累加器内容循环左移					23H	1	1
RLC A	累加器内容带进位循环左移	Y			Y	33H	1	1
RR A	累加器内容循环右移					03H	1	1
RRC A	累加器内容带进位循环右移	Y			Y	13H	1	1

表 B.8 转移类指令

助 记 符	功 能 说 明	寻 址 范 围	机 器 码	字节数	机器周期
LJMP addr16	长转移	0000H~FFFFH	02H ddr16	3	2
AJMP addr11	绝对短转移	0000H~07FFH	备注1	2	2
SJMP rel	相对转移	-80H~7FH	80H rel	2	2
JMP @A+DPTR	相对于DPTR的间接转移	0000H~FFFFH	73H	1	2
JZ rel	累加器内容为0,转移	-80H~7FH	60H rel	2	2
JNZ rel	累加器内容非0,转移	-80H~7FH	70H rel	2	2

(续)

助 记 符		功 能 说 明	寻 址 范 围	机器码	字节数	机器周期
CJNE A,	direct, rel	累加器内容与直接地址单元内容比较,不等则转移	(A) < (direct),则 C 置 1,否则 C 置 0	B5H direct rel	3	2
	#data8, rel	累加器内容与 8 位立即数比较,不等则转移	(A) < data,则 C 置 1,否则 C 置 0	B4H data8 rel	3	2
CJNE Rn,		寄存器内容与 8 位立即数比较,不等则转移	(Rn) < data,则 C 置 1,否则 C 置 0	B8H ~ BFH data8 rel	3	2
CJNE @Ri,	#data8, rel	间接 RAM 单元内容与 8 位立即数比较,若内容不等,则转移	((Ri)) < data,则 C 置 1,否则 C 置 0	B6H ~ B7H data8 rel	3	2
DJNZ Rn,	rel	寄存器内容减 1,非 0 转移	不影响状态标志位	D8H ~ DFH rel	2	2
DJNZ direct,		直接地址单元内容减 1,非 0 转移	不影响状态标志位	D5H direct rel	3	2

表 B. 9   其他指令

助 记 符	功 能 说 明	机 器 码	字 节 数	机 器 周 期
ACALL addr11	绝对短调用子程序	备注 2	2	2
LACLL addr16	长调用子程序	12H addr16	3	2
RET	子程序返回	22H	1	2
RETI	中断返回	32H	1	2
PUSH direct	直接地址单元中的数据压入堆栈	C0H direct	2	2
POP direct	堆栈中的数据弹出到直接地址单元	D0H direct	2	2
NOP	空操作	00H	1	1

表 B. 10   位操作类指令

助 记 符	功 能 说 明	机 器 码	字 节 数	机 器 周 期
CLR C	清进位位	C3H	1	1
CLR bit	清直接地址位	C2H bit	2	1
SETB C	置进位位	D3H	1	1
SETB bit	置直接地址位	D2H bit	2	1
CPL C	进位位求反	B3H	1	1
CPL bit	直接地址位求反	B2H bit	2	1
ANL C, bit	进位位内容和直接地址位内容相与	82H bit	2	2
ANL C, /bit	进位位内容和直接地址位内容的反码相与	B0H bit	2	2
ORL C, bit	进位位内容和直接地址位内容相或	72H bit	2	2
ORL C, /bit	进位位内容和直接地址位内容的反码相或	A0H bit	2	2
MOV C, bit	直接地址位内容送入进位位	A2H bit	2	2
MOV bit, C	进位位内容送入直接地址位	92H bit	2	2
JC rel	进位位内容为 1 则转移	40H rel	2	2

（续）

助　记　符	功　能　说　明	机　器　码	字 节 数	机 器 周 期
JNC rel	进位位内容为 0 则转移	50H　rel	2	2
JB bit，rel	直接地址位内容为 1 则转移	20H bit rel	3	2
JNB bit，rel	直接地址位内容为 0 则转移	30H bit rel	3	2
JBC bit，rel	直接地址位内容为 1 则转移，该位清 0	10H bit rel	3	2

注：备注 1 = addr（a10 ~ a8）00001addr（a7 ~ a0）

备注 2 = addr（a10 ~ a8）10001addr（a7 ~ a0）

附录 C　Proteus 库元器件分类及部分元器件

1. 库元器件分类说明

Analog ICs：模拟集成电路库

Capacitors：电容

CMOS 4000 Series：CMOS 4000 系列

Connectors：插座，插针等电路接口连接

Debugging Tools：调试工具

Data Converters：ADC、DAC，数/模转换器、模/数转换器

Diodes：二极管

ECL 10000 Series：ECL 10000 系列

Electromechanical：电机

Inductors：电感

Laplace Primitives：拉普拉斯型

Mechanics：力学器件

Memory ICs：存储器芯片

Microprocessor ICs：CPU

Miscellaneous：元器件混合类型

Modeling Primitives：建模型

Operational Amplifiers：运算放大器

Optoelectronics：光电元件

PICAXE：PICAXE 集成电路

PLDs & FPGAs：可编程逻辑器件

Resistors：电阻

Simulator Primitives：仿真模拟源

Speakers & Sounders：扬声器、蜂鸣器

Switches & Relays：开关及继电器

Switching Devices：开关器件

Thermionic Valves：热电子元件

Transducers：传感器

Transistors：晶体管

TTL 74　Series：标准 TTL 系列

TTL 74 S　Series：肖特基 TTL 系列

TTL 74LS　Series：低功耗肖特基 TTL 系列

TTL 74HC　Series：高速 CMOS 系列

TTL 74 AS　Series：先进的肖特基 TTL 系列

TTL74F　Series：快速 TTL 系列

TTL 74ALS Series：先进的低功耗肖特基 TTL 系列

TTL 74HCT　Series：与 TTL 兼容的高速 CMOS 系列

2. 部分元器件对应搜索关键字

数码管：7SEG

电阻：RES

电容：CAP

二极管：LED

晶振：CRYSTAL

液晶显示器：LCD

开关：SWITCH

按键：BUTTON

电池：BATTERY

电动机：MOTOR

或/与/非门：OR/AND/NOT

可变电阻：POT-LIN

扬声器/蜂鸣器：SPEAKERS

拨码开关：DIPSW

排电阻：RESPACK

变压器：INDUCTORS

参 考 文 献

[1] 张鑫. 单片机原理及应用 [M]. 2 版. 北京：电子工业出版社，2010.

[2] 何立民. MCS-51 单片机应用系统设计（系统配置与接口技术）[M]. 北京：北京航空航天大学出版社，2003.

[3] 张洪润，等. 单片机应用技术教程 [M]. 3 版. 北京：清华大学出版社，2008.

[4] 张毅刚，等. 单片机原理与应用设计 [M]. 北京：电子工业出版社，2008.

[5] 胡汉才. 单片机原理及其接口技术 [M]. 2 版. 北京：清华大学出版社，2004.

[6] 俞国亮. MCS-51 单片机原理与应用 [M]. 北京：清华大学出版社，2008.

[7] 梁炳东. 单片机原理与应用 [M]. 北京：人民邮电出版社，2009.

[8] 何立民. 单片机高级教程——应用与设计 [M]. 2 版. 北京：北京航空航天大学出版社，2007.

[9] 胡汉才. 单片机原理及其接口技术学习辅导与实践教程 [M]. 北京：清华大学出版社，2004.

[10] 付家才. 单片机实验与实践 [M]. 北京：高等教育出版社，2006.

[11] 周立功. 单片机实验与实践教程（三）[M]. 北京：北京航空航天大学出版社，2006.

[12] 何立民. 单片机应用技术选编（一～十二）[M]. 北京：北京航空航天大学出版社，2004.

[13] 赵德安. 单片机原理与应用 [M]. 2 版. 北京：机械工业出版社，2009.

[14] 靳孝峰，张艳. 单片机原理与应用 [M]. 北京：北京航空航天大学出版社，2009.

[15] 冯先成，常翠芝. 单片机应用系统设计 [M]. 北京：北京航空航天大学出版社，2008.

[16] 侯殿有. 嵌入式系统开发基础——基于八位单片机的 C 语言程序设计 [M]. 北京：北京大学出版社，2012.

[17] 范立南. 单片机原理及应用教程 [M]. 2 版. 北京：北京大学出版社，2013.

[18] 赵全利. 单片机原理及应用教程 [M]. 3 版. 北京：机械工业出版社，2013.

[19] 刘国钰. 单片机原理及应用 [M]. 北京：北京大学出版社，2013.

[20] 刘教瑜，曾勇. 单片机原理及应用 [M]. 武汉：武汉理工大学出版社，2011.

[21] 李升. 单片机原理与接口技术 [M]. 北京：北京大学出版社，2011.

[22] 周广兴，张子红. 单片机原理及应用教程 [M]. 北京：北京大学出版社，2010.

[23] 黄惟公，邓成中. 单片机原理与接口技术 [M]. 5 版. 成都：四川大学出版社，2011.

[24] 邵发森. 单片机原理与应用及其实验指导书 [M]. 北京：北京大学出版社，2012.

[25] 佟云峰. 单片机原理及其应用 [M]. 重庆：重庆大学出版社，2004.

[26] 张元良. 单片机开发技术实例教程 [M]. 北京：机械工业出版社，2010.

[27] 徐汉斌，熊才高. 单片机原理及应用 [M]. 武汉：华中科技大学出版社，2013.

[28] 楼然苗，李光飞. 单片机课程设计指导 [M]. 北京：北京航空航天大学出版社，2012.

[29] 黄英. 单片机工程应用技术 [M]. 上海：复旦大学出版社，2011.

[30] 张毅刚. 单片机原理及接口技术 C51 编程 [M]. 北京：人民邮电出版社，2011.

[31] 陈海宴. 51 单片机原理及应用：基于 KeilC 与 Proteus [M]. 北京：北京航天大学出版社，2010.

[32] 李林功. 单片机原理与应用：基于实例驱动和 Proteus 仿真 [M]. 北京：科学出版社，2013.